高等院校素质教育通选课教材

应用概率统计研究实例选讲

著

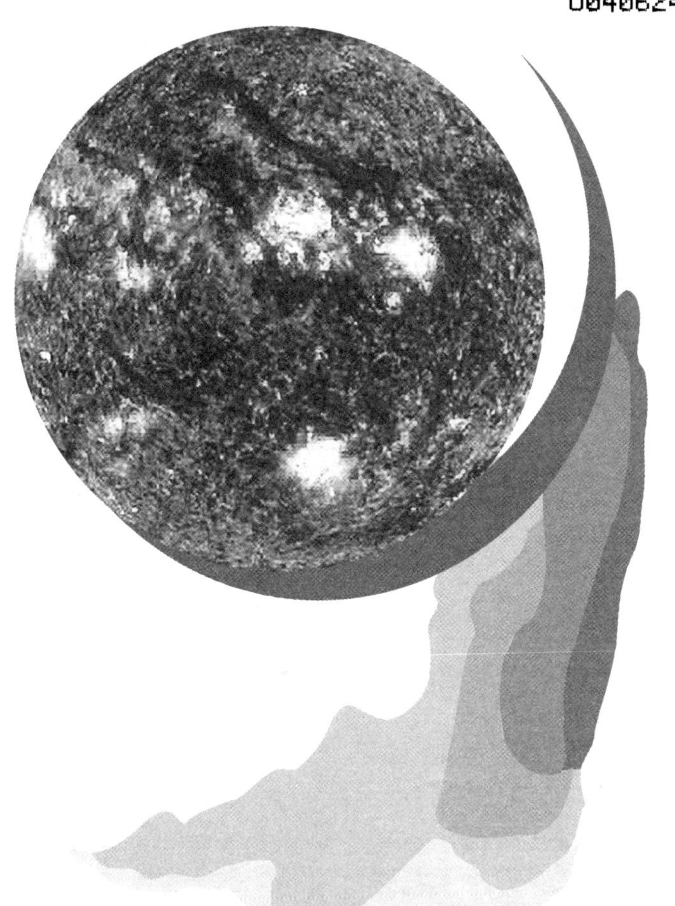

北京大学出版社
PEKING UNIVERSITY PRESS

图书在版编目(CIP)数据

应用概率统计研究实例选讲/谢衷洁著. —北京：北京大学出版社，2011.8
(高等院校素质教育通选课教材)
ISBN 978-7-301-19439-3

Ⅰ. ①应… Ⅱ. ①谢… Ⅲ. ①概率论—高等学校—教材 ②数理统计—高等学校—教材 Ⅳ. ①O21

中国版本图书馆 CIP 数据核字(2011)第 172281 号

书　　名：应用概率统计研究实例选讲
著作责任者：谢衷洁　著
责 任 编 辑：曾琬婷
标 准 书 号：ISBN 978-7-301-19439-3/C・0694
出 版 发 行：北京大学出版社
地　　址：北京市海淀区成府路 205 号　100871
网　　址：http://www.pup.cn　　电子信箱：zpup@pup.pku.edu.cn
电　　话：邮购部 62752015　发行部 62750672　理科编辑部 62767347　出版部 62754962
印　刷　者：涿州市星河印刷有限公司
经　销　者：新华书店
787mm×980mm　16 开本　21.5 印张　450 千字
2011 年 8 月第 1 版　　2011 年 8 月第 1 次印刷
定　　价：45.00 元

内容简介

本书是一部有关概率统计如何应用于多学科实际问题的实证分析研究的教材。本书分为三部分：第一篇是补充一些时间序列分析、滤波与预报理论和方法等方面的基本知识，它们是读懂本书各个案例的理论基础。第二篇是实际案例分析，包括概率论的中心极限定理如何应用于我国通信卫星的交调分析，当年中国科学家如何基于我国的观测记录用统计方法发现天王星至少有6个以上的光环，随机过程的相互包含信息量如何解决一个激素分析的难题，滤波理论如何解决我国海洋重力勘探中的弱信号检测问题，高阶交叉过程如何检查出我国某些彩票中奖号码的问题，潜在周期分析如何发现智障儿童与正常儿童脑电波成分分布的差异，等等，它们都是非常有趣而真实的研究案例。从中读者可以看到其作者们在研究工作中是如何将概率统计的理论和方法广泛地应用于实际问题并成为解决各种问题的核心工具的。更重要的一点是，读者从各案例中将学习到"如何将一个实际问题转换成概率统计问题"，这也是数学联系实际的难点。第三篇中，不仅提供了大量真实的、涉及多学科领域的数据记录，而且作者根据当前研究中以及实际部门提出的问题，提出了一批很有科学意义的课题，以便于学生和其他读者做练习和研究之用。其中有的问题也是当今国际上许多人感兴趣的问题。

本书既可作为大学生和研究生的教材或教学参考书，也是广大应用概率统计工作者和相关领域的科研人员、工程师很有价值的参考书。

作者简介

谢衷洁　北京大学数学科学学院教授、博士生导师。1959年毕业于北京大学数学专业概率论专门化，曾师从国际著名统计学家许宝騄(P. L. Hsu)和概率论学者江泽培(T. P. Chiang)。毕业后留校工作至今已五十多年。历任北京大学统计实验室主任、数理统计研究所副所长，中国概率统计学会理事兼副秘书长，时间序列分析专委会主任等职务。长期从事概率统计的教学和研究，取得了丰硕的研究成果。研究方向早期侧重于概率论，20世纪70年代后期转入时间序列分析及应用，如谱分析、数据建模、滤波与预报。90年代初他的研究组将小波分析引入到时间序列分析中取得了一批重要的学术成果。与日本早稻田大学、香港理工大学、奥地利Kepler Linz等高校都有过教学与科研的合作关系。他的应用研究涉及多个学科领域，如天文学、地球物理勘探、通信、生理学、内分泌学、金融工程、汇率及博彩业等。在国内外发表了近百篇学术论文，并在国内外的出版社出版了中、英、日三种语言的7部著作。教学和科研成果曾获国家自然科学奖(三等奖)、国家教学成果奖(二等奖)、国家教委科技进步奖(一等奖)、中国人民解放军军级科技进步奖，并在国外荣获第八届和第十四届维也纳控制论与系统研究大会颁发的“最优论文奖”。

前　言

应用概率统计实例选讲这门课程在北京大学开设已有二十多年的历史，是在江泽培教授倡议下开设的。其背景是：在20世纪80年代的历届全国概率统计会议上，老前辈王寿仁、魏宗舒、江泽培多位先生强烈呼吁中国概率统计工作者要多搞应用研究，要让概率统计在我国四化建设中发挥更大的作用。许多学者还指出：日本战后工业的复兴重要的一点要归功于在经济建设中广泛地运用了概率统计。当时来访的许多著名统计学家也指出，在西方大学中往往设有统计咨询课，在教师指导下让学生和实际部门的工作人员接触，为他们的问题提出看法和解决途径。当时我们认为设咨询课的条件还不具备，但可考虑把老师做过的实际问题的背景，如何将实际问题转化成数学问题，以及解决问题走过的弯路、失败和成功的原因等原原本本地拿到课堂上和学生们进行交流和探讨，并让学生自选题目做实习。在江先生、陈家鼎教授等同仁支持下，应用概率统计实例选讲课程就这样登场了。未曾想到这门课程自开设以来受到学生们的热烈欢迎，不仅在北京大学，在兄弟院校，甚至在日本早稻田大学等校都受到好评。于是世界科技出版社(World Scientific Press)决定出版该课所用的讲义，取名为*Case Studies in Time Series Analysis*，并在魏宗舒先生帮助下，于1993年在国外出版。此书出版不久即受到国际著名统计学家H. Tong，Guppta，Swelden等人的好评(见影印版的封底)。

应该说该书主要反映的是作者在90年代以前从事的一些应用研究，近十多年间又解决了一些有趣的实际问题，而它们又有一定的学术深度，因此决定出版此新的中文版的教材。虽然原出版社曾多次提到希望出版修订版，但因考虑到国外原版书很贵，中国学生一般买不起，所以决定由北京大学出版社出版全新的中文版。

本课程原本是为北京大学概率统计系研究生开设的，基础自然是假定大学数学本科的主要课程是学过的。后来发现听课的学生中有许多是大学本科生，时间序列、测度论等还未学过或正在学。此外，有些教师对有关课程的内容讲得也很不全面，许多很有用的方法也不讲。于是，索性本课程一开始就对时间序列分析先作复习，这部分即相当于本书的第一篇。当然，实际问题的解决有时候是综合性的，因此在介绍各实际问题时，往往还要补充一些知识和工具。作为一门课程我们也不可能把基础讲得太宽了。例如近十年间，作者的研究组从事的一些课题，其所用的工具就大大超出了本书的范围，因而只能“忍痛割爱”了。

本课程的学习分为两个阶段，第一阶段是教师讲解基本知识和实例，时间约占课程的三分之二；第二阶段是利用剩下的时间让学生做练习，教师提供不同的真实数据和要求(有的数据可在本书的第三篇的附录中找到)，其中有的课题要求对数据进行建模和对未来作预报，有的要求寻找频谱特征，有的则希望证实一些学者的论断，等等。为了让做实习研究的读者对有关问题领域的知识有些了解，本书对每个问题都给了背景材料和建议的研究方向。最后，每个学生要按严格的格式写出论文作为本课程的答卷，教师则必须逐一地认真对学生的论文进行评改并给出成绩。此中困难的是：有许多学生积极性很高，他们有自己的问题和研究兴趣，于是自己收集和找来一些真实数据，打算自己运用课堂上学到的知识和方法去解决该问题，这时教师必须非常认真地对待这些学生。因为他们的问题可能是教师不熟悉的领域。一方面教师可能自己要学一些新东西，另一方面也要格外耐心地和他们讨论。他们的论文写得很不规范，方法也有不少缺点，甚至有错误，但是这些学生很可能在教师的帮助下做出新成果，并写出好论文。过去已有不少学生，他们有的还是本科生，其论文最后都发表在国内核心刊物上，这是很值得教师感到欣慰的事。

由于作者的知识面偏窄，能力很有限，本书的写作也比较匆忙，因而一定存在不少缺点和错误，欢迎读者给以批评指教，将来有机会再版时一定作补充和修正。

谢衷洁

2009 年冬于北大数学学院

目　　录

第一篇　基础知识与方法简介

第二篇 实际案例研究分析

第三篇　数据与研究实习

第一篇　基础知识与方法简介

第一章　时间序列分析基础知识

§1　随机过程的定义及例子

在初等概率统计中,我们学过一元随机变量和多元随机变量及其分布;在统计学中,我们也学过从观测样本出发,如:

$$一元:x_1,x_2,\cdots,x_N; \tag{1.1.1}$$

$$n\text{元}:x_1^{(k)},x_2^{(k)},\cdots,x_n^{(k)}\quad(k=1,2,\cdots,N), \tag{1.1.2}$$

去对研究对象 F(一元)或 $\boldsymbol{F}$(n 元)的性质,作一些估计、检验或其它统计推断. 然而,在现实研究课题中,我们涉及的随机变量往往不是有限个,而是无穷多个,如$\{\xi_0,\xi_1,\xi_2,\cdots,\xi_n,\cdots\}$或$\{\cdots,\xi_{-k},\cdots,\xi_{-1},\xi_0,\xi_1,\cdots,\xi_n,\cdots\}$,或者随机变量足标是一个实数集,如$\{\xi_t,t\in(-\infty,+\infty)\}$,而且更困难的是:我们对研究对象的观测不可能像(1.1.2)那样对同一对象进行 N 次重复观测,而要求在只能获得对研究对象的一段观测,如$\{x_1,x_2,\cdots,x_N\}$(离散型)或$\{x_t,a\leqslant t\leqslant b\}$(连续型)的条件下,对总体进行统计推断或检测,这类问题的观测往往还是不可重复的. 显然,这是初等概率统计中未学习过的一个新的领域. 例如:

(1) 对某城市进行年平均温度的连续 N 年记录得到$\{x_t,t=1,2,\cdots,N\}$,问:明年 x_{N+1} 的预报值 $\hat{x}_{N+1}$ 最合理的是多少?

(2) 从杂乱的观测信号的一段记录$\{x_t,a\leqslant t\leqslant b\}$中,判断是否有信号 S_t 的成分?

(3) 对某天体发出的某类信号进行观测,得到记录$\{x_t,0\leqslant t\leqslant T\}$,问:该天体发出的信号有没有周期性规律?如果有,是单一的还是多个的周期?哪个最强,哪个次之?各个周期值是多少?

……

我们还可以在金融、通信中找到很多类似的问题. 在本书第二篇中读者即可找到许多真实而有趣的实例. 以上举的例子中,第一个是时间序列的预报问题,第二个是过程推断问题,第三个则属于随机过程的谱分析. 这些课题的理论和方法,我们将逐一作简明介绍.

定义 1.1.1　设$(\Omega,\mathscr{F},P)$是概率空间,T 是某个足标集,若对任意的 $t\in T$,$\xi_t(\omega)(\omega\in\Omega)$是该概率空间上的一个随机变量,则这一族随机变量$\{\xi_t(\omega),t\in T\}$称为是**随机过程**.

以后,为简明起见,$\xi_t(\omega)$就省略为 ξ_t,其样本写成 x_t,而 T 主要是实数集 $\mathbf{R}$ 或直线上的一段区间$[a,b]$,或者序列 $t=0,\pm1,\pm2,\cdots$,等等.

最简单的随机过程$\{\xi_t,t=0,1,2,\cdots\}$是独立同分布的随机变量序列. 例如,投掷硬币,令

$$\xi_t = \begin{cases} 1, & \text{如果出正面}, \\ 0, & \text{如果出反面}, \end{cases} \tag{1.1.3}$$

而一次次独立地投掷，则$\{\xi_t, t=0,1,2,\cdots\}$为一随机过程(以后离散足标情况下称为**随机序列**，且在不混淆的情况下，将随机过程或随机序列简记为ξ_t).

另一重要的随机过程是实正态过程，其定义如下：设T是实数集，对任意$t\in T$，存在实值函数a_t，且对任意$s,t\in T$，存在二元实值函数$\sigma_{s,t}$，满足

(1) $\sigma_{s,t}=\sigma_{t,s}$； (1.1.4)

(2) 对任意$t_1,t_2,\cdots,t_n\in T$，矩阵

$$\boldsymbol{B}_n = (\sigma_{t_i,t_j})_{1\leqslant i,j\leqslant n} \tag{1.1.5}$$

是非负定矩阵，而$(\xi_{t_1},\cdots,\xi_{t_n})$的特征函数是

$$f_n(u_1,u_2,\cdots,u_n) = \exp\left\{\mathrm{i}\sum_{k=1}^n a_{t_k}u_k - \frac{1}{2}\sum_{k=1}^n\sum_{l=1}^n \sigma_{t_k,t_l}u_k u_l\right\}, \tag{1.1.6}$$

则$\{\xi_t, t\in T\}$称为实的**正态过程**. 显见，a_t为均值函数，(1.1.5)为其协方差阵.

§2 宽平稳过程与严平稳过程

2.1 宽平稳过程

定义 1.1.2 设$\{\xi_t, t\in T\}$为实值随机过程，其期望和协方差皆存在，如果

(1) $E\xi_t\equiv a$对一切$t\in T$成立，a为常数；

(2) $E[(\xi_{t+\tau}-a)(\xi_t-a)]=R_\xi(\tau)$对一切$t,t+\tau\in T$成立，

则称$\{\xi_t, t\in T\}$为**宽平稳过程**，其中$R_\xi(\tau)$称为**协方差函数**.

通常称

$$B_\xi(\tau) = E(\xi_{t+\tau}\xi_t)$$

为**相关函数**. 显见，它和$R_\xi(\tau)$的关系为

$$R_\xi(\tau) = B_\xi(\tau) - |a|^2. \tag{1.1.7}$$

当$a=0$时，两者等价.

以后如不声明皆假定$a=0$，若不然可令

$$\eta_t = \xi_t - a, \quad t\in T,$$

则

$$E\eta_t = 0, \quad R_{\eta_t}(\tau) = B_{\eta_t}(\tau). \tag{1.1.8}$$

关于宽平稳序列，可举以下例子：

例 1.1.1(白噪声序列) 设$\{\xi_t, t=\mathbf{0},\pm\mathbf{1},\pm\mathbf{2},\cdots\}$是实的独立同分布序列，具有二阶矩，均值$a=\mathbf{0}$，则

$$E(\xi_{t+\tau}\xi_t)=\begin{cases}\sigma^2, & \tau=0,\\ 0, & \tau\neq 0.\end{cases} \tag{1.1.9}$$

显见,(**1.1.9**)式右边与 t 无关,故为宽平稳序列.

例 1.1.2(随机振荡过程) 设 ξ 为零均值、具有二阶矩的随机变量:$E\xi=0,E\xi^2=\sigma^2$;θ 为服从均匀分布 $U[0,2\pi]$的随机相位,则

$$\zeta_t=\xi\cos(\omega t+\theta),\quad t\in T \tag{1.1.10}$$

是宽平稳过程,其中 ξ 与 θ 独立,ω 为圆频率(常数).

读者可自行证明:

$$E\zeta_t=0,$$
$$E(\zeta_{t+\tau}\zeta_t)=\frac{\sigma^2}{2}\cos\omega\tau,\quad t,\tau\in T, \tag{1.1.11}$$

其中用到 $E[\cos(C+\theta)]=0$,C 为常数,$\theta\sim U[0,2\pi]$.

以上结果可推广到

$$\zeta_t=\sum_{k=1}^{N}\xi_k\cos(\omega_k t+\theta_k),\quad t\in T$$

的情形.也就是说,如果$\{\xi_k\}$相互独立,零均值,方差为$\{\sigma_k^2\}$,而$\{\theta_k\}$为与$\{\xi_k\}$独立并自身相互独立同服从分布 $U[0,2\pi]$的随机变量,则$\{\zeta_t,t\in T\}$是宽平稳过程.

宽平稳性是建立在随机过程的一、二阶矩"时不变"的基础上的,即均值、方差和协方差不随时间 t 的推移而改变.还有另一类平稳性是建立在分布律上的,相应的随机过程称为严平稳过程.

2.2 严平稳过程

定义 1.1.3 设$\{\xi_t,t\in T\}$是实值平稳过程,若对任意的 $n>0$,取 $t_1,t_2,\cdots,t_n\in T,\tau_1,\tau_2,\cdots,\tau_n\in T$,$\{\xi_{t_1},\xi_{t_2},\cdots,\xi_{t_n}\}$和$\{\xi_{t_1+\tau_1},\xi_{t_2+\tau_2},\cdots,\xi_{t_n+\tau_n}\}$具有相同的分布函数

$$F_{t_1,t_2,\cdots,t_n}(x_1,x_2,\cdots,x_n)=F_{t_1+\tau_1,t_2+\tau_2,\cdots,t_n+\tau_n}(x_1,x_2,\cdots,x_n), \tag{1.1.12}$$

则称$\{\xi_t,t\in T\}$是**严平稳过程**.

最简单的严平稳过程就是独立同分布序列$\{\xi_t,t=0,\pm1,\cdots\}$.

关于"宽"与"严"的性质有以下几点值得读者注意:

(1) 严平稳过程不意味着一定是宽平稳过程.因为在定义 1.1.3 中并未要求随机变量 ξ_t 具有一、二阶矩.大家知道 Cauchy 分布就没有期望和方差.

(2) 宽平稳过程未必是严平稳过程.因为一、二阶矩对时间推移的不变性并不能得到分布函数对时间推移的不变性.读者可自己构造一个过程来说明这一问题.

(3) 严平稳过程若具有二阶矩,则它必然是宽平稳的.因为一、二阶矩可理解为都是建立在对分布的积分基础上的,而分布对时间推移的不变性就使得均值、方差、协方差也不变.

(4) 对正态过程而言,"宽"与"严"等价.因为正态分布只用到一、二阶的参数.

以后我们主要研究实的宽平稳过程(或序列).为简便起见,以后就将宽平稳过程简称为平稳过程,而且皆假定均值 $a=0$,除非有声明.

关于相关函数 $R_\xi(\tau)$,它具有以下常用性质:

(1) $R_\xi(0)=\sigma^2\geqslant 0$; (1.1.13)

(2) $|R_\xi(\tau)|\leqslant R_\xi(0)$; (1.1.14)

(3) 对 $t_1,t_2\cdots,t_n\in T$,矩阵 $(R(t_i-t_j))_{1\leqslant i,j\leqslant n}$ 是非负定矩阵;

(4) 当 $T=\mathbf{R}$ 或 $T=[0,+\infty)$ 时,$R_\xi(\tau)$ 是连续函数.

值得注意的是:$R_\xi(\tau)$ 连续并不意味着随机过程 $\{\xi_t,t\in T\}$ 的观测曲线 $x_t(t\in T)$ 是连续函数.

例 1.1.3(随机电报信号) 设 $T=(-\infty,+\infty)$,ξ_t 只取"1"和"0"两种状态(见图 1.1.1):

$$\xi_t\sim\begin{pmatrix}1 & 0\\ 1/2 & 1/2\end{pmatrix},\quad t\in T. \tag{1.1.15}$$

在 Δ 时间间隔内,状态可能发生变化的次数 $\mu(\Delta)$ 服从 Poisson 分布:

$$P\{\mu(\Delta)=k\}=\frac{(\lambda_0\Delta)^k}{k\,!}\mathrm{e}^{-\lambda_0\Delta},\quad k=0,1,2,\cdots, \tag{1.1.16}$$

其中 $\Delta,\lambda_0>0$,ξ_t 与 $\mu(\Delta)$ 是独立的(即任意 Δ 间隔内波形变化的次数不受 t 时刻随机过程所处状态的影响).可以算出(参见谢(1990)):

(1) $E(\xi_t)=\dfrac{1}{2}$;

(2) $R_\xi(\tau)=\dfrac{1}{4}\mathrm{e}^{-2\lambda_0|\tau|}$ (见图 1.1.2).

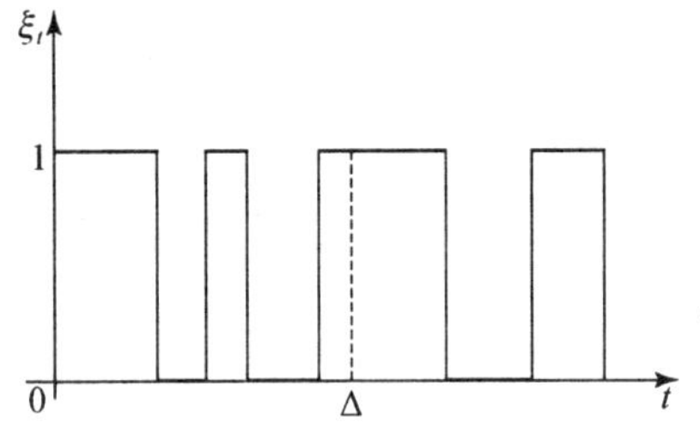

图 1.1.1 随机电报信号的记录

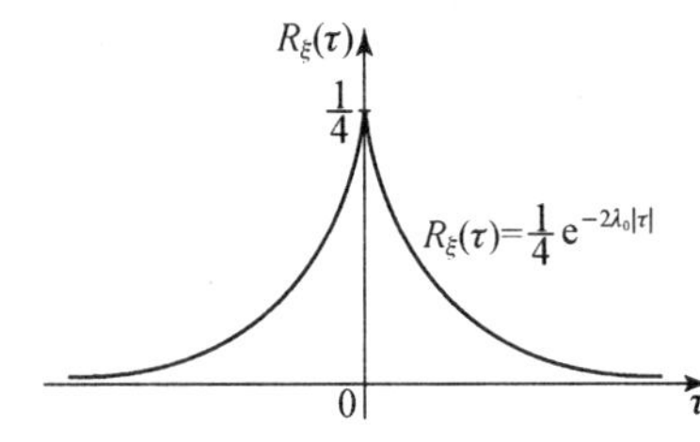

图 1.1.2 随机电报信号的相关函数

由相关函数 $R_\xi(\tau)$ 与 t 无关知道 $\{\xi_t,t\in T\}$ 是平稳的,而且由图 1.1.2 知道 $R_\xi(\tau)$ 是连续函数,但电报信号 ξ_t 显然是间断函数.

§3 平稳过程的谱函数与谱密度

定义 1.1.2 不难推广到复平稳过程.

3.1 复平稳过程

定义 1.1.4 设$\{\xi_t, t\in T\}$是复值随机过程，如果有：

(1) $E\xi_t \equiv a$ 对一切 $t\in T$ 成立，a 为复常数； (1.1.17)

(2) $E[(\xi_{t+\tau}-a)(\overline{\xi_t - a})]=R_\xi(\tau)$对一切 $t, t+\tau\in T$ 成立， (1.1.18)

则称$\{\xi_t, t\in T\}$为**复宽平稳过程**.

同样我们以下常常假定 $a=0$，并简称$\{\xi_t, t\in T\}$为平稳过程. 在复的情形下有 $R(-\tau)=\overline{R_\xi(\tau)}$，在实的情形下则有 $R_\xi(-\tau)=R_\xi(\tau)$.

例 1.1.4(复随机振荡信号) 设 $T=\{0,\pm1,\pm2,\cdots\}$，

$$\xi_t = \xi e^{i(\omega_1 t+\theta_1)} + \eta e^{i(\omega_2 t+\theta_2)},\quad t\in T, \tag{1.1.19}$$

其中 ξ,η 是相互独立、零均值、方差分别为 σ_ξ^2 和 σ_η^2 的实随机变量；θ_1,θ_2 为相互独立并与(ξ,η)也独立的服从分布 $U[0,2\pi]$的实随机变量；ω_1,ω_2 为实常数，则(1.1.19)是复平稳过程.

事实上，不难看出：

$$E\xi_t = E\xi\cdot E(e^{i\theta_1})\cdot e^{i\omega_1 t} + E\eta\cdot E(e^{i\theta_2})\cdot e^{i\omega_2 t}\equiv 0,$$

$$E(\xi_{t+\tau}\bar{\xi}_t) = E(\xi^2 e^{i\omega_1\tau} + \eta^2 e^{i\omega_2\tau}) = \sigma_\xi^2 e^{i\omega_1\tau} + \sigma_\eta^2 e^{i\omega_2\tau} = R_\xi(\tau). \tag{1.1.20}$$

以上结果可推广到

$$\xi_t = \sum_k \eta_k e^{i(\omega_k t+\theta_k)} \tag{1.1.21}$$

的情形，这时相关函数为

$$R_\xi(\tau) = \sum_k \sigma_k^2 e^{i\omega_k\tau}. \tag{1.1.22}$$

(1.1.21)是“具有随机相位和随机振幅”的信号，特例是

$$\xi_t = \sum_k \eta_k e^{i(\omega_k t)}, \tag{1.1.23}$$

它的相关函数 $R_\xi(\tau)$也是表达式(1.1.22).

(1.1.22)，(1.1.23)两式具有非常重要的物理和数学的意义，即：当随机过程$\{\xi_t, t\in T\}$可分解为一些相互独立的散布在$\{\omega_k\}$诸频率上的随机振荡信号之和时，它的相关函数 $R_\xi(\tau)$也将表示出各分量的强度 σ_η^2 散布在各$\{\omega_k\}$上的状况. 这样，当我们由观测样本$\{x_t\}$估计出$\hat{R}_\xi(\tau)$时(以下介绍具体做法)也就在一定程度上了解平稳过程$\{\xi_t, t\in T\}$大致是由哪些频率成分的随机振荡所组成，其强度的分布如何等信息.

3.2 相关函数的谱表示

以上的结果可以推广到一般平稳过程的情形. 为此，以下作一些不太严格的说明，目的是让读者理解平稳过程谱分析的含义，严格的证明和叙述可见于谢(1990)，Rozanov Y A

(1967),Yaglom A M(1987).

首先(1.1.22)式可改写为 Stieltjes 积分形式

$$R_\xi(\tau) = \sum_k \sigma_k^2 e^{i\omega_k \tau} = \int_{-\infty}^{+\infty} e^{i\tau\lambda} dF_\xi(\lambda), \tag{1.1.24}$$

其中 $F_\xi(\lambda)$ 为阶梯函数,只在 $\{\omega_k\}$ 诸点上有跳跃,其跳跃高度为 $\{\sigma_k^2\}$,因而 $F_\xi(\lambda)$ 的形状类似于离散型随机变量的分布(但无归一化,见图 1.1.3).

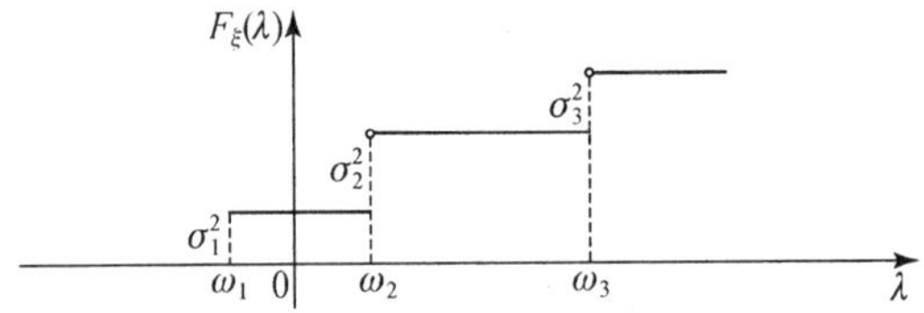

图 1.1.3 随机振荡相关函数(1.1.24)对应的 $F_\xi(\lambda)$

若引进

$$f_\xi(\lambda) = \sum_k \sigma_k^2 \delta(\lambda - \omega_k), \tag{1.1.25}$$

则(1.1.24)式可改写为

$$R_\xi(\tau) = \int_{-\infty}^{+\infty} e^{i\lambda\tau} f_\xi(\lambda) d\lambda, \tag{1.1.26}$$

其中

$$\delta(\lambda - d) = \begin{cases} 1, & \lambda = d, \\ 0, & \lambda \neq d. \end{cases} \tag{1.1.27}$$

$f_\xi(\lambda)$ 的图形如图 1.1.4 所示.

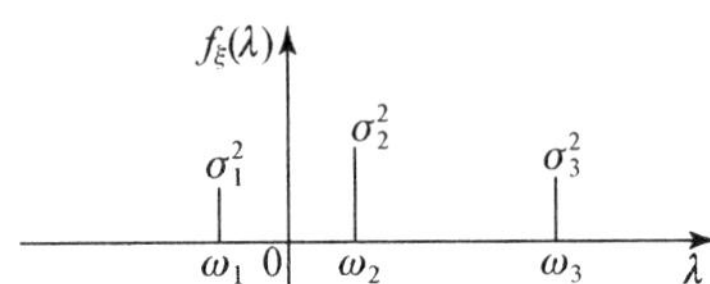

图 1.1.4 随机振荡相关函数(1.1.24)对应的 $f_\xi(\lambda)$

以后称 $F_\xi(\lambda)$ 为平稳过程 $\{\xi_t, t\in T\}$ 的**谱函数**,$f_\xi(\lambda)$ 则称为该平稳过程的**谱密度**. 理论上,Khinchin-Bochner 定理指出:任一平稳过程 $\{\xi_t, t=0,\pm 1,\pm 2,\cdots\}$ 的相关函数 $R_\xi(\tau)$ 必有谱函数 $F_\xi(\lambda)$,使得

$$R_\xi(\tau) = \int_{-\pi}^{\pi} e^{i\tau\lambda} dF_\xi(\lambda). \tag{1.1.28}$$

如果进一步有

$$\sum_{k=-\infty}^{\infty} |R_\xi(k)| < +\infty, \tag{1.1.29}$$

则谱密度 $f_\xi(\lambda)$ 必存在(几乎处处):

$$\frac{\mathrm{d}F_\xi(\lambda)}{\mathrm{d}\lambda} = f_\xi(\lambda), \quad -\pi \leqslant \lambda \leqslant \pi, \tag{1.1.30}$$

并且有

$$f_\xi(\lambda) = \frac{1}{2\pi}\sum_k R_\xi(k)\mathrm{e}^{-\mathrm{i}k\lambda}, \quad -\pi \leqslant \lambda \leqslant \pi, \tag{1.1.31}$$

$$R_\xi(k) = \int_{-\pi}^{\pi} \mathrm{e}^{\mathrm{i}k\lambda} f_\xi(\lambda)\mathrm{d}\lambda, \quad k = 0, \pm 1, \pm 2, \cdots \tag{1.1.32}$$

(并由 $R_\xi(-k)=R_\xi(k)$,则 $f_\xi(-\lambda)=f_\xi(\lambda)$).

由(1.1.31),(1.1.32)两式我们知道,在条件(1.1.29)下,$R_\xi(k)$ 和 $f_\xi(\lambda)$ 是一对 Fourier 变换(级数)的关系①(以上结果详细和严格的叙述可见于谢(1990)).

如果 $\{\xi_t, -\infty<t<+\infty\}$ 是平稳过程,则其相关函数 $R_\xi(\tau)$ 必可表为

$$R_\xi(\tau) = \int_{-\infty}^{+\infty} \mathrm{e}^{\mathrm{i}\tau\lambda}\mathrm{d}F_\xi(\lambda). \tag{1.1.33}$$

而进一步,若有

$$\int_{-\infty}^{+\infty} |R_\xi(\tau)|\,\mathrm{d}\tau < +\infty, \tag{1.1.34}$$

则有谱密度 $f_\xi(\lambda)(-\infty<\lambda<+\infty)$ 存在,并可表为

$$f_\xi(\lambda) = \frac{1}{2\pi}\int_{-\infty}^{+\infty} \mathrm{e}^{-\mathrm{i}\tau\lambda} R_\xi(\tau)\mathrm{d}\tau, \quad -\infty < \lambda < +\infty, \tag{1.1.35}$$

且有

$$R_\xi(\tau) = \int_{-\infty}^{+\infty} \mathrm{e}^{\mathrm{i}\tau\lambda} f_\xi(\lambda)\mathrm{d}\lambda, \quad -\infty < \tau < +\infty. \tag{1.1.36}$$

这表明谱密度 $f_\xi(\lambda)$ 和相关函数 $R_\xi(\tau)$ 是一对 Fourier 变换关系.

以后我们主要研究随机序列的情形. 以下举一些例子:

例 1.1.5 设 $\{\xi_n, n=0,\pm 1,\cdots\}$ 为独立同分布序列,均值为零,方差为 σ^2. 由(1.1.9)式知

$$R_\xi(\tau) = \begin{cases} \sigma^2, & \tau = 0, \\ 0, & \tau \neq 0, \end{cases} \tag{1.1.37}$$

故满足(1.1.29)式,且谱密度为

$$f_\xi(\lambda) = \frac{1}{2\pi}\sum_k R_\xi(k)\mathrm{e}^{-\mathrm{i}k\lambda} = \frac{\sigma^2}{2\pi}, \quad -\pi \leqslant \lambda \leqslant \pi. \tag{1.1.38}$$

这表明,在谱域上,谱密度是均匀的. 故仿光学的名称,这种随机序列称为**白噪声序列**. 粗略地说,如果将白噪声序列分解为(1.1.23)式来看,则各频率成分对应的正弦振荡成分的强度

---

① 显然(1.1.22)式不满足条件(1.1.29),故(1.1.25),(1.1.26)两式仅是形象的叙述.

是常数.

例 1.1.6 称$\{\xi_n, n=0,\pm1,\cdots\}$为**平稳 Markov 序列**,若存在常数 $r(0<r<1)$,使得相关函数 $R_\xi(\tau)$可表示为

$$R_\xi(\tau) = \sigma^2 r^{|\tau|}, \quad 0 < r < 1, \tau = 0, \pm 1, \pm 2, \cdots \tag{1.1.39}$$

(见图 1.1.5).显见,$\sum_k |R_\xi(k)| \leqslant \frac{2\sigma^2}{1-r} < +\infty$,且用(1.1.31)式不难求出

$$f_\xi(\lambda) = \frac{1}{2\pi} \cdot \frac{(1-r^2)\sigma^2}{|1-re^{-i\lambda}|^2}, \quad 0 \leqslant \lambda \leqslant \pi \tag{1.1.40}$$

(见图 1.1.6),而 $f_\xi(\lambda)$在$[-\pi,0]$部分和上式是对称的.

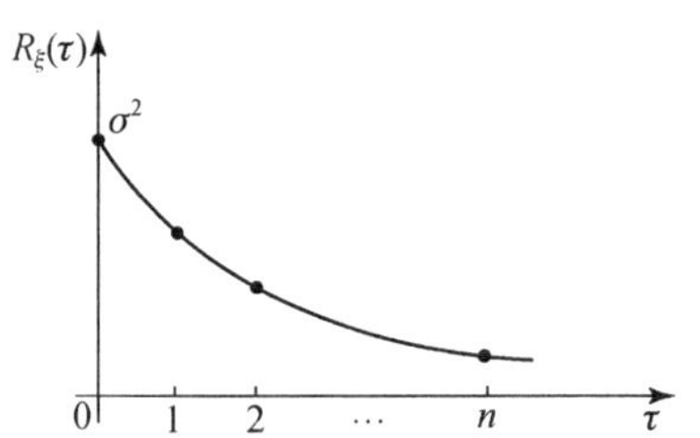

图 1.1.5 平稳 Markov 序列的相关函数

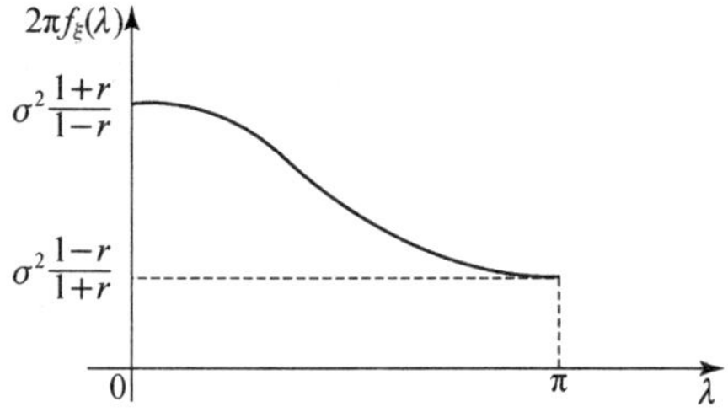

图 1.1.6 平稳 Markov 序列的谱密度

例 1.1.7(随机电报信号过程) 在例 1.1.3 中我们已知随机电报信号过程的相关函数为

$$R_\xi(\tau) = \frac{1}{4}e^{-2\lambda_0|\tau|}, \quad \tau \in \mathbf{R}, \lambda_0 > 0.$$

显然它是绝对可积的,因而谱密度 $f_\xi(\lambda)$存在,可求得

$$f_\xi(\lambda) = \frac{1}{2\pi}\int_{-\infty}^{+\infty} e^{-i\tau\lambda} \cdot \frac{1}{4}e^{-2\lambda_0|\tau|}\,d\tau = \frac{1}{2\pi} \cdot \frac{\lambda_0}{\lambda^2 + 4\lambda_0^2}, \quad \lambda \in \mathbf{R}. \tag{1.1.41}$$

§4 平稳过程的强大数律

我们知道,统计学中研究问题通常都是通过对研究对象独立多次取样(或观测),然后进行估计和分析,但是在随机过程的研究中,观测往往是不可能重复的(如天文、气象、金融等现象),而只能基于一次的观测现实.本节简要介绍时间序列分析中,如何基于平稳性,由一次观测现实去求它的一、二阶矩.由于这些结果的证明相当复杂,我们只介绍结果,其证明若需要可在谢(1990)中找到.

以下均假定$\{\xi_t, t=0,\pm1,\cdots\}$是平稳序列,$R_\xi(\tau)$为其相关函数,$\{x_t, t=1,2,\cdots,n\}$为对$\{\xi_t, t=0,\pm1,\pm2,\cdots\}$的一段观测样本,$n$ 充分大.

定理 1.1.1 设平稳序列$\{\xi_t, t=0,\pm1,\pm2,\cdots\}$的期望 $E\xi_t \equiv a$,相关函数 $R_\xi(\tau)$满足

$$\frac{1}{n}\sum_{j=-(n-1)}^{n-1}\left(1-\frac{|j|}{n}\right)R_\xi(j)\mathrm{e}^{-\mathrm{i}j\lambda}=O\left(\frac{1}{n^\alpha}\right),\quad \alpha>0, \tag{1.1.42}$$

则

$$\lim_{n\to\infty}\frac{1}{n}\sum_{j=1}^{n}x_j=a=E\xi_t,\quad \text{a. s.}^{①}. \tag{1.1.43}$$

条件(1.1.42)可以用更易判别的

$$\sum_k |R_\xi(k)|<+\infty \tag{1.1.44}$$

来代替,因为

$$\left|\frac{1}{n}\sum_{j=-(n-1)}^{n-1}\left(1-\frac{|j|}{n}\right)R_\xi(j)\mathrm{e}^{-\mathrm{i}j\lambda}\right|\leqslant\frac{1}{n}\sum_{j=-\infty}^{\infty}|R_\xi(j)|<\frac{C}{n}\to 0\quad (n\to\infty). \tag{1.1.45}$$

如果足标 t 代表时间,则$\{x_t,t=1,2,\cdots,n\}$是代表对$\{\xi_t,t=0,\pm1,\pm2,\cdots\}$的一段(按时间先后顺序)观测值,于是该定理告诉我们:按时间的一段观测的平均值近似为 ξ_t 的总体均值 $E\xi_t=a$.

定理 1.1.2 设$\{\xi_t,t=0,\pm1,\pm2,\cdots\}$是零均值的实平稳序列,对于给定的整数 ν,假如$\{X_t=\xi_{t+\nu}\xi_t,t=0,\pm1,\pm2,\cdots\}$也能构成平稳序列,并且存在常数 $K,\alpha>0$,使得

$$\left|\frac{1}{n}\sum_{j=-(n-1)}^{n-1}\left(1-\frac{|j|}{n}\right)R_X(j)-|R_\xi(\nu)|^2\right|\leqslant\frac{K}{n^\alpha} \tag{1.1.46}$$

成立,则

$$\lim_{n\to\infty}\frac{1}{n}\sum_{j=1}^{n}x_{\nu+j}x_j=R_\xi(\nu),\quad \text{a. s.}. \tag{1.1.47}$$

定理 1.1.2 的重要性在于告诉我们,如何由一段时间序列的观测值求它的二阶矩,即方差和相关函数.当然定理的条件比较复杂.但如果$\{\xi_t,t=0,\pm1,\pm2,\cdots\}$是正态序列(特征函数见(1.1.6)式),则有以下简单结果:

定理 1.1.3 设$\{\xi_t,t=0,\pm1,\pm2,\cdots\}$是零均值的实平稳正态序列,其相关函数满足 $\sum_k|R_\xi(k)|<+\infty$,则

$$\lim_{n\to\infty}\frac{1}{n}\sum_{j=1}^{n}x_{\nu+j}x_j=R_\xi(\nu),\quad \text{a. s.}.$$

对于连续足标的随机过程情形,在满足平稳性等一系列适当宽的条件下,也有

$$\lim_{T\to\infty}\frac{1}{T}\int_0^T x_t(\omega)\,\mathrm{d}t=E\xi_t,\quad \text{a. s.}, \tag{1.1.48}$$

---

① 指概率为 1 地当 n 充分大时,$\frac{1}{n}\sum_{j=1}^{n}x_j$ 以 a 为其极限(a. s. 是 almost surely 的简写).

$$\lim_{T\to\infty}\frac{1}{T}\int_0^T x_{t+\tau}(\omega)x_t(\omega)\mathrm{d}t = R_\xi(\tau),\quad \text{a. s.}, \tag{1.1.49}$$

其中$\{x_t(\omega),0\leqslant t\leqslant T\}$代表对$\{\xi_t,t\in(-\infty,+\infty)\}$的一段连续观测.

例 1.1.8 设$\{\varepsilon_t\}$是相互独立,同服从$N(0,1)$分布的随机变量序列,令

$$\xi_t=\varepsilon_t-\frac{1}{2}\varepsilon_{t-1},$$

则理论上容易求出随机过程$\{\xi_t,t=0,\pm1,\pm2,\cdots\}$的均值和相关函数:

$$E\xi_t = E\varepsilon_t-\frac{1}{2}E\varepsilon_{t-1}=0,$$

$$\begin{aligned}R_\xi(k)&=E\xi_{t+k}\xi_t=E\left[\left(\varepsilon_{t+k}-\frac{1}{2}\varepsilon_{t+k-1}\right)\left(\varepsilon_t-\frac{1}{2}\varepsilon_{t-1}\right)\right]\\&=\delta_{k,0}-\frac{1}{2}\delta_{k-1,0}-\frac{1}{2}\delta_{k+1,0}+\frac{1}{4}\delta_{k,0},\end{aligned}$$

故

$$R_\xi(k)=\begin{cases}-1/2, & k=\pm1,\\ 5/4, & k=0,\\ 0, & |k|>1,\end{cases} \tag{1.1.50}$$

其理论图形如图 1.1.7(a)所示.

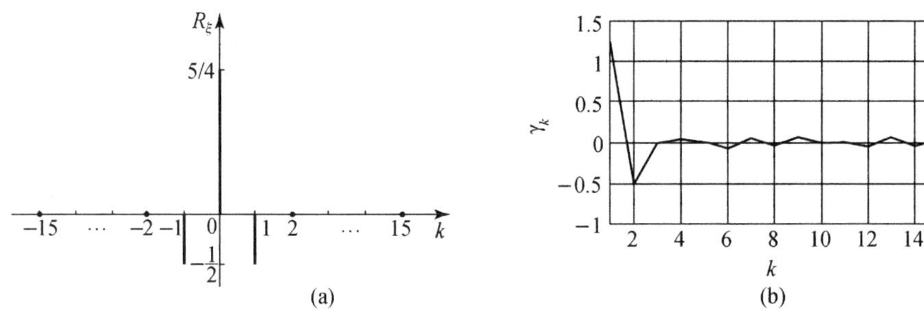

图 1.1.7 例 1.1.8 的理论相关函数(a)与样本相关函数(b)

图 1.1.7(b)是$\xi_t=\varepsilon_t-\frac{1}{2}\varepsilon_{t-1}$的样本相关函数$\gamma_k$的图形,其中

$$\gamma_k=\frac{1}{n}\sum_{j=1}^{n-k}x_{k+j}x_j,\quad k=0,1,2,\cdots,15. \tag{1.1.51}$$

当$n=50$时,样本估计为

$$\hat{\gamma}_0=1.2909,\quad \hat{\gamma}_1=-0.5150,\quad \hat{\gamma}_3=-0.0053,\quad \cdots,\quad \hat{\gamma}_{15}=-0.0038.$$

§5 平稳序列的参数模型——ARMA[①] 模型

5.1 平稳 ARMA 模型

在应用中最重要的一类宽平稳序列是具有有限参数的 ARMA(p,q)模型.

定义 1.1.5 设$\{\xi_t, t=0,\pm1,\pm2,\cdots\}$是实平稳序列($E\xi_t\equiv0$),它满足以下的随机差分方程

$$\xi_t+\varphi_1\xi_{t-1}+\varphi_2\xi_{t-2}+\cdots+\varphi_p\xi_{t-p}=\theta_0\varepsilon_t, \tag{1.1.52}$$

其中 $\theta_0>0$,ε_t 满足 $E\varepsilon_t=0$,$E(\varepsilon_t\varepsilon_s)=\delta_{t,s}$,$\varphi_1,\cdots,\varphi_p$ 为实系数,并且多项式

$$\Phi(Z)=\sum_{k=0}^{p}\varphi_k Z^k \quad (\varphi_0=1) \tag{1.1.53}$$

的根皆在单位圆外($|Z|>1$),则称$\{\xi_t, t=0,\pm1,\pm2,\cdots\}$为 AR$(p)$**模型**.

例 1.1.9 设 ξ_t 是方程

$$\xi_t-\frac{1}{2}\xi_{t-1}=2\varepsilon_t \tag{1.1.54}$$

的平稳解($\{\varepsilon_t\}$为标准白噪声序列),则$\{\xi_t, t=0,\pm1,\pm2,\cdots\}$是 AR(1)模型. 因为 $\theta_0=2>0$,方程

$$\Phi(Z)=1-\frac{1}{2}Z$$

只有一个 $Z=2>1$ 的单位圆外的根,故它是 AR(1)模型.

定义 1.1.6 设$\{\xi_t, t=0,\pm1,\pm2,\cdots\}$是实平稳序列,$\xi_t$ 可表示为

$$\xi_t=\theta_0\varepsilon_t+\theta_1\varepsilon_{t-1}+\cdots+\theta_q\varepsilon_{t-q}, \tag{1.1.55}$$

其中 $\theta_0>0$,ε_t 满足 $E\varepsilon_t=0$,$E(\varepsilon_t\varepsilon_s)=\delta_{t,s}$,$\theta_0,\theta_1,\cdots,\theta_q$ 为实系数,并且多项式

$$\Theta(Z)=\sum_{j=0}^{q}\theta_j Z^j\neq0,\quad |Z|\leqslant1 \tag{1.1.56}$$

(即单位圆内无根),则称$\{\xi_t, t=0,\pm1,\pm2,\cdots\}$为 MA$(q)$**模型**.

例 1.1.10 设 ξ_t 可表示为

$$\xi_t=6\varepsilon_t-5\varepsilon_{t-1}+\varepsilon_{t-2}, \tag{1.1.57}$$

其中$\{\varepsilon_t\}$为标准白噪声序列,则 $\theta_0=6>0$,且多项式

$$\Theta(Z)=6-5Z+Z^2=(3-Z)(2-Z)$$

---

① ARMA 为 autoregressive-moving average 的缩写,即自回归滑动平均. 以后 AR 模型表示自回归模型,MA 模型表示滑动平均模型.

有两个模皆大于 1 的实根,故$\{\xi_t,t=0,\pm1,\pm2,\cdots\}$为 MA(2)模型.

定义 1.1.7 设$\{\xi_t,t=0,\pm1,\pm2,\cdots\}$为实平稳序列($E\xi_t\equiv0$),$\{\varepsilon_t\}$为标准白噪声序列,$\xi_t$ 是随机差分方程

$$\xi_t+\varphi_1\xi_{t-1}+\cdots+\varphi_p\xi_{t-p}=\theta_0\varepsilon_t+\theta_1\varepsilon_{t-1}+\cdots+\theta_q\varepsilon_{t-q} \tag{1.1.58}$$

的平稳解(其中 p,q 为最小阶数),且多项式

$$\begin{aligned}\Phi(Z)&=\sum_{k=0}^{p}\varphi_kZ^k\quad(\varphi_0=1),\\ \Theta(Z)&=\sum_{j=0}^{q}\theta_jZ^j\quad(\theta_0>0)\end{aligned} \tag{1.1.59}$$

的根皆在单位圆外,则称$\{\xi_t,t=0,\pm1,\pm2,\cdots\}$为 ARMA$(p,q)$**模型**.

例 1.1.11 设$\{\xi_t,t=0,\pm1,\pm2,\cdots\}$是满足

$$\xi_t-\frac{1}{2}\xi_{t-1}=2\varepsilon_t-3\varepsilon_{t-1}+\varepsilon_{t-2} \tag{1.1.60}$$

的平稳序列,其中$\{\varepsilon_t\}$为标准白噪声序列,由例 1.1.9 和例 1.1.10 可知$\{\xi_t,t=0,\pm1,\pm2,\cdots\}$是 ARMA(1,2)模型.

然而,若$\{\xi_t,t=0,\pm1,\pm2,\cdots\}$满足方程

$$\xi_t-\frac{3}{2}\xi_{t-1}+\frac{1}{2}\xi_{t-2}=\varepsilon_t, \tag{1.1.61}$$

因 $\Phi(Z)=\frac{1}{2}(Z-1)(Z-2)$有 $Z=1$ 的根,故不能称$\{\xi_t,t=0,\pm1,\pm2,\cdots\}$为 AR(2)模型.

对于一般的多项式,如何去判别它的根是否皆在单位圆外是一复杂问题,读者可参看 Jury(1964). 以下按几种特殊模型分情况介绍常用的关于低阶多项式的判别法:

(1) ARMA(1,1)模型: 此时两个多项式为

$$\begin{cases}\Phi(Z)=1+\varphi_1Z,\\ \Theta(Z)=\theta_0+\theta_1Z.\end{cases} \tag{1.1.62}$$

令 $\lambda=\theta_1/\theta_0$,不难证明,若

$$|\lambda|<1,\quad |\varphi_1|<1, \tag{1.1.63}$$

则(1.1.62)式中两个多项式的根必皆在单位圆外.

(2) AR(2)模型: 设

$$\Phi(Z)=1+\varphi_1Z+\varphi_2Z^2, \tag{1.1.64}$$

若有

$$|\varphi_2|<1,\quad \varphi_1-\varphi_2<1,\quad -1<\varphi_1+\varphi_2, \tag{1.1.65}$$

则 $\Phi(Z)$的根皆在单位圆外.

(3) MA(2)模型: 设

$$\Theta(Z)=\theta_0+\theta_1 Z+\theta_2 Z^2, \tag{1.1.66}$$

令 $\lambda_1=\theta_1/\theta_0$，$\lambda_2=\theta_2/\theta_0$，若有

$$|\lambda_2|<1,\quad \lambda_1-\lambda_2<1,\quad -1<\lambda_1+\lambda_2, \tag{1.1.67}$$

则 $\Theta(Z)$ 的根皆在单位圆外.

读者容易看出，若 $\theta_0=1$，则条件(1.1.65)和(1.1.67)类同.

5.2 关于 ARMA 模型的相关函数和偏相关系数

定理 1.1.4(MA 模型相关函数的截尾性) 平稳序列 $\{\xi_t,t=0,\pm1,\pm2,\cdots\}$ 为 MA(q) 模型的充分必要条件是其相关函数是 q 步截尾的，即

$$R_\xi(q)\neq 0,\quad R_\xi(k)=0\quad (k>q). \tag{1.1.68}$$

在例 1.1.8 中，$\{\xi_t,t=0,\pm1,\pm2,\cdots\}$ 的相关函数 $R_\xi(k)$ 的表达式为(1.1.50)，读者从中可看出它是一步截尾的，即 $|R_\xi(k)|=0$ ($|k|>1$)，因为该例属于 MA(1) 模型.

关于 AR(p) 模型，我们先介绍以下定理：

定理 1.1.5 设 $\{\xi_t,t=0,\pm1,\pm2,\cdots\}$ 为(1.1.52)式的 AR(p) 模型，$R_\xi(k)$ 为其相关函数，则有以下 Yule-Walker 方程成立：

$$\begin{bmatrix} R_\xi(0) & R_\xi(1) & \cdots & R_\xi(p) \\ R_\xi(1) & R_\xi(0) & \cdots & R_\xi(p-1) \\ \vdots & \vdots & & \vdots \\ R_\xi(p) & R_\xi(p-1) & \cdots & R_\xi(0) \end{bmatrix}\begin{bmatrix} 1 \\ \varphi_1 \\ \vdots \\ \varphi_p \end{bmatrix}=\begin{bmatrix} \theta_0^2 \\ 0 \\ \vdots \\ 0 \end{bmatrix}, \tag{1.1.69}$$

并且

$$R_\xi(n)=-\sum_{k=1}^{p}\varphi_k R_\xi(n-k),\quad n\geqslant 1.$$

关于定理 1.1.5，作以下几点说明：

(1) 由方程(1.1.69)中的第一个方程，可得

$$\theta_0^2=\sum_{k=0}^{p}R_\xi(k)\varphi_k,\quad \varphi_0=1. \tag{1.1.70}$$

(2) 方程(1.1.69)左边的矩阵是非负定矩阵，由它解出的系数 $\{\varphi_k\}$，必满足

$$\Phi(Z)=\sum_{k=0}^{p}\varphi_k Z^k\neq 0,\quad |Z|\leqslant 1. \tag{1.1.71}$$

(3) 如果令 $\varphi_k^{(p)}=-\varphi_k$ ($k=1,2,\cdots,p$)，则由方程(1.1.69)可分解出 (1.1.72)

$$\begin{bmatrix} R_\xi(0) & R_\xi(1) & \cdots & R_\xi(p-1) \\ R_\xi(1) & R_\xi(0) & \cdots & R_\xi(p-2) \\ \vdots & \vdots & & \vdots \\ R_\xi(p-1) & R_\xi(p-2) & \cdots & R_\xi(0) \end{bmatrix}\begin{bmatrix} \varphi_1^{(p)} \\ \varphi_2^{(p)} \\ \vdots \\ \varphi_p^{(p)} \end{bmatrix}=\begin{bmatrix} R_\xi(1) \\ R_\xi(2) \\ \vdots \\ R_\xi(p) \end{bmatrix}. \tag{1.1.73}$$

也有的书称(1.1.73)为 Yule-Walker 方程.

(4) 方程(1.1.69)左边的矩阵是 Toeplitz 阵,因此解线性方程组(1.1.73)有递推公式,详见于安(1983),谢(1990).

定义 1.1.8 设$\{\xi_t, t=0,\pm1,\pm2,\cdots\}$为平稳序列,若$\{\psi_j^{(k)}, j=1,2,\cdots,k\}$使得均方误差

$$\delta_k = \inf_{\{\alpha_j^{(k)}\}} E\left|\xi_t - \sum_{j=1}^{k}\alpha_j^{(k)}\xi_{t-j}\right|^2 = E\left|\xi_t - \sum_{j=1}^{k}\psi_j^{(k)}\xi_{t-j}\right|^2 \tag{1.1.74}$$

达到极小,则称 $\psi_k^{(k)}$ 为**第 k 步偏相关值**,而$\{\psi_k^{(k)}, k=1,2,\cdots\}$称为 ξ_t 的**偏相关系数**.

读者不难从(1.1.74)式中看出:δ_k 是 ξ_t 最大限度地"扣除"前 k 步$\{\xi_{t-1},\cdots,\xi_{t-k}\}$的影响后残量的方差.当用$\frac{\partial\delta_k}{\partial\alpha_j^{(k)}}=0$ 求解时,可得如下的 k 阶 Yule-Walker 方程:

$$\begin{bmatrix} R(0) & R(1) & \cdots & R(k-1) \\ R(1) & R(0) & \cdots & R(k-2) \\ \vdots & \vdots & & \vdots \\ R(k-1) & R(k-2) & \cdots & R(0) \end{bmatrix} \begin{bmatrix} \psi_1^{(k)} \\ \psi_2^{(k)} \\ \vdots \\ \psi_k^{(k)} \end{bmatrix} = \begin{bmatrix} R(1) \\ R(2) \\ \vdots \\ R(k) \end{bmatrix}. \tag{1.1.75}$$

当 $k=p$ 时,则 $\psi_j^{(k)}=\varphi_j^{(k)}, j=1,2,\cdots,p$.

特别提醒需关注的是 AR(p)模型的 $\varphi_k^{(k)}, k\geqslant1$.前面已讲述了$\{\varphi_j^{(k)}, j=1,2,\cdots,k\}$的意义.记

$$\begin{aligned} \tilde{\xi}_t &= \xi_t - \sum_{j=1}^{k-1}\alpha_j^{(k-1)}\xi_{t-j}, \\ \tilde{\xi}_{t-k} &= \xi_{t-k} - \sum_{j=1}^{k-1}\beta_j^{(k-1)}\xi_{t-j}, \end{aligned} \tag{1.1.76}$$

其中$\{\alpha_j^{(k-1)}\}$,$\{\beta_j^{(k-1)}\}$皆是在(1.1.74)意义下达极小的系数,则有下面的定理.

定理 1.1.6 设$\{\xi_t, t=0,\pm1,\pm2,\cdots\}$是 AR($p$)序列,$\{\varphi_k^{(k)}\}$为其偏相关值,则有

$$\varphi_k^{(k)} = \frac{E(\tilde{\xi}_t\tilde{\xi}_{t-k})}{(E|\tilde{\xi}_t|^2\cdot E|\tilde{\xi}_{t-k}|^2)^{1/2}}, \quad k\geqslant1. \tag{1.1.77}$$

由定理 1.1.6 知$\{\varphi_k^{(k)}\}$是随机变量 ξ_t,ξ_{t-k} 各自去掉$\{\xi_{t-1},\xi_{t-2},\cdots,\xi_{t-k+1}\}$的影响后,残余分量之间的相关系数,故以后称$\{\varphi_k^{(k)}\}$(即 Yule-Walker 方程(1.1.75)解的最后一个系数)为 AR(p)序列的**偏相关系数**.

我们从定理 1.1.4 知道,一个平稳序列$\{\xi_t, t=0,\pm1,\pm2,\cdots\}$是否是 MA 型的,只要看它的相关函数 $R_\xi(k)$是否是截尾型的.而对 AR 模型,它的特征性质表现在哪里呢?

定理 1.1.7(AR 模型偏相关系数的截尾性) 平稳序列$\{\xi_t, t=0,\pm1,\pm2,\cdots\}$是 AR($p$)序列的充分必要条件为其偏相关系数$\{\varphi_k^{(k)}\}$是 p 步截尾的,即

$$\varphi_k^{(k)} = \begin{cases} 0, & k>p, \\ \varphi_p^{(p)}\neq0, & k=p. \end{cases} \tag{1.1.78}$$

(1.1.68)式和(1.1.78)式是非常重要的两个结果，在时间序列的建模中起着基础性的作用.

5.3　ARMA 模型的谱密度

谱分析是时间序列分析中非常重要的内容，本节将介绍 ARMA 模型谱密度的具体表达式.

定理 1.1.8　设$\{\xi_t, t=0,\pm1,\pm2,\cdots\}$是 AR($p$)序列，其满足的随机差分方程为

$$\xi_t+\varphi_1\xi_{t-1}+\cdots+\varphi_p\xi_{t-p}=\theta_0\varepsilon_t,$$

则$\{\xi_t, t=0,\pm1,\pm2,\cdots\}$的谱密度 $f_\xi(\lambda)$必存在，并可表为($\varphi_0=1$)：

$$f_\xi(\lambda)=\frac{1}{2\pi}\cdot\frac{\theta_0^2}{\left|\sum_{k=0}^{p}\varphi_k \mathrm{e}^{-\mathrm{i}k\lambda}\right|^2},\quad -\pi\leqslant\lambda\leqslant\pi. \tag{1.1.79}$$

例如，设$\{\xi_t, t=0,\pm1,\pm2,\cdots\}$是方程(1.1.54)对应的 AR(1)序列，方程为

$$\xi_t-\frac{1}{2}\xi_{t-1}=2\varepsilon_t,$$

即 $\varphi_0=1, \varphi_1=-\frac{1}{2}, p=1, \theta_0=2$，则谱密度为

$$f_\xi(\lambda)=\frac{\theta_0^2}{2\pi}\cdot\frac{1}{|1+\varphi_1\mathrm{e}^{-\mathrm{i}\lambda}|^2}=\frac{2}{\pi}\cdot\frac{1}{\left|1-\frac{1}{2}\mathrm{e}^{-\mathrm{i}\lambda}\right|^2},\quad -\pi\leqslant\lambda\leqslant\pi,$$

它的图形如图 1.1.8 所示. 图 1.1.8 告诉我们，相应于方程(1.1.54)的 AR(1)序列的能量主要集中在低频(靠近零的区域).

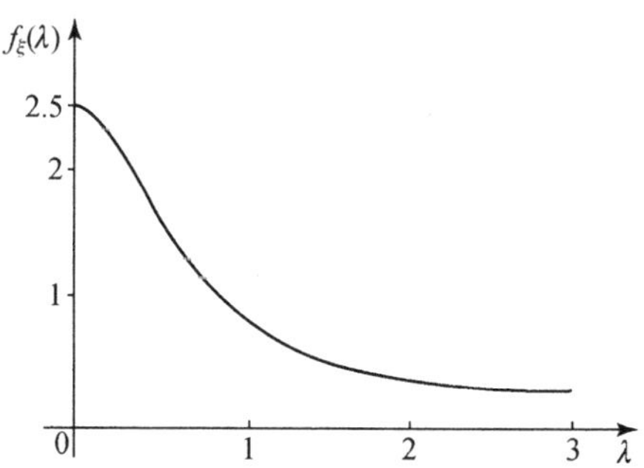

图 1.1.8　AR(1)序列的谱密度函数

例 1.1.12　对于 AR(2)序列：$\xi_t-0.73\xi_{t-1}+0.5\xi_{t-2}=\varepsilon_t$，其中$\{\varepsilon_t\}$为标准 $N(0,1)$白噪声序列，则 $\varphi_1=-0.73, \varphi_2=0.5$，且

$$\begin{cases} |\varphi_2| < 1, \\ \varphi_1 - \varphi_2 = -1.23 < 1, \\ \varphi_1 + \varphi_2 = -0.23 > -1. \end{cases} \tag{1.1.80}$$

可见本例满足平稳性条件(1.1.65),则由(1.1.79)式知谱密度应为

$$f_\xi(\lambda) = \frac{1}{2\pi} \cdot \frac{1}{|1 - 0.73\mathrm{e}^{-\mathrm{i}\lambda} + 0.5\mathrm{e}^{-2\mathrm{i}\lambda}|^2}, \quad -\pi \leqslant \lambda \leqslant \pi, \tag{1.1.81}$$

其图形如图 1.1.9 所示. 由图 1.1.9 可知,上述 AR(2)序列的能量集中在频率 $\lambda = 2\pi f = 1$ 的附近.

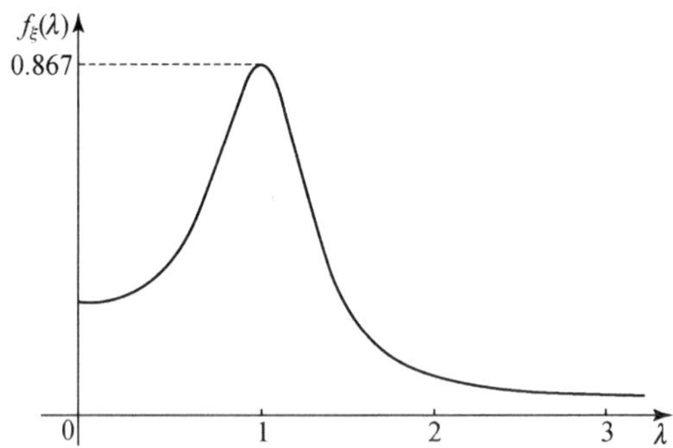

图 1.1.9 例 1.1.12 的谱密度

关于 MA 模型的谱密度,可包含在以下一般 ARMA 模型谱密度的定理之中:

定理 1.1.9 设$\{\xi_t, t=0,\pm1,\pm2,\cdots\}$为平稳 ARMA$(p,q)$序列,方程为

$$\xi_t + \varphi_1\xi_{t-1} + \cdots + \varphi_p\xi_{t-p} = \theta_0\varepsilon_t + \theta_1\varepsilon_{t-1} + \cdots + \theta_q\varepsilon_{t-q},$$

则其谱密度为

$$f_\xi(\lambda) = \frac{1}{2\pi} \cdot \frac{\left|\sum_{k=0}^{q} \theta_k \mathrm{e}^{-\mathrm{i}k\lambda}\right|^2}{\left|\sum_{l=0}^{p} \varphi \mathrm{e}^{-\mathrm{i}l\lambda}\right|^2}, \quad -\pi \leqslant \lambda \leqslant \pi. \tag{1.1.82}$$

推论 对平稳 MA(q)序列:$\xi_t = \theta_0\varepsilon_t + \theta_1\varepsilon_{t-1} + \cdots + \theta_q\varepsilon_{t-q}$,其谱密度为

$$f_\xi(\lambda) = \frac{1}{2\pi}\left|\sum_{k=0}^{q} \theta_k \mathrm{e}^{-\mathrm{i}k\lambda}\right|^2, \quad -\pi \leqslant \lambda \leqslant \pi. \tag{1.1.83}$$

由图 1.1.10 可看出,例 1.1.11 中 ARMA(1,2)序列的能量主要集中在高频区域.

读者应注意,(1.1.82)式对 ARMA 模型是特征性的,引用(1.1.59)式的符号和相应的条件,可以证明:

$$\{\xi_t, t = 0, \pm1, \pm2, \cdots\} \text{ 是 ARMA}(p,q) \text{ 模型} \Longleftrightarrow f_\xi(\lambda) = \frac{1}{2\pi} \cdot \frac{|\Theta_q(\mathrm{e}^{-\mathrm{i}\lambda})|^2}{|\Phi_p(\mathrm{e}^{-\mathrm{i}\lambda})|^2}, \quad -\pi \leqslant \lambda \leqslant \pi, \tag{1.1.84}$$

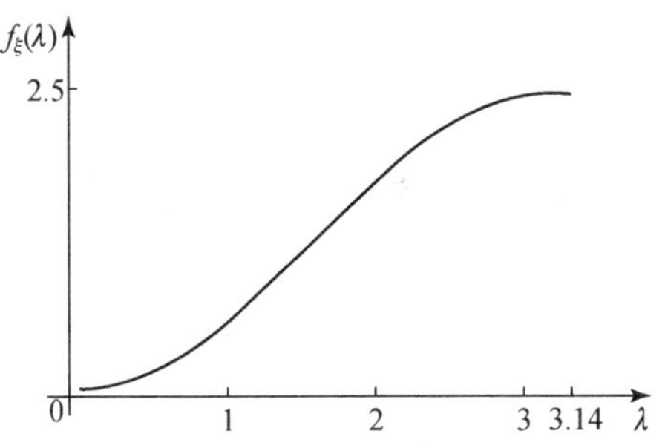

图 1.1.10 例 1.1.11 的谱密度

即 ARMA 模型的谱密度是 $e^{-i\lambda}$ 的有理函数，因而也简称为有理谱密度(足标 p,q 是用来强调其阶数的).

至于 ARMA 模型的相关函数 $R_\xi(k)$ 就没有简明的参数表示. 对 MA(q)模型，我们有下面的定理.

定理 1.1.10 设 $\{\xi_t, t=0,\pm 1,\pm 2,\cdots\}$ 为平稳 MA(q)序列，方程为定义 1.1.6 的 (1.1.55)式，则其相关函数可表为

$$R_\xi(n)=\begin{cases}0, & n>q,\\ \sum_{k=n}^{q}\theta_k\theta_{k-n}, & 0\leqslant n\leqslant q.\end{cases}\tag{1.1.85}$$

对于一般 ARMA(p,q)模型，我们可以证明：存在 $\beta,\gamma>0$，使得

$$|R_\xi(k)|<\beta e^{-k\gamma},\quad k\geqslant 0,\tag{1.1.86}$$

从而有

$$\sum_{k=-\infty}^{\infty}|R_\xi(k)|<+\infty\tag{1.1.87}$$

成立. 而在前几节中我们已知道，条件(1.1.87)是很重要的一个条件.

第二章　时间序列的建模、预报与谱分析

§1　时间序列的建模

在我们进行实际课题的研究时，能观测(记录)到的往往是一系列的数据或曲线，如何从这些实际数据或曲线记录中建立理论模型是至关重要的一步.本节首先介绍实用的建模方法，在此基础上介绍预测、滤波、谱分析等知识.

1.1　随机过程的抽样定理

我们以后主要介绍的是时间序列$\{\xi_t, t=0,\pm1,\pm2,\cdots\}$而非随机过程$\{\xi_t, -\infty<t<+\infty\}$.原因是近代计算机的发达软件使我们用数字序列比用曲线要方便得多；另外，在理论上，我们有以下重要的随机过程离散化的抽样定理：

定理 1.2.1(抽样定理)　设$\{\xi_t, -\infty<t<+\infty\}$是平稳过程，并且谱密度存在，满足：

$$f_\xi(\lambda)=0,\quad |\lambda|\geqslant 2\pi W, \tag{1.2.1}$$

其中 W 为正的常数，则 ξ_t 可由$\left\{\xi\left(\frac{n}{2W}\right), n=0,\pm1,\cdots\right\}$表出：

$$\xi_t=\sum_{n=-\infty}^{\infty}\xi\left(\frac{n}{2W}\right)\frac{\sin(2\pi Wt-n\pi)}{2\pi Wt-n\pi},\quad -\infty<t<+\infty. \tag{1.2.2}$$

关于定理 1.2.1 的详细证明可在谢(1990)中找到，我们只作以下几点说明：

(1) 对于级数(1.2.2)的收敛意义，我们不想进行过分数学化的讨论，读者可理解为“均方意义”下的收敛性，即：称 $x_n\xrightarrow{L^2}x_0$，是指

$$E|x_0-x_n|^2\to 0,\quad n\to\infty. \tag{1.2.3}$$

定理 1.2.1 中，对给定的 t，ξ_t 相当于(1.2.3)式中的 x_0，而

$$x_n=\sum_{k=-n}^{n}\xi\left(\frac{k}{2W}\right)\frac{\sin(2\pi Wt-k\pi)}{2\pi Wt-k\pi}, \tag{1.2.4}$$

其中 $\xi\left(\frac{k}{2W}\right)=\xi_{k/(2W)}$，是依 $\Delta=\frac{1}{2W}$ 为间隔对随机过程$\{\xi_t, -\infty<t<+\infty\}$进行采样.

(2) 条件(1.2.1)并没要求 $f_\xi(\lambda)\neq0(|\lambda|<2\pi W)$，即 W 是随机过程$\{\xi_t, -\infty<t<+\infty\}$频率成分的一个上界.因为在对许多随机过程进行观测时，它的准确的界是很难掌握的，因此在应用中可以估计得适当宽一点，使满足(1.2.1)式.当然不可过宽，W 变大，则 Δ 变小，采样点就多.

(3) 随机过程的抽样定理(定理 1.2.1)在工程和其它应用领域得到广泛应用,因为它告诉我们:随机过程$\{\xi_t,-\infty<t<+\infty\}$的全部信息完全包含在离散样本点$\left\{\xi\left(\frac{k}{2W}\right)\right\}$之中.但是,从数学严格的理论来看,具有条件(1.2.1)的平稳过程是“奇异”的,通常的一些方法都不适用(有兴趣于理论研究的读者可参看江(1963,1964)).

1.2 AR 模型的建模

对观测到的一组数据,假设已知它是来自具有平稳性的对象,如何给它“拟合”一个适当的理论模型呢?这就是建模问题.从数学理论中我们知道,对于在$[-\pi,\pi]$上的连续函数,可以用有理函数来逼近.因此,粗略地说,对于具有平稳性的观测对象,我们可以用 ARMA 模型来描述(见(1.1.84)式).ARMA 模型建模中涉及从观测数据出发如何去合理地估计 ARMA 模型中多项式$\Phi_p(Z)$和$\Theta_q(Z)$的系数$\{\varphi_k\}$,$\{\theta_j\}$及确定它们的阶数 p 和 q.

在实际中最常用而且效果也很好的是对数据进行 AR(p)模型的建模.为此,我们先介绍 Burg 的极大熵准则(见 Burg(1967)).设平稳序列$\{\xi_t,t=0,\pm1,\pm2,\cdots\}$具有谱密度$f_\xi(\lambda)$,它满足

$$I(\xi)=\int_{-\pi}^{\pi}\log f_\xi(\lambda)\mathrm{d}\lambda>-\infty, \tag{1.2.5}$$

则称 $I(\xi)$为$\{\xi_t,t=0,\pm1,\pm2,\cdots\}$的**谱熵**.

假定对 ξ_t,我们只掌握它前 $p+1$ 个相关函数值$\{R_\xi(k),k=0,1,2,\cdots,p\}$.如今我们要在所有平稳序列$\{\eta_t,t=0,\pm1,\pm2,\cdots\}$中找一类$\{\eta_t\}=\mathscr{K}$,它具有以下两条性质:对 $\mathscr{K}$ 中的元素 η_t.它满足:

(1) $R_\eta(k)=R_\xi(k),k=0,1,\cdots,p$; (1.2.6)

(2) $f_\eta(\lambda)$不仅存在,而且谱熵 $I(\eta)$也存在.

我们希望在 $\mathscr{K}$ 中找一个 η_t^*,它的谱熵是最大的:

$$I(\eta_t^*)=\sup_{\eta_t\in\mathscr{K}}(I(\eta_t)). \tag{1.2.7}$$

问:η_t^* 存在吗?如果存在,它是什么平稳序列?

Burg 指出:满足上述性质的平稳序列不仅存在,而且就是 AR(p)序列,其方程的系数$\{\theta_0,\varphi_1,\varphi_2,\cdots,\varphi_p\}$由 Yule-Walker 方程(1.1.69)确定.这一拟合准则称为**极大熵准则**.粗略地说,即:在信息论观点下,对平稳观测数据的拟合,最合理的就是 AR 模型.至于谱熵(1.2.5)和信息论有何关系,我们将在下一章中阐述.

值得注意的是:条件(1.2.6)只断言我们的 AR 模型只在 $p+1$ 内相关函数是重合的,$|k|>p$以外是否重合没要求.此外,p 是根据数据观测事先给定的,$\{R_\xi(k),k=0,1,\cdots,p\}$如何获得有待解决.以下我们先粗略地介绍 AR 模型拟合的步骤:

(1) 平稳性的直观判断：我们研究的主要对象是平稳序列，因此对观测到的数据$\{x_t, t=1,2,\cdots,N\}$不应该偏离平稳性太大. 当然严格的平稳性检验比较复杂，在实用中，大致可以从图上判断. 如图 1.2.1(a)就可认为比较平稳，而图 1.2.1(b)，(c)，(d)皆不能认为适合于平稳模型的拟合.

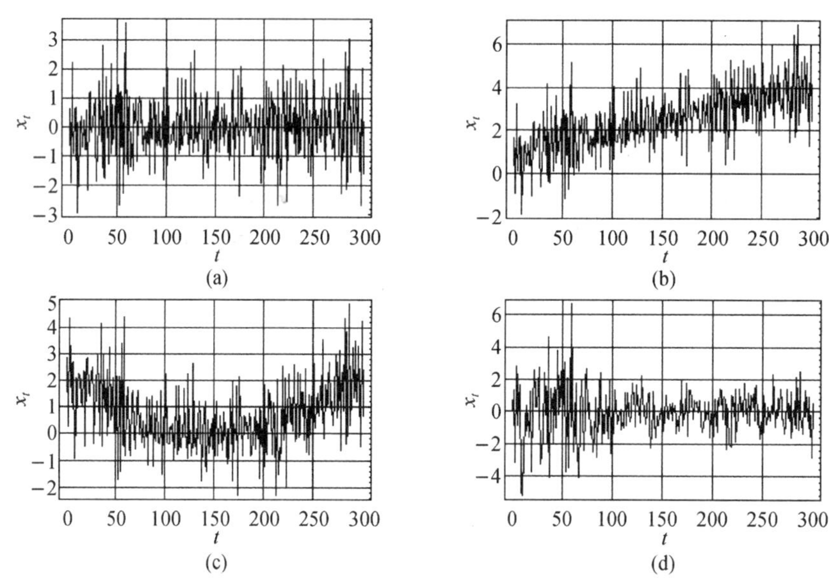

图 1.2.1 平稳序列的观测记录(a)，带线性趋势的观测记录(b)，带非线性趋势的观测记录(c)与带时变异方差的观测记录(d)

(2) 求样本相关函数：首先由大数定律(1.1.43)和(1.1.47)知，由一组观测值$\{x_t, t=1,2,\cdots,N\}$可求出样本均值和样本相关函数(N 不能太少，实用中至少在 50 以上)：

$$\hat{a} = N^{-1}\sum_{k=1}^{N} x_k, \tag{1.2.8}$$

$$\hat{\gamma}_k = N^{-1}\sum_{j=1}^{N-k}(x_{j+k}-\hat{a})(x_j-\hat{a}), \quad k=0,1,\cdots,m_N, \tag{1.2.9}$$

其中 m_N 是事先给定的，$0<m_N<\sqrt{N}$ (见 Priestley(1981)).

(3) 求 AR(p)模型的参数：对适当给定的 $p<m_N$(一般在应用中 p 可以低阶 $p=1,2,3$ 开始，下节还将讨论 p 的合理选择问题)，解 Yule-Walker 方程(方程(1.1.69))，可得$\{\theta_0, \varphi_1, \varphi_2, \cdots, \varphi_p\}$，于是在 Burg 极大熵准则下，我们对平稳观测数据$\{x_t, t=1,2,\cdots,N\}$就拟合了一个 AR(p)模型：

$$x_t + \varphi_1 x_{t-1} + \cdots + \varphi_p x_{t-p} = \theta_0 \xi_t. \tag{1.2.10}$$

(4) 求 AR(p)模型的样本谱密度函数：据定理 1.1.8，我们可以从(1.2.10)式得到 x_t 的一个合理的谱密度

$$f_x(\lambda)=\frac{\theta_0^2}{2\pi}\Big/\left|\sum_{k=0}^{p}\varphi_k \mathrm{e}^{-\mathrm{i}\lambda k}\right|^2,\quad -\pi\leqslant\lambda\leqslant\pi, \tag{1.2.11}$$

从而了解 x_t 的能量在谱域的分布状况.

例 1.2.1(气功的脑电分析) 在 Lu(1984)中记录了气功师在练功时功前、功中、功后的脑电记录. 设想功前和功中的记录是平稳过程的两段实现，我们经采样离散化后可得到两个序列，对它进行极大熵 AR 模型拟合，得模型为

$$x_t-1.203x_{t-1}+0.373x_{t-2}=2.80\varepsilon_t,\quad (\text{功前}) \tag{1.2.12}$$

$$x_t-1.575x_{t-1}+0.682x_{t-2}=2.40\varepsilon_t,\quad (\text{功中}) \tag{1.2.13}$$

它们的谱密度用(1.2.11)式计算分别得到图 1.2.2(a)，(b)(其中 $f=\lambda/2\pi$).

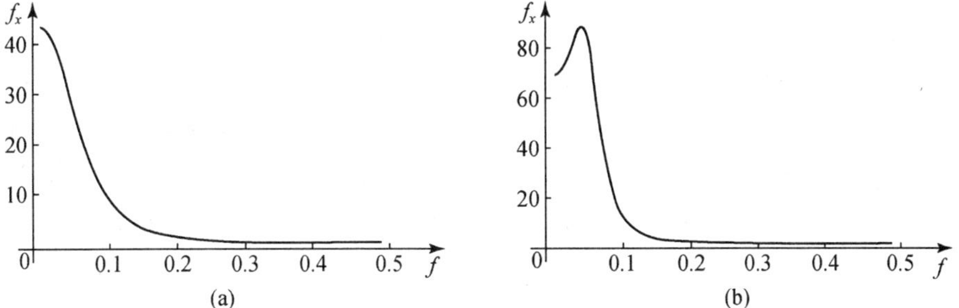

图 1.2.2 功前气功的脑电谱分析(a)与功中气功的脑电谱分析(b)

图 1.2.2(a)，(b)的横坐标是频率 f，而非 $\lambda=2\pi f$，所以由 $-\pi\leqslant\lambda\leqslant\pi$ 知 $-\frac{1}{2}\leqslant f\leqslant\frac{1}{2}$. 由对称性我们只画了右半边的图形. 从两张图中读者可以看出：气功师在练功过程中脑电波成分还是起了变化的，功前的能量主要集中在低频，而在功中相对高频的成分比较活跃.

1.3 AR 模型拟合的定阶问题

在以上 AR 模型拟合中，非常关键的一步是求解参数$\{1,\varphi_1,\varphi_2\cdots,\varphi_p;\theta_p^2\}$，其中 p 是事先给定的. 在 Burg 极大熵模型拟合过程中，没有告诉我们如何从一组观测数据$\{x_t,t=1,2,\cdots,N\}$出发去确定 p 值，而如果没有 p，则 Yule-Walker 方程(1.1.69)便不知取多少阶. 这一问题在时间序列分析发展中大概用了将近十年的时间才完全搞清楚. 以下我们仅限于介绍解决 AR 模型定阶问题的实用方法，理论问题可参看文献 An(1982)，Shibata(1976).

设想对平稳观测数据，由(1.2.9)已求出其样本相关函数$\{\gamma_0,\gamma_1,\cdots,\gamma_m\}$($m\leqslant[\sqrt{N}]$)，显然$\{\gamma_k\}$与 N 有关，又设$\{\varphi_1^{(k)},\varphi_2^{(k)},\cdots,\varphi_k^{(k)};\theta_0^2(k)\}$为由方程(1.1.73)解出的参数：

$$\begin{bmatrix} \gamma_0 & \gamma_1 & \cdots & \gamma_{k-1} \\ \gamma_1 & \gamma_0 & \cdots & \gamma_{k-2} \\ \vdots & \vdots & & \vdots \\ \gamma_{k-1} & \gamma_{k-2} & \cdots & \gamma_0 \end{bmatrix} \begin{bmatrix} \varphi_1^{(k)} \\ \varphi_2^{(k)} \\ \vdots \\ \varphi_k^{(k)} \end{bmatrix} = \begin{bmatrix} \gamma_1 \\ \gamma_2 \\ \vdots \\ \gamma_k \end{bmatrix}, \tag{1.2.14}$$

$$\theta_0^2(k) = \gamma_0 - \sum_{l=1}^{k} \varphi_l^{(k)} \gamma_l, \tag{1.2.15}$$

则通用的定阶法是运用 AIC (Akaike's Information Criterion)函数来断阶，即对 $1 \leqslant S \leqslant m_N$ (比如取$m_N = [\sqrt{N}]$)，求

$$\mathrm{AIC}(S) = \log\theta_0^2(S) + 2\frac{S}{N}, \quad 1 \leqslant S \leqslant m_N, \tag{1.2.16}$$

然后选 S_0，使得

$$\mathrm{AIC}(S_0) = \inf_{1 \leqslant S \leqslant m_N} \mathrm{AIC}(S). \tag{1.2.17}$$

记 $p_N = S_0$ 为拟合的 AR(p)模型的阶，此时模型为

$$x_t = \varphi_1^{(p_N)} x_{t-1} + \varphi_2^{(p_N)} x_{t-2} + \cdots + \varphi_{p_N}^{(p_N)} x_{t-p_N} + \theta_0^{(p_N)} \varepsilon_t. \tag{1.2.18}$$

一般来讲，AIC(S)函数($S=1,2,\cdots,m_N$)是由高值向下降，到谷底后又开始上升的，因而有极小值. 如果有多个极小值，比如有 $S_0(1) < S_0(2)$都具有相同 AIC 值：

$$\mathrm{AIC}(S_0(1)) = \mathrm{AIC}(S_0(2)),$$

则在选择时"选低不选高"，即令 $p_N = S_0(1)$.

例如，气功脑电记录的 AIC 函数如图 1.2.3 所示，此时只有一个极小值 $p=2$，所以拟合模型是 AR(2) 模型.

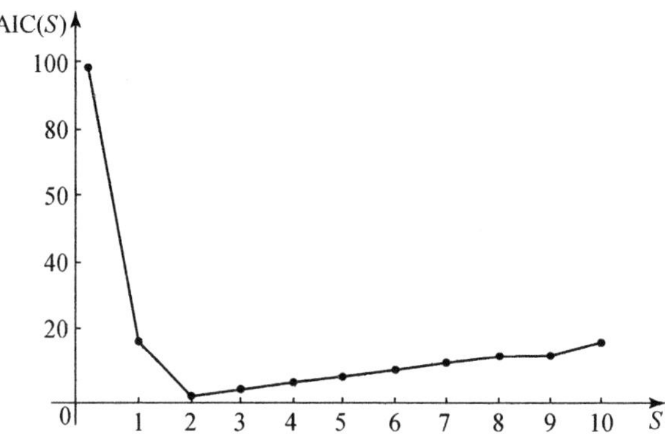

图 1.2.3 用 AIC 函数来判断阶

用 AIC 函数来判断阶是被广泛使用的一种准则，而且应用效果也不错. 然而柴田(Shibata(1976))指出，用 AIC 函数判断出的阶 p_N 并不具有相合性. 也就是说，设想有一平稳 AR(p)模型，p 已知，由模型产生一段足够长的样本序列$\{x_t, t=1,2,\cdots,N\}$，然后用以上方

法由 AIC 函数判断出的阶数为 p_N,则不能证明有

$$p_N \to p, \quad N \to \infty. \tag{1.2.19}$$

(1.2.19)式的收敛性甚至连弱相合也不成立.

Akaike 本人也发现了这一问题,于是提出了改进型的 BIC 函数:

$$\mathrm{BIC}(S) = \log\theta_0^2(S) + \frac{S}{N}\log N. \tag{1.2.20}$$

在文献 An,Chen, Hannen(1982)中,证明了如下的相合性定理:

定理 1.2.2 设 x_t 是正态[①]的 AR(p)序列,令

$$m_N = O(\log N), \tag{1.2.21}$$

则在$[0,m_N]$中运用 BIC(S)函数极小化得到的阶 p_N 满足

$$p_N \to p,\ \text{a.s.}, \quad N \to \infty. \tag{1.2.22}$$

必须指出的是:尽管由 AIC 函数判定的阶理论上讲不是相合估计量,但还是被广泛应用,原因是:AIC 函数判定的阶往往可能被“高估”,并且很可能多出的该项系数起的作用不大,所以与真实的模型差不多;更重要的是,通过实际计算,在常用阶数,如[0,10]范围内,非相合的概率并不大,即当样本 N 充分大时 $P\{p_N=p\}$仍可有 70%~80%相合.

1.4 MA 模型的建模

Burg 极大熵建模是从信息观点出发来选拟合模型,得到 AR 模型,其定阶方法我们也已作了介绍.应该说这一模型已可解决相当广泛的应用问题.当然,如果所定的阶 p 过大,则应怀疑它偏离 AR 模型比较远,例如从 Priestley(1981)的书中就可以看到简单的 MA(1)模型,用 AR 模型拟合需要 $p=16$,效果也不好.以下介绍 MA 序列的模型拟合.

首先我们知道,若序列 ξ_t 是平稳 MA(q)序列,则它的相关函数 $R_\xi(\tau)$是 q 步截尾的(见定理 1.1.4):

$$|R_\xi(\tau)| = 0, \quad |\tau| > q. \tag{1.2.23}$$

因此,对平稳序列的一段观测$\{x_t, t=1,2,\cdots,N\}$,可用(1.2.8)和(1.2.9)式求出样本相关函数$\{\hat{\gamma}_0,\hat{\gamma}_1,\cdots,\hat{\gamma}_m\}$,然后用统计方法检验其“截尾性”.理论上可严格证明:对正态 MA(q)模型,当 $k>q$ 时,成立渐近式

$$\hat{\gamma}_k \sim N\left(0, \frac{1}{N}\left[R^2(0) + 2\sum_{j=1}^{q} R^2(j)\right]\right), \quad k > q. \tag{1.2.24}$$

于是对给定的 q 值,可做以下检验(逐个):

$$H_0: R(q+k) = 0 \quad (k = 0,1,2,\cdots,m).$$

---

① 原文不限于正态序列,这里是一种简化叙述.

在 $\alpha=0.05$ 水平下，当 $k=0$ 时，若

$$|\hat{\gamma}_q|>2\cdot\sqrt{\frac{1}{N}\Big[R^2(0)+2\sum_{j=1}^{q-1}R^2(j)\Big]}, \tag{1.2.25}$$

则可否定 H_0；又若 $\{\hat{\gamma}_{q+k},k=1,2,\cdots,m\}$ 中有不少于 $(1-\alpha)m$ 个满足

$$|\hat{\gamma}_{q+k}|\leqslant 2\cdot\sqrt{\frac{1}{N}\Big[R^2(0)+2\sum_{j=1}^{q}R^2(j)\Big]}, \tag{1.2.26}$$

则可认为 x_t 是 q 步截尾的. 以上 $\{R(j)\}$ 均可用 $\{\hat{\gamma}_j\}$ 来近似.

许多应用统计工作者没有用上述的严格理论，而是简单地由 $\{\hat{\gamma}_k\}$ 出发，记

$$\hat{\sigma}_q^2=\frac{1}{N}\Big(\hat{\gamma}_0^2+2\sum_{j=1}^{q}\hat{\gamma}_j^2\Big), \tag{1.2.27}$$

然后将 $\{\hat{\gamma}_k,k=0,1,\cdots,m\}$ 和 $\pm 2\hat{\sigma}_q$ 两条平行线画在一张图上，看"超限"的 $\{\hat{\gamma}_l\}$ 是否超过 $[m\alpha]$ 个，若不超过此数，则认为 x_t 是 MA(q)模型. 当然，q 可能要由图的状况来估计.

图 1.2.4 是一个零均值平稳序列的记录. 计算其样本相关函数 $\{\hat{\gamma}_k,k=0,1,\cdots,m\}$ $(m=17)$，并列表如下：

k	0	1	2	3	4	5	6	7	8
$\hat{\gamma}_k$	1.6268	−0.6716	0.6386	0.0812	−0.2157	0.2020	−0.2838	0.1912	−0.2416
k	9	10	11	12	13	14	15	16	17
$\hat{\gamma}_k$	0.1330	−0.1182	0.0578	−0.0643	−0.1475	0.0557	−0.3243	0.0577	−0.0865

当 $q=2$ 时，可近似地算出

$$\hat{\sigma}_q^2=0.02909,\quad \hat{\sigma}_q=0.1705.$$

这时其统计检验的图如图 1.2.5 所示. 由以上分析，我们可以认为该平稳序列为 MA(2) 序列.

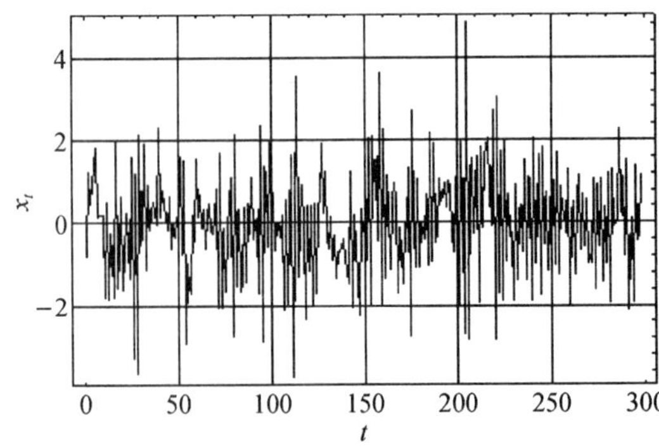

图 1.2.4 一个零均值平稳序列的观测值

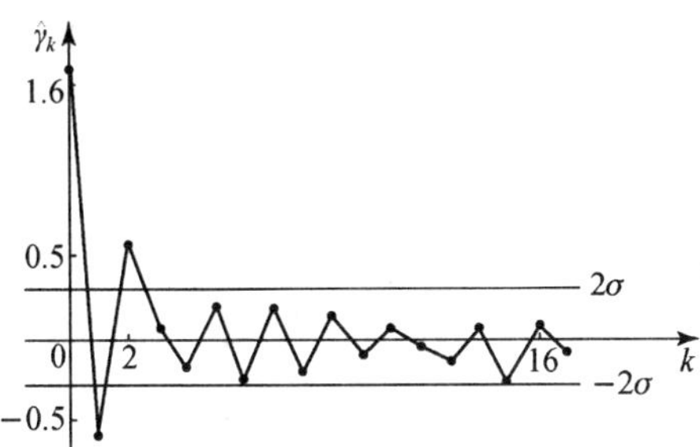

图 1.2.5 一个平稳序列的样本相关函数及其统计检验的界

当我们已判断出给定序列是 MA(q)模型之后，如何求出它的模型参数$\{\theta_0,\theta_1,\cdots,\theta_q\}$呢？由(1.1.55)式可知：对 MA($q$)模型，其相关函数为

$$R_\xi(\tau)=E(\xi_{t+\tau}\xi_t)=E\Big(\sum_{k=0}^{q}\theta_k\varepsilon_{t+\tau-k}\Big)\Big(\sum_{j=0}^{q}\theta_j\varepsilon_{t-j}\Big)$$

$$=\sum_{k,j=0}^{q}\theta_k\theta_jE(\varepsilon_{t+\tau-k}\varepsilon_{t-j})\quad(\text{利用不相关性})$$

$$=\sum_{k,j=0}^{q}\theta_k\theta_j\delta_{\tau-k,-j}=\sum_{j=0}^{q-\tau}\theta_j\theta_{\tau+j},\quad 0\leqslant\tau\leqslant q.\tag{1.2.28}$$

可用样本相关函数 $\hat{\gamma}_k$ 代替上述 $R_\xi(k)$，得以下二次方程组($\hat{\gamma}_k$ 见(1.2.9)式)：

$$\begin{cases}\theta_0^2+\theta_1^2+\cdots+\theta_q^2=\hat{\gamma}_0,\\ \theta_k\theta_0+\cdots+\theta_q\theta_{q-k}=\hat{\gamma}_k,\quad k=1,2,\cdots,q-1.\\ \theta_q\theta_0=\hat{\gamma}_q,\end{cases}\tag{1.2.29}$$

可以证明$\{\hat{\gamma}_0,\hat{\gamma}_1,\cdots,\hat{\gamma}_q,\cdots,\hat{\gamma}_m\}$是非负定序列，因而方程组(1.2.29)必有解. 其解法有多种，常见的有两种：一种是迭代法，另一种是 Cleveland(1972)中提出的反相关函数法(具体的方法可见于谢(1990)).

用第一种方法估出的模型参数 $\hat{\theta}_0,\hat{\theta}_1,\cdots,\hat{\theta}_q$，缺点是不能保证多项式

$$\hat{\Theta}(Z)=\hat{\theta}_0+\hat{\theta}_1Z+\cdots+\hat{\theta}_qZ^q\neq 0,\quad |Z|\leqslant 1,\hat{\theta}_0>0.\tag{1.2.30}$$

此时

$$x_t=\hat{\theta}_0e_t+\hat{\theta}_1e_{t-1}+\cdots+\hat{\theta}_qe_{t-q}\quad(e_t\text{ 为标准白噪声})\tag{1.2.31}$$

仍是平稳序列模型，称为广 MA(q)模型，它的谱密度为

$$\hat{f}_x(\lambda)=\frac{1}{2\pi}\left|\hat{\Theta}(\mathrm{e}^{-\mathrm{i}\lambda})\right|^2,\tag{1.2.32}$$

仍然是原序列((1.2.28)式对应的序列)谱密度 $f_\xi(\lambda)$ 的相合估计量(见 Dzhaparidze

(1983)). MA 模型的条件(1.2.30)并非是保证平稳性所必须的,而是为了在预报理论中有更深刻的意义.

第二种方法——反相关函数法是:令

$$R_i(k)=\int_{-\pi}^{\pi}\mathrm{e}^{\mathrm{i}k\lambda}\,\frac{\mathrm{d}\lambda}{4\pi^2 f_\xi(\lambda)},\quad k=0,1,2,\cdots,\tag{1.2.33}$$

则参数 $\theta_0,\theta_1,\cdots,\theta_q$ 将满足如下的 Yule-Walker 方程:

$$\begin{bmatrix}R_i(0)&R_i(1)&\cdots&R_i(q)\\R_i(1)&R_i(0)&\cdots&R_i(q-1)\\\vdots&\vdots&\ddots&\vdots\\R_i(q)&R_i(q-1)&\cdots&R_i(0)\end{bmatrix}\begin{bmatrix}\theta_0\\\theta_1\\\vdots\\\theta_q\end{bmatrix}=\begin{bmatrix}1/\theta_0\\0\\\vdots\\0\end{bmatrix}.\tag{1.2.34}$$

而我们由前面的 AR 模型知道,由方程(1.2.34)解出的参数 $\theta_0,\theta_1,\cdots,\theta_q$ 必可保证

$$\Theta(Z)=\sum_{k=0}^{q}\theta_k Z^k\neq 0,\quad |Z|\leqslant 1,\theta_0>0.\tag{1.2.35}$$

如果只为了谱分析,则对第一种方法用(1.2.32)和(1.2.31)式作一般统计分析就可以了;而对第二种方法比较复杂.例如,对于图 1.2.4 的平稳序列,$q=2$,样本相关函数为

$$\hat{\gamma}_0=1.6268,\quad \hat{\gamma}_1=-0.6716,\quad \hat{\gamma}_2=0.6386.$$

解方程组

$$\begin{cases}\theta_0^2+\theta_1^2+\theta_2^2=1.6268,\\\theta_0\theta_1+\theta_1\theta_2=-0.6716,\\\theta_0\theta_2=0.6386,\end{cases}\tag{1.2.36}$$

则可得近似解:$\hat{\theta}_0=1.040,\hat{\theta}_1=-0.407,\hat{\theta}_2=0.609$. 于是图 1.2.4 对应的 MA(2)模型为

$$x_t=1.040e_t-0.407e_{t-1}+0.609e_{t-2}.\tag{1.2.37}$$

它对应的二次多项式

$$1.040-0.407Z+0.609Z^2=0$$

有共轭根 $Z=0.33415\pm1.2633\mathrm{i}$, $|Z|>1$, $\theta_0=1.04>0$,因而序列(1.2.37)是平稳 MA(2)模型,其谱密度为

$$\hat{f}_x(\lambda)=\frac{1}{2\pi}\left|1.04-0.407\mathrm{e}^{-\mathrm{i}\lambda}+0.609\mathrm{e}^{-2\mathrm{i}\lambda}\right|^2,\quad -\pi\leqslant\lambda\leqslant\pi,\tag{1.2.38}$$

其谱密度图如图 1.2.6 所示.

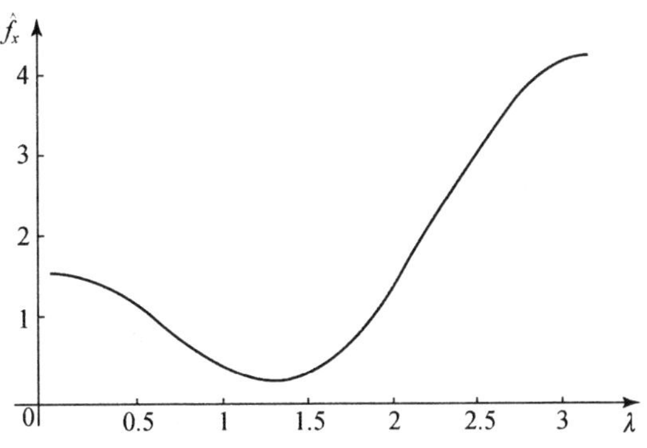

图 1.2.6 拟合 MA(2)模型的谱密度

事实上，图 1.2.4 是理论 MA(2)模型 $\xi_t=\varepsilon_t-0.4\varepsilon_{t-1}+0.7\varepsilon_{t-2}$ 的观测记录($N=300$)；从中估出$\{\hat{\gamma}_k\}$(如图 1.2.5)，并得模型(1.2.37). 图 1.2.7 是拟合 MA(2)模型的谱密度和理论谱密度的比较. 由两者比较可看出我们的建模方法是成功的.

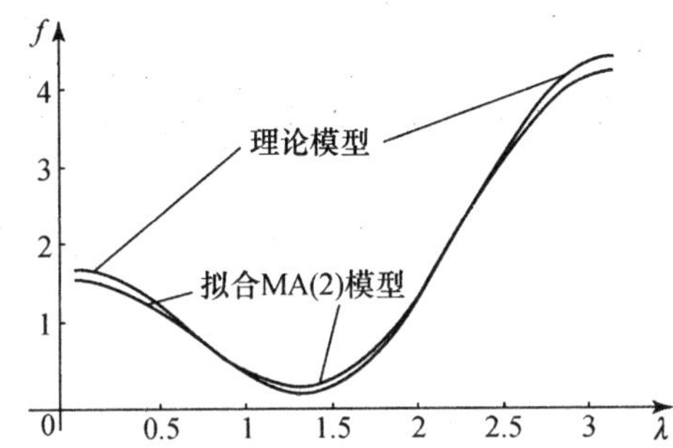

图 1.2.7 拟合 MA(2)模型的谱密度和理论谱密度的比较

1.5 其它非平稳序列的建模

非平稳序列的建模，理论上就是一个难题，因为“平稳类”以外皆属非平稳序列，没有成熟而具严格理论基础的统一方法. 然而有些非平稳序列比较特殊，经适当处理后具有平稳性. 以下介绍常用的一些方法.

1. 带有线性化趋势的序列

这类序列的记录类似于图 1.2.1(b). 一种常用的方法是对记录$\{x_t,t=1,2,\cdots,N\}$进行一阶差分，即令

$$y_1=x_2-x_1,\quad y_2=x_3-x_2,\quad \cdots,\quad y_{N-1}=x_N-x_{N-1}. \tag{1.2.39}$$

此时$\{y_t,t=1,2,\cdots,N-1\}$就会显得比较像平稳序列，然后再对$\{y_t,t=1,2,\cdots,N-1\}$进行 AR 模型的建模.

2. 带有二阶曲线变化的序列

这类序列的记录类似于图 1.2.1(c). 此时可对$\{x_t,t=1,2,\cdots,N\}$进行二阶差分,如令

$$y_1=x_2-x_1,\quad y_2=x_3-x_2,\quad \cdots,\quad y_{N-1}=x_N-x_{N-1},$$
$$z_1=y_2-y_1,\quad z_2=y_3-y_2,\quad \cdots,\quad z_{N-2}=y_{N-1}-y_{N-2},$$

则$\{z_t,t=1,2,\cdots,N-2\}$就会比较像平稳序列,在此基础上可进行 AR(p)模型的建模.

3. 带有高阶曲线变化的序列

对于这类序列,可用回归曲线去趋势而后建模. 假如观测记录的图比以上两种复杂,这时有许多应用统计工作者先对$\{x_t,t=1,2,\cdots,N\}$进行一般多项式(三、四阶以内)回归,得

$$P_3(x)=a_0+a_1x+a_2x^2+a_3x^3 \quad (以三阶为例);$$

然后令

$$e(t)=x_t-P_3(t),\quad t=1,2,\cdots,N, \tag{1.2.40}$$

如果$\{e(t),t=1,2,\cdots,N\}$可视为平稳序列的样本,于是可对其进行建模后再作其它统计分析.

特别要提醒读者注意的是,以上处理得到的序列的图形,一定不能是图 1.2.1(d)具明显异方差的情形(从图中可看出前一段的方差明显比后一段的方差大很多),它不适于进行前述极大熵的拟合.

4. 带有明显周期性的序列

这类序列其图形如图 1.2.8 所示. 对这类序列的建模比较复杂,例如可用参数模型的季节性ARIMA(p,d,q)×(P,D,Q)模型拟合或潜在周期模型拟合等方法. 我们将在以后的有关章节中适当加以介绍,读者也可参看文献安(1983),项(1986).

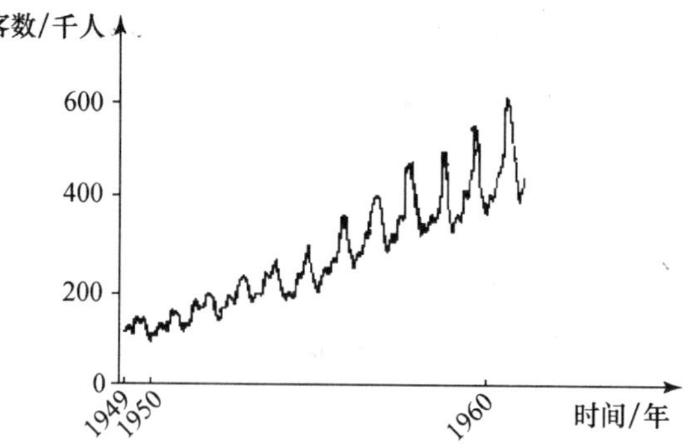

图 1.2.8 1949—1960 年某国际航空公司的销售记录

§2 时间序列的预报

时间序列分析的一项重要任务是基于一段序列的观测值,对未来的序列值给出尽可能

准确的预报.以下我们先对平稳 ARMA 模型介绍一些常用的,而且效果也不错的预报方法.

2.1 ARMA 模型的 Wold 分解

设$\{\xi_t, t=0,\pm1,\pm2,\cdots\}$为实平稳序列,$E\xi_t\equiv0$,令

$$H_\xi = \mathscr{L}\{\xi_t, t=0,\pm1,\pm2,\cdots\}, \tag{1.2.41}$$

$$H_\xi(t) = \mathscr{L}\{\xi_s, s\leqslant t\}, \tag{1.2.42}$$

其中 $\mathscr{L}\{\cdots\}$指括号中的元素所组成的一切可能的线性组合的线性闭包,如果线性组合的元素是有限项,则它是通常的随机变量的组合;如果它是无限多项的组合,则其极限的含义是指"均方极限",如

$$\eta_0 = \sum_{k=0}^{\infty}\alpha_k\xi(t_k) \tag{1.2.43}$$

是指

$$E\left|\eta_0-\sum_{k=0}^{N}\alpha_k^{(N)}\xi(t_k)\right|^2\to0\quad(N\to\infty). \tag{1.2.44}$$

在 H_ξ 中,对于任意两个元素 $\eta_1,\eta_2\in H_\xi$,称

$$\langle\eta_1,\eta_2\rangle = E(\eta_1\eta_2) \tag{1.2.45}$$

为 η_1,η_2 的**内积**,如果它具有以下性质:

(1) 线性性质:$\langle\alpha_1\eta_1+\alpha_2\eta_2,\xi\rangle=\alpha_1\langle\eta_1,\xi\rangle+\alpha_2\langle\eta_2,\xi\rangle$; (1.2.46)

(2) $\langle\eta,\eta\rangle\geqslant0$,且"="成立必然是概率为 1 地 $\eta=0$;

(3) 在上述意义上,可引入 H_ξ 中两个元素 η_1,η_2 的**距离**:

$$\begin{aligned}d(\eta_1,\eta_2) &= \|\eta_1-\eta_2\| = \sqrt{\langle\eta_1-\eta_2,\eta_1-\eta_2\rangle}\\ &= \sqrt{E\,|\eta_1-\eta_2|^2};\end{aligned} \tag{1.2.47}$$

(4) 完备性:设 $\eta_n\in H_\xi$,它是 Cauchy 列:

$$\|\eta_n-\eta_m\|\to0,\quad n,m\to\infty, \tag{1.2.48}$$

则必存在 $\eta^*\in H_\xi$,使得 $\|\eta^*-\eta_n\|\to0,n\to\infty$.

我们知道,在数学上具有内积而又完备的线性空间称为 Hilbert 空间,或简称希氏空间.

若有两个元素 η_1,η_2,使得

$$\langle\eta_1,\eta_2\rangle = E(\eta_1\eta_2) = 0, \tag{1.2.49}$$

则称它们是**正交**的,用 $\eta_1\perp\eta_2$ 表示.

若 H_ξ 中存在一组元素$\{e_k\}$,它们满足:

(1) $e_k\perp e_l, k\neq l$;

(2) $\|e_k\|=1$;

(3) 任一 H_ξ 中的元素 $\eta\in H_\xi$,均可由 $\{e_k\}$ 线性表出:

$$\left\|\eta-\sum_{k=1}^{N}\alpha_k^{(N)}e_k\right\|\to 0,\quad N\to\infty,\tag{1.2.50}$$

或简单表为

$$\lim_N\sum_{k=1}^{N}\alpha_k^{(N)}e_k=\eta,\tag{1.2.51}$$

则称 $\{e_k\}$ 为 H_ξ 的一组**完备的标准正交基**.

定理 1.2.3 设 ξ_t 是平稳 ARMA(p,q)模型:

$$\sum_{k=0}^{p}\varphi_k\xi_{t-k}=\sum_{l=0}^{q}\theta_l\varepsilon_{t-l},$$

其中

$$\Phi(Z)=\sum_{k=0}^{p}\varphi_kZ^k\ (\varphi_0=1),\quad \Theta(Z)=\sum_{l=0}^{q}\theta_lZ^l\ (\theta_0>0)$$

的根皆在单位圆外,则 ξ_t 可唯一地表为

$$\xi_t=\sum_{k=0}^{\infty}c_k\varepsilon_{t-k},\quad t=0,\pm1,\pm2,\cdots,\tag{1.2.52}$$

其中 $\{c_k,k\geqslant0\}$ 是单位圆内解析函数

$$\Gamma_\xi(Z)=\frac{\Theta(Z)}{\Phi(Z)},\quad |Z|\leqslant1\tag{1.2.53}$$

Taylor 展开的系数,并且 $\sum\limits_{k=0}^{\infty}|c_k|^2<+\infty$.

以后我们称 $\{c_k,k\geqslant0\}$ 为 ξ_t 的 **Wold 系数.**

定理 1.2.4 设 ξ_t 是平稳 ARMA(p,q)模型,其方程与定理 1.2.3 中的相同,则

(1) $\varepsilon_t\in H_\xi(t)$(见(1.2.42)式);

(2) $\varepsilon_t\perp H_\xi(t-1)$;

(3) $\{\varepsilon_t\}$是 H_ξ 中的一组完备的标准正交基;

(4) $c_0=\theta_0=\|\xi_t-\hat{\xi}_{t,t-1}\|>0$, (1.2.54)

其中

$$\inf_{\zeta\in H_\xi(t-1)}\|\xi_t-\zeta\|=\|\xi_t-\hat{\xi}_{t,t-1}\|.\tag{1.2.55}$$

事实上,我们知道 $\hat{\xi}_{t,t-1}$ 就是 ξ_t 对子空间 $H_\xi(t-1)$的投影:

$$\mathop{\mathrm{Proj}}_{H_\xi(t-1)}(\xi_t)=\hat{\xi}_{t,t-1}.\tag{1.2.56}$$

由分析知识我们知道 $\hat{\xi}_{t,t-1}$一定存在,它就是基于观测 $\{\xi_s,s\leqslant t-1\}$ 对 ξ_t 的最优预报(一步),而(1.2.54)式告诉我们 θ_0 就是一步预报误差.

由定理 1.2.4 我们可以看出 ξ_t 的 Wold 分解(1.2.52)的重要性. 理论上说,如果基于 ARMA模型,设想已观测到$\{\xi_s,s\leqslant t\}$而想对未来 $t+\tau$ 时刻的 $\xi_{t+\tau}(\tau>0$ 整数)作最优预报,则由

$$\begin{aligned}\xi_{t+\tau}&=\sum_{k=0}^{\infty}c_k\varepsilon_{t+\tau-k}\\&=\sum_{k=0}^{\tau-1}c_k\varepsilon_{t+\tau-k}\oplus\sum_{k=\tau}^{\infty}c_k\varepsilon_{t+\tau-k}\qquad(1.2.57)\\&\triangleq\hat{e}_{t+\tau,t}\oplus\hat{\xi}_{t+\tau,t},\qquad(1.2.58)\end{aligned}$$

其中

$$\hat{e}_{t+\tau,t}=\sum_{k=0}^{\tau-1}c_k\varepsilon_{t+\tau-k},\quad \hat{\xi}_{t+\tau,t}=\sum_{k=\tau}^{\infty}c_k\varepsilon_{t+\tau-k},\qquad(1.2.59)$$

而$\oplus$表示两个分量是“正交”的,从而基于$\{\xi_s,s\leqslant t\}$对 $\xi_{t+\tau}$的最优预报是(1.2.59)式的 $\hat{\xi}_{t+\tau,t}$,而预报误差就是

$$\|\xi_{t+\tau}-\hat{\xi}_{t+\tau,t}\|^2=\sum_{k=0}^{\tau-1}|c_k|^2.\qquad(1.2.60)$$

2.2 ARMA 模型的预报和预报误差

从上一节可看出 Wold 分解在预报理论中的重要性. 以下介绍如何求 ARMA 模型的 Wold 系数.

设 ARMA 模型的两个多项式满足

$$\begin{aligned}\Phi(Z)&=\sum_{k=0}^{p}\varphi_kZ^k\neq0,\quad |Z|\leqslant1,\ \varphi_0=1,\\\Theta(Z)&=\sum_{k=0}^{q}\theta_kZ^k\neq0,\quad |Z|\leqslant1,\ \theta_0>0,\end{aligned}\qquad(1.2.61)$$

则由定理 1.2.3 可有 Wold 分解:

$$\Gamma_\xi(Z)=\frac{\Theta(Z)}{\Phi(Z)}=\sum_{k=0}^{\infty}c_kZ^k,\quad |Z|\leqslant1,$$

即

$$\sum_{k=0}^{q}\theta_kZ^k=\sum_{k=0}^{\infty}c_k\sum_{j=0}^{p}\varphi_jZ^{k+j}.\qquad(1.2.62)$$

令

$$\tilde{\theta}_k=\begin{cases}\theta_k, & 0\leqslant k\leqslant q,\\0, & \text{其它},\end{cases}\qquad(1.2.63)$$

$$\tilde{\varphi}_k=\begin{cases}\varphi_k, & 0\leqslant s\leqslant p,\\0, & \text{其它},\end{cases}\qquad(1.2.64)$$

经整理(1.2.62)式,并比较左右两边可得

$$c_l=\begin{cases}\theta_l-\sum\limits_{k=0}^{l-1}c_k\widetilde{\varphi}_{l-k}, & 0\leqslant l\leqslant q,\\ -\sum\limits_{k=0}^{l-1}c_k\widetilde{\varphi}_{l-k}, & l\geqslant q+1.\end{cases}\tag{1.2.65}$$

据(1.2.65)式，由 $c_0=\theta_0$ 开始即可由$\{\theta_k\}_0^q$ 和$\{\varphi_k\}_0^q$ 逐步递推而得出全部$\{c_k,k\geqslant 0\}$.

例 1.2.2 设 ξ_t 服从以下的 ARMA 模型：

$$\xi_t-\frac{1}{4}\xi_{t-1}=6\varepsilon_t-5\varepsilon_{t-1}+\varepsilon_{t+2}.$$

试问：作向前二步、三步的预报误差各是多少？

解 由于 $\varphi_0=1,\varphi_1=-\dfrac{1}{4},\theta_0=6,\theta_1=-5,\theta_2=1$，由递推公式(1.2.65)，可得

$$c_0=\theta_0=6,$$

$$c_1=\widetilde{\theta}_1-c_0\widetilde{\varphi}_1=\theta_1-c_0\varphi_1=-5-6\times\left(-\frac{1}{4}\right)=-\frac{7}{2},$$

$$c_2=\theta_2-c_1\varphi_1=1-\left(-\frac{7}{2}\right)\times\left(-\frac{1}{4}\right)=\frac{1}{8},$$

因此预报误差(一步误差 $\delta_1=c_0=6$)如下(由(1.2.60)式)：

二步误差($\tau=2$)：$\delta_2=\left[6^2+\left(-\dfrac{7}{2}\right)^2\right]^{1/2}=6.9462$；

三步误差($\tau=3$)：$\delta_3=\left[6^2+\left(-\dfrac{7}{2}\right)^2+\left(\dfrac{1}{8}\right)^2\right]^{1/2}=6.9473.$

例 1.2.3 图 1.2.4 对应 MA(2)模型：

$$x_t=1.04e_t-0.407e_{t-1}+0.609e_{t-2},\tag{1.2.37}$$

其中 $\theta_0=1.04,\theta_1=-0.407,\theta_2=0.609$，求一、二、三步预报时可能的误差.

解 由于 $\theta_0=1.04>0$，且

$$\begin{cases}|\lambda_2|=\dfrac{0.609}{1.04}=0.5855<1,\\ \lambda_1-\lambda_2=-\dfrac{0.407}{1.04}-0.5855=-0.9769<1,\\ \lambda_1+\lambda_2=0.1949>-1,\end{cases}$$

由(1.1.66)式知

$$\Theta(Z)=1.04-0.407Z+0.609Z^2\neq 0,\quad |Z|\leqslant 1,$$

因而模型(1.2.37)已是 Wold 分解：$c_0=\theta_0,c_1=\theta_1=-0.407,c_2=\theta_2=0.609$，从而得：

一步预报误差：$\delta_1=\theta_0=1.04$；

二步预报误差：$\delta_2=(\theta_0^2+\theta_1^2)^{1/2}=1.1168$；

三步预报误差：$\delta_3=(\theta_0^2+\theta_1^2+\theta_2^2)^{1/2}=1.2720$.

以上介绍的是 ARMA 模型的预报理论和求理论预报误差的公式.如果真有一批观测数据$\{x_s,s\leqslant t\}$,预报值$\hat{\xi}_{t+\tau,t}$如何求呢？以下介绍具体的两种比较好用的解法.

1. AR 模型的预报

定理 1.2.5 设 ξ_t为 AR(p) 模型 ($p\geqslant 1$)，则对 $\tau>0$，基于 $\{\xi_s,s\leqslant t\}$ 对 $\xi_{t+\tau}$的最优预报 $\hat{\xi}_{t+\tau,t}$为

$$\hat{\xi}_{t+\tau,t}=\frac{1}{\theta_0}\sum_{j=0}^{p-1}\beta_j^{(\tau)}\xi_{t-j},\tag{1.2.66}$$

其中$\{\beta_j^{(\tau)},j=0,1,\cdots,p-1\}$ 由以下方程组确定：

$$\begin{bmatrix}\beta_0^{(\tau)}\\ \beta_1^{(\tau)}\\ \vdots\\ \beta_{p-1}^{(\tau)}\end{bmatrix}=\begin{bmatrix}1 & & & & 0\\ \varphi_1 & 1 & & & \\ \vdots & \vdots & \ddots & & \\ \varphi_{p-2} & \varphi_{p-3} & \cdots & 1 & \\ \varphi_{p-1} & \varphi_{p-2} & \cdots & \varphi_1 & 1\end{bmatrix}\begin{bmatrix}c_\tau\\ c_{\tau+1}\\ \vdots\\ c_{t+p-1}\end{bmatrix},\tag{1.2.67}$$

而

$$c_s=\begin{cases}\theta_0, & s=0,\\ -\sum_{l=1}^{s}\varphi_l c_{s-l}, & 1\leqslant s\leqslant p,\\ -\sum_{l=1}^{p}\varphi_l c_{s-l}, & p<s.\end{cases}\tag{1.2.68}$$

该定理由 AR 模型参数完整地给出了具体的最优预报方法.

例 1.2.4 某地区年平均降水量为 540 mm,其偏差量 ξ_t 服从以下 AR(2)模型(零均值)：

$$\xi_t+0.54\xi_{t-1}-0.3_{t-2}=\varepsilon_t.$$

已知近几年的实降水量记录如下表：

…	y_{-4}	y_{-3}	y_{-2}	y_{-1}	y_0	$\overline{y}=540$
…	560	470	585	496	576	$y_t=\overline{y}+\xi_t$

预报今后三年内的降水量.

解 由于 $\tau=1,2,3$,而 $p=2$,由方程组(1.2.67)知预报所要用到的 Wold 系数是 c_1,c_2,c_3,c_4.由(1.2.68)式可逆推得

$$c_0=\theta_0=1,$$

$$c_1=-\varphi_1c_0=-0.54,$$

$$c_2 = -\varphi_1 c_1 - \varphi_2 c_0 = 0.5916,$$

$$c_3 = -\varphi_1 c_2 - \varphi_2 c_1 = -0.4815,$$

$$c_4 = -\varphi_1 c_3 - \varphi_2 c_2 = 0.4375.$$

由方程组(1.2.67)得：

(1) 若 $\tau=1$,这时有

$$\begin{bmatrix}\beta_0^{(1)}\\ \beta_1^{(1)}\end{bmatrix}=\begin{bmatrix}1 & 0\\ 0.54 & 1\end{bmatrix}\begin{bmatrix}-0.54\\ 0.5916\end{bmatrix}=\begin{bmatrix}-0.54\\ 0.30\end{bmatrix},$$

于是由(1.2.66)式得

$$\hat{\xi}_{1,0} = (-0.54)\times(576-540)+0.30\times(496-540) = -32.64,$$

从而预报降水量 $\hat{y}_{1,0}=\overline{y}+\hat{\xi}_{1,0}=540-32.64=507.36$.

(2) 若 $\tau=2$,这时有

$$\begin{bmatrix}\beta_0^{(2)}\\ \beta_1^{(2)}\end{bmatrix}=\begin{bmatrix}1 & 0\\ 0.54 & 1\end{bmatrix}\begin{bmatrix}0.5916\\ -0.4815\end{bmatrix}=\begin{bmatrix}0.5916\\ -0.1620\end{bmatrix},$$

$$\hat{\xi}_{2,0}=0.5916\times(576-540)-0.1620\times(496-540)=28.5876,$$

$$\hat{y}_{2,0}=\overline{y}+\hat{\xi}_{2,0}=568.5876.$$

(3) 若 $\tau=3$,这时有

$$\begin{bmatrix}\beta_0^{(3)}\\ \beta_1^{(3)}\end{bmatrix}=\begin{bmatrix}1 & 0\\ 0.54 & 1\end{bmatrix}\begin{bmatrix}-0.4815\\ 0.4375\end{bmatrix}=\begin{bmatrix}-0.4815\\ 0.1775\end{bmatrix},$$

$$\hat{\xi}_{3,0}=-0.4815\times36+0.1775\times(-44)=-25.14,$$

$$\hat{y}_{3,0}=-25.14+540=514.86.$$

特别要提醒读者注意的是：由 AR(p)模型下的(1.2.66)式知，对于未来的预报，只与历史上的前 p 步有关，而与 $t<p$ 的$\{\xi_s, s\leqslant p-1\}$无关. 我们知道，当 $p=1$ 时，这就变成了"未来只与当前有关，而与过去历史无关"，即所谓马氏性(Markov 性质). AR(p)模型则与历史的 p 步有关，称为具有复杂马氏性.

2. MA 模型的预报

对于一般的 ARMA 模型，由结论(1.1.84)知它是具有理谱密度函数. 苏联 A. M. Yaglom 提出了具有理谱密度随机过程的预报理论和方法(见 Yaglom(1962)，谢(1990)). 下面我们要介绍的是时域的迭代递推预报方法. 我们以 MA(q)模型为例来介绍这种方法，对 ARMA(p,q)模型是类似的，可见于安(1983). 由于 MA(q)模型的相关函数是 q 步截尾的，故 $q+1$ 步以上的预报均无多大意义，以下主要讨论向前 1 至 q 步的预报问题. 为方便引入以下记号：

将基于$\{x_s, s\leqslant t\}$向前τ步的预报记为$\hat{x}_{\tau,t}$,即令

$$\hat{x}_{\tau,t}=\hat{x}_{t+\tau},\quad 0<\tau\leqslant q, \tag{1.2.69a}$$

$$\hat{\boldsymbol{W}}_t^q=(\hat{x}_{1,t},\hat{x}_{2,t},\cdots,\hat{x}_{q,t})^{\mathrm{T}}, \tag{1.2.69b}$$

MA(q)模型:

$$\xi_t=\theta_0\varepsilon_t+\theta_1\varepsilon_{t-1}+\cdots+\theta_q\varepsilon_{t-q},$$

其 Wold 系数为

$$\begin{cases}c_0=\theta_0,\ c_k=\theta_k, & 1\leqslant k\leqslant q,\\ c_k=0, & k>q,\end{cases}$$

我们有以下定理成立:

定理 1.2.6　设x_t为 MA(q)模型,则有以下向量递推预报公式

$$\hat{\boldsymbol{W}}_{t+1}^q=\boldsymbol{F}\hat{\boldsymbol{W}}_t^q+\boldsymbol{C}x_{t+1}, \tag{1.2.70}$$

其中$\hat{\boldsymbol{W}}_s^q$如(1.2.69b)式所定义($s=t+1,t$),而

$$\boldsymbol{F}=\begin{bmatrix}-\dfrac{c_1}{c_0} & 1 & & 0 & \\ -\dfrac{c_2}{c_0} & 0 & 1 & & \\ \vdots & \vdots & \vdots & \ddots & \\ -\dfrac{c_{q-1}}{c_0} & 0 & 0 & \cdots & 1\\ -\dfrac{c_q}{c_0} & 0 & 0 & \cdots & 0\end{bmatrix}, \tag{1.2.71}$$

$$\boldsymbol{C}=\left(\frac{c_1}{c_0},\frac{c_2}{c_0},\cdots,\frac{c_q}{c_0}\right)^{\mathrm{T}}. \tag{1.2.72}$$

在应用定理 1.2.6 时,显然要求有一个$t=0$时的递推初始向量$\hat{\boldsymbol{W}}_0^q$值.如果没有可靠的值,可以取观测数据的头q个作为$\hat{\boldsymbol{W}}_0^q$:

$$\hat{\boldsymbol{W}}_0^q=(\hat{x}_{1,0},\hat{x}_{2,0},\cdots,\hat{x}_{q,t})^{\mathrm{T}}\triangleq(x_1,x_2,\cdots,x_q)^{\mathrm{T}},$$

然后再一步步向前递推.为了避免$\hat{\boldsymbol{W}}_0^q$的影响,t(要向前预报的时刻)需要适当的长一点,即观测数据要长,上述递推公式的效果才会比较好.

§3　时间序列的谱分析

从前面的内容中可看出平稳时间序列的谱分析具有很重要的地位.本节将介绍如何从观测样本$\{x_t, t=1,2,\cdots,N\}$出发对原平稳序列ξ_t进行谱分析.当然,由于应用的需要,$\{x_t\}$

可能非平稳,但应具有平稳分量.

3.1 潜在周期分析

我们先来看一个例子.

例 1.2.5 设 $\xi_t=A\sin(\omega_0 t+\theta)$,$\theta\sim U[-\pi,\pi]$,其中 A 为正弦信号的振幅($A>0$),ω_0 为 ξ_t 的圆频率(如通常用"Hz"表示的频率 f_0,$\omega_0=2\pi f_0$),θ 为随机相位. 不难求出:

$$E\xi_t = 0, \tag{1.2.73}$$

$$\begin{aligned} R_\xi(t,\tau) &= E[A\sin(\omega_0(t+\tau)+\theta)][A\sin(\omega_0 t+\theta)] \\ &=-\frac{A^2}{2}\cos(\omega_0\tau) = R_\xi(\tau). \end{aligned} \tag{1.2.74}$$

由(1.2.73)和(1.2.74)式知$\{\xi_t\}$是平稳过程(t 离散时为序列).

设又有一个强噪声 n_t 也是零均值平稳序列,叠加在 ξ_t 之上,ξ_t 与 n_t 独立,能观测到的是

$$\eta_t = \xi_t + n_t, \quad t=1,2,\cdots,N, \tag{1.2.75}$$

如图 1.2.9(a)所示,其中信噪比 SNR=1. 显然,从该图中已经很难看出 η_t 中具有周期成分 ω_0,信号 ξ_t 是图1.2.9(b),噪声 n_t 是图 1.2.10.

所谓潜在周期分析就是从杂乱的记录$\{y_t,t=1,2,\cdots,N\}$(即图 1.2.9(a))中估计出最接近 ω_0 的统计量 $\hat{\omega}_0$.

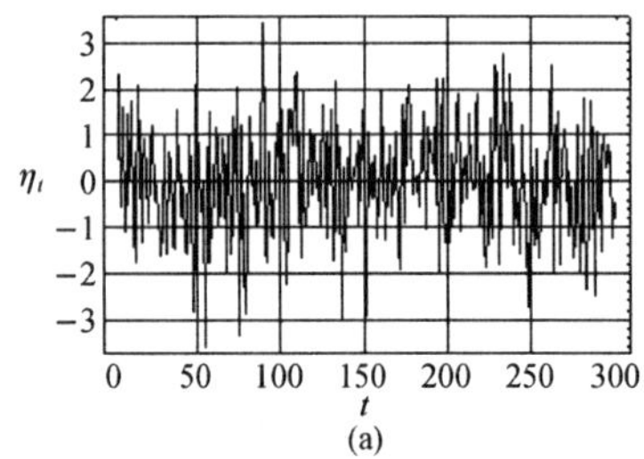

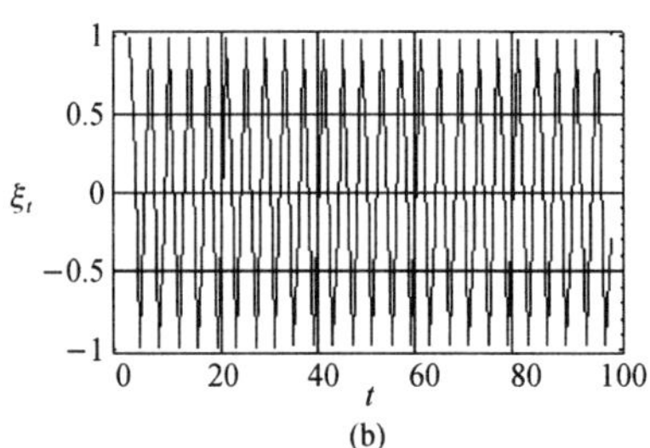

图 1.2.9 正弦信号加白噪声观测记录(a)与正弦信号(b)

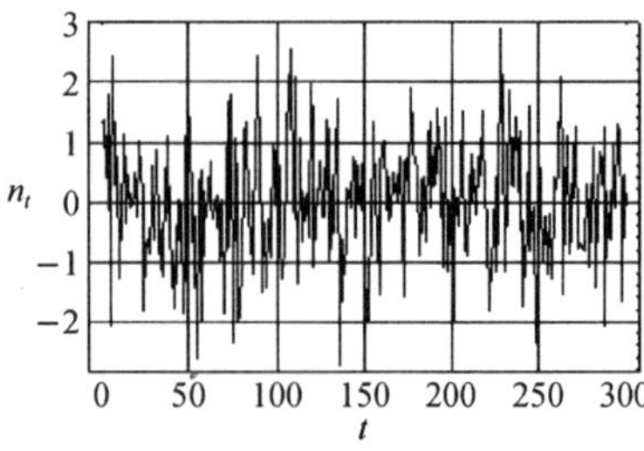

图 1.2.10 白噪声记录

关于潜在周期的检测，我们介绍以下简单常用的方法：

(1) 设模型为

$$x_t = A\sin(\omega_0 t) + \xi_t, \tag{1.2.76}$$

其中 ξ_t 为 i. i. d. $N(0,\sigma^2)$的白噪声，σ^2 未知，A 为正弦信号的振幅，$\omega_0 = 2\pi f_0$ 为其圆频率，A,ω_0 皆为未知量. 当收到一段观测$\{x_t, t=1,2,\cdots,N\}$时，我们要检验的是：

$$H_0: x_t = \xi_t \quad (\text{或 } H_0: A = 0). \tag{1.2.77}$$

对于上述问题的检验，我们简单介绍 Fisher(1929)的结果. 令(假定 $N=2M+1$)

$$\hat{I}_N(\lambda) = \frac{2}{N}\left|\sum_{k=1}^{N} x_k \mathrm{e}^{-\mathrm{i}k\lambda}\right|^2, \quad -\pi \leqslant \lambda \leqslant \pi, \tag{1.2.78}$$

并记

$$\hat{I}_k = \hat{I}_N\left(\frac{2\pi k}{N}\right), \quad 1 \leqslant k \leqslant \left[\frac{N}{2}\right] = M, \tag{1.2.79}$$

$$g^* = \frac{\max(\hat{I}_k)}{\dfrac{1}{2M}\sum_{k=1}^{M}\hat{I}_k}, \tag{1.2.80a}$$

则

$$P\{g^* > Z\} \sim M\mathrm{e}^{-Z/2}①, \tag{1.2.80b}$$

或当取检验水平$\alpha = M\mathrm{e}^{-Z/2}$时，临界检验值 λ_α 为

$$\lambda_\alpha = 2\ln(M/\alpha). \tag{1.2.81}$$

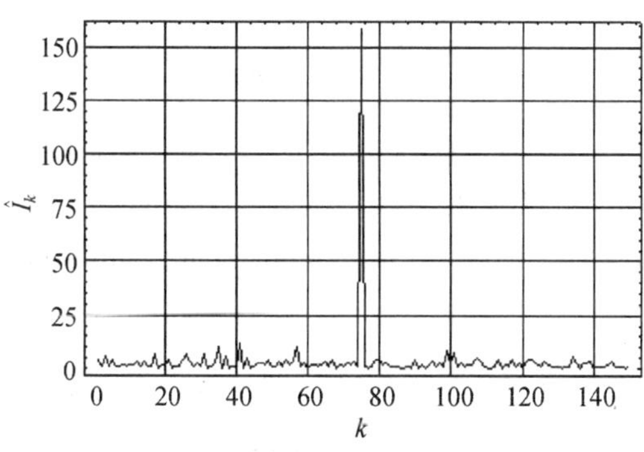

图 1.2.11 周期图在[0,π]上的分布(N=301)

对于图 1.2.9(a)计算$\{\hat{I}_k\}_1^M$，$\max(\hat{I}_k)$出现在 $k_0 = 75 = \dfrac{N}{4}$的地方. 从图 1.2.11 上看，或者只有一个周期成分 $p=1$，或者一个没有(如果检验没有拒绝 H_0). 以下计算统计量 g^* 和 $\lambda_{0.05}$：

$$\max(\hat{I}_k) = 158.144, \tag{1.2.82}$$

① 这里"～"表示近似分布.

$$\sum_{k=1}^{M}\hat{I}_k = 459.294, \quad M = 150, \tag{1.2.83}$$

则

$$g^* = 2\times 150\times 158.144/459.294 = 103.295, \tag{1.2.84}$$

$$\lambda_{0.05} = 2\ln(M/0.05) = 16.0127\ (\alpha = 0.05). \tag{1.2.85}$$

显见 $g^*>\lambda_{0.05}$，故图 1.2.9(a)中隐含一个周期正弦函数，它的圆频率 $\omega_0=k_0\cdot\frac{2\pi}{N}$，而 $k_0=\frac{N}{4}$ 达到极大，故

$$\omega_0 = 2\pi\hat{f}_0 = 2\pi\cdot\frac{1}{4}, \quad 即 \quad \hat{f}_0 = \frac{1}{4}. \tag{1.2.86}$$

这一估计是完全正确的，因为图 1.2.9(a)对应的模型是

$$x_t = A\sin\left(2\pi\left(\frac{1}{4}\right)t\right)+\xi_t, \quad \xi_t \sim \text{i.i.d. } N(0,1).$$

至于 A 的估计，当 $p=1$ 时，有

$$\hat{A} = \frac{2}{N}\left|\sum_{k=1}^{N}x_k e^{-ikw_0}\right| = 2\times 0.5133 = 1.026. \tag{1.2.87}$$

我们的理论模型为 $A=1.00$，与 $\hat{A}$ 相当吻合.

(2) 设模型为

$$x_t = \sum_{k=1}^{P}A_k\sin(\omega_k t) + \xi_t, \tag{1.2.88}$$

其中 ξ_t 为 i. i. d. $N(0,\sigma^2)$ 白噪声(σ^2 未知)，$\{A_k>0\}$，$\{\omega_k\}$ 为未知振幅和频率，要检验的是：

$$H_0: A_k \equiv 0, \quad k = 1,2,\cdots,P. \tag{1.2.89}$$

对于这种多谐波的检验，我们介绍以下 Grenander 和 Rosenblatt(1957)提出的方法. 具体步骤如下：

① 由观测值计算周期图值 $\{\hat{I}_k\}_1^M$ (见(1.2.78)，(1.2.79)式).

② 设 $\{\hat{I}_k\}_1^M$ 中有 s 个明显的峰值，将它们排序：

$$\hat{I}_{(1)} \geqslant \hat{I}_{(2)} \geqslant \cdots \geqslant \hat{I}_{(s)}. \tag{1.2.90}$$

③ 令

$$g(s) = \hat{I}_{(s)}\Big/\sum_{k=1}^{M}\hat{I}_k, \tag{1.2.91}$$

则 Grenander 和 Rosenblatt 证明了 $g(s)$ 的分布为

$$P\{g(s) > Z\} = \frac{M!}{(s-1)!}\sum_{j=s}^{a}\frac{(-1)^{j-s}(1-jZ)^{M-1}}{j(M-j)!(j-s)!}, \tag{1.2.92}$$

其中

$$M=\left[\frac{N}{2}\right],\quad a=\left[\frac{1}{Z}\right]. \tag{1.2.93}$$

对给定的 N 和 s 及检验水平 α，由(1.2.92)式计算临界值 Z_α 是很麻烦的工作，Shimshoni (1971)对 $s=1,2,5,7,10,25,50$ 等给出了在 α 水平下的 Z_α 值.

④ 设对 $s>0$ 选定，H_0 被否定，则结论是：x_t 含有 s 个频率分量，对应地有

$$\text{频率：}\hat{\omega}_j=j\,\frac{2\pi}{N},\quad j=1,2,\cdots,s; \tag{1.2.94}$$

$$\text{振幅：}\hat{A}_j=\frac{2}{N}\left|\sum_{k=1}^{N}x_k\mathrm{e}^{-\mathrm{i}k\hat{\omega}_j}\right|,\quad j=1,2,\cdots,s. \tag{1.2.95}$$

⑤ 如果对(1.2.90)式中的 s，$\hat{I}_{(s)}$ 不能否定 H_0，则可退一步，选 $s-1$，重新检验 $\hat{I}_{(s-1)}$ 是否能使 H_0(H_1 改为含有 $s-1$ 个周期分量)被拒绝. 如此下推至 $s=1$，若 H_0 不能被否定，则表明观测中无周期分量.

需注意的是：我们不能从 $s=1$ 对应的 $\hat{I}_{(1)}$ 开始，认为当 $s=1$ 推翻 H_0 后，选 $s=2$，等等，直到 $s=r+1$ 不否定，然后认为 x_t 有 r 个周期分量，因为：当 $r=1$ 时，若 H_0 被否定后表明 x_t 已有周期分量，它已不是纯 ξ_t，则(1.2.91)和(1.2.92)式皆不能用.

(3) 在实际应用中，对多谐波模型(1.2.88)具体的检测尚有以下意见供参考：

① Grenander 和 Rosenblatt 得到的分布(1.2.92)的计算甚为烦琐，而 Shimshoni M (1971)中的临界值又只对一些特殊的 N，s 给出数值. 根据作者实际工作的经验，只要信噪比不是太小，实际上用(1.2.80b)式来检验也是相当有效的.

例 1.2.6 设有一观测记录如图 1.2.12 所示，从图 1.2.12 中显然无法辨认其中是否有多谐波信号，更无法判断有多少个谐波分量.

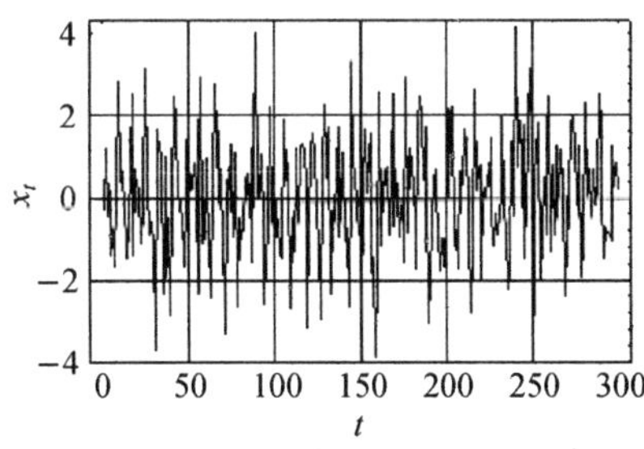

图 1.2.12 一个信号加噪声的记录

我们首先用(1.2.78)和(1.2.79)式计算其周期图值 $\left\{\hat{I}_k,k=1,2,\cdots,M=\left[\frac{N}{2}\right]=150\right\}$，其图形如图 1.2.13 所示.

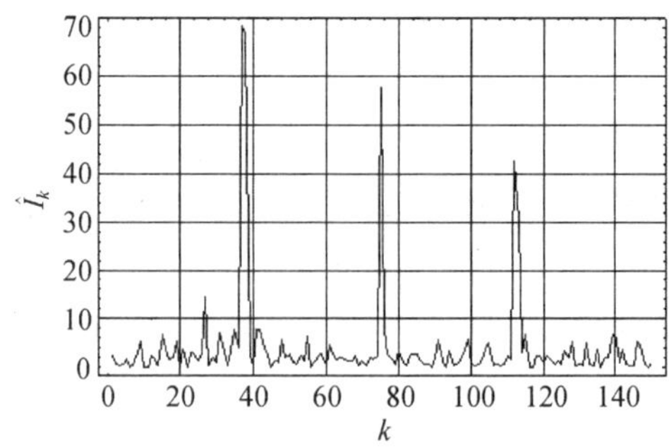

图 1.2.13 由观测值计算出的周期图

从图 1.2.13 中明显看出有四个较大的峰值，按大小记为 $\hat{I}_{(1)}\geqslant\hat{I}_{(2)}\geqslant\hat{I}_{(3)}\geqslant\hat{I}_{(4)}$，它们对应的 k_j 值及对应于(1.2.91)的 $g(j)$值等列于表 1.2.1. 计算得

$$N=300,\quad M=N/2=150,$$

$$\sum_{k=1}^{M}\hat{I}_k=606.38, \tag{1.2.96}$$

$$\lambda_{0.05}=2\ln(M/0.05)=16.01.$$

表 1.2.1 多谐波的统计检验

j	1	2	3	4
峰值 $\hat{I}_{(j)}$	70.44	57.52	42.50	14.38
样本号 k_j	37	75	112	27
统计量 $g(j)$	34.82	28.45	21.02	7.11
检验临界值 ($\alpha=0.05$)	$\lambda_{0.05}=16.01$			

我们首先对最小的 $\hat{I}_{(4)}$进行检验：

$$\hat{I}_{(4)}=14.38\Longrightarrow g(4)=7.11<\lambda_{0.05}=16.01. \tag{1.2.97}$$

这表明不显著，即不能否定观测全是白噪声. 于是用 $\hat{I}_{(3)}$来检验：

$$\hat{I}_{(3)}=42.50\Longrightarrow g(3)=21.02>\lambda_{0.05}=16.01. \tag{1.2.98}$$

可见，否定 H_0并认为“有三个谐波成分”，分别对应于

$$k_3=112,\quad k_2=75,\quad k_1=37. \tag{1.2.99}$$

我们的样本总数 $N=300$，故间隔 $\Delta=\frac{1}{300}$；而前面已提过我们只显示$[0,\pi]$半边的谱图，用频率表示为 $f:\left[0,\frac{1}{2}\right]$. 因此(1.2.98)式对应的频率为$\left(\text{对应(1.2.94)式},\Delta f=\frac{1}{300}\right)$：

$$\begin{cases} f_3 = k_3 \cdot \Delta f = 37 \times \dfrac{1}{300} = 0.123, \\ f_2 = k_2 \cdot \Delta f = 75 \times \dfrac{1}{300} = 0.25, \\ f_1 = k_1 \cdot \Delta f = 112 \times \dfrac{1}{300} = 0.373. \end{cases} \tag{1.2.100}$$

② 关于多谐波振幅的检测：(1.2.95)式已提供我们在提取出$\{\hat{f}_j\}$后多谐波各分量振幅的估计. 例如，对于图 1.2.12(例 1.2.6)，在检出(1.2.100)式中各分量后，对应的振幅为

$$\begin{cases} \hat{A}_1 = \dfrac{2}{N}\left|\sum\limits_{k=1}^{N} x_k \mathrm{e}^{-\mathrm{i}k2\pi(0.123)}\right| = 0.9701, \\ \hat{A}_2 = \dfrac{2}{N}\left|\sum\limits_{k=1}^{N} x_k \mathrm{e}^{-\mathrm{i}k2\pi(0.25)}\right| = 0.3347, \\ \hat{A}_3 = \dfrac{2}{N}\left|\sum\limits_{k=1}^{N} x_k \mathrm{e}^{-\mathrm{i}k2\pi(0.373)}\right| = 0.8584. \end{cases} \tag{1.2.101}$$

事实上，例 1.2.6(图 1.2.12)是如下模型的模拟计算：

$$x_t = \sin\left(2\pi\left(\frac{1}{8}\right)t\right) + \frac{1}{2}\sin\left(2\pi\left(\frac{1}{4}\right)t\right) + \frac{3}{4}\sin(2\pi(0.375)t) + e_t, \tag{1.2.102}$$

其中 $e_t \sim$ i. i. d. $N(0,1)$. 对信噪比 SNR，我们如下度量：

$$\mathrm{SNR} = \sqrt{A_1^2 + A_2^2 + A_3^2}/\sigma_e = 1.34/1 = 1.34. \tag{1.2.103}$$

由本例可看出，频率检测还是比较准确的：

$$f_1 = 0.125,\ \hat{f}_1 = 0.123;\quad f_2 = \frac{1}{4},\ \hat{f}_2 = \frac{1}{4};\quad f_3 = 0.375,\ \hat{f}_3 = 0.373.$$

然而振幅就稍差一些：

$$A_1 = 1,\ \hat{A}_1 = 0.9701;\quad A_2 = \frac{1}{2},\ \hat{A}_2 = 0.3347;\quad A_3 = 0.75,\ \hat{A}_3 = 0.8584.$$

如果 SNR=2.6，则 $\hat{A}_1 - 0.987$，$\hat{A}_2 = 0.418$，$\hat{A}_3 - 0.804$. SNR 愈高，检测精度愈好.

③ 多谐波振幅的检测：从(1.2.95)和(1.2.101)式可知 $A_j > 0 (j=1,\cdots,P)$，然而在实际工作中完全可能出现谐波分量间有加减组合的情况，此时(1.2.95)式只可能检测到各谐波分量的强度.

例 1.2.7 设观测记录如图 1.2.14 所示. 首先计算$\left\{\hat{I}_k\left(\dfrac{2\pi k}{N}\right), k=1,2,\cdots,M=\left[\dfrac{N}{2}\right]\right\}$得图 1.2.15，并且 $\sum\limits_{k=1}^{M} \hat{I}_k = 563.23$.

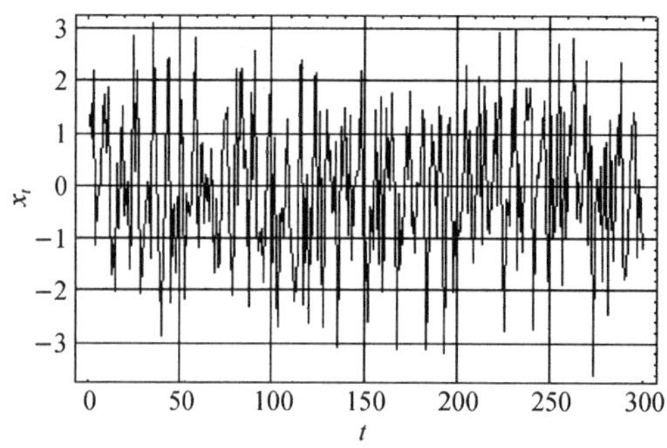

图 1.2.14 观测记录(N=300,SNR=1.37)

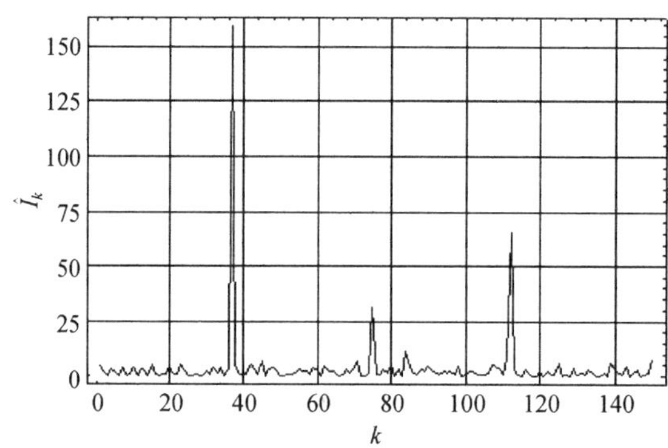

图 1.2.15 由观测记录计算出的周期图

从图 1.2.15 上可看出可能有三个周期成分,其统计检验结果(类似(1.2.96)式算出临界值)列于表 1.2.2.

表 1.2.2 观测记录的统计检验

j	1	2	3
峰值 $\hat{I}_{(j)}$	159.73	69.95	31.3
样本号 k_j	37	112	75
统计量 $g(j)$	85.08	35.128	16.67
检验临界值 (α=0.05)	16.05	16.05	16.05
显著性	显著	显著	显著

用(1.2.100)式的方法,同样我们确定有三个频率分量(按 $\hat{I}_{(j)}$ 大小顺序)

$$\hat{f}_1 = 0.123, \quad \hat{f}_2 = 0.373, \quad \hat{f}_3 = 0.25. \tag{1.2.104a}$$

如按频率大小顺序,则应为

$$f_1 = 0.123, \quad f_2 = 0.25, \quad f_3 = 0.373. \tag{1.2.104b}$$

而对应的振幅为

$$\hat{A}_1 = 1.0557, \quad \hat{A}_2 = 0.4568, \quad \hat{A}_3 = 0.7124, \tag{1.2.105}$$

它们皆为正数.但实际模型并非模型(1.2.102),而是有负项的谐波成分:

$$x_t = \sin\left(2\pi\left(\frac{1}{8}\right)t\right) - \frac{1}{2}\sin\left(2\pi\left(\frac{1}{4}\right)t\right) + 0.75\sin(2\pi(0.375)t) + e_t. \tag{1.2.106}$$

为了正确地检测模型(1.2.106)的振幅,我们建议:在正确检测到各谐波频率$\hat{\omega}_j = 2\pi\hat{f}_j$之后,求$\{\alpha_j\}$使得

$$\sum_{t=1}^{N}\left(x_t - \sum_{j=1}^{P}\alpha_j \sin\hat{\omega}_j t\right)^2 \tag{1.2.107}$$

最小.

显然(1.2.107)式的极小化导出求解以下线性方程组:

$$\begin{bmatrix} a_{11} & a_{12} & \cdots & a_{1P} \\ a_{21} & a_{22} & \cdots & a_{2P} \\ \vdots & \vdots & & \vdots \\ a_{P1} & a_{P2} & \cdots & a_{PP} \end{bmatrix}\begin{bmatrix} \alpha_1 \\ \alpha_2 \\ \vdots \\ \alpha_P \end{bmatrix} = \begin{bmatrix} b_1 \\ b_2 \\ \vdots \\ b_P \end{bmatrix}, \tag{1.2.108}$$

其中

$$a_{jk} = \sum_{t=1}^{N}\sin\hat{\omega}_j t\sin\hat{\omega}_k t, \quad j,k = 1,2,\cdots,P, \tag{1.2.109}$$

$$b_k = \sum_{t=1}^{N}x_t\sin\hat{\omega}_k t, \quad k = 1,2,\cdots,P. \tag{1.2.110}$$

现用以上方法处理例1.2.7中图1.2.14的观测记录.前面已从表1.2.2中检测出$\hat{f}_1$,$\hat{f}_2$,$\hat{f}_3$(见(1.2.104)式),从而方程组(1.2.108)对应的方程组为

$$\begin{bmatrix} 150.416 & 0.41 & 0.1754 \\ 0.41 & 150 & -0.42 \\ 0.1754 & -0.42 & 149.94 \end{bmatrix}\begin{bmatrix} \alpha_1 \\ \alpha_2 \\ \alpha_3 \end{bmatrix} = \begin{bmatrix} 157.84 \\ -68.36 \\ 106.74 \end{bmatrix}. \tag{1.2.111}$$

方程组(1.2.111)的解为

$$\hat{\alpha}_1 = 1.0497, \quad \hat{\alpha}_2 = -0.4566, \quad \hat{\alpha}_3 = 0.7093. \tag{1.2.112}$$

显然,$\{\hat{\alpha}_1,\hat{\alpha}_2,\hat{\alpha}_3\}$和原模型(1.2.106)的系数$\left\{1,-\frac{1}{2},0.75\right\}$还算比较接近.

④ 关于采样间隔与频率的关系:从定理1.2.1我们知道,如果研究的对象$\{\xi_t,-\infty<t<+\infty\}$有一个上界频$W$,则$\xi_t$可完全被$\{\xi_{n\Delta}\}$的采样所决定,$\Delta=\frac{1}{2W}$.因此,如果能事先确定$W$最好,不一定是"上确界",略大一点也可以(当然不能差太多).以例1.2.6(图1.2.12)为例,设已知$W=50$ Hz,则采样间隔$\Delta=\frac{1}{2W}=0.01$ s,并由此Δ采集了$N=300$个观测值,

$M=\left[\frac{N}{2}\right]=150$. 在$\{\hat{I}_k\}$的计算上,共 M 个$\hat{I}_k$分布在频域$[0,W]$上,因此

$$\Delta f=\frac{W}{M}=\frac{2W}{N}=\frac{1}{N\Delta}. \tag{1.2.113}$$

由此计算得

$$\begin{aligned}\hat{f}_1&=k_3\cdot\Delta f=37\cdot\frac{W}{M}=37\times\frac{50}{150}=12.33\ (\mathrm{Hz}),\\ \hat{f}_2&=k_2\cdot\Delta f=75\times\frac{50}{150}=25\ (\mathrm{Hz}),\\ \hat{f}_3&=k_3\cdot\Delta f=112\times\frac{50}{150}=37.3\ (\mathrm{Hz})\end{aligned} \tag{1.2.114}$$

(在(1.2.100)式的计算中,$W=1/2$,故 $\Delta f=1/N$).

在许多实际问题中,有时从实际出发采样间隔 Δ 和 N 已定,则以上计算仍可用,只是 W 只好取为 $W=\frac{1}{2\Delta}$,如 Δ 用"s"表示,则 W 为"Hz".

(4) 设模型为

$$\xi_t=\sum_{k=1}^{P}A_k\sin(\omega_k t+\theta_k)+e_t, \tag{1.2.115}$$

其中$\{e_t\}$是平稳序列(未必是 i. i. d. 或正态分布),$\{\theta_k\}$是相互独立同服从 $U[0,2\pi]$分布的随机相位,它们与$\{e_t\}$独立,而 P,$\{A_k\}_1^P$,$\{\omega_k\}_1^P$ 皆为未知常数. 显然,模型(1.2.115)是很广的模型,谢(1990)中介绍的 Hsy 方法从理论上对该类模型解决了潜在周期的检验问题.

3.2 时间序列的谱密度估计

平稳时间序列的相关函数 $R(\tau)$和谱密度 $f(\lambda)$是至关重要的两个函数,一个在时域,另一个在频域. 因此,时间序列分析也分为两种类型,一种是在时域上作分析,另一种是在谱域上作分析. 应该说,这两种类型都各有优点.

以下我们介绍如何从观测平稳序列的数据求其谱密度 $f(\lambda)$的估计量.

1. 参数方法

如在§1 中介绍的,从观测值$\{x_t\}$出发经过一系列的处理,可以用 AR(p)模型或更广的 ARMA(p,q)模型来建模:

$$\mathrm{AR}(p):\ \sum_{k=0}^{p}\varphi_k x_{t-k}=\theta_0\varepsilon_t;$$

$$\mathrm{ARMA}(p,q):\ \sum_{k=0}^{p}\varphi_k x_{t-k}=\sum_{j=0}^{q}\theta_j\varepsilon_{t-j},$$

其中多项式

$$\Phi(Z)=\sum_{k=0}^{p}\varphi_k Z^k\neq 0,\quad |Z|\leqslant 1,\ \varphi_0=1,$$

$$\Theta(Z) = \sum_{j=0}^{q} \theta_j Z^k \neq 0, \quad |Z| \leqslant 1, \ \theta_0 > 0.$$

于是由 x_t 的上述参数模型就导出

$$f(\lambda) = \frac{1}{2\pi} \cdot \frac{|\Theta(\mathrm{e}^{-\mathrm{i}\lambda})|^2}{|\Phi(\mathrm{e}^{-\mathrm{i}\lambda})|^2}, \quad -\pi \leqslant \lambda \leqslant \pi,$$

而诸参数$\{p,\varphi_1,\cdots,\varphi_p;\theta_0^2\}$在 AR($p$)模型下用解 Yale-Walker 方程(1.2.14),(1.2.15)及 AIC 定阶法求出.对于一般的 ARMA 模型或更广的模型,可参看安(1983),Xie(1993).

2. 非参数方法

这里侧重要介绍的是广泛应用的加窗谱估计.在工程界,对平稳随机过程或序列,往往是用前面介绍的周期图 $\hat{I}_N(\lambda)$(见(1.2.78)式).然而当 x_t 不是像(1.2.115)式的离散多谐波$\{\omega_k\}_1^P$类型的平稳序列时,$\hat{I}_N(\lambda)$并不是 $f(\lambda)$的相合估计而仅是无偏估计(见谢(1990)).如果相关函数 $R(\tau)$满足

$$\sum_k |R(k)| < +\infty,$$

则有

$$\lim_{N\to\infty} E[\hat{I}_N(\lambda)] = f(\lambda), \quad -\pi \leqslant \lambda \leqslant \pi. \tag{1.2.116}$$

但一般来说,

$$\|\hat{I}_N(\lambda) - f(\lambda)\|^2 \not\to 0, \quad N \to \infty, \tag{1.2.117}$$

其中均方模按(1.2.47)式理解.

为解决这一问题,引入了加窗谱估计的方法,详细的理论见 Brillinger(1981).以下介绍具体的计算步骤.设$\{x_t,t=1,2,\cdots,N\}$为平稳序列的一组样本.

(1) 求 $a = N^{-1}\sum_{k=1}^{N} x_k$,并令

$$\gamma_k = \frac{1}{N}\sum_{j=1}^{N-k}(x_{j+k}-a)(x_j-a), \quad k = 0,1,2,\cdots,m_N; \tag{1.2.118}$$

(2) 选一个窗函数(多种窗函数可在 Priestly(1981)中找到),比如性能好且表达式简单的,本书推荐 **Bartlett 窗**:

$$W_N(k) = \begin{cases} 1 - \dfrac{|k|}{m_N}, & |k| \leqslant m_N, \\ 0, & \text{其它}; \end{cases} \tag{1.2.119}$$

(3) 令

$$\hat{f}_N(\lambda) = \frac{1}{\pi}\left(\frac{\gamma_0}{2} + \sum_{k=1}^{m_N} \gamma_k W_N(k)\cos k\lambda\right), \quad -\pi \leqslant \lambda \leqslant \pi, \tag{1.2.120}$$

它即为加窗谱密度估计.

其中 m_N 是很重要的一个正整数,理论上说它应满足:

$$m_N \to +\infty, \quad m_N/N \to 0, \quad N \to +\infty. \tag{1.2.121}$$

通常建议取

$$m_N = O(\sqrt{N}), \tag{1.2.122}$$

则在不太严的条件下(如正态等)有:

$$\| \hat{f}_N(\lambda) - f(\lambda) \|^2 \to 0, \quad N \to \infty, \tag{1.2.123}$$

即 $\hat{f}_N(\lambda)$是 $f(\lambda)$的相合估计量(见谢(1990)).

例 1.2.8 太阳黑子活动的周期分析.

Wolfer 1800—1979 年的年度太阳黑子数记录(n=180)如下:

14.5, 34, 45, 43.1, 47.5, 42.2, 28.1, 10.1, 8.1, 2.5, 0, 1.4, 5, 12.2, 13.9, 35.4, 45.8, 41.1, 30.1, 23.9, 15.6, 6.6, 4, 1.8, 8.5, 16.6, 36.3, 49.6, 64.2, 67, 70.9, 47.8, 27.5, 8.5, 13.2, 56.9, 121.5, 138.3, 103.2, 85.7, 64.6, 36.7, 24.2, 10.7, 15,40, 61.5, 98.5, 124.7, 96.3, 66.6, 64.5, 54.1, 39, 20.6, 6.7, 4.3, 22.7, 54.8, 93.8, 95.8, 77.2, 59.1, 44, 47, 30.5, 16.3, 7.3, 37.6, 74, 139, 111.2, 101.6, 66.2, 44.7, 17, 11.3, 12.4, 3.4, 6, 32.3, 54.3, 59.7, 63.7, 63.5, 52.2, 25.4, 13.1, 6.8, 6.3, 7.1, 35.6, 73, 85.1, 78, 64, 41.8, 26.2, 26.7, 12.1, 9.5, 2.7, 5, 24.4, 42, 63.5, 53.8, 62, 48.5, 43.9, 18.6, 5.7, 3.6, 1.4, 9.6, 47.4, 57.1, 103.9, 80.6, 63.6, 37.6, 26.1, 14.2, 5.8, 16.7, 44.3, 63.9, 69, 77.8, 64.9, 35.7, 21.2, 11.1, 5.7, 8.7, 36.1, 79.7, 114.4, 109.6, 88.8, 67.8, 47.5, 30.6, 16.3, 9.6, 33.2, 92.6, 151.6, 136.3, 134.7, 83.9, 69.4, 31.5, 13.9, 4.4, 38, 141.7, 190.2, 184.8, 159, 112.3, 53.9, 37.5, 27.9, 10.2, 15.1, 47, 93.8, 105.9, 105.5, 104.5, 66.6, 68.9, 38, 34, 15.5, 12.6, 27, 92.5, 155.4.

太阳黑子数均值为 a=48.8589; 用(1.2.118)式计算样本相关函数值$\{\gamma_k, k=0,1,\cdots,25\}$可得
{1608.1, 1283.51, 687.487, 47.6104, −429.378, −658.464, −598.107, −281.179, 187.146, 701.047, 1050.12, 1099.35, 812.667, 316.173, −172.901, −511.977, −632.84, −546.499, −264.117, 140.669, 513.676, 739.304, 726.46, 470.644, 66.8348, −291.352},

其图形如图 1.2.16 所示.

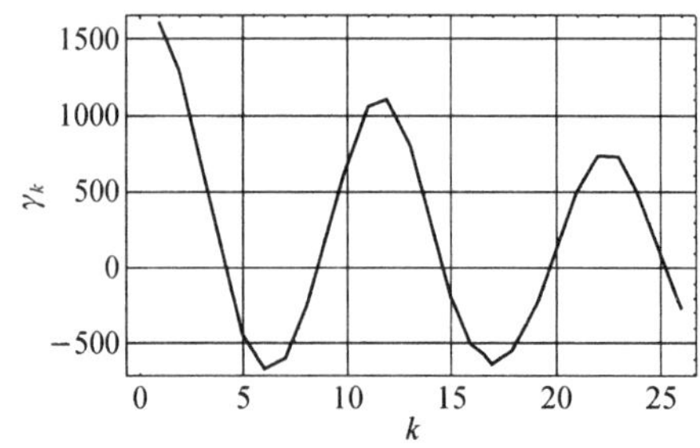

图 1.2.16 太阳黑子年数据的样本相关函数

用 Bartlett 窗(1.2.119)进行谱密度估计,(1.2.120)式变为(取 $m=25$)

$$\hat{f}_k=\frac{1}{\pi}\left[\frac{\gamma_0}{2}+\sum_{j=1}^{m}\gamma_j\left(1-\frac{j}{m}\right)\cos\left(k\frac{j\pi}{m}\right)\right],\quad k=0,1,\cdots,m, \tag{1.2.124}$$

它分布于$[0,2\pi W]$.我们的取样间隔为 $\Delta=1$ 年,由 $\Delta=\frac{1}{2W}$可知 $W=\frac{1}{2}$,分布着 $m+1=26$ 个谱值$\{\hat{f}_k\}_0^{25}$.因此间隔为 $\Delta f=2\pi\left(\frac{1}{2}\right)\Big/25=2\pi\cdot\frac{1}{50}$.

$\hat{f}_k$ 的图形如图 1.2.17 所示.可见,在 $k=5$ 处达到极值,其对应的周期是:

$$T=\frac{2\pi}{f_k},$$

$$f_k=2\pi k\cdot\frac{W}{m}=2\pi\cdot5\cdot\frac{1}{50}=2\pi\cdot\frac{1}{10}.$$

因此,对应太阳黑子的活动周期大约为 $T=10$ 年.

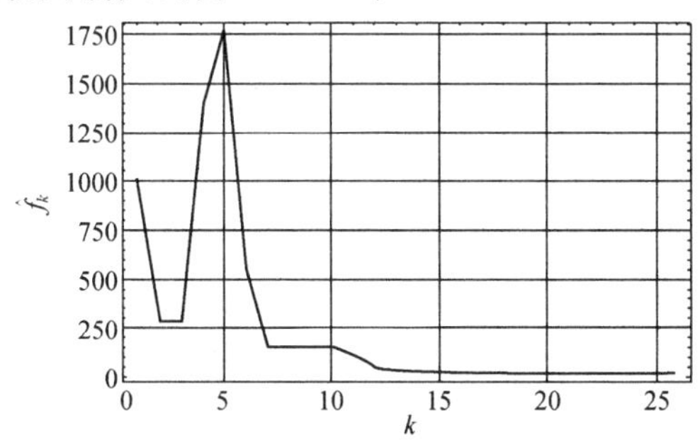

图 1.2.17 太阳黑子数据的谱密度估计图

如果我们用公式(1.2.120)画出 $\hat{f}_N(\lambda)(0\leqslant\lambda\leqslant\pi)$的连续函数的精确图,可得图 1.2.18.

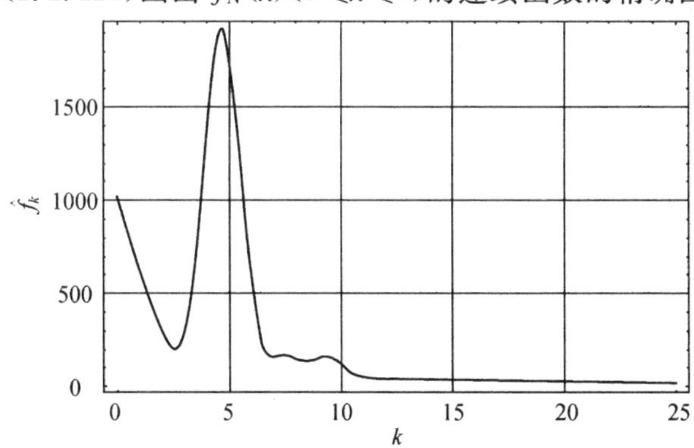

图 1.2.18 太阳黑子数据的谱密度精确图

其极值出现在 $k=4.6593$,因而对应的周期为

$$T^* = 2 \times 25/4.6593 = 10.7312\ (\text{年}).$$

这就比 $T=10$ 年的估计精确，因为 S. H. 施瓦贝于 1843 年发现太阳活动周期，在该周期中，太阳黑子的数目平均每 11 年有一个极大值(见《简明不列颠百科全书》，第三卷第 777 页).

有趣的是，如果我们用 AR 极大熵来拟合，并用 AIC 判定阶，结果如下：

AIC 函数值($k=0,1,\cdots,22$)：

281.6416016，101.2158203，30.2517090，25.0772705，27.0526123，28.9138184，28.8197021，24.4554443，18.8917236，0.2888184，0.0000000，1.8571777，2.8825684，4.2619629，5.4361572，7.3535156，8.2275391，7.7707520，9.5653076，11.4716797，12.5699463，14.4487305，16.4254150；

AIC 函数的图形如图 1.2.19 所示.

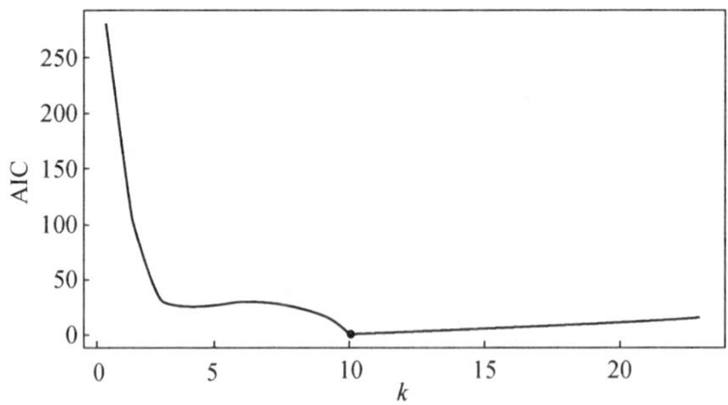

图 1.2.19 AIC 函数，其极小值点为 $k=10$

而用 Yule-Walker 方程(1.1.73)解出 AR(10)的系数$\{\varphi_1^{(10)},\varphi_2^{(10)},\cdots,\varphi_{10}^{(10)}\}$：

0.983616054，−0.258843005，−0.157450989，0.085723855，−0.065109432，0.001931744，0.070542142，−0.123668090，0.214146122，0.112406515.

取 $\theta_0=17.904$. 由 AR(10)极大熵得到的谱密度图如图 1.2.20 所示，从中可看出极大值为 $f=0.1$，即 $T=10$ 年和图 1.2.17 得到的结果一样.

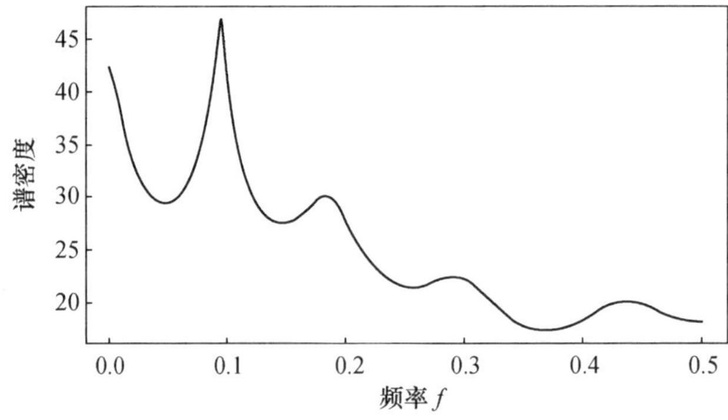

图 1.2.20 用 AR(10)极大熵得到的谱估计，其极大点值为 $f=0.1$

第三章　一般时间序列的滤波与预报

§1　平稳时间序列的滤波

滤波问题是普遍存在的问题.简单说来,滤波所要解决的问题是:当观测到的记录中不仅有所要的信号而且混合有不需要的噪声时,能不能从中“过滤”出我们所需要的信号?而且滤出的信号要尽可能地与原信号相似,畸变(由残余噪声引起)愈小愈好.这就是滤波要解决的核心问题.

显然,此中涉及若干本质性的数学问题,比如所涉及的信号和噪声都是平稳随机过程(序列)吗?还是噪声是平稳的而信号是非平稳的,甚至是非随机信号?两者“混合”的方式是什么?是线性叠加还是非线性的?等等.以下我们由易到难介绍滤波的理论和方法.

1.1　线性系统及其响应函数

在物理学中,有一个常见的电路称为 RC 滤波器(见图 1.3.1),它是由一个电阻 R 和电容 C 组成的.电学知识告诉我们,该电路具有类似低通滤波器的作用,即:设 x_t 为收到的混有高频噪声的信号,其中的原输入信号相对低频,且两者是“线性叠加”混合,则 x_t 通过该滤波器($\mathscr{L}$)之后,可将高频“毛刺”滤掉,输出比较光滑的信号.

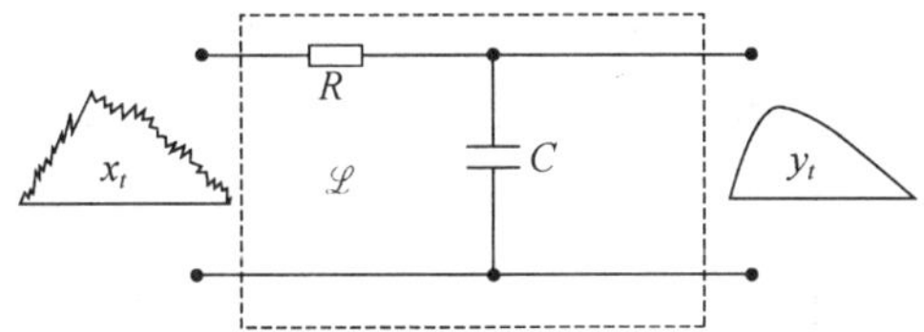

图 1.3.1　一个由 R,C 组成的低通滤波器

一个系统 $\mathscr{L}$,我们称它是**定参数的线性系统**,如果:

(1) 输入 $x_{t+\tau}(\tau\geqslant 0)$,输出对应是 $y_{t+\tau}$,$-\infty<t<+\infty$;

(2) 输入两个信号的线性组合

$$x_t=\alpha_1 x_1(t)+\alpha_2 x_2(t),\quad -\infty<t<+\infty, \tag{1.3.1}$$

其输出也对应于分别输入 $x_i(t)(i=1,2)$ 时相应输出 $y_i(t)(i=1,2)$ 的线性组合

$$y_t=\alpha_1 y_1(t)+\alpha_2 y_2(t). \tag{1.3.2}$$

以后我们记

$$y_i(t)=\mathscr{L}[x_i(t)], \tag{1.3.3}$$

从而(1.3.2)式可写成

$$\mathscr{L}(x_t)=\alpha_1\mathscr{L}[x_1(t)]+\alpha_2\mathscr{L}[x_2(t)]. \tag{1.3.4}$$

(1.3.4)式表示 $\mathscr{L}$ 相当于一个"线性算子". 为简便起见,也简称定参数线性系统 $\mathscr{L}$ 为线性系统.

1. 线性系统的频率响应函数

频率响应函数是一个重要的、刻画 $\mathscr{L}$ 的特征的函数. 设输入 $\mathscr{L}$ 的是 x_t,它的 Fourier 变换为 $X(\omega)$;$\mathscr{L}$ 的输出为 y_t,其 Fourier 变换为 $Y(\omega)$,则称

$$H(\omega)=\frac{Y(\omega)}{X(\omega)} \tag{1.3.5}$$

为 $\mathscr{L}$ 的**频率响应函数**,简称 FRF①,$X(\omega)$称为 x_t 的**频谱**.

由(1.3.5)式我们知道 $Y(\omega)=H(\omega)X(\omega)$,由分析知识得其 Fourier 逆变换

$$\begin{aligned} y_t &= \frac{1}{2\pi}\int_{-\infty}^{+\infty} Y(\omega)\mathrm{e}^{\mathrm{i}\omega t}\,\mathrm{d}\omega \\ &= \frac{1}{2\pi}\int_{-\infty}^{+\infty} H(\omega)X(\omega)\mathrm{e}^{\mathrm{i}\omega t}\,\mathrm{d}\omega, \quad -\infty<t<+\infty. \end{aligned} \tag{1.3.6}$$

(1.3.6)式告诉我们,若我们掌握了 $\mathscr{L}$ 的 FRF,则对任意的输入 x_t(满足适当数学条件),其输出 y_t 就完全确定了.

例如,电学的知识告知我们,对应于图 1.3.1 的 RC 低通滤波器的 FRF 为

$$H(\omega)=\frac{1}{1+\mathrm{i}\omega RC}, \quad \omega=2\pi f, \quad R,C \text{ 为常数}. \tag{1.3.7}$$

图 1.3.2 是$|H(\omega)|$对应不同 RC 值的图形. 可见,当 RC 大时,$|H(\omega)|$衰减比较快. 假定信号集中在低频部分,而噪声在高频部分,则由(1.3.6)式知,$H(\omega)$将更多地让信号成分通过,而抑制噪声的高频成分.

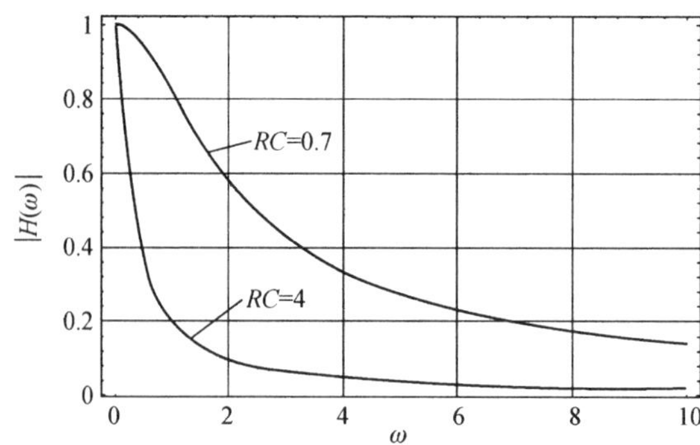

图 1.3.2 不同 RC 值对应的$|H(\omega)|$

① FRF 是 Freguency Response Fuction 的缩写.

2. 线性系统的脉冲响应函数

对于定常线性系统的刻画，除了上述的 FRF $H(\omega)$之外，从 Fourier 分析观点看，也可以用它的 Fourier 逆变换

$$h(t)=\frac{1}{2\pi}\int_{-\infty}^{+\infty}H(\omega)\mathrm{e}^{\mathrm{i}\omega t}\mathrm{d}\omega \tag{1.3.8}$$

来描述. 事实上，如果对线性系统 $\mathscr{L}$ 给了 $h(t)$，则 $H(\omega)$也就可以得到：

$$H(\omega)=\int_{-\infty}^{+\infty}h(t)\mathrm{e}^{-\mathrm{i}\omega t}\mathrm{d}t\ , \tag{1.3.9}$$

并且输入输出关系(1.3.6)也可以用 $h(t)$来描述：

$$\begin{aligned} y_t &= \frac{1}{2\pi}\int_{-\infty}^{+\infty}H(\omega)X(\omega)\mathrm{e}^{\mathrm{i}\omega t}\mathrm{d}\omega \\ &= \frac{1}{2\pi}\int_{-\infty}^{+\infty}\left[\int_{-\infty}^{+\infty}h(\tau)\mathrm{e}^{-\mathrm{i}\omega t}\mathrm{d}\tau\right]X(\omega)\mathrm{e}^{\mathrm{i}\omega t}\mathrm{d}\omega \\ &= \int_{-\infty}^{+\infty}h(\tau)\left[\frac{1}{2\pi}\int_{-\infty}^{+\infty}X(\omega)\mathrm{e}^{\mathrm{i}\omega(t-\tau)}\mathrm{d}\omega\right]\mathrm{d}\tau \\ &= \int_{-\infty}^{+\infty}h(\tau)x_{t-\tau}\mathrm{d}\tau, \quad -\infty<t<+\infty. \end{aligned} \tag{1.3.10}$$

因此，$\mathscr{L}$ 既可用 $H(\omega)$来刻画，也可以用 $h(t)$来描述. 函数 $h(t)$称为 $\mathscr{L}$ 的**脉冲响应函数**，简称 IRF[①]. 之所以这样取名在电子学中是有它的背景的，本书不再细说.

例如，对应于 FRF(1.3.7)的 RC 滤波器的 IRF 是

$$h(t)=\begin{cases}\dfrac{1}{RC}\mathrm{e}^{-t/RC}, & t\geqslant 0,\\ 0, & t<0,\end{cases} \tag{1.3.11}$$

它的图形如图 1.3.3 所示.

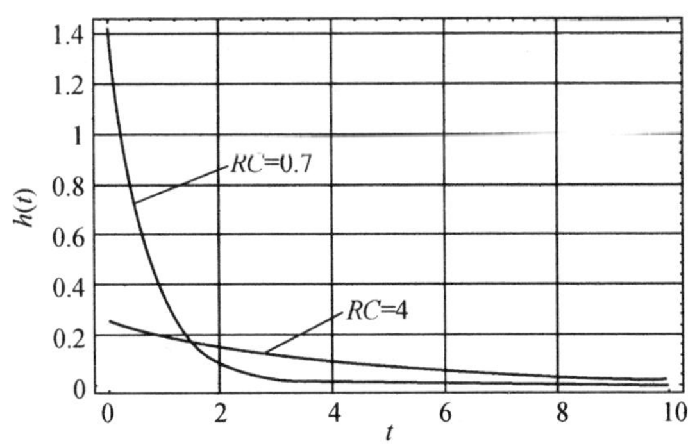

图 1.3.3 不同 *RC* 值对应的 IRF

---

① IRF 是英文 Impluse Response Function 的缩写.

3. 半边滤波与全轴滤波

如果 $\mathscr{L}$ 对应的 IRF 是(1.3.11)类型的：

$$h(t)\equiv 0,\quad t<0, \tag{1.3.12}$$

则对应的(1.3.10)式为

$$y_t=\int_0^{+\infty}h(\tau)x_{t-\tau}\mathrm{d}\tau,\quad -\infty<t<+\infty. \tag{1.3.13}$$

也就是说，$\mathscr{L}$ 在 $t=t_0$ 时刻的输出 y_{t_0}，运用半边的积分式(1.3.13)，用到的 $\{x_t\}$ 记录仅需半边资料 $\{x_s,s\leqslant t_0\}$；反之，如果 IRF $h(t)$ 不具备性质(1.3.12)，则 y_{t_0} 的获得就需要用(1.3.10)式，即需要 $\{x_t\}$ 的全轴资料. 设想 t_0 代表现在时刻，若 $h(t)$ 具有性质(1.3.12)，则获得 y_{t_0} 仅需 t_0 以前的观测记录 $\{x_s,s\leqslant t_0\}$；反之，则为获得 t_0 时刻的 y_{t_0}，不仅要用到过去、现在的记录，还要未来 $\{x_t\}$ 的观测记录 $\{x_s,s>t_0\}$，而在许多实用的工程场合，未来记录 $\{x_s,s>t_0\}$ 根本还没有进行观测.

对应于(1.3.12)和(1.3.13)式的这类滤波器可以用于"实时"处理；而不具备"半边性"的(1.3.10)式只能运用于"事后"处理. 设 $t_0=0$，记录的信号为 $\{x_s,-\infty<s<+\infty\}$，即对 $t_0=0$ 而言，"过去"($s<0$)，"现在"($s=0$)及"未来"($s>0$)都是已知的，运用(1.3.10)式才能获得 $\{y_t\}$. 因此，这类滤波器不能运用于现场的"实时"处理(除非允许有其它手段).

以上讨论的性质(1.3.12)及半边或全轴滤波涉及非常深刻的数学理论，有些已超出本书范围，有兴趣的读者可参看文献 Wiener(1949)，Goldman(1953).

1.2 平稳序列的滤波

前面为了读者容易理解线性系统 $\mathscr{L}$，对于 IRF 和 FRF，我们讨论的都是连续过程 $\{x_t,-\infty<t<+\infty\}$，并且也不侧重于严格的理论叙述. 本节则侧重介绍时间序列的滤波理论和方法.

1. 数字滤波器

近代数字化技术记录到的信息一般来讲都是离散的：$\{x_t,t=0,\pm1,\pm2,\cdots\}$，或半边的：$\{x_s,s=t,t-1,t-2,\cdots\}$，因此滤波公式(1.3.10)就变为

$$y_t=\sum_{\tau=-\infty}^{\infty}h_\tau x_{t-\tau},\quad t=0,\pm1,\pm2,\cdots. \tag{1.3.14}$$

如果 $\{h_\tau\}$ 满足"半边性"

$$h_k\equiv 0,\quad k<0, \tag{1.3.15}$$

则(1.3.14)式就变成

$$y_t=\sum_{\tau=0}^{\infty}h_\tau x_{t-\tau},\quad t=0,1,2,\cdots. \tag{1.3.16}$$

以后我们称 $\{h_\tau\}$(即 IRF)为线性滤波 $\mathscr{L}$ 的滤波系数. 数学上，以后我们要求：

(1) $\sum_k|h_k|<+\infty$ (或 $\sum_k|h_k|^2<+\infty$)； (1.3.17)

(2) 如果$\{x_t\}$是具有二阶矩的随机序列(如平稳序列),则(1.3.16)式按(1.2.43),(1.2.44)两式来理解,即

$$\left\| y_t - \sum_{\tau=0}^{N} h_\tau x_{t-\tau} \right\| \to 0, \quad N \to \infty \tag{1.3.18}$$

((1.3.14)式也类似).

2. 平稳序列的全轴滤波

设我们的信号序列$\{z_t\}$是平稳序列,$\{n_t\}$为噪声,收到观测记录为

$$x_t = z_t + n_t, \quad t = 0, \pm 1, \pm 2, \cdots. \tag{1.3.19}$$

设想$\{n_t\}$是与$\{z_t\}$独立的平稳序列(皆为零均值),我们希望找一个最佳滤波器,它的滤波系数为$\{h_k^*\}$,使得其输出尽可能恢复信号序列$\{z_t\}$,即使

$$\left\| z_t - \sum_k h_k^* x_{t-k} \right\| = \inf_{\{h_k\}} \left\| z_t - \sum_k h_k x_{t-k} \right\|. \tag{1.3.20}$$

问:$\{h_k^*\}$如何求?

定理 1.3.1 设$x_t = z_t + n_t$,$\{z_t\}$与$\{n_t\}$独立,$\{z_t\}$和$\{n_t\}$的谱密度分别为$f_{zz}(\lambda)$和$f_{nn}(\lambda)$,并记

$$\frac{f_{zz}(\lambda)}{f_{zz}(\lambda) + f_{nn}(\lambda)} = \sum_{k=-\infty}^{\infty} \beta_k e^{-ik\lambda} \text{①}, \quad -\pi \leqslant \lambda \leqslant \pi, \tag{1.3.21}$$

则已知$\{x_t, t=0, \pm 1, \pm 2, \cdots\}$之下,对$z_t$的最优滤波输出为

$$z_t^* = \sum_{k=-\infty}^{\infty} \beta_k x_{t-k}, \quad t = 0, \pm 1, \pm 2, \cdots \tag{1.3.22}$$

(其中"最优性"按(1.3.20)式理解,即$\beta_k = h_k^*$, $k=0, \pm 1, \pm 2, \cdots$).

读者容易看出:定理 1.3.1 的结果(1.3.22)式是全轴滤波,而非(1.3.16)式的半边滤波.数学上可严格证明(见谢(1990))z_t^*是z_t对$H_x = \mathscr{L}\{x_t, t=0, \pm 1, \cdots\}$的投影(参见(1.2.56)式及图 1.3.4):

$$z_t^* = \operatorname*{Proj}_{H_x}(z_t), \quad \forall t. \tag{1.3.23}$$

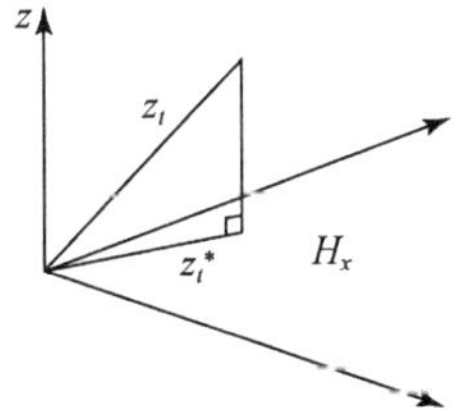

图 1.3.4 全轴滤波由对全空间投影而得

而由于(1.3.21)式的左边是满足$f(-\lambda) = f(\lambda)$的实非负函数,则

$$\begin{aligned} \beta_k &= \frac{1}{2\pi} \int_{-\pi}^{\pi} e^{ik\lambda} \frac{f_{zz}(\lambda)}{f_{zz}(\lambda) + f_{nn}(\lambda)} d\lambda \\ &= \frac{1}{2\pi} \int_{-\pi}^{\pi} e^{-ik\lambda} \frac{f_{zz}(\lambda)}{f_{zz}(\lambda) + f_{nn}(\lambda)} d\lambda \\ &= \beta_{-k}, \quad k = 0, 1, 2, \cdots, \end{aligned} \tag{1.3.24}$$

① 级数(1.3.21)按L^2意义下收敛理解.

故(1.3.22)式中的滤波系数是对称的.

3. 平稳序列的半边滤波

由(1.3.23)式我们知道,观测到$\{x_t\}$,要求滤波出最好的信号z_t^*,就是将z_t对全轴资料$\{x_t,t=0,\pm1,\cdots\}$构成的H_x所作的投影,而$H_x=\mathscr{L}\{x_t,t=0,\pm1,\cdots\}$是一个希氏空间.如果我们观测到的资料$\{x_t\}$是半边的,比如

$$x_t=z_t+n_t,\quad t=0,-1,-2,\cdots,\tag{1.3.25}$$

同样对某时刻t(t任意整数①),求$\hat{z}_t^*\in H_x(0)$,使得

$$\|z_t-\hat{z}_t^*\|=\inf_{\theta_0\in H_x(0)}\|z_t-\theta_0\|,\tag{1.3.26}$$

其中子空间$H_x(0)=\mathscr{L}\{x_k,k\leqslant 0\}\subset H_x$. (1.3.27)

显然,由图1.3.5可看出,$\hat{z}_t^*$就是已在H_x空间中的z_t^*再次向子空间$H_x(0)$投影,因此$\hat{z}_t^*$都是由半边资料(1.3.25)所组成的线性组合,即实现了半边滤波.然而对一般平稳过程(序列),要求出$\hat{z}_t^*$的完备表达式却是相当艰难的工作(见Rozanov(1967)).以下只给出特殊ARMA模型半边滤波的结果(见谢(1990)).

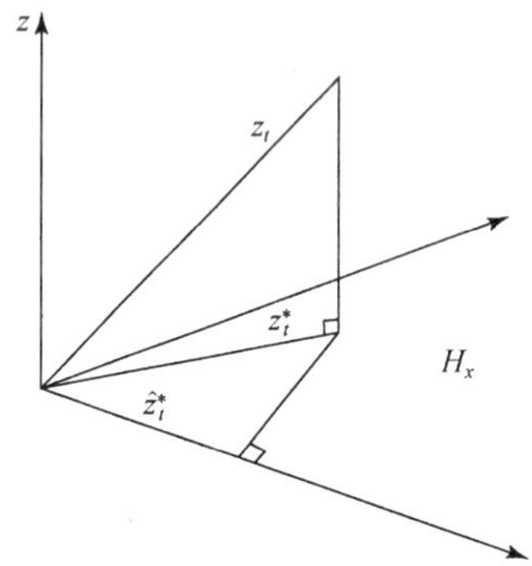

图1.3.5 半边最优滤波示意图

定理1.3.2 设$\{x_t\}$,$\{z_t\}$为平稳相关列(均值皆为零),且$\{x_t\}$为ARMA模型

$$\sum_{k=0}^{p}\varphi_k x_{t-k}=\sum_{j=0}^{q}\theta_j\varepsilon_{t-j},\quad \varphi_0=1,\theta_0>0,\tag{1.3.28}$$

$\{x_t\}$与$\{z_t\}$满足:

$$\sum_k|R_{zx}(k)|=\sum_k|E(z_{t+k}x_t)|<+\infty,\quad \forall t,\tag{1.3.29}$$

则对$\tau\geqslant0$,利用$\{x_k,k\leqslant t\}$对$z_{t+\tau}$的最优线性滤波为$z_{t,\tau}^*$:

① 当$t\leqslant0$时,求z_t^*称为纯滤波;如果$t>0$,则称为预报性滤波.

$$z_{t,\tau}^* = \sum_{s=0}^{\infty} \nu_\tau(s) x(t-s) , \tag{1.3.30}$$

其中

$$\nu_\tau(s) = \sum_{k=0}^{s} \alpha_k \beta_{s-k+\tau}, \quad s = 0,1,2,\cdots, \tag{1.3.31}$$

$\{\alpha_k\}$由以下 Taylor 展式决定：

$$\frac{\Phi(z)}{\Theta(z)} = \sum_{k=0}^{\infty} \alpha_k z^k, \quad |z| \leqslant 1, \tag{1.3.32}$$

$$\beta_{\tau+l} = \int_{-\pi}^{\pi} \mathrm{e}^{\mathrm{i}(l+\tau)\lambda} f_{zx}(\lambda) \overline{\left(\frac{\Phi(\mathrm{e}^{-\mathrm{i}\lambda})}{\Theta(\mathrm{e}^{-\mathrm{i}\lambda})}\right)} \mathrm{d}\lambda, \quad l \geqslant 0, \tag{1.3.33}$$

而 $f_{zx}(\lambda)$是 z_t 与 x_t 的互谱密度：

$$f_{zx}(\lambda) = \frac{1}{2\pi} \sum_{k=-\infty}^{\infty} R_{zx}(k) \mathrm{e}^{-\mathrm{i}k\lambda}, \quad -\pi \leqslant \lambda \leqslant \pi, \tag{1.3.34}$$

其中

$$R_{zx}(k) = E(z_{t+k} x_t), \quad t,k = 0, \pm 1, \cdots. \tag{1.3.35}$$

以上结果对$\{x_t\}$是 ARMA 模型的情形就已相当复杂,一般平稳序列的半边预报和滤波理论就更难了.

§2 极大信噪比滤波

以上介绍的最优线性滤波的“最优性”是指在 H_x 空间“最小误差”(即(1.3.20)式)意义下,然而在许多工程技术背景中,关心的并不是对噪声中信号的完整恢复,而更关心的是在一阶段观测记录中,信号 s_t 是否出现了.例如,在雷达量测中,大家知道在发出一串信号后,如果电波(或声波)碰撞到量测目标就会有“回波”,一旦在噪声背景中发现了“回波”,就可以计算出目标的距离、方位等参数.而“回波”只要能在噪声中被识别即可,并不一定要和原来发出的信号 s_t 相似.因此,滤波器 $\mathscr{L}$ 的任务就是在强噪声背景中,尽可能地突现 s_t 的存在性.这就是极大信号噪声比的滤波.

2.1 数学的描述

设收到的信号是

$$\zeta(t) = s(t) + \xi(t), \quad t = 0, \pm 1, \pm 2, \cdots, \tag{1.3.36}$$

其中$\{\xi(t)\}$是均值为零的平稳序列,$s(t)$是确定型的信号,可表为

$$s(t) = \int_{-\pi}^{\pi} \mathrm{e}^{\mathrm{i}\lambda t} p(\lambda) \mathrm{d}\lambda, \quad t = 0, \pm 1, \pm 2, \cdots , \tag{1.3.37}$$

这里 $p(\lambda)$是满足适当条件的函数.

设 $\mathscr{L}$ 是线性滤波器,则

$$x=\mathscr{L}[\zeta(t)]=\mathscr{L}[s(t)]+\mathscr{L}[\xi(t)]\triangleq s_x+\xi_x. \tag{1.3.38}$$

如果观测是在 τ 之前进行的，则收到信号为 $\{\zeta(t),t\leqslant\tau\}$ 时对应的希氏空间为 $H_\zeta(\tau)=\mathscr{L}\{\zeta(t),t\leqslant\tau\}$，并且对 $\forall x\in H_\zeta(\tau)$，皆可有分解式(1.3.38). 我们称

$$(\mathrm{S/N})_\tau=\sup_{x\in H_\zeta(\tau)}\frac{|s_x|}{\sqrt{E|\xi_x|^2}} \tag{1.3.39}$$

为 τ 时刻的极大信噪比(SNR)，并关心如何找到 $x_0\in H_\zeta(\tau)$ 使它达到极大：

$$\frac{|s_{x_0}|}{\sqrt{E|\xi_{x_0}|^2}}=(\mathrm{S/N})_\tau. \tag{1.3.40}$$

Dwork(1950)中给出了如下的重要结果：

定理 1.3.3 设 $\xi(t)$ 的谱密度 $f(\lambda)$ 存在，且满足

$$\int_{-\pi}^{\pi}f^{-1}(\lambda)\mathrm{d}\lambda<+\infty, \tag{1.3.41}$$

$s(t)$ 对应的 $p(\lambda)$(见(1.3.37)式)为连续函数，则

$$(\mathrm{S/N})_\tau\leqslant\left(\int_{-\pi}^{\pi}\frac{|p(\lambda)|^2}{f(\lambda)}\mathrm{d}\lambda\right)^{1/2}, \tag{1.3.42}$$

而"="成立的充分必要条件是

$$\overline{\left(\frac{p(\lambda)}{f(\lambda)}\right)}\in L_\tau^2(\mathrm{d}\lambda)=\mathscr{L}\{\mathrm{e}^{\mathrm{i}k\lambda},\ k\leqslant\tau\}^{①}. \tag{1.3.43}$$

此时最优滤波的 FRF 为

$$H_o(\lambda)=\overline{\left(\frac{p(\lambda)}{f(\lambda)}\right)},\quad -\pi\leqslant\lambda\leqslant\pi. \tag{1.3.44}$$

另一重要结果是由 North(见 Dwork(1950))给出的，我们只加以概括和推广.

2.2 North 匹配滤波器

定理 1.3.4(North 定理) 设 $\xi(t)$ 是白噪声，其谱密度 $f(\lambda)=N_0>0$，$s(t)$ 对应的 $p(\lambda)$ 为连续函数，则以下三个结论等价：

(1) $(\mathrm{S/N})_\tau=\left(\int_{-\pi}^{\pi}N_0^{-1}|p(\lambda)|^2\mathrm{d}\lambda\right)^{1/2}$； (1.3.45)

(2) $\overline{p(\lambda)}\in L_\tau^2(\mathrm{d}\lambda)$； (1.3.46)

(3) $s(t)=0,t>\tau$. (1.3.47)

当它们其中之一成立时，满足(1.3.40)式的最优解 x_0 可表为

$$x_0=C\sum_{k=-\infty}^{\tau}\overline{s(k)}\zeta(k)\quad(\zeta(t)\text{ 由(1.3.36) 式定义}), \tag{1.3.48}$$

其中 C 为非零常数.

---

① $\mathscr{L}\{\mathrm{e}^{\mathrm{i}k\lambda},\ k\leqslant\tau\}$ 表示一切 $k\leqslant\tau$ 的 $\{\mathrm{e}^{\mathrm{i}k\lambda}\}$ 线性组合按 L^2 收敛所组成的希氏空间.

这种滤波器,在工程上称为 North 匹配滤波器. 关于本定理,有两点需要说明:

(1) 对白噪声干扰背景而言,(1.3.48)式告诉我们:极大信噪比滤波器本质上是一个"相关器",即用已知信号的形式 $s(t)$ 与收到受干扰的信号 $\zeta(t)$ 作相关求和. 一项优秀的工作见 Lee (1950).

(2) North 定理告诉我们:最大的 SNR 值为(1.3.45)式,为了达到此最大值的条件,必须且只需 $s(t)=0,t>\tau$. 也就是说,想在 τ 时刻达到此 SNR 值,以雷达为例,信号必须在 $t\leqslant\tau$ 以前发射完! 这是工程上多年来的共识. 然而我们从数学上严格论证了:达到极大 SNR 的滤波,(1.3.47)并非必须条件,满足(1.3.40)式的解 x_0 仍在适当数学条件下存在,只是当(1.3.47)式不满足时,$(S/N)_\tau$ 达不到(1.3.45)式中的那么大(见谢(1990)).

以下我们举一个例子.

例 1.3.1 设$\{s(t)\}$是以 10 为周期,幅值为 1 的脉冲序列(见图 1.3.6(b)),噪声为均匀分布的白噪声 $n(t)\sim U[-2.5,2.5]$,即

$$En(t)=0,\quad E[n(t)n(s)]=\frac{25}{12}\delta_{t,s}, \tag{1.3.49}$$

而观测到的信号

$$y(t)=s(t)+n(t),\quad t=1,2,\cdots,50, \tag{1.3.50}$$

如图 1.3.6(a)所示,$\mathrm{SNR}=1/\sqrt{25/12}=0.6928$. 由观测记录已很难看出是否有脉冲信号. 但经极大信噪比滤波($c=1$)后可得图 1.3.7(a),如果我们取一个适当的门限 T,并令

$$\hat{s}(t)=\begin{cases}1, & 若\ y(t)>T;\\ 0, & 否则,\end{cases}$$

则明显地原脉冲序列就可以基本恢复(见图 1.3.7(b)).

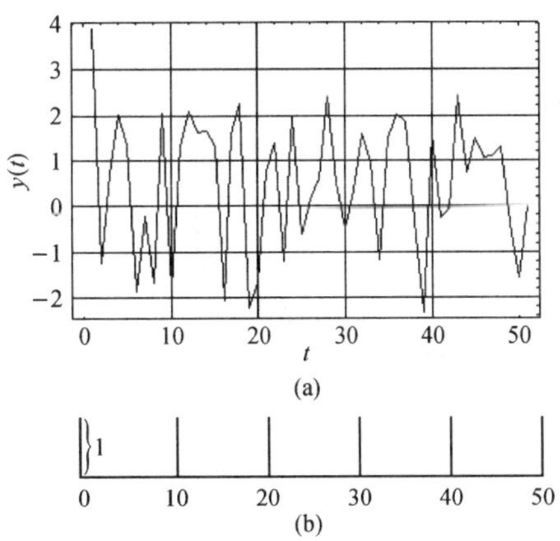

图 1.3.6 观测到的信号(a)与原脉冲序列(b)

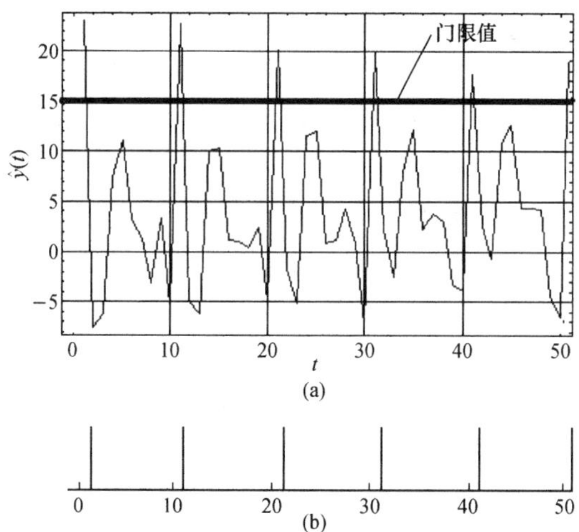

图1.3.7 经极大信噪比滤波后的序列(a)与经门限整形后恢复的序列(b)

§3 一般时间序列的滤波与预报

3.1 X-11 算法

X-11 算法在经济统计分析中是一种很著名的算法. 在第二章中,我们曾经给出一张关于某航空公司 1949—1960 年的销售记录图(见图 1.3.8). 众所周知,航空公司收入的多少,其变化不但有"趋势"变化,还受季节影响(如每年圣诞节前后必大增),此外还受无法控制的随机因素影响.

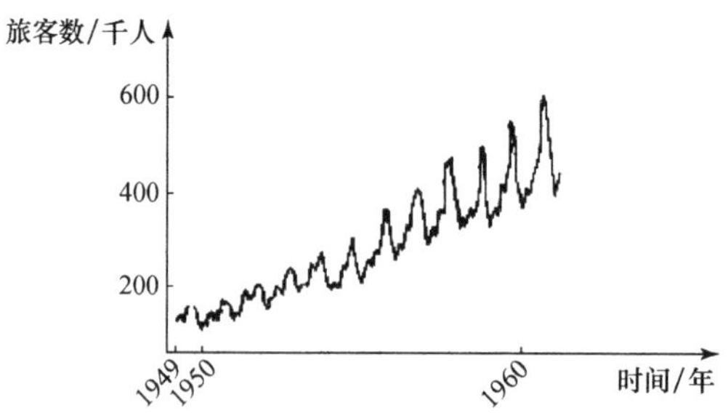

图 1.3.8 1949—1960 年某航空公司的销售记录

因此,理论上说该记录 x_t 可认为由以下三个成分组成:

$$x_t = T_t + S_t + e_t, \quad t = 0, \pm 1, \pm 2, \cdots, \tag{1.3.51}$$

其中 T_t 是趋势成分，S_t 为季节性成分，而 e_t 为随机误差成分. X-11 算法就是从观测记录 x_t 出发，一步步将 T_t，S_t 和 e_t 分离出来，然后再进一步对未来作预报. 例如图 1.3.9，图 1.3.10 和图 1.3.11 就是图 1.3.8 用 X-11 算法分解的结果.

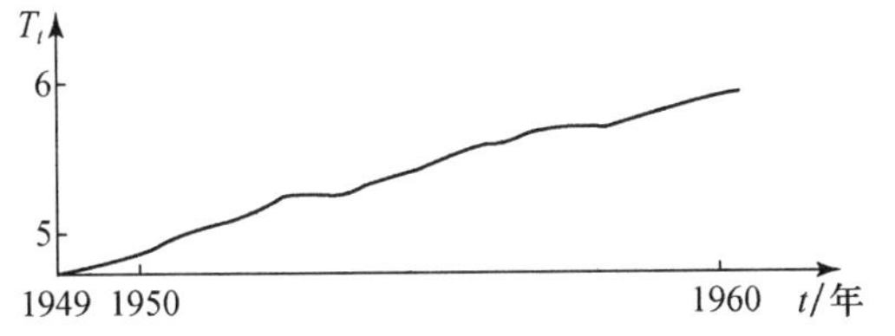

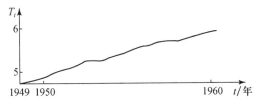

图 1.3.9 销售记录的趋势成分

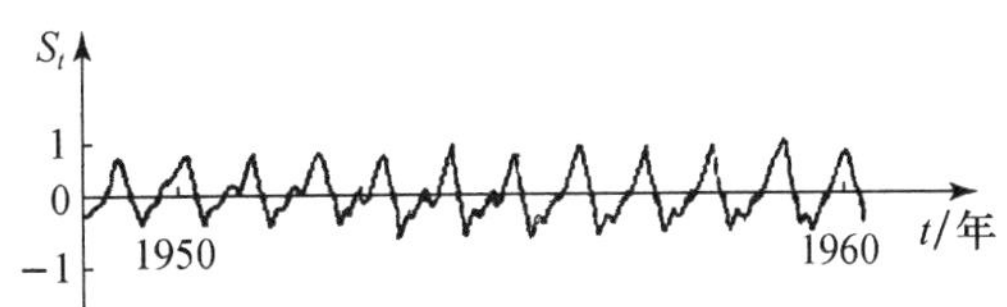

图 1.3.10 销售记录的季节性成分

图 1.3.11 销售记录的随机误差成分

下面我们介绍 X-11 算法，其中 T_t，S_t 及 e_t 都是经过一系列的滤波器滤出的：

(1) 将 x_t 进行第一次滤波：设其滤波器记为 $\mathscr{L}_1$，其输出称为“趋势的初估计”，记为 $\hat{T}_t$：

$$\mathscr{L}_1(x_t) = \hat{T}_t, \tag{1.3.52}$$

而 $\mathscr{L}_1$ 对应的滤波系数为对称的：

$$\begin{cases} h_0 = \dfrac{1}{12},\ h_{-6} = h_6 = \dfrac{1}{24}, \\ h_k = h_{-k} = \dfrac{1}{12}, \quad k - 1,2,3,4,5, \end{cases} \tag{1.3.53}$$

其图形如图 1.3.12 所示.

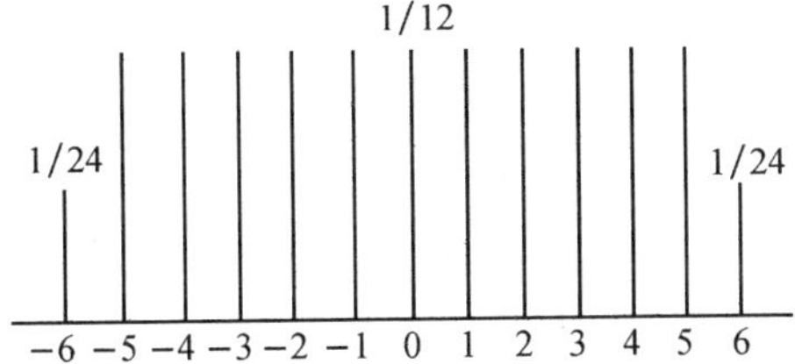

图 1.3.12 X-11 算法中对应于 $\mathscr{L}_1$ 的滤波系数

(2) 令

$$y_t = x_t - \hat{T}_t, \tag{1.3.54}$$

并对 y_t 进行第二次滤波. 滤波器记为 $\mathscr{L}_2$,其输出称为"季节性成分的初估计",记为$\hat{S}_t$,即

$$\mathscr{L}_2(y_t) = \hat{S}_t, \tag{1.3.55}$$

而 $\mathscr{L}_2$ 对应的滤波系数为

$$\begin{cases} h_0 = 0.333, \\ h_{12} = h_{-12} = 0.222,\ h_{24} = h_{-24} = 0.111, \\ h_k = h_{-k} = 0, \quad k \neq 0, \pm 12, \pm 24, \end{cases} \tag{1.3.56}$$

其图形如图 1.3.13 所示.

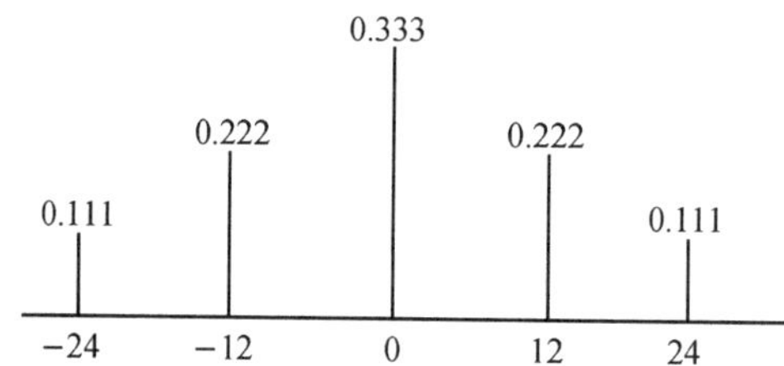

图 1.3.13 X-11 算法中对应于$\mathscr{L}_2$的滤波系数

(3) 令 $Z_t = x_t - \hat{S}_t$,并将之输入于第三个滤波器 $\mathscr{L}_3$,其输出记为 T_t,即

$$T_t = \mathscr{L}_3(Z_t), \tag{1.3.57}$$

而 $\mathscr{L}_3$ 的滤波系数为

$$\begin{cases} h_0 = 0.24, \\ h_1 = h_{-1} = 0.214,\ h_2 = h_{-2} = 0.147, \\ h_3 = h_{-3} = 0.066,\ h_4 = h_{-4} = 0.00, \\ h_5 = h_{-5} = -0.028,\ h_6 = h_{-6} = -0.019, \end{cases} \tag{1.3.58}$$

它们对应于图 1.3.14. T_t 就是 x_t 中的趋势成分.

(4) 令

$$g_t = x_t - T_t, \tag{1.3.59}$$

并将 g_t 输入于第四个滤波器 $\mathscr{L}_4$,其输出记为 S_t,即

$$S_t = \mathscr{L}_4(g_t), \tag{1.3.60}$$

它对应于 x_t 中的季节性成分(周期成分),而 $\mathscr{L}_4$ 的滤波系数为

$$\begin{cases} h_0 = 0.2,\ h_{12} = h_{-12} = 0.2, \\ h_{24} = h_{-24} = 0.13,\ h_{36} = h_{-36} = 0.07, \\ h_k = h_{-k} = 0, \quad k \neq 0, \pm 12, \pm 24, \pm 36, \end{cases} \tag{1.3.61}$$

其图形如图 1.3.15 所示.

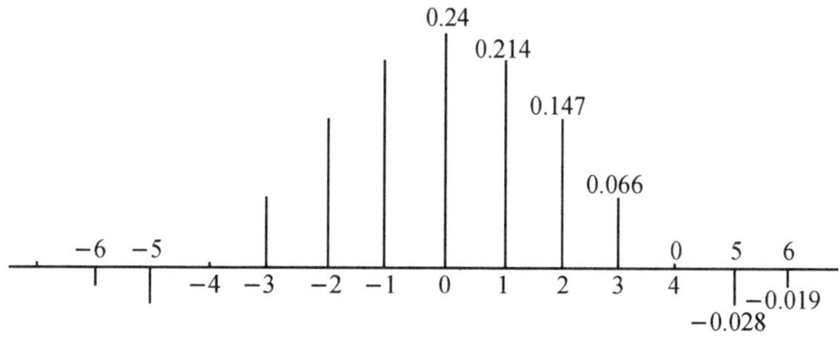

图 1.3.14 X-11 算法中提取 T_t 的滤波系数

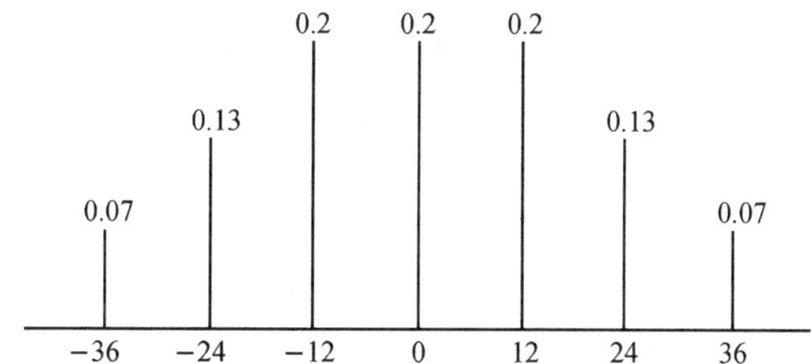

图 1.3.15 X-11 算法中提取 S_t 的滤波系数

(5) 令

$$e_t = x_t - T_t - S_t, \tag{1.3.62}$$

它对应于 x_t 中的随机误差成分.

总结以上算法有几点需提醒读者注意:

(1) 综合步骤(1)～(5)的流程可绘成图 1.3.16.

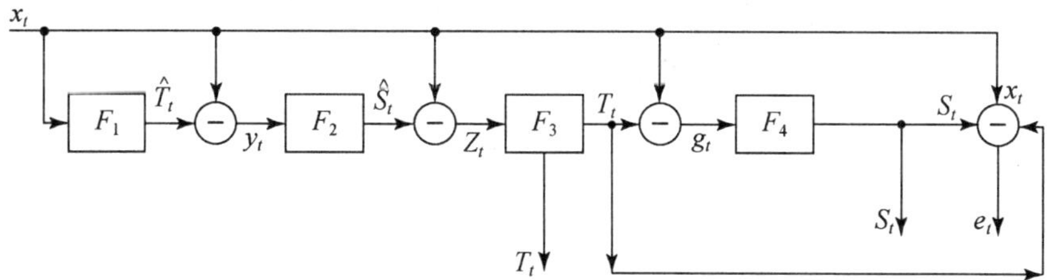

图 1.3.16 X-11 算法的流程图

(2) 由滤波的公式

$$\mathscr{L}(x_t) = \sum_k h_k x_{t-k} \triangleq y_t,$$

若将 y_t 输入另一个滤波器 $\mathscr{L}^*$：

$$z_t = \mathscr{L}^*(y_t) = \mathscr{L}^*(\mathscr{L}(x_t)) \\ = \sum_l h_l^* \left(\sum_k h_k x_{t-k-l}\right), \tag{1.3.63}$$

令 $u=k+l$,则

$$z_t = \sum_u h_3(u) x_{t-u} = \mathscr{L}^* \mathscr{L}(x_t), \tag{1.3.64}$$

其中

$$h_3(u) = \sum_k h_k^* h_{u-k}. \tag{1.3.65}$$

这表明线性滤波是可以“结合”的,即将 $\mathscr{L}$ 看成线性算子,是可以“结合”的.

因此,若引进 I 为恒等算子,则由图 1.3.16 可知:趋势成分 T_t 可由以下算子综合而成

$$\mathscr{L}_T = \mathscr{L}_3(I - \mathscr{L}_2(I - \mathscr{L}_1)), \quad T_t = \mathscr{L}_T(x_t), \tag{1.3.66}$$

而其对应的滤波系数 $\{h_T(k)\}(h_T(-k)=h_T(k))$ 可由前面相应滤波系数代入(1.3.66)式及效仿(1.3.64)式而得到,见表 1.3.1.

表 1.3.1 X-11 算法中提取 T_t 的整体滤波系数

k	0	1	2	3	4	5	6	7	8
$h_T(k)$	0.18800	0.17079	0.12623	0.07190	0.02689	0.00654	0.01467	0.02724	0.01935
k	9	10	11	12	13	14	15	16	17
$h_T(k)$	0.00371	−0.0145	−0.0293	−0.0347	−0.0287	−0.0136	0.00397	0.01764	0.02219
k	18	19	20	21	22	23	24	25	26
$h_T(k)$	0.02020	0.01488	0.01010	0.00179	−0.0075	−0.0148	−0.0174	−0.0142	−0.0066
k	27	28	29	30	31	32	33	34	35
$h_T(k)$	0.00205	0.00839	0.00983	0.00673	0.00252	0.00085	−0.00012	−0.00043	−0.00031
k	36								
$h_T(k)$	−0.00009								

同理,对生成季节性成分的算子 $\mathscr{L}_S$ 也可以综合而成:

$$\mathscr{L}_S = \mathscr{L}_4(I - \mathscr{L}_T), \quad S_t = \mathscr{L}_S(x_t), \tag{1.3.67}$$

如果说(1.3.66)式对应的滤波系数有 $2\times 36+1=73$ 项,则 $\mathscr{L}_S$ 对应的系数将有 145 项.表 1.3.2只列出 $\{h_S(k), k=0,1,\cdots,36\}$,由于后面的系数很小,许多场合也只用到这部分.更详细的内容可参看谢(1998).

表 1.3.2 X-11 算法中提取 S_t 的整体滤波系数

k	0	1	2	3	4	5	6	7	8
$h_S(k)$	0.18084	−0.01876	−0.01772	−0.01641	−0.01524	−0.01458	−0.01388	−0.01363	−0.01426
k	9	10	11	12	13	14	15	16	17
$h_S(k)$	−0.01612	−0.01853	−0.02056	0.17858	−0.02073	−0.01876	−0.01619	−0.01381	−0.01229
k	18	19	20	21	22	23	24	25	26
$h_S(k)$	−0.01164	−0.01133	−0.01079	−0.01070	−0.01095	−0.01131	0.11845	−0.01157	−0.01132
k	27	28	29	30	31	32	33	34	35
$h_S(k)$	−0.01081	−0.01005	−0.00916	−0.00832	−0.00748	−0.00659	−0.00584	0.00535	0.00512
k	36								
$h_S(k)$	0.06485								

(3) 从 X-11 算法的所有滤波系数可看出，其滤波属“双边滤波”(见(1.3.14)式)，而非“半边滤波”(见(1.3.16)式). 因此，在实际应用中设想观测到的数据是

$$x_0,\ x_1,\ x_2,\ \cdots,\ x_M,\ x_{M+1},\ \cdots,\ x_{N-M},\ x_{N-M+1},\ \cdots,\ x_N,$$

而滤波器 $\mathscr{L}$ 所对应的系数为

$$h_{-M},\ h_{-M+1},\ \cdots,\ h_{-1},\ h_0,\ h_1,\ \cdots,\ h_M,$$

则输出为
$$y=\mathscr{L}(x_t)=\sum_{k=-M}^{M} h_k x_{t-k},\quad t=M,M+1,\cdots,N-M.$$

可见，$\{y_t\}$ 与 $\{x_t\}$ 相比，两端缺失了数据，$[0,M-1]$ 和 $[N-M+1,N]$ 得不到输出 y_t 的值(参看图 1.3.17). 如果想对观测 $\{x_t,t=0,1,2,\cdots,N\}$ 外延 $t=N+\tau(\tau>0)$ 作预报，或想了解各分量(如趋势)在 $[N-M+1,N]$ 的情况，则只有用数学手段来外延(将在后续章节中介绍).

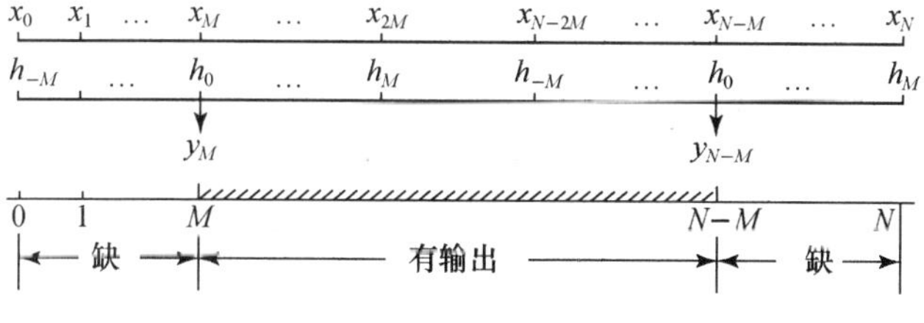

图 1.3.17 X-11 算法的输出两端出现数据缺失

3.2 用 X-11 算法来对非平稳序列作预报

由以上对 X-11 算法的介绍知，它只假定观测模型 $x_t=T_t+S_t+e_t$，而对分量 T_t,S_t(只假定有以 12 为周期)，e_t 的统计或概率性质并没有严格的规定，因此 X-11 算法得到了非常广泛的应用. 以下以向前作预报为例，说明其运算步骤.

1. 数据的延拓

由于 X-11 算法属于双边滤波，因此$[0,M]$和$[N-M+1,N]$的滤波输出是缺失的(见图 1.3.17). 为了得到(以预报工作为例)$[N-M+1,N]$的滤波输出，首先需要将观测数据$\{x_t,t=0,\cdots,N\}$延拓至$\{x_t,t=0,1,\cdots,N,N+1,\cdots,N+M\}$，即要补上$[N+1,\cdots,N+M]$这段数据. 对此文献上介绍有以下两种常用方法：

(1) 平直延伸法：令

$$x_{N+k}\equiv x_N,\quad k=1,2,\cdots,M. \tag{1.3.68}$$

其效果也还不错(见图 1.3.18).

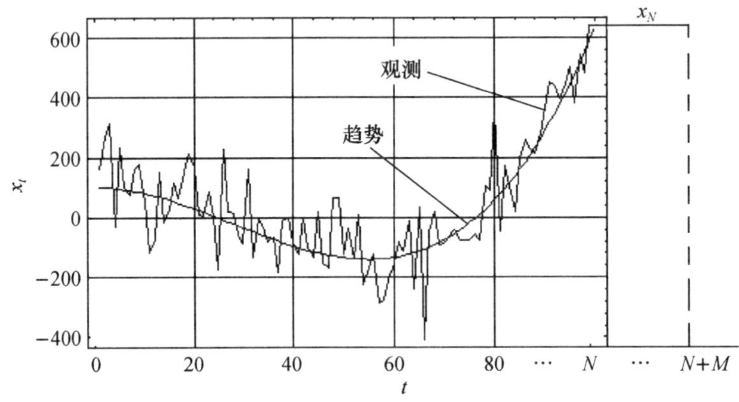

图 1.3.18 平直延伸 M 个数据以获得 T_t 的补充值

(2) 回归延拓法：当 M 不是很大时，可用三次多项式对观测数据进行$[0,N]$的回归，获得回归方程

$$x_t=a+bt+ct^2+dt^3 \tag{1.3.69}$$

后，将 $t=N+1,\cdots,N+M$ 代入方程(1.3.69)以获得$\{x_t,t=N+1,\cdots,N+M\}$，如图1.3.19所示(只是要提醒注意，当 M 大时，延伸产生的偏差会过大). 向外延拓之后经滤波即可得$\{T_t,t=M,\cdots,N\}$.

2. 求平均周期

由 X-11 算法的四个滤波步骤已可获得$[M,N-M]$中的季节性(周期性)成分 S_t，设想其中有 L 个相似的周期，如从图 1.3.10 中可看出有 12 个大致相似的周期图形. 于是，在对准“相位”后，将它们求平均：

$$\overline{S}_t=\frac{1}{L}\sum_{l=1}^{L}S_l(t+P(l-1)),\quad 1\leqslant t\leqslant P, \tag{1.3.70}$$

其中 $S_l(t)(1\leqslant t\leqslant P)$相当于第 l 个周期图形，$l=1,2,\cdots,L$. 该例的周期 $P=12$(年销售为 12 个月).

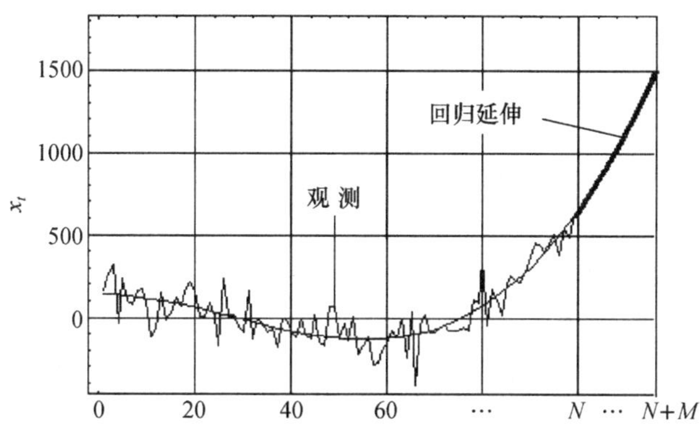

图 1.3.19 用多项式回归延伸 M 个数据以获得 T_t 的补充值

作为周期函数，显然很容易由 $N-M$ 拓展到$\{S_t,t=M,\cdots,N\}$.

3. 外推预报

由以上步骤，可得滤波输出

$$T_t,\quad t=M,M+1,\cdots,N-M,\cdots,N \tag{1.3.71}$$

及周期延拓：

$$S_t,\quad t=M,M+1,\cdots,N-M,\cdots,N. \tag{1.3.72}$$

如今设想，对未来趋势 $T_t(t=N+1,\cdots,N+\tau)$和整体销售量 $x_t(t=N+1,\cdots,N+\tau)$，要进行预测，其做法如下：

(1) τ 不能太大，以 $\tau=1,2,3$(一季度内)为宜，太大了误差会偏大. 当然有的规律性比较好或"噪声"成分不大的，τ 可以加大一些.

(2) $\hat{T}_t$的预报：有了滤波输出$\{T_t,t=M,\cdots,N\}$. 对靠 N 的一段，如选适当的 $K>0$，对$\{T_t,t=N-K,N-K+1,\cdots,N\}$，可用多项式(一般不多于三次)回归或样条拟合后，可得$\{\hat{T}_{N+1},\cdots,\hat{T}_{N+\tau}\}$，它们即是未来"趋势"的预报.

(3) $\hat{x}_t$的预报：将(1.3.70)式的 $\overline{S}_t$ 外延$\{\hat{S}_{N+1},\cdots,\hat{S}_{N+\tau}\}$. 然后令

$$\hat{x}_t=\hat{T}_t+\hat{S}_t,\quad t=N+1,\cdots,N+\tau, \tag{1.3.73}$$

它即是 X-11 算法对未来的一种预报方法.

*(4) 对残差

$$e_t=x_t-(T_t+S_t),\quad t=M,\cdots,N-M, \tag{1.3.74}$$

应该作统计检验. 如果它的相关函数 $R_e(k)=\delta_{k,0}$，即它是白噪声，则(1.3.73)式就是好的预报公式. 如果不是白噪声，则可用前面介绍的极大熵作 AR 模型拟合，也向外作 τ 步预报(见定理 1.2.5)得$\{\hat{e}_{N+1},\hat{e}_{N+2},\cdots,\hat{e}_{N+\tau}\}$，则整体预报用

$$\hat{x}_t = \hat{T}_t + \hat{S}_t + \hat{e}_t, \quad t = N+1, \cdots, N+\tau. \tag{1.3.75}$$

3.3 其它经验性的预报方法

Makridakis S，et al(1982)和 Makridakis S，Wheelwright S C(1983)中提出了一些没有严格理论但却有实践基础的时间序列预报方法.作者认为应用统计工作者应重视这些方法，故以下作一些介绍供读者参考.

1. RMA(Ratio to Moving Average)

(1) 乘性模型：设观测模型为

$$x_t = T_t C_t S_t I_t, \tag{1.3.76}$$

其中 S_t 为季节性成分，T_t 为趋势成分，C_t 为循环成分，I_t 为随机误差成分.其预测步骤如下：

① 用滑动平均法

$$y_{t+m} = \frac{1}{2m+1}\sum_{k=0}^{2m} x_{t+k}, \quad t = 0,1,2,\cdots \tag{1.3.77}$$

取趋势和循环项，滤波项数等于季节长度.设由此得

$$\hat{M}_t = T_t C_t, \tag{1.3.78}$$

其中 $\hat{M}_t$ 含低频的成分，而季节性和随机误差成分在(1.3.77)式中很大部分被"平均"消除了.由(1.3.76)和(1.3.78)式可得

$$x_t / \hat{M}_t = \hat{S}_t \hat{I}_t. \tag{1.3.79}$$

② 用相同月数的中间平均值以消除(1.3.79)式中的不规则成分(即中介滤波).所谓中间平均值是指：将各年的数据按月排列，然后依次将各月份数据"去掉最大和最小"之后再取平均，即可得 $\hat{S}_t$.

③ 在 $\hat{M}_t$ 中用回归来拟合 $\hat{T}_t$，然后令

$$\hat{C}_t = \frac{\hat{M}_t}{\hat{T}_t} = \frac{\hat{T}_t \hat{C}_t}{\hat{T}_t}. \tag{1.3.80}$$

④ 可用

$$\hat{I}_t = x_t / (\hat{S}_t \hat{T}_t \hat{C}_t) \tag{1.3.81}$$

作为不规则成分的估计.

(2) 加性模型：对(1.3.76)式两边取对数，可得

$$\log x_t = \log S_t I_t + \log T_t C_t \triangleq g_t + J_t, \tag{1.3.82}$$

其中 J_t 属于相对低频长周期成分，而 g_t 属于相对高频短周期成分.因此首先用低通滤波器

将 J_t 滤出得 $\hat{J}_t$，从而

$$\log I_t + \log S_t = \log x_t - \hat{J}_t. \tag{1.3.83}$$

将其数据逐月排列进行前述的中介滤波，可得季节性成分 $\log \hat{S}_t$，因为相隔 12 个月噪声的相关性已很弱. 对

$$\hat{J}_t = \log \hat{T}_t + \log \hat{C}_t \tag{1.3.84}$$

先用回归得 $\log \hat{T}_t$ 项，再进行恢复得 $\hat{T}_t$，然后再估计 $\hat{C}_t$ 和 $\hat{I}_t$.

2. Holt-Winters 线性与季节性指数平滑

设观测模型为

$$x_t = (S_t + T_t) I_t, \tag{1.3.85}$$

即认为观测 x_t 有季节周期项，又有趋势项，但信号成分 $S_t + T_t$ 皆被噪声(不规则成分)所“调制”，两者是乘性(非加性)关系. 这时预报方法是递推式：

$$\begin{cases} S_t = \alpha \dfrac{x_t}{I_{t-L}} + (1-\alpha)(S_{t-1} + T_{t-1}), \\ T_t = \gamma(S_t - S_{t-1}) + (1-\gamma) T_{t-1}, \\ I_t = \beta \dfrac{x_t}{S_t} + (1-\beta) I_{t-L}; \end{cases} \tag{1.3.86}$$

预报公式为

$$\hat{x}_{t+1} = (S_t + T_t) I_{t+1-L}, \tag{1.3.87}$$

其中 L 为季节长度，α, β, γ 是三个待定常数，可选最优的，使下述均方误差最小：

$$\sum_{t=1}^{n} (x_t - \hat{x}_t^*)^2 = \min_{\alpha,\beta,\gamma} \left\{ \sum_{t=1}^{n} (x_t - \hat{x}_t)^2 \right\}.$$

3. DSEP

在介绍 DSEP 之前先介绍一种简单指数平滑预报方法(SEP)：

设 $\{x_0, x_1, \cdots, x_N\}$ 为观测值，对 t 时刻，假定观测值为 x_t，而对它的预报为 $\hat{x}_t$，则对 x_{t+1} 的预报为

$$\hat{x}_{t+1} = (1-\alpha)\hat{x}_t + \alpha x_t, \quad t = 1, 2, \cdots, N-1, \tag{1.3.88}$$

其中 $0 < |\alpha| < 1$，并取 $\hat{x}_1 = \alpha x_0$，这里参数 α 应选最优的 α^*，使得平方误差

$$Q(\alpha) = \sum_{k=0}^{N-1} (x_{k+1} - \hat{x}_{k+1})^2$$

达到极小.

第 k 步向前预报公式为

$$\hat{x}_{n+k}=(1-\alpha^*)\hat{x}_{n+k-1}+\alpha^* x_n,\quad k=1,2,\cdots,m. \tag{1.3.89}$$

不难证明：$n=N$ 时的向前 k 步预报可表为

$$\hat{x}_{N+k}=(1-\alpha^*)\hat{x}_N+\alpha^*\sum_{s=0}^{k-1}(1-\alpha^*)^s x_N,\quad k=1,2,\cdots,m. \tag{1.3.90}$$

SEP 适合于无趋势和无强烈周期性的数据，并由于$(1-\alpha^*)^s$ 随 s 增大愈来愈小，故 k 不能太大.

以下介绍 DSEP 算法：

(1) 先将 x_t 中的趋势成分 T_t 分离出来，手段可用 X-11 算法或多项式回归，并令

$$z_t = x_t - T_t;$$

(2) 利用第二章第三节中介绍的潜在周期分析法或 X-11 算法从 z_t 中检出周期成分 S_t，再令

$$y_t = z_t - S_t;$$

(3) 对$\{y_t\}$用 SEP 作预报，最后再合成 x_t 的预报.

4. Naive 2

此方法对非常广泛的经济数据既简单又有效，其本质即前面已介绍的平直延伸法(图 1.3.18). 首先从观测 x_t 中检出周期成分 S_t，而后用最后一个 x_N 平直外延：

$$\begin{cases} y_t=x_t-S_t, \\ \hat{y}_{N+\tau}\equiv y_N,\quad \tau=1,2,\cdots,M, \end{cases} \tag{1.3.91}$$

再恢复

$$\hat{x}_{N+\tau}=y_N+S_{N+\tau},\quad \tau=1,2,\cdots,M. \tag{1.3.92}$$

5. Box-Jenkins 模型

我们在第二章中已介绍平稳序列的 ARMA 建模和预报. 其实 Box-Jenkins 的书和后人将他们的方法推广到非平稳、带季节性的 ARIMA$(p,d,q)\times(P,D,Q)$模型(见第二篇第九课题). 因理论比较复杂，我们只在第二篇应用实例中适当加以介绍.

6. 若干方法预报效果的比较

大概没有一种预报方法能对一切观测数据进行有效预报. Makridakis, et al(1982)中将 171 种长、短观测数据进行外推 1～12 步，对不同种类和不同常用方法进行了相当详细的比较，并用平均误差 MAPE 和中位数 Md 来度量效果. 以下我们只选一部分结果.

(1) 对 20 种年数据的预报比较见表 1.3.3.

表 1.3.3 对 20 种年数据的预报效果(MAPE(Md))

方法	模型拟合	1—4 年预报	1—6 年预报
SEP	11.4 (5.5)	13.1 (9.4)	16.9 (11.5)
Regression	8.6 (4.7)	12.0 (8.8)	14.8 (9.9)
Naive 2	10.9 (5.2)	13.6 (10.2)	17.1 (12.9)
DSEP	11.4 (5.5)	13.1 (9.4)	16.9 (11.5)
Holt-Winters	12.9 (3.5)	10.2 (3.6)	12.7 (5.1)
Box-Jenkins	7.2	12.6 (5.2)	16.0 (7.8)

● 模型拟合：

MAPE：1. Regression；2. Naive 2；3. DSEP & SEP.

Md：1. Holt-Winters；2. Regression；3. Naive 2.

● 1—4 年预报：

MAPE：1. Hold-Winters；2. Regression；3. Box-Jenkins.

Md：1. Holt-Winters；2. Box-Jenkins；3. Regression.

● 1—6 年预报：

MAPE：1. Holt-Winters；2. Regression；3. Box-Jenkins.

Md：1. Holt-Winters；2. Box-Jenkins；3. Regression.

(2) 对 23 种月数据的预报比较见表 1.3.4.

表 1.3.4 对 23 种月数据的预报效果 (MAPE(Md))

方法	模型拟合	1—4 月预报	1—6 月预报	1—8 月预报
SEP	9.6 (3.9)	14.9 (6.2)	18.3 (8.4)	20.6 (10.0)
Regression	12.4 (6.2)	22.1 (9.2)	24.1 (10.8)	25.5 (12.6)
Naive 2	9.0 (2.6)	14.2 (7.6)	16.9 (9.8)	19.0 (9.2)
DSEP	7.7 (2.5)	14.0 (5.8)	16.5 (7.8)	18.5 (8.8)
Holt-Winters	7.3 (2.1)	15.2 (5.5)	20.9 (9.6)	26.4 (9.3)
Box-Jenkins	——	12.7 (4.3)	17.2 (5.2)	20.1 (6.5)

● 模型拟合：

MAPE：1. Holt Winters，2. DSEP；3. Naive 2.

Md：1. Holt-Winters；2. DSEP；3. Naive 2.

● 1—4 月预报：

MAPE：1. Box-Jenkins；2. DSEP；3. Naive 2.

Md：1. Box-Jenkins；2. Holt-Winters；3. DSEP.

● 1—6 月预报：

MAPE：1. DSEP；2. Naive 2；3. Box-Jenkins.

Md：1. Box-Jenkins；2. DSEP；3. SEP.

● 1—8 月预报：

MAPE：1. DSEP；2. Naive 2；3. Box-Jenkins.

Md：1. Box-Jenkins；2. DSEP；3. Naive 2.

(3) 对 68 种月数据的预报比较见表 1.3.5.

表 1.3.5 对 68 种月数据的预报效果 (MAPE(Md))

方法	模型拟合	1—4 月预报	1—6 月预报	1—8 月预报	1—12 月预报
SEP	15.0 (6.5)	16.4 (8.7)	17.4 (9.4)	18.2 (10)	17.3 (10.2)
Regression	20.3 (8.8)	21.6 (11.6)	22.3 (12.4)	23.2 (12.7)	23.4 (12.9)
Naive 2	8.6 (3.7)	11.3 (6.2)	11.8 (6.5)	13.0 (7.4)	13.7 (7.9)
DSEP	8.0 (3.4)	10.8 (5.4)	11.0 (5.8)	12.0 (6.8)	12.6 (7.4)
Holt-Winters	9.0 (3.8)	11.7 (5.9)	12.2 (5.7)	13.6 (6.4)	14.6 (7.1)
Box-Jenkins	——	11.1 (6.6)	11.3 (6.5)	12.7 (7.6)	13.8 (7.8)

- 模型拟合:
  MAPE: 1. DSEP; 2. Naive 2; 3. Holt-Winters.
  Md: 1. DSEP; 2. Naive 2; 3. Holt-Winters.
- 1—4 月预报:
  MAPE: 1. DSEP; 2. Box-Jenkins; 3. Naive 2.
  Md: 1. DSEP; 2. Holt-Winters; 3. Naive 2.
- 1—6 月预报:
  MAPE: 1. DSEP; 2. Box-Jenkins; 3. Naive 2.
  Md: 1. Holt-Winters; 2. DSEP; 3. Box-Jenkins & Naive 2.
- 1—8 月预报:
  MAPE: 1. DSEP; 2. Box-Jenkins; 3. Naive 2.
  Md: 1. Holt-Winters; 2. DSEP; 3. Naive 2.
- 1—12 月预报:
  MAPE: 1. DSEP; 2. Naive 2; 3. Box-Jenkins.
  Md: 1. Holt-Winters; 2. DSEP; 3. Box-Jenkins.

(4) 对 60 种带周期数据的预报比较见表 1.3.6.

表 1.3.6 对 60 种带周期性数据的预报效果(MAPE(Md))

方法	模型拟合	1—4 月预报	1—6 月预报	1—8 月预报	1—12 月预报
SEP	15.7 (7.6)	16.7 (9.0)	18.2 (9.8)	19.6 (10.7)	18.5 (10.7)
Regression	18.6 (8.7)	19.8 (10.0)	19.9 (11.4)	20.6 (11.4)	19.4 (11.7)
Naive 2	7.9 (3.8)	10.2 (5.8)	10.9 (6.8)	12.6 (7.4)	13.3 (7.6)
DSEP	7.1 (3.5)	9.4 (5.3)	10.2 (5.9)	11.8 (6.8)	12.3 (7.1)
Holt-Winters	8.2 (4.0)	10.7 (5.5)	11.5 (5.7)	13.5 (6.6)	14.2 (6.7)
Box-Jenkins	——	11.0 (6.1)	12.3 (6.3)	14.3 (6.9)	14.8 (7.3)

- 模型拟合:
  MAPE: 1. DSEP; 2. Naive 2; 3. Holt-Winters.
  Md: 1. DSEP; 2. Naive 2; 3. Holt-Winters.
- 1—4 月预报:
  MAPE: 1. DSEP; 2. Naive 2; 3. Holt-Winters.

Md：1. DSEP；2. Holt-Winters；3. Naive 2.

- 1—6 月预报：
  MAPE：1. DSEP；2. Naive 2；3. Holt-Winters.
  Md：1. Holt-Winters；2. DSEP；3. Box-Jenkins.
- 1—8 月预报：
  MAPE：1. DSEP；2. Naive 2；3. Holt-Winters.
  Md：1. Holt-Winters；2. DSEP；3. Box-Jenkins.
- 1—12 月预报：
  MAPE：1. DSEP；2. Naive 2；3. Holt-Winters.
  Md：1. Holt-Winters；2. DSEP；3. Box-Jenkins.

在对以上 171 种不同经济数据运用 7 种不同方法的预报中，总共有 17 种拟合模型和预报的误差计算，并用 MAPE(平均误差)和中位数(Md)来度量. 为简单起见，并为进行粗略地评估，我们都把它们的地位等同对待，这就等于我们有了总共 34 次不同方法的拟合和预报误差. 可见各方法出现于最小误差位置的次数是：

DSEP 16 次，Holt-Winters 13 次，Box-Jenkins 4 次，Regression 1 次，Naive 2 和 SEP 0 次.

而出现于次好位置的次数是：

Naive 2 12 次，DSEP 11 次，Box-Jenkins 5 次，Holt-Winters 和 Regression 3 次，SEP 0 次.

因此，最小误差的头三种方法是：

DSEP(47%)，Holt-Winters(38.2%)，Box-Jenkins(11.8%).

次好的头三种方法是：

Naive 2 (35.3%)，DSEP(32.3%)，Box-Jenkins(14.7%).

综合这 171 种经济数据，我们推荐在实用预报中用 DSEP 和 Holt-Winters 或 Box-Jenkins. 在无其它相关知识的情况之下，Naive 2 也有一定参考价值.

为什么 Naive 2 这种最简单的平直延伸法竟能在“次好”方法中占第一位？这是很值得统计学家、经济学家认真研究的一个问题. 本书作者认为：在经济现象中，变化因素极其复杂，因而呈现出一种类似“未来取决于现况而与历史无关”的马氏性，而平直延伸法 Naive 2 正是这种思想的粗略体现.

此外，在以上各表中也给我们一些启示：对不同性质数据，不同方法各有优点.

(1) 当数据为年度数据时，一年中的随机变化许多已互相抵消，方法选：Holt-Winters，Regression 或 Box-Jenkins；

(2) 数据为中长期的季度数据选用 Box-Jenkins，Holt-Winters 和 DSEP；

(3) 对于短观测(月)数据，选用 DSEP，Holt-Winters，Box-Jenkins；

(4) 对于带周期性数据，选用 DSEP，Holt-Winters，Naive 2.

第二篇　实际案例研究分析

第一课题　海洋重力仪的弱信号检测

§1　动态海洋重力仪的数据处理问题

1.1　动态海洋重力勘探中的弱信号检测问题

在地球物理勘探中，主要有三种方法：地震法、电磁法和重力法. 重力勘探主要是通过量测地球各测点位置上的重力加速度 g 的值(如 $g=980\ \mathrm{cm/s^2}$)的变化来了解地下的结构，从而为发现地下资源(如石油、天然气)提供信息. 以往在海上的重力勘探多用静态量测法，即：在每个规划的测点上，勘探船要将仪器放入海中，在静态下测量该点的重力加速度值，而后再移动到另一测点，重复静态量测. 显然，这种作业方式是很缓慢的，对于具有广阔海域的我国，这是少、慢、差、费的办法. 于是，中国的地质工程师们提出一种大胆的设想，即：能不能生产一种仪器，让勘探船在大海航行中，自动地、动态地量测出各条测线上的重力加速度值？显然，如能实现这种作业方式，就必然会大大提高我国广大海域的勘探速度.

然而，动态作业遇到的最大难点是如何在强干扰背景中检测出微弱的重力加速度变化的信号. 原因是：重力仪是测加速度值的，在动态作业中，尤其在风浪中，船的上、下颠簸会产生垂直加速度和横向加速度. 后一种可用多重手段减轻影响，但垂直加速度 g_v 和地球重力加速度在航行中是叠加在一起的. 在中等风浪中 g_v 的数量级大约是 30 gal～50 gal(1 gal $=1\ \mathrm{cm/s^2}$)，而地球重力加速度信号 g_s 是很缓慢变化的，其变化带来的信号大约是 0.001 gal，然而观测到的是两者的叠加：

$$g_t=g_s(t)+g_v(t). \tag{2.1.1}$$

由于干扰比信号大 3 万～5 万倍，能不能从观测 $\{g_t\}$ 中恢复微弱的 $g_s(t)$ 就是一大难题. 除了涉及仪器硬件设备准确地提供 $\{g_t\}$ 量测外，核心的问题自然是数学方法上能提供什么手段.

1.2　解决问题的可能途径

我们在第一篇第三章的图 1.3.1 中给出了一个低通滤波器，即该线性系统 $\mathscr{L}$ 是可以将输入 x_t 中的高频成分“滤掉”而输出低频成分. $\mathscr{L}$ 的输入和输出的关系是(1.3.6)式：

$$y_t=\int_{-\infty}^{+\infty}\frac{1}{2\pi}X(\omega)H(\omega)\mathrm{e}^{\mathrm{i}\omega t}\mathrm{d}\omega,$$

其中 $X(\omega)$ 和 $H(\omega)$ 分别为信号的频谱和 $\mathscr{L}$ 的 FRF.

设想(2.1.1)式中信号属于低频变化，其频谱 $X_s(\omega)$集中在$[-A,A]$，为 $f_s(\omega)$，即

$$X_s(\omega)=\begin{cases}f_s(\omega), & -A\leqslant\omega\leqslant A,\\ 0, & \text{其它},\end{cases} \tag{2.1.2}$$

而干扰 $g_v(t)$属于高频变化(相对于重力加速度信号)，它的频谱 $X_v(\omega)$处于高频区，不在$[-A,A]$之内：

$$X_v(\omega)=\begin{cases}0, & -A\leqslant\omega\leqslant A,\\ f_v(\omega), & |\omega|>A.\end{cases} \tag{2.1.3}$$

显然，由 Fourier 变换的线性性质及(2.1.1)式，其频谱为

$$X_g(\omega)=X_s(\omega)+X_v(\omega). \tag{2.1.4}$$

如今设 FRF $H(\omega)$如下：

$$H(\omega)=\begin{cases}1, & -A\leqslant\omega\leqslant A,\\ 0, & \text{其它},\end{cases} \tag{2.1.5}$$

则将以上各式代入(1.3.6)式可得 $\mathscr{L}$的输出为

$$\begin{aligned}y_t&=\frac{1}{2\pi}\int_{-\infty}^{+\infty}[X_s(\omega)+X_r(\omega)]H(\omega)\mathrm{e}^{\mathrm{i}\omega t}\,\mathrm{d}t\\&=\frac{1}{2\pi}\int_{-\infty}^{+\infty}X_s(\omega)H(\omega)\mathrm{e}^{\mathrm{i}\omega t}\,\mathrm{d}t+\frac{1}{2\pi}\int_{-\infty}^{+\infty}X_v(\omega)H(\omega)\mathrm{e}^{\mathrm{i}\omega t}\,\mathrm{d}t\\&=\frac{1}{2\pi}\int_{-A}^{A}f_s(\omega)\mathrm{e}^{\mathrm{i}\omega t}\,\mathrm{d}t\\&=\frac{1}{2\pi}\int_{-\infty}^{+\infty}X_s(\omega)\mathrm{e}^{\mathrm{i}\omega t}\,\mathrm{d}t\\&=g_s(t).\end{aligned} \tag{2.1.6}$$

(2.1.6)式告诉我们：在信号 g_s 和干扰 g_v 能量的分布区域(反映在频谱上)是分离的情况下，不管 $f_v(\omega)$的值比 $f_s(\omega)$强多少倍，理论上说，通过上述 $\mathscr{L}$ 的滤波 $g_s(t)$是可以“滤出来”的.

1.3 数字滤波器的表达式

在第一篇第三章的(1.3.14)和(1.3.16)式中，我们介绍了如下线性数字滤波公式：

双边滤波：$y_t=\sum_{\tau=-\infty}^{\infty}h_\tau x_{t-\tau},\ t=0,\pm1,\pm2,\cdots;$

单边滤波：$y_t=\sum_{\tau=0}^{\infty}h_\tau x_{t-\tau},\ t=0,1,2,\cdots.$

而滤波系数$\{h_\tau\}$和 $H(\omega)(-\pi\leqslant\omega\leqslant\pi)$的关系是

$$h_\tau=\int_{-\pi}^{\pi}H(\omega)\mathrm{e}^{\mathrm{i}\omega\tau}\mathrm{d}\omega,\quad \tau=0,\pm1,\cdots, \tag{2.1.7}$$

$$H(\omega)=\frac{1}{2\pi}\sum_{k=-\infty}^{\infty}h_k\mathrm{e}^{-\mathrm{i}k\omega},\quad -\pi\leqslant\omega\leqslant\pi. \tag{2.1.8}$$

对于上述(2.1.5)式,设 $\omega=2\pi f$,

$$H(\omega)=\begin{cases}1, & 0\leqslant|\omega|\leqslant 2\pi f_A,\\ 0, & \text{其它},\end{cases} \tag{2.1.9}$$

则对应(2.1.9)式,该滤波器称为**理想低通滤波器**,其滤波系数为

$$\begin{aligned} h_\tau &= \int_{-\pi}^{\pi}H(\omega)\mathrm{e}^{\mathrm{i}\omega\tau}\,\mathrm{d}\omega=\int_{-2\pi f_A}^{2\pi f_A}\mathrm{e}^{\mathrm{i}\omega\tau}\,\mathrm{d}\omega \\ &= 2\int_0^{2\pi f_A}\cos\tau\omega\,\mathrm{d}\omega \\ &= 2\,\frac{\sin(2\pi f_A\tau)}{\tau},\quad \tau=0,\pm1,\pm2,\cdots, \end{aligned} \tag{2.1.10}$$

它满足 $h_k=h_{-k}$, $k=1,2,\cdots$.

例如,当 $f_A=1/6$ 时,对应的滤波系数$\{h_\tau\}$如图 2.1.1 所示.

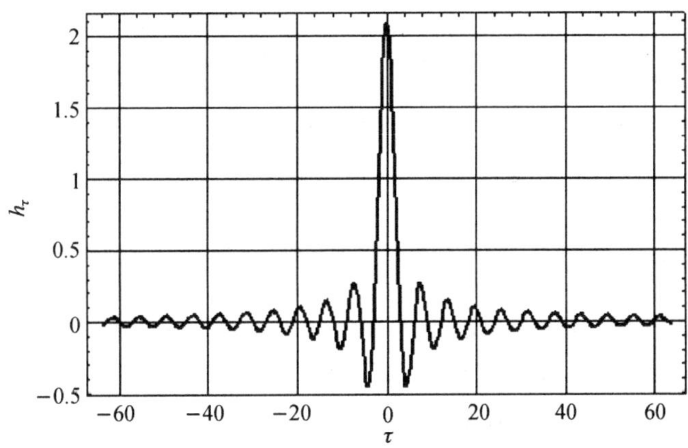

图 2.1.1 理想低通滤波器(2.1.9)的滤波系数($f_A=1/6$)

工程上之所以称(2.1.9)式对应的滤波器为“理想低通”的,是因为要真正实现它,必须有无穷项的$\{h_\tau,\tau=0,\pm1,\pm2,\cdots\}$,而实际工作所能利用的$\{x_t\}$只能是有限项.一旦对$\{h_\tau\}$中的 τ 截成有上限的 N,则(2.1.9)式的 $H(\omega)$在 $2\pi f_A$ 之外就不可能是零,从而噪声的能量就可能泄漏混入滤波的输出.例如,图 2.1.2 是(2.1.10)式中当 $\tau=0,\pm1,\pm2,\cdots,\pm64$(共 $n=129$ 项)时对$|H_n(\omega)|$的 FRF 图形.

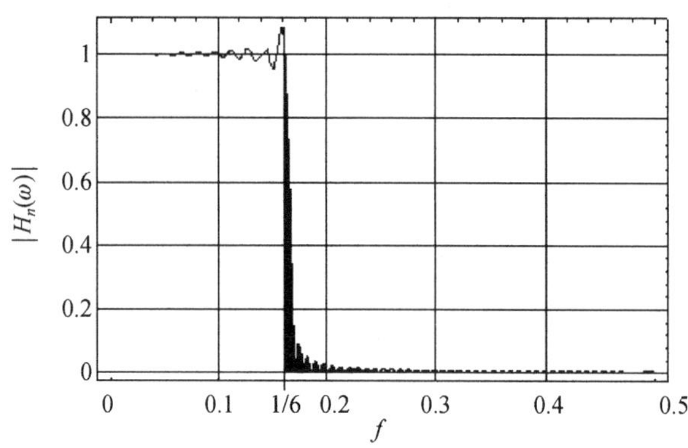

图 2.1.2 $n=129$ 项滤波系数对应的 FRF 泄漏区($f_A=1/6$)

以下我们来粗略分析 $n=129$ 时 $H_n(\omega)$尾部泄漏引起的干扰有多大.设噪声的频谱在 $f_A=\dfrac{1}{6}$之外为常数 C,考虑$\dfrac{1}{6}\leqslant f_A\leqslant\dfrac{1}{4}$的泄漏($n=2\times 64+1$):

$$N_0=\frac{1}{2\pi}\int_{2\pi\times\frac{1}{6}}^{2\pi\times\frac{1}{4}}X(\omega)H_n(\omega)\mathrm{d}\omega=\frac{C}{2\pi}\sum_{k=-m}^{m}\int_{\pi/3}^{\pi/2}\frac{2\sin\dfrac{k\pi}{3}}{k}\cos k\omega\,\mathrm{d}\omega,$$

$$\frac{N_0}{C}=\frac{1}{\pi}\left(\frac{\pi^2}{9}+2\sum_{k=1}^{64}\int_{\pi/3}^{\pi/2}\frac{\sin\dfrac{k\pi}{3}}{k}\cos k\omega\,\mathrm{d}\omega\right),$$

$$\frac{N_0}{C}=0.179606.$$

可见,在截频 $f_0=1/6$ 以外的一小段,泄漏部分就占干扰能量的约 18%,当 C 很大时,N_0 就很大,从而 $\mathscr{L}$ 的输出中干扰成分就很大.当 n 增加到 513 时,仍占 17.5%.其根本原因是(2.1.10)式对应的滤波系数$\{h_k\}$收敛太慢.

§2 极大极小准则下的滤波

2.1 问题的背景和数学提法

地球物理勘探中,在通常海上航行速度勘测下,重力加速度信号的变化也是很缓慢的,其变化的周期成分大多数比 40 秒还要长,而海浪变化周期却短得多,以我国东海海面海浪为例,大约在 3~5 秒,可认为干扰的频谱处于相对高频区,而重力加速度信号频谱处于低频区.由此,似乎前一节介绍的理想低通滤波器对应的(2.1.9)式可用.然而,事实证明:由于海浪干扰强度比重力加速度信号强 3 万~5 万倍,甚至取 $n=512$ 项滤波,其误差仍在数百倍的数量级.追其原因是,滤波系数(2.1.10)这类$\frac{\sin x}{x}$函数衰减太慢,其 FRF 造成的泄漏太大.

针对以上特点,我们提出以下极大极小准则下的滤波:

(1) 设滤波系数(IRF)为 $h_k(k=0,\pm1,\pm2,\cdots,\pm N)$,它们是实系数,满足对称性

$$h_{-k}=h_k,\quad \forall k. \tag{2.1.11}$$

(2) $\{h_k\}$所对应的 FRF 是

$$H(\omega)=\sum_{k=-N}^{N}h_k\cos k\omega^{①},\quad 0\leqslant\omega\leqslant\pi, \tag{2.1.12}$$

并规范为

$$H(0)=1. \tag{2.1.13}$$

(3) 对给定的误差 $\delta>0$ 和截止圆频率 $\omega_0=\alpha>0$,我们要寻求最优的 $H^*(\omega)$,记为 OFRF,它满足

$$\max_{\alpha\leqslant\omega\leqslant\pi}|H^*(\omega)|\leqslant\inf_{\{h_k\}}(\max_{\alpha\leqslant\omega\leqslant\pi}|H(\omega)|)\leqslant\delta^{②}, \tag{2.1.14}$$

其中$\{h_k\}$是一切满足(2.1.11)~(2.1.13)式的有限项的 IRF.

这里,需要说明的是:我们不能要求在截频 α 之外的频域,函数$|H^*(\omega)|=0$,即 $\delta=0$;否则由

$$\left|\sum_{k=-N}^{N}h_k^*\cos k\omega\right|\equiv0,\quad \alpha\leqslant\omega\leqslant\pi \tag{2.1.15}$$

必导致 $h_k^*\equiv0,\forall k$.为说明这一事实,只需看 $N=2$ 的情形:将(2.1.15)式写成

$$h_0^*+2h_1^*\cos\omega+2h_2^*\cos2\omega=0,\quad \alpha\leqslant\omega\leqslant\pi. \tag{2.1.16}$$

取 $\omega_1,\omega_2\in[\alpha,\pi]$,则由(2.1.16)式导出

$$\begin{bmatrix}1 & \cos\omega_1 & \cos2\omega_1\\ 1 & \cos\omega_2 & \cos2\omega_2\\ 1 & -1 & 1\end{bmatrix}\begin{bmatrix}h_0^*\\ 2h_1^*\\ 2h_2^*\end{bmatrix}\equiv0. \tag{2.1.17}$$

然而方程组(2.1.17)的系数矩阵的行列式

$$D=\cos\omega_2-\cos2\omega_1+\cos\omega_1\cos2\omega_2-\cos\omega_2\cos2\omega_1+\cos2\omega_2-\cos\omega_1,$$

它是(ω_1,ω_2)的连续函数,因此,在$[\alpha,\pi]$范围内总可找到(ω_1^0,ω_2^0),使 $D>0$(见图 2.1.3).例如,当 $\alpha<\frac{\pi}{6}$ 时,可取 $\omega_1^0=\frac{\pi}{2},\omega_2^0=\frac{\pi}{5}$,则 $D=2.927>0$.事实上,当取 $\omega_1^0=\frac{\pi}{2}$时,在 $\omega_2^0\in$

① 为简明起见,我们略去 $1/(2\pi)$ 的系数.

② 以下为简明起见,往往就取为"="式.

$\left[\frac{\pi}{4},\frac{2\pi}{5}\right]$内，皆有 $D>0$，即方程组(2.1.17)的解恒为零：

$$h_0^* = h_1^* = h_2^* = 0. \tag{2.1.18}$$

因此，在数学上只能对 $\delta>0$ 求解，而不管 δ 多小，这在应用中已足够.

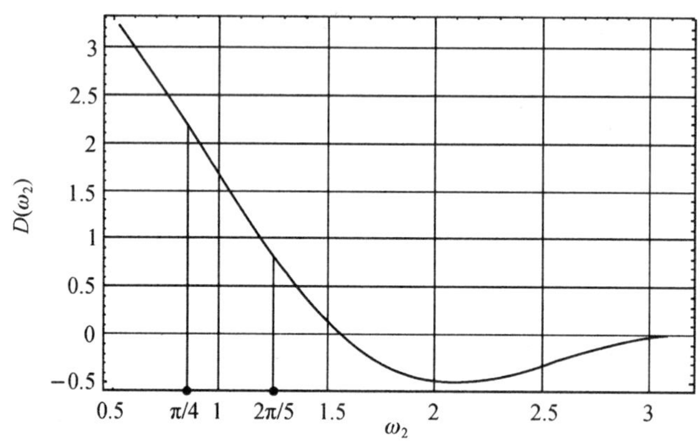

图 2.1.3 函数 $D(\omega_2)$的图形

当然，接下来的问题是：满足以上条件(1)～(3)的滤波系数$\{h_k\}_{-N}^{N}$是否对任给的 $\alpha>0$，$\delta>0$ 皆存在？如果存在，如何去求解？

以下介绍的几条定理彻底地解决了上面提出的求解极大极小准则下的最优滤波问题①.

2.2 有关求解极大极小准则下最优滤波的若干定理

为叙述方便，引进以下集合：

$$\mathscr{H} = \Big\{H(\omega): H(\omega) = \sum_{k=-N}^{N} h_k \cos k\omega; h_k = h_{-k}, k = \pm 1, \pm 2, \cdots, \pm N,$$
$$h_k \text{ 为实数}; |H(\omega)| \leqslant 1, \alpha \leqslant \omega \leqslant \pi\Big\}. \tag{2.1.19}$$

首先指出：若有 $\hat{H}(\omega)\in\mathscr{H}$，并且对任意的 $H\in\mathscr{H}$ 皆有

$$|\hat{H}(0)| = C \geqslant |H(0)|, \quad \forall H\in\mathscr{H}, \tag{2.1.20}$$

则必有 $C>0$.

事实上，取 $\tilde{h}_0=1$，$\tilde{h}_k\equiv 0\ (k\neq 0)$，则 $\widetilde{H}(\omega)=\tilde{h}_0\equiv 1$. 由条件 $|\hat{H}(0)|=C\geqslant|\widetilde{H}(0)|=1$，故 $C>0$.

① 这些定理主要是由北京大学数学科学学院闵祠鹤先生给出的，作者仅作了一些整理和补充.

定理 2.1.1 设$\{\hat{h}_k, k=0,\pm1,\cdots,\pm N\}$为实数列，其对应的$\hat{H}(\omega)\in\mathscr{H}$，并使

$$|\hat{H}(0)|=C\geqslant|H(0)|,\quad \forall H\in\mathscr{H}$$

成立. 令

$$\tilde{h}_k=\frac{1}{C}\hat{h}_k,\quad k=0,\pm1,\cdots,\pm N, \tag{2.1.21}$$

则$\{\tilde{h}_k\}$是最优滤波系数，只是这时

$$\delta=1/C. \tag{2.1.22}$$

证明 令

$$\widetilde{H}(\omega)=\sum_{k=-N}^{N}\tilde{h}_k\cos k\omega,\quad 0\leqslant\omega\leqslant\pi, \tag{2.1.23}$$

则

$$\widetilde{H}(0)=\left|\sum_{k=-N}^{N}\frac{\hat{h}_k}{C}\right|=\frac{1}{C}\left|\sum_{k=-N}^{N}\hat{h}_k\right|=\frac{|\hat{H}(0)|}{C}=1,$$

并且

$$|\hat{H}(\omega)|=\left|\sum_{k=-N}^{N}\hat{h}_k\cos k\omega\right|\leqslant1,\quad 0<\alpha\leqslant\omega\leqslant\pi. \tag{2.1.24}$$

因为定理条件$\hat{H}(\omega)\in\mathscr{H}$，因此

$$|\widetilde{H}(\omega)|=\left|\sum_{k=-N}^{N}\tilde{h}_k\cos k\omega\right|=\frac{1}{C}\left|\sum_{k=-N}^{N}\hat{h}_k\cos k\omega\right|\leqslant\frac{1}{C}. \tag{2.1.25}$$

令 $D=\max\limits_{\alpha\leqslant\omega\leqslant\pi}|\widetilde{H}(\omega)|$，由(2.1.25)式，则

$$D\leqslant 1/C, \tag{2.1.26}$$

并满足

$$\inf_{\{h_k\}}(\max_{\alpha\leqslant\omega\leqslant\pi}|H(\omega)|)=\delta\leqslant D\leqslant 1/C. \tag{2.1.27}$$

设满足条件(1)～(3)的最优的 IRF 是$\{h_k^*\}$，可令

$$\bar{h}_k=\frac{1}{\delta}h_k^*,\quad k=0,\pm1,\cdots,\pm N, \tag{2.1.28}$$

则

$$\begin{aligned}|\overline{H}(\omega)|&=\left|\sum_{k=-N}^{N}\bar{h}_k\cos k\omega\right|=\frac{1}{\delta}\left|\sum_{k=-N}^{N}h_k^*\cos k\omega\right|\\&\leqslant\frac{1}{\delta}\max_{\alpha\leqslant\omega\leqslant\pi}\left|\sum_{k=-N}^{N}h_k^*\cos k\omega\right|=\frac{1}{\delta}\cdot\delta=1,\quad 0<\alpha\leqslant\omega\leqslant\pi.\end{aligned} \tag{2.1.29}$$

由此表明 $\overline{H}\in\mathscr{H}$. 又由定理的条件$|\hat{H}(0)|=C\geqslant|H(0)|(\forall H\in\mathscr{H})$，则

$$C=|\hat{H}(0)|\geqslant|\overline{H}(0)|=\frac{1}{\delta}|H^*(0)|=\frac{1}{\delta}\quad(\text{见 2.1.13 式}), \tag{2.1.30}$$

从而 $\delta \geqslant 1/C$. 而由(2.1.27)式,$\delta \leqslant 1/C$,可见 $\delta = 1/C$,即

$$\delta = D = \max_{\alpha \leqslant \omega \leqslant \pi} |\widetilde{H}(\omega)| = 1/C, \tag{2.1.31}$$

或者

$$\inf_{\{h_k\}}\{\max_{\alpha \leqslant \omega \leqslant \pi} |H(\omega)|\} = \max_{\alpha \leqslant \omega \leqslant \pi} |\widetilde{H}(\omega)| = \delta = 1/C. \tag{2.1.32}$$

这表明$\{\tilde{h}_k\}$(对应(2.1.21)式)是最优的. ▌

由定理 2.1.1 知,寻求最优的 $\widetilde{H}$ 变为在 $\mathscr{H}$ 中找一个 $\hat{H}$,它满足在 $\mathscr{H}$ 中函数在零点是最大的:

$$|\hat{H}(0)| = C = \frac{1}{\delta} \geqslant |H(0)|, \quad \forall\, H \in \mathscr{H}. \tag{2.1.33}$$

那么这样的$\hat{H}$如何找? 为解决这一问题,我们需要对函数 $H(\omega)$给出另一种表达式.

首先,我们指出:对任意的整数 k,$\cos ky$ 可以看成是 $\cos y$ 的$|k|$阶多项式.事实上,我们知道:

$$\cos 2y = 2\cos^2 y - 1, \quad \cos 3y = 4\cos^3 y - 3\cos y,$$

等等.一般地,对任意正整数 k,$\cos ky$ 和 $\cos y$ 之间的关系可以由

$$2^k \cos^k y = \sum_{s=0}^{k} \mathrm{C}_k^s \cos(2s-k)y \tag{2.1.34}$$

逐步递推而得.因此

$$H(\omega) = \sum_{k=-N}^{N} h_k \cos k\omega$$

可看成阶数为 $N>0$ 的关于 $\cos\omega$ 的多项式,虽然其系数暂时还不能用显式写出.所以$H(\omega)$可改写成

$$H(\omega) = P_N(\cos\omega) = P_N(x), \tag{2.1.35}$$

其中

$$x = \cos\omega, \quad 0 < \alpha \leqslant \omega \leqslant \pi, \tag{2.1.36}$$

$$-1 \leqslant x \leqslant \cos\alpha = a < 1, \tag{2.1.37}$$

$$H(0) = P_N(1). \tag{2.1.38}$$

类似于 $\mathscr{H}$,我们可定义

$$\begin{aligned}\mathscr{P} &= \{P_N(\cos\omega):\text{关于 } \cos\omega \text{ 的 } N \text{ 阶多项式;实系数;} |P_N(\cos\omega)| \leqslant 1, 0<\alpha\leqslant\omega\leqslant\pi\} \\ &= \{P_N(x): N \text{ 阶实系数多项式;} |P_N(x)| \leqslant 1, -1 \leqslant x \leqslant a\},\end{aligned} \tag{2.1.39}$$

从而可以平行地将定理 2.1.1 叙述如下:

定理 2.1.2 设$\hat{P}_N(x) \in \mathscr{P}$并使得

$$|\hat{P}_N(1)| \geqslant P_N(1), \quad \forall\, P_N(x) \in \mathscr{P},$$

则$\hat{P}_N(\cos\omega)=\hat{P}_N(x)$就是最优的 FRF,并满足

$$|\hat{P}(x)|\leqslant 1,\quad -1\leqslant x\leqslant a=\cos\alpha. \tag{2.1.40}$$

证明 只需注意定理 2.1.1 中

$$\hat{H}(\omega)=\sum_{k=-N}^{N}\hat{h}_k\cos k\omega=\hat{P}_N(x),\quad -1\leqslant x\leqslant a,$$

而由(2.1.24)式有$|\hat{P}_N(x)|\leqslant 1\ (-1\leqslant x\leqslant a)$,并且

$$|\hat{P}_N(1)|=|\hat{H}(0)|\geqslant|H(0)|=P_N(1),\quad \forall P_N\in\mathscr{P}. \blacksquare$$

以下定理告诉我们,要寻找的最优多项式$\hat{P}_N$实质上是 N 阶 Chebysev 多项式.

定理 2.1.3 对 $0<\alpha<\pi$ 和偶数 N,令

$$\hat{P}_N(x)=\cos\left(N\arccos\frac{2x-a+1}{a+1}\right),\quad -1\leqslant x\leqslant a=\cos\alpha, \tag{2.1.41}$$

则$\hat{P}_N(x)$满足:

(1) $|\hat{P}_N(x)|\leqslant 1,\ -1\leqslant x\leqslant a$;

(2) $|\hat{P}_N(1)|\geqslant|P_N(1)|,\ \forall P_N\in\mathscr{P}$.

证明 首先,在函数论中,一般的 N 阶 Chebysev 多项式 $T_N(y)$的表达式如下(见 Rivlin (1990)):

$$\begin{aligned}T_N(y)&=\cos(N\arccos y)=\cos N\theta\\&=\sum_{k=0}^{[N/2]}\left[(-1)^k\sum_{j=k}^{[N/2]}\binom{N}{2j}\binom{j}{k}\cos^{N-2k}\theta\right],\end{aligned} \tag{2.1.42}$$

其中 $\theta=\arccos y\ (-1\leqslant y\leqslant 1)$. 对于$-1\leqslant x\leqslant a$,显然有

$$-1\leqslant\frac{2x-a+1}{a+1}\leqslant 1, \tag{2.1.43}$$

从而(2.1.41)式右端括号内的变量满足 $T_N(y)$的条件,由此看出$\hat{P}_N(x)$是一个 N 阶的 Chebysev 多项式. 显然

$$|\hat{P}_N(x)|\leqslant 1,\quad -1\leqslant x\leqslant a. \tag{2.1.44}$$

其次,我们要证明:对任意的 $P_N(x)\in\mathscr{P}$,均有

$$|P_N(1)|\leqslant|\hat{P}_N(1)|$$

成立. 为此,我们引入一串数

$$x_m=\frac{1}{2}\left[(a+1)\cos\frac{m\pi}{N}+(a-1)\right],\quad m=0,1,2,\cdots,N, \tag{2.1.45}$$

或者

$$\cos\frac{mx}{N}=\frac{2x_m-a+1}{a+1},\quad m=0,1,\cdots,N. \tag{2.1.46}$$

由$|\cos\theta|\leqslant 1$知

$$-1\leqslant x_m\leqslant a,\quad m=0,1,\cdots,N, \tag{2.1.47}$$

并且

$$x_m<x_n,\quad \cos\frac{m\pi}{N}<\cos\frac{n\pi}{N}\quad (n<m). \tag{2.1.48}$$

另一事实是：任一 N 阶的多项式 $P_N(x)$，可唯一地被它的 $N+1$ 个值 $P_N(x_m)(m=0,1,2,\cdots,N)$所确定.事实上，由大家熟知的 Lagrange 插值公式有

$$P_N(x)=\sum_{m=0}^{N}P_N(x_m)\frac{\prod\limits_{n\neq m}(x-x_n)}{\prod\limits_{n\neq m}(x_m-x_n)} \tag{2.1.49}$$

和

$$|P_N(1)|\leqslant\sum_{m=0}^{N}|P_N(x_m)|\cdot\left|\frac{\prod\limits_{n\neq m}(1-x_n)}{\prod\limits_{n\neq m}(x_m-x_n)}\right|, \tag{2.1.50}$$

而由(2.1.47)式知 $1-x_n\geqslant 0$，则(2.1.50)式右端的分子部分

$$\prod_{n\neq m}(1-x_n)\geqslant 0. \tag{2.1.51}$$

又

$$\prod_{n\neq m}(x_m-x_n)=\prod_{n<m}(x_m-x_n)\prod_{n>m}(x_m-x_n). \tag{2.1.52}$$

而由(2.1.48)式，当 $n<m$ 时，$x_m-x_n<0$；当 $n>m$ 时，$x_m-x_n>0$.因此由(2.1.52)式可导出

$$\left|\prod_{n\neq m}(x_m-x_n)\right|=(-1)^m\prod_{n\neq m}(x_m-x_n), \tag{2.1.53}$$

从而(2.1.50)式可写成

$$|P_N(1)|\leqslant\sum_{m=0}^{N}|P_N(x_m)|(-1)^m\frac{\prod\limits_{n\neq m}(1-x_n)}{\prod\limits_{n\neq m}(x_m-x_n)}. \tag{2.1.54}$$

又由于 $P_N\in\mathscr{P}$，则当 $-1\leqslant x_m\leqslant a$ 时，必有

$$|P_N(x_m)|\leqslant 1.$$

代入(2.1.54)式可得

$$|P_N(1)|\leqslant\sum_{m=0}^{N}(-1)^m\frac{\prod\limits_{n\neq m}(1-x_n)}{\prod\limits_{n\neq m}(x_m-x_n)}. \tag{2.1.55}$$

但是，由 $T_N(y)$的第一类表达式(2.1.42)和(2.1.46)式可得

$$\hat{P}_N(x_m)=\cos\left[N\cos^{-1}\left(\cos\frac{m\pi}{N}\right)\right]$$
$$=\cos m\pi=(-1)^m,\quad m=0,1,2,\cdots,N. \tag{2.1.56}$$

将(2.1.56)式代入(2.1.55)式即得

$$|P_N(1)|\leqslant\sum_{m=0}^{N}\hat{P}_N(x_m)\frac{\prod\limits_{n\neq m}(1-x_n)}{\prod\limits_{n\neq m}(x_m-x_n)}=\hat{P}_N(1). \tag{2.1.57}$$

(2.1.57)式最后一步是由 Lagrange 插值公式(2.1.49)得到的，而 P_N 是任一属于 $\mathscr{P}$ 的 N 阶多项式.

至于定理的结论(1)，由 $|\cos\theta|\leqslant 1$ 自明. 至此，定理 2.1.3 全部得证. ▌

2.3 极大极小准则下最优滤波的完整表达式

Chebysev 多项式 $T_N(y)$(见(2.1.42)式)是 N 阶多项式，因而是连续函数，图 2.1.4 是 $N=0,1,2,\cdots,5$ 时 $T_N(y)$的图形.

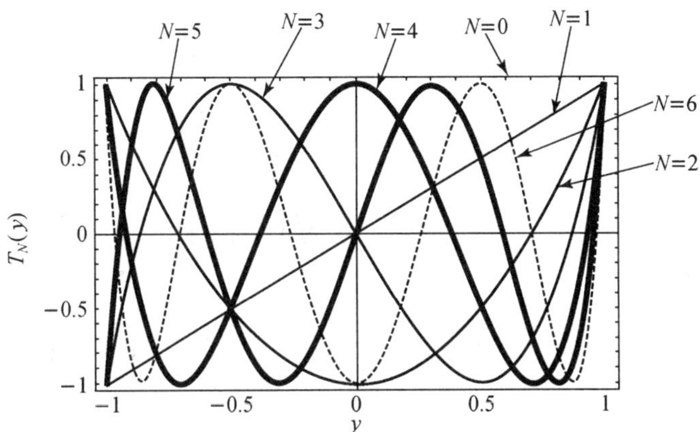

图 2.1.4 Chebysev 多项式 $T_N(y)$的图形

由定理 2.1.3 知，最优滤波的 FRF 的形式为

$$\hat{H}(\omega)=\cos\left(N\arccos\frac{2\cos\omega-\cos\alpha+1}{\cos\alpha+1}\right),\quad \alpha\leqslant\omega\leqslant\pi. \tag{2.1.58}$$

可见

$$|\hat{H}(\omega)|\leqslant 1,\quad \alpha\leqslant\omega\leqslant\pi, \tag{2.1.59}$$

且 $|\hat{H}(0)|$ 具有最大值. 结合(2.1.22)式，则满足(2.1.14)式的最优解是

$$\begin{cases} H^*(\omega)=\delta\cos\left(N\arccos\dfrac{2\cos\omega-\cos\alpha+1}{\cos\alpha+1}\right), & \alpha\leqslant\omega\leqslant\pi, \\ \delta=1/C=1/\hat{P}_N(1). \end{cases} \tag{2.1.60}$$

但是(2.1.60)式只是给出了$[\alpha,\pi]$这一段函数 $H^*(\omega)$的表达式.而由图 2.1.3 知 Chebysev 多项式是连续函数,$H^*(\omega)$在$[0,\alpha]$这段的表达式又是什么?读者不难发现(2.1.60)式是不适用于$[0,\alpha]$的.因为由 $\alpha>0$,$1-\cos\alpha>0$ 及 $1+\cos\alpha<2$,则

$$\omega_0=\frac{2+(1-\cos\alpha)}{1+\cos\alpha}>\frac{2}{2}=1,$$

即(2.1.60)式中 $\arccos\omega_0$ 无意义.

然而,由连续函数性质,既然(2.1.60)式是多项式,它在$[0,\alpha]$也是存在的,并且是连续的,只是不能用(2.1.60)式来表达而已.Rivlin 在他的书中给出了 Chebysev 多项式 $T_N(y)$的另一表达式:

$$T_N(y)=\frac{1}{2}\left\{(y+\sqrt{y^2-1})^N+(y-\sqrt{y^2-1})^N\right\},\quad -1\leqslant y\leqslant 1 \tag{2.1.61}$$

(见 Rivlin(1990)的第一章,练习 1.1.1).因此$\hat{P}_N(x)$可表为

$$\begin{aligned}\hat{P}_N(x)=\frac{1}{2}\Bigg\{&\left[\frac{2x-a+1}{a+1}+\sqrt{\left(\frac{2x-a+1}{a+1}\right)^2-1}\right]^N \\ &+\left[\frac{2x-a+1}{a+1}-\sqrt{\left(\frac{2x-a+1}{a+1}\right)^2-1}\right]^N\Bigg\},\end{aligned} \tag{2.1.62}$$

其中 $a=\cos\alpha$,并且

$$\hat{P}_N(1)=\frac{1}{2}\left\{\left[\frac{3-a}{a+1}+\sqrt{\left(\frac{3-a}{a+1}\right)^2-1}\right]^N+\left[\frac{3-a}{a+1}-\sqrt{\left(\frac{3-a}{a+1}\right)^2-1}\right]^N\right\}. \tag{2.1.63}$$

记

$$C_\omega=\cos\omega,\quad \delta=1/\hat{P}_N(1), \tag{2.1.64}$$

则极大极小准则下最优滤波的 FRF 的完整表达式为

$$H^*(\omega)=\begin{cases}\delta\cos(N\arccos\Phi(\omega)), & \alpha\leqslant\omega\leqslant\pi, \\ \dfrac{\delta}{2}\left\{\left[\Phi(\omega)+\sqrt{\Phi^2(\omega)-1}\;\right]^N\right. & \\ \quad\left.+\left[\Phi(\omega)-\sqrt{\Phi^2(\omega)-1}\;\right]^N\right\}, & 0\leqslant\omega\leqslant\alpha,\end{cases} \tag{2.1.65}$$

其中

$$\Phi(\omega)=\frac{2C_\omega-a+1}{a+1},\quad a=\cos\alpha,\ \delta=1/\hat{P}_N(1). \tag{2.1.66}$$

注意：$H^*(\omega)$在(2.1.65)式中有两个分支表达式，但在点 $\omega=\alpha$ 处是连续的.

§3 最优滤波在海洋重力勘探中的应用

3.1 滤波项数 N 的确定

在本课题§2中我们已求出在极大极小准则下最优滤波的 FRF $H^*(\omega)$为(2.1.65)式. 然而在应用中给定误差 $\delta>0$ 之后，其中的滤波项数 N 该如何确定？N 一般来讲当然愈大愈好，但是 N 大意味着观测资料要多. 在海洋勘探中，作业时间加长就意味着增加工作点的距离，勘察密度就降低了. 因此，给定 δ 之后，N 的选择是很重要的一项工作. 为此，我们考查(2.1.63)式中的两个因子：

$$\left[\frac{3-a}{a+1}+\sqrt{\left(\frac{3-a}{a+1}\right)^2-1}\right]\left[\frac{3-a}{a+1}-\sqrt{\left(\frac{3-a}{a+1}\right)^2-1}\right]$$
$$=\left(\frac{3-a}{a+1}\right)^2-\left[\sqrt{\left(\frac{3-a}{a+1}\right)^2-1}\right]^2=1. \tag{2.1.67}$$

由于 $a=\cos\alpha<1$，(2.1.67)式左端第一方括号是大于 1 的，因此，N 适当大之后 $\hat{P}_N(1)$的主项是(2.1.63)式左端的第一项，即有

$$\hat{P}_N(1)\approx\frac{1}{2}\left[\frac{3-a}{a+1}+\sqrt{\left(\frac{3-a}{a+1}\right)^2-1}\right]^N. \tag{2.1.68}$$

因 $\delta=1/\hat{P}_N(1)$，故可要求

$$\frac{1}{2}\left[\frac{3-a}{a+1}+\sqrt{\left(\frac{3-a}{a+1}\right)^2-1}\right]^N\geqslant\frac{1}{\delta}. \tag{2.1.69}$$

解上述不等式即可得 N 的近似估计：

$$N\geqslant\frac{\ln(2/\delta)}{\ln\Psi_a},\quad 其中\quad \Psi_a=\frac{3-a}{a+1}+\sqrt{\left(\frac{3-a}{a+1}\right)^2-1}. \tag{2.1.70}$$

例如，若

$$\delta=10^{-6},\quad \alpha=2\pi/38,\quad a=\cos\alpha=0.9863613,$$
$$\ln(2/\delta)=14.5086,\quad \Psi_a=1.18003,\quad \ln\Psi_a=0.16554,$$

则

$$N\geqslant\frac{\ln(2/\delta)}{\ln\Psi_a}=\frac{14.5086}{0.16554}=87.6465. \tag{2.1.71}$$

可见，取 $N=88$ 即可，因而滤波全长为

$$2N+1=177\ (项). \tag{2.1.72}$$

显然,对不同的 δ,α,项数 N 也不同.在实际测量中还有取样间隔 Δ 的问题(见第二章 §1 中 1.1 小节的采样区间).设想 Δ 选定,则 $a=\cos\Delta\alpha$.表 2.1.1 为 $\Delta=0.4$ s,$\alpha=2\pi/T$时,由不同的截止周期 T 和 δ 所确定的 N 值.

表 2.1.1 $\Delta=0.4$ s,$T=2\pi/\alpha$ 时的 N 值

T \ N \ δ	10^{-5}	10^{-6}	10^{-7}
30	140	166	195
33	156	186	215
36	167	198	235
38	184	219	255
42	195	232	274
45	208	248	294
48	225	268	314
60			392
120			784
180			1176
240			1568
300			1960
420			2744

图 2.1.5 是 $\alpha=2\pi/30$,$T=30$,$\Delta=0.4$ s,$\delta=0.1$ 时最优滤波的 FRF $H^*(\omega)$的图形.因截止频率为 $\alpha=2\pi/30$,故图中在$[\alpha,\pi/\Delta]$外最大的 $H^*(\omega)$值也在$\pm\delta=0.1$之内.

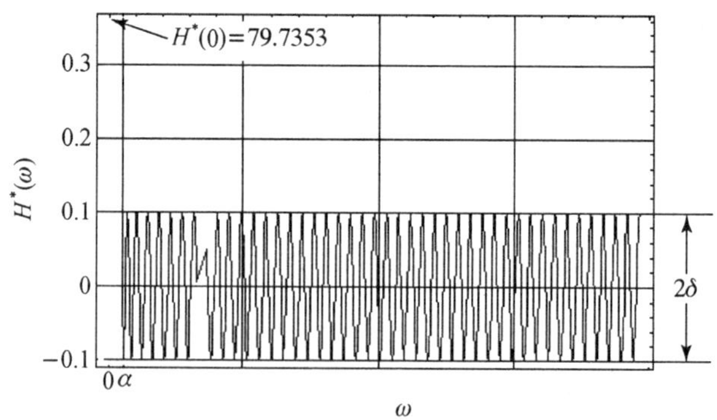

图 2.1.5 极大极小准则下最优滤波的 FRF

3.2 用滤波方法解决测频器中的频率校正

海洋重力仪,是先通过一套与重力有关的仪器去测量瞬间的频率,而后将它转换成瞬间的重力观测值 $x(t)$.然而测频器只能测 Δ 间隔内的振动次数 N_t,仪器反映出来的是 Δ 间隔

内的平均频率 $\overline{f_t}$,例如

$$\overline{f_t}=\frac{N_t f_0}{N_0 n}, \tag{2.1.73}$$

其中 f_0 是石英振荡标准频率,N_0 是 Δ 间隔内的分频次数,如 $f_0=5\ \mathrm{Mc}$,$N_0=2\times10^6$,$n=256$. 海洋重力测量中要求的不是平均值$\{\overline{f_t}\}$而是瞬间值$\{f_i\}$,如何由$\{\overline{f_t}\}$获取信息$\{f_i\}$呢?以下介绍数学的方法.

设在 t 时刻的瞬间频率为 $f(t)$,则在 $t_i=i\Delta$ 的平均频率为

$$\overline{f_i}=\overline{f(t_i)}=\frac{1}{\Delta}\int_{(i-1/2)\Delta}^{(i+1/2)\Delta}f(t)\,\mathrm{d}t. \tag{2.1.74}$$

问题转化为由$\{\overline{f_i}\}$去估计 $f(t_i)$.

设想 $t=t_i+\tau$,且 f 具有相当的光滑性,则可有 Taylor 展式

$$f(t)=f(t_i)+f'(t_i)\tau+\cdots+\frac{f^{(n)}(t_i)}{n!}\tau^n+o\left(\frac{1}{n!}\right). \tag{2.1.75}$$

略去(2.1.75)式中的余项并代入下列积分式中:

$$S_{m_i}=\frac{1}{m}\int_{t_i-m/2}^{t_i+m/2}f(t)\,\mathrm{d}t,\quad m=\pm1,\pm2,\cdots, \tag{2.1.76}$$

即

$$\begin{aligned}mS_{m_i}&=\int_{t_i-m/2}^{t_i+m/2}f(t_i+\tau)\,\mathrm{d}\tau\\&=mf(t_i)+\frac{f^{(2)}(t_i)}{2!}\cdot\frac{2}{3}\left(\frac{m}{2}\right)^3+\cdots+\frac{f^{(2n)}(t_i)}{(2n)!}\cdot\frac{2}{2n+1}\left(\frac{m}{2}\right)^{2n+1},\end{aligned}$$

或者

$$S_{m_i}=f(t_i)+\frac{f^{(2)}(t_i)}{3!}\left(\frac{m}{2}\right)^2+\cdots+\frac{f^{2n}(t_i)}{(2n+1)!}\left(\frac{m}{2}\right)^{2n}. \tag{2.1.77}$$

于是,问题变为:已知(2.1.76)式的$\{S_{m_i}\}$,如何估计$\{f(t_i)\}$? 设想给定一个 n 值,取一系列的 m,则(2.1.77)式就变成了以$\{f,f^{(2)},\cdots,f^{(2n)}\}$为未知数的一组线性方程组. 只要取合适的 m 使行列式不退化,就可解出$\{f,f^{(2)},\cdots,f^{(2n)}\}$,其中我们只要 f.

比如,设 $n=3$,$m=1,3,5,7$,则方程组可写成

$$\begin{cases}S_1=x_0+\dfrac{1}{3!}\left(\dfrac{1}{2}\right)^2x_1+\dfrac{1}{5!}\left(\dfrac{1}{2}\right)^4x_2+\dfrac{1}{7!}\left(\dfrac{1}{2}\right)^6x_3,\\S_3=x_0+\dfrac{1}{3!}\left(\dfrac{3}{2}\right)^2x_1+\dfrac{1}{5!}\left(\dfrac{3}{2}\right)^4x_2+\dfrac{1}{7!}\left(\dfrac{3}{2}\right)^6x_3,\\S_5=x_0+\dfrac{1}{3!}\left(\dfrac{5}{2}\right)^2x_1+\dfrac{1}{5!}\left(\dfrac{5}{2}\right)^4x_2+\dfrac{1}{7!}\left(\dfrac{5}{2}\right)^6x_3,\\S_7=x_0+\dfrac{1}{3!}\left(\dfrac{7}{2}\right)^2x_1+\dfrac{1}{5!}\left(\dfrac{7}{2}\right)^4x_2+\dfrac{1}{7!}\left(\dfrac{7}{2}\right)^6x_3.\end{cases} \tag{2.1.78}$$

解此方程组,可得

$$x_0=f_i=f(t_i)=\frac{\begin{vmatrix} S_1 & 1 & 1 & 1 \\ S_3 & 3^2 & 3^4 & 3^6 \\ S_5 & 5^2 & 5^4 & 5^6 \\ S_7 & 7^2 & 7^4 & 7^6 \end{vmatrix}}{\begin{vmatrix} 1 & 1 & 1 & 1 \\ 1 & 3^2 & 3^4 & 3^6 \\ 1 & 5^2 & 5^4 & 5^6 \\ 1 & 7^2 & 7^4 & 7^6 \end{vmatrix}}. \tag{2.1.79}$$

计算(2.1.79)式得

$$f_i=1.1962891S_1-0.23925781S_3+0.04785156S_5-0.00488281S_7. \tag{2.1.80}$$

而由(2.1.76)式有

$$\begin{aligned} S_1 &= \int_{-1/2}^{1/2} f(t_i+\tau)\mathrm{d}\tau = \bar{f}(t_i) = \bar{f}_i, \\ S_3 &= \frac{1}{3}\int_{-3/2}^{3/2} f(t_i+\tau)\mathrm{d}\tau = \frac{1}{3}\sum_{j=-1}^{1}\bar{f}_{i+j}, \\ S_5 &= \frac{1}{5}\int_{-5/2}^{5/2} f(t_i+\tau)\mathrm{d}\tau = \frac{1}{5}\sum_{j=-2}^{2}\bar{f}_{i+j}, \\ S_7 &= \frac{1}{7}\int_{-7/2}^{7/2} f(t_i+\tau)\mathrm{d}\tau = \frac{1}{7}\sum_{j=-3}^{3}\bar{f}_{i+j}. \end{aligned} \tag{2.1.81}$$

将(2.1.81)式代入(2.1.80)式可得

$$\begin{aligned} f(t_i)=b_0\bar{f}_i &+b_1(\bar{f}_{i-1}+\bar{f}_{i+1})+b_2(\bar{f}_{i-2}+\bar{f}_{i+2}) \\ &+b_3(\bar{f}_{i-3}+\bar{f}_{i+3})=\sum_{k=-3}^{3}b_k\bar{f}_{i-k}, \end{aligned} \tag{2.1.82}$$

其中 $b_k=b_{-k}(k=1,2,3)$,而

$$\begin{aligned} b_0&=1.12540927, \quad b_1=-0.07087979, \\ b_2&=0.00887280, \quad b_3=-0.00069751. \end{aligned} \tag{2.1.83}$$

由上可见,由$\{\bar{f}_i\}$的一串观测资料去获得尽可能好的$\{f_i\}$的估计式(2.1.82)也是通过滤波获得的.当然,估计精度高就要求(2.1.75)式或(2.1.77)式中的 n 值尽可能的大,那么计算(2.1.79)式和(2.1.82)式就要相应的增加工作量.

3.3 最优滤波器在重力勘探中的实际应用

20 世纪 70 年代,我们在我国东海进行了我国自行研制的 ZY-1 型海洋重力仪长时间的

实验并和静态重力仪在某些测线上的标准值进行校对.其中,关键的弱信号检测方法其核心部分用的就是(2.1.65)式相应的滤波器(这种滤波器称为 Chebysev 滤波器).图 2.1.6 是一张真实的,效果属中上的量测重力信号的结果.当时的海况是有 5 级东南风,海浪引起的干扰幅度是 33000~50000 mgal,而信号的变化在 5 mgal 左右,两者相差 1 万倍.然而用我们的仪器和方法所获得的重力信号与真值的误差在 1~2 mgal 之间,达到了大规模海洋勘探普查的精度要求.

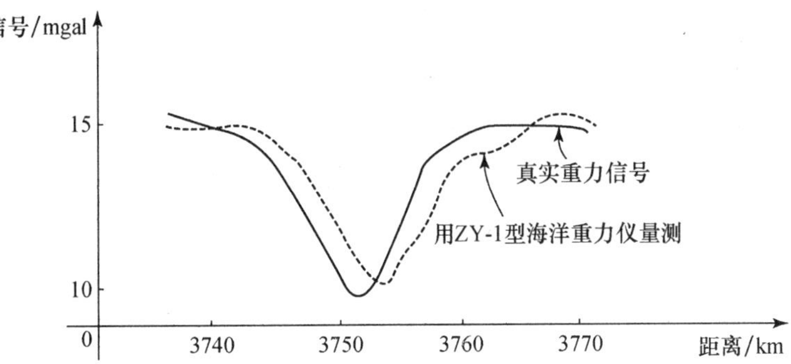

图 2.1.6 在我国东海用 ZY-1 型海洋重力仪与静态重力仪量测信号的比较

此外,为了和其它滤波方法作比较,我们特别选择了两种性能不错的方法:

(1) Gauss 型滤波:它的滤波系数是

$$h_k = Ce^{-0.0004(k\Delta)^2}, \quad k=0,\pm 1,\pm 2,\cdots. \tag{2.1.84}$$

(2) 三次平均滤波:通常的 n 个数的平均可看成有限、等权 $\left(\frac{1}{n}\right)$ 的滤波,它可以消除高频(波动)成分.所谓三次平均滤波就是对原始数据进行 n 项移动平均之后,再进行第二次 n 项移动平均,然后进行第三次移动平均.可以想象,三次平均后,曲线就很光滑了.

三种滤波方法的效果列于表 2.1.2.

表 2.1.2 三种滤波方法效果的比较

	取样间隔 Δ(s)	长度 N	两测点的距离(km)
三次平均滤波	0.6	1024	3.15
Gauss 型滤波	0.4	1024	2.00
Chebysev 滤波	0.4	512	1.00

从表 2.1.2 中可看出,我们设计的 Chebysev 滤波器是最优的①.

① 海洋重力仪的独立研制成功是多方配合的结果,并非北京大学一家能独立完成的.

第二课题　中心极限定理在卫星通信交调分析中的应用

§1　交调分析中的几个数学问题

1.1　卫星转发器中 TWTA 的非线性变换

大家知道,卫星的能源主要靠太阳能.早期通信卫星设备的性能更是受到多方面的限制,例如卫星转发器中的行波管放大器(TWTA),以国外的 Inter Ⅳ 卫星为例,其最大功率输出也就是 10 W 左右.因此,为了最大限度地利用设备的性能,放大器的工作区域往往由线性区域扩展到非线性区域.然而,一旦工作在非线性区域对具多个频道的通信系统就会带来很多问题,其中交扰调制(intersymbol inteference)就是很麻烦的问题.为了讲清这一问题,我们先从简单的例子说起.设我们输入非线性系统的信号为

$$i(t)=\cos f_1 t+\cos f_2 t, \tag{2.2.1}$$

其输出为

$$V(t)=ai(t)+b(i(t))^3. \tag{2.2.2}$$

将(2.2.1)式代入(2.2.2)式并运用和差化积的公式可得

$$\begin{aligned}V(t)=&a_1\cos f_1 t+a_2\cos f_2 t+a_3\cos(2f_1-f_2)t\\&+a_4\cos(f_1-2f_2)t+a_5\cos 3f_1 t+a_6\cos 3f_2 t\\&+a_7\cos(2f_1+f_2)t+a_8\cos(f_1+2f_2 t)\\ \triangleq&\sum_{j=1}^{2}\sum_{l=1}^{2}C_{j,l}\cos(k_j f_1+k_l f_2)t.\end{aligned} \tag{2.2.3}$$

在(2.2.3)式中,频率的系数(k_j,k_l)具有下列性质:

(1) 若

$$\sum_l |k_l|=1, \tag{2.2.4}$$

如(1,0)或(0,1),则(2.2.3)式中对应的项属于(2.2.1)式中的信号成分(幅度有所改变).

(2) 若

$$\sum_l k_l=1, \tag{2.2.5}$$

而不属于(1)的情形,如(2,−1)或(1,−2),则对应的项非(2.2.1)式中的信号,而是由非线性作用产生的“副产品”,属干扰成分.因为 $2f_1-f_2$ 或 f_1-2f_2 都可能出现在 f_1 或 f_2 附近,即可能在接收带宽区域内造成干扰,故它们称为**交扰调制**或**交调干扰**成分.

(3) 若

$$\sum_l |k_l| \neq 1, \tag{2.2.6}$$

如(3,0),(0,3),(2,1)或(1,2),则对应的项属于高阶交调干扰成分. 它们比较容易解决,因为它们属于高频成分,往往在接收区之外.

如果输入 $i(t)$ 是多频道的,例如 $N=3$,则输出同样可表示成(2.2.3)式的形式:

$$V(t) = \sum_{l=1}^{N}\sum_{m=1}^{N}\sum_{j=1}^{N} C_{l,m,j}\cos\left(\sum_{s=1}^{N} k_s f_s t\right). \tag{2.2.7}$$

若 (k_l, k_m, k_j) 满足:

(1) $\sum_l |k_l| = 1$, 如(1,0,0),(0,1,0),(0,0,1),则该项为信号成分;

(2) $\sum_l k_l = 1$, 如(2,−1,0),(−1,2,0),(0,2,−1),…,(1,1,−1),则该项属于交调干扰成分;

(3) $\sum_l k_l \neq 1$, 如(3,0,0),(0,3,0),…,(1,1,1)等,则该项属于高频成分.

以上是示范性的解释,一般非线性系统当然复杂得多. 以下我们对比较接近实际的情况作一般性的分析.

一般的输入信号为

$$\begin{aligned} S(t) &= \sum_{k=1}^{n} A_k e^{i(\omega_k t+\lambda_k)} = \sum_{k=1}^{n} A_k \cos\theta_k + i\sum_{k=1}^{n} A_k \sin\theta_k \\ &\triangleq x + iy, \end{aligned} \tag{2.2.8}$$

其中

$$x = \sum_{k=1}^{n} A_k \cos\theta_k, \quad y = \sum_{k=1}^{n} A_k \sin\theta_k,$$

而

$$\theta_k = \omega_k t + \lambda_k, \quad k = 1, 2, \cdots, n, \tag{2.2.9}$$

这里 ω_k 为频率,λ_k 为随机相位,$\lambda_k \sim U[0, 2\pi]$.

记

$$\begin{aligned} R &= \sqrt{x^2+y^2}, \\ \Phi &= \arctan\frac{y}{x}, \end{aligned} \tag{2.2.10}$$

则 $S(t)$ 可有另一表达式:

$$S(t) = R e^{i\Phi}. \tag{2.2.11}$$

一般的非线性系统的输入输出特性可描述为

$$Z(t) = h(R) e^{i[\Phi - g(R)]}, \tag{2.2.12}$$

其中不同的系统特性反映在 h 和 g 上,而对给定的系统,h 和 g 都应是已知的.

我们也以(2.2.7)式的形式来描述 $Z(t)$,则

$$Z(t)=\sum_{k_1}\sum_{k_2}\cdots\sum_{k_n}C_{k_1,k_2,\cdots,k_n}\exp\left\{\mathrm{i}\sum_{s=1}^{n}k_s\theta_s\right\}. \tag{2.2.13}$$

特别地，$\sum_j|k_j|=1$ 的项是信号成分，$\sum_j k_j=1$ 的项是交调干扰成分，而相应的 $C_{k_1,k_2,\cdots,k_n}$ 就是该成分的强度. 于是一个数学问题是：

在已知 $\{A_k\}_1^n$，函数 h 和 g 之下，如何求出 $C_{k_1,k_2,\cdots,k_n}$ 的显明表达式？

1.2 非线性系统输出的显明表达式

定理 2.2.1 设非线性系统的输入信号为(2.2.8)，输出 $Z(t)$ 可表为(2.2.12)式，其中 h,g 为已知函数，R,Φ 为(2.2.11)式中的幅函数与相位函数. 若将 $Z(t)$ 表为(2.2.13)式，则当 $\sum_j|k_j|=1$ 时，

$$C_{k_1,k_2,\cdots,k_n}=\int_0^{+\infty}r\prod_{l=1}^{n}J_{k_l}(rA_l)\left[\int_0^{+\infty}\rho h(\rho)\mathrm{e}^{-\mathrm{i}g(\rho)}J_1(r\rho)\right]\mathrm{d}\rho\,\mathrm{d}r, \tag{2.2.14}$$

其中 $J_{k_l}(\cdot)$ 是 k_l 阶的 Bessel 函数.

本定理的证明相当繁琐，以下我们只介绍证明中的关键步骤，完整的证明请读者自行给出：

(1) 将(2.2.12)式改写成

$$Z(t)=f(x,y)=h\left(\sqrt{x^2+y^2}\right)\frac{x+\mathrm{i}y}{\sqrt{x^2+y^2}}\mathrm{e}^{-\mathrm{i}g\left(\sqrt{x^2+y^2}\right)}. \tag{2.2.15}$$

(2) $f(x,y)$ 的 Fourier 变换和逆变换可表为

$$L(u,v)=\int_{-\infty}^{+\infty}\int_{-\infty}^{+\infty}f(x,y)\mathrm{e}^{-\mathrm{i}(ux+vy)}\mathrm{d}x\mathrm{d}y,$$

$$\begin{aligned}Z(t)=f(x,y)&=\frac{1}{4\pi^2}\int_{-\infty}^{+\infty}\int_{-\infty}^{+\infty}L(u,v)\mathrm{e}^{\mathrm{i}(ut+vy)}\mathrm{d}u\mathrm{d}v\\&=\frac{1}{4\pi^2}\int_{-\infty}^{+\infty}\int_{-\infty}^{+\infty}L(u,v)\exp\left\{\mathrm{i}\sum_{l=1}^{n}A_l\sqrt{u^2+v^2}\cdot\sin\left(\theta_l+\arctan\frac{u}{v}\right)\right\}\mathrm{d}u\mathrm{d}v.\end{aligned} \tag{2.2.16}$$

(3) 利用 Bessel 函数的一个公式

$$\mathrm{e}^{\frac{Z}{2}\left(t-\frac{1}{t}\right)}=\sum_{n=-\infty}^{\infty}J_n(Z)t^n,\quad 0<|t|<+\infty,\ |Z|<+\infty, \tag{2.2.17}$$

令 $t=\mathrm{e}^{\mathrm{i}\varphi}$，则

$$\mathrm{e}^{\mathrm{i}Z\sin\varphi}=\mathrm{e}^{\frac{Z}{2}\left(t-\frac{1}{t}\right)}=\sum_{n=-\infty}^{\infty}J_n(Z)\mathrm{e}^{\mathrm{i}n\varphi}. \tag{2.2.18}$$

(4) $\prod_{l=1}^{n}\exp\left\{\mathrm{i}A_l\sqrt{u^2+v^2}\cdot\sin\left(\theta_l+\arctan\frac{u}{v}\right)\right\}$

$$= \sum_{k_1=-\infty}^{\infty}\sum_{k_2=-\infty}^{\infty}\cdots\sum_{k_n=-\infty}^{\infty}\prod_{l=1}^{n}J_{k_l}(A_l\sqrt{u^2+v^2})\exp\left\{\mathrm{i}k_l\left(\theta_l+\arctan\frac{u}{v}\right)\right\}. \tag{2.2.19}$$

(5) 令

$$C_{k_1,k_2,\cdots,k_n} = \frac{1}{4\pi}\int_{-\infty}^{+\infty}\int_{-\infty}^{+\infty}L(u,v)\exp\left\{\mathrm{i}\sum_{l=1}^{n}k_l\cdot\arctan\frac{u}{v}\right\}\prod_{l=1}^{n}J_{k_l}(A_l\sqrt{u^2+v^2})\mathrm{d}u\mathrm{d}v, \tag{2.2.20}$$

则

$$Z(t) = \sum_{k_1=-\infty}^{\infty}\sum_{k_2=-\infty}^{\infty}\cdots\sum_{k_n=-\infty}^{\infty}C_{k_1,k_2,\cdots,k_n}\exp\left\{\mathrm{i}\sum_{l=1}^{n}k_l\theta_l\right\}. \tag{2.2.21}$$

(6) 令

$$\begin{cases}x=\rho\cos\theta,\\ y=\rho\sin\theta,\end{cases}\quad\begin{cases}u=r\sin\eta,\\ v=r\cos\eta,\end{cases}$$

$$\mathrm{d}x\mathrm{d}y=\rho\,\mathrm{d}\rho\,\mathrm{d}\theta,\quad \mathrm{d}u\mathrm{d}v=r\mathrm{d}r\mathrm{d}\eta, \tag{2.2.22}$$

并利用公式

$$\frac{1}{2\pi}\int_{-\pi}^{\pi}\cos(\theta-r\rho\sin\theta)\mathrm{d}\theta = J_1(r\rho), \tag{2.2.23}$$

则

$$\begin{aligned}C_{k_1,k_2,\cdots,k_n} &= \int_0^{+\infty}\int_0^{+\infty}\rho h(\rho)\mathrm{e}^{-\mathrm{i}g(\rho)}\prod_{l=1}^{n}J_{k_l}(rA_l)\left[\frac{1}{4\pi^2}\int_0^{2\pi}\int_0^{2\pi}\mathrm{e}^{\mathrm{i}\theta}\cdot\mathrm{e}^{\mathrm{i}\sum_{l=1}^{n}k_l\eta}\cdot\mathrm{e}^{-\mathrm{i}r\rho\sin(\theta+\eta)}\mathrm{d}\theta\mathrm{d}\eta\right]r\mathrm{d}r\mathrm{d}\rho\\ &= \int_0^{+\infty}r\int_0^{+\infty}\rho h(\rho)\mathrm{e}^{-\mathrm{i}g(\rho)}\prod_{l=1}^{n}J_{k_l}(rA_l)\left[J_1(r\rho)\frac{1}{2\pi}\int_0^{2\pi}\exp\left\{\mathrm{i}\left(\sum_{l=1}^{n}k_l-1\right)\eta\right\}\mathrm{d}\eta\right]\mathrm{d}r\mathrm{d}\rho.\end{aligned} \tag{2.2.24}$$

当 $\sum_{l-1}^{n}|k_l|=1$ 时,设 $k_s=1,k_l=0,l\neq s$,则(2.2.24)式可改写为

$$C_{\underbrace{0,\cdots,1,\cdots,0}_{s}} = \int_0^{+\infty}\left[\int_0^{+\infty}\rho h(\rho)\mathrm{e}^{-\mathrm{i}g(\rho)}J_1(r\rho)\mathrm{d}\rho\right]rJ_1(A_sr)\prod_{\substack{l=1\\ l\neq s}}^{n}J_0(A_lr)\mathrm{d}r. \tag{2.2.25}$$

(7) 当 $\sum_{l=1}^{n}k_l=1$ 时,由(2.2.24)式仍可有下式成立:

$$C_{k_1,k_2,\cdots,k_n} = \int_0^{+\infty}\left[\int_0^{+\infty}\rho h(\rho)\mathrm{e}^{-\mathrm{i}g(\rho)}J_1(r\rho)\mathrm{d}\rho\right]\prod_{l=1}^{n}J_{k_l}(A_lr)r\mathrm{d}r. \tag{2.2.26}$$

因而定理 2.2.1 的(2.2.14)式对 $\sum_{l=1}^{n}k_l=1$ 也是成立的.

(8) 由(2.2.24)式知：若 $\sum_{l=1}^{n} k_l \neq 1$，则

$$C_{k_1, k_2, \cdots, k_n} \equiv 0. \tag{2.2.27}$$

§2 在通信中非线性交调分析存在的问题

2.1 TWTA 交调分析的计算公式

卫星转发器中，假设其输入信号在各频道 ω_k 上振幅强度为 $A_k(k=1,2,\cdots,n)$，而当 $\sum_l |k_l| = 1$ 时，信号成分为 $C_{0,\cdots,1,\cdots,0}$(第 k 个位置为 1，其它为 0)，由(2.2.25) 式表出，然而有些$\{k_l\}$ 满足 $\sum_l k_l = 1$ 的交调干扰，其频率就可能出现在 ω_k 附近. 由于接受信号时，都设定 ω_k 有一定的带宽，即出现在 $\omega_k \pm \Delta$ 内的称为“入带”(in band). 当然，由最简单的(2.2.3) 式我们知道，附生的 $2f_1 - f_2$，$f_1 - 2f_2$，如果 f_1，f_2 取适当的值，这两个由非线性引起的交调干扰可能在 $f_i \pm \Delta(i=1,2)$ 之外，即不“入带”. 图 2.2.1 是一张示意图，其中 IsIf 是“交调干扰”的缩写. 因而在给定一组频率 $\{\omega_k\}_1^n$ 之后，在各“入带” 频宽范围计算各个 $C_{0,\cdots,1,\cdots,0}$ 和 $\sum C_{k_1,k_2,\cdots,k_n}\left(\sum_l k_l = 1\right)$ 的比值就相当于了解该频道的信噪比. 因此给了具体的 h 和 g，如何具体计算出各种 $\{\omega_k\}_1^n$ 相应频道的 $\{C_{k_1,k_2,\cdots,k_n}\}$ 就是一个大问题. 因为 n 很大(可达数百)，而对给出每一组 $\{\omega_k\}_1^n$ 都要计算(2.2.25) 和(2.2.26) 式，其工作量是巨大而艰难的. 于是数学上提出问题：有简化计算公式吗？

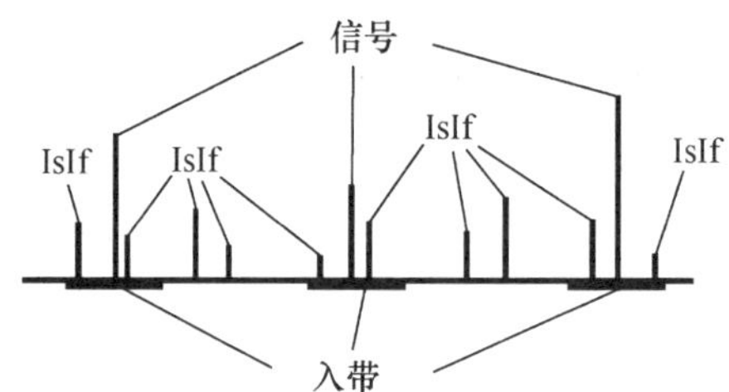

图 2.2.1 各频道的信号与“入带”干扰与不“入带”干扰的示意图

首先我们可考虑非线性输出(2.2.12)式的另一展开式，即将它用 Bessel 函数展开：

$$h(\rho)\mathrm{e}^{-\mathrm{i}g(\rho)} = \sum_m b_m J_1(m\alpha\rho), \tag{2.2.28}$$

其中 ρ 是振幅，α 是非线性系统的参数. 在实际工程项目中，我们发现(2.2.28)式中取 $m=1,2,\cdots,L$，而 $L=10$ 时已足够好. 设 $b_m = b_{m,r} + \mathrm{i}b_{m,i}$，如国外通信卫星的 Inter Ⅳ，其$\{b_{m,r}, b_{m,i}\}$ 如表 2.2.1 所示.

表 2.2.1 Inter Ⅳ的 TWTA 参数值

m	1	2	3	4	5	6	7	8	9	10
$b_{m,r}$	3.089	−.094	−.208	1.399	−.167	−.426	0.304	0.455	−.516	0.244
$b_{m,i}$	1.045	−1.03	1.992	−0.90	−.646	0.619	1.017	−2.34	1.837	−.675

利用公式

$$\int_0^{+\infty} G(r)\int_0^{+\infty} \rho J_1(r\rho)J_1(B\rho)\mathrm{d}\rho\,\mathrm{d}r = \frac{G(B)}{B}, \tag{2.2.29}$$

$$\begin{aligned} C_{k_1,k_2,\cdots,k_n} &= \sum_{m=1}^{L} b_m \int_0^{+\infty}\left(r\prod_{l=1}^{n} J_{k_l}(A_l r)\right)\int_0^{+\infty} \rho J_1(m\alpha\rho)J_1(r\rho)\mathrm{d}\rho\,\mathrm{d}r \\ &= \sum_{m=1}^{l} b_m \prod_{l=1}^{n} \mathrm{J}_{k_l}(m\alpha A_l), \end{aligned} \tag{2.2.30}$$

可得:

(1) 信号成分:

$$\begin{aligned} C_{\underbrace{0,\cdots,1,\cdots,0}_{s}} &= \sum_{m=1}^{L} b_m \prod_{l=1}^{n} J_{k_l}(m\alpha A_l) \\ &= \sum_{m=1}^{L} b_m J_1(m\alpha A_s) \prod_{l=1,l\neq s}^{n} J_0(m\alpha A_l); \end{aligned} \tag{2.2.31}$$

(2) 交调干扰成分:

$$C_{k_1,k_2,\cdots,k_n} = \sum_{m=1}^{L} b_m \prod_{l=1}^{n} J_{k_l}(m\alpha A_l), \quad \sum_l k_l = 1. \tag{2.2.32}$$

在计算信号成分的(2.2.31)式中,$J_0(Z)$通常用以下的级数来计算:

$$J_0(Z) = \sum_{m=0}^{\infty}(-1)^m\left(\frac{Z}{2}\right)^{2m}\Big/(m!)^2 = \frac{1}{2\pi}\int_0^{2\pi} \mathrm{e}^{\mathrm{i}Z\sin(\theta)}\mathrm{d}\theta. \tag{2.2.33}$$

图 2.2.2 给出当 $0<x<10$,m 取 10,30 项时,$J_0(x)$的图形. 从中可以看出,对于 x 稍大一点的区域,(2.2.33)式需要有 30 项以上的展式才可以算出比较准确的 Bessel 函数值.

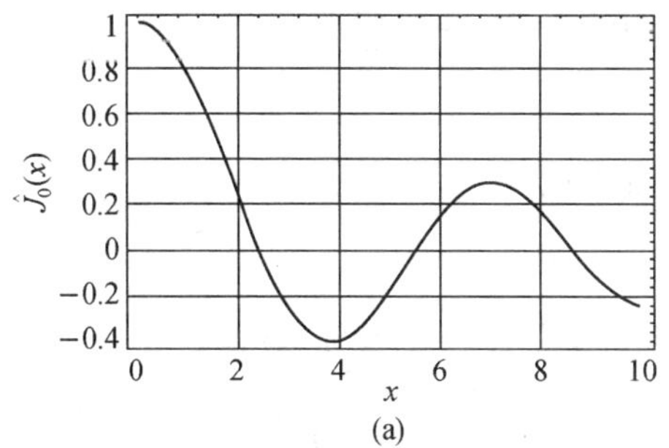

(a)

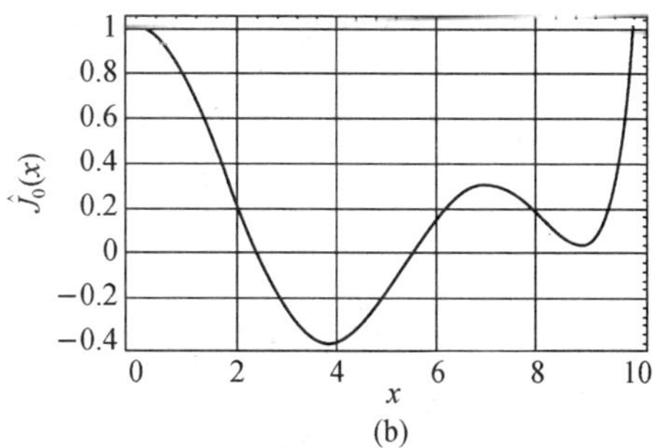

(b)

图 2.2.2 Bessel 函数 $J_0(x)$的级数逼近($n=30$(a)和 $n=10$(b))

2.2 用概率论中的中心极限定理来计算交调的主项

由前几节的分析知，在工程设计中可能对多种方案的频率要计算(2.2.31)式和(2.2.32)式的信噪比. 由于 n 很大，可能频道有多种配置，Bessel 函数的计算在上述两式的乘积项中非常繁重. 在当年计算机计算能力还不太强的情况下必须寻求别的数学途径. 以下针对(2.2.31)式中最困难的主项 $\prod\limits_{l=1,l\neq s}^{n} J_0(x_l)$ 的计算，运用概率论中的中心极限定理加以解决. 当然，读者此时会觉得疑惑，因为该乘积项纯属函数论的问题，并无随机现象，如何能用概率论来解？事实上，许多"纯数学"的问题，换一种思路就可以变成概率统计问题，我们熟悉的工具就可以发挥作用.

定理 2.2.2 设$\{A_1,A_2,\cdots,A_n,\cdots\}$是一正项数列，并存在 $\alpha,\beta,\gamma>0$ 三个数，使得

$$0<\alpha\leqslant A_k\leqslant\beta k^{\gamma},\quad k=1,2,\cdots \tag{2.2.34}$$

成立，其中 $0<\gamma<1/2$，则有

$$\lim_{n\to\infty}\prod_{k=1}^{n}J_0\left(\frac{A_k t}{\sqrt{\frac{1}{2}\sum\limits_{k=1}^{n}A_k^2}}\right)=\mathrm{e}^{-t^2/2},\quad -\infty<t<+\infty \tag{2.2.35}$$

成立，并对任何 t 的有限区间一致成立.

证明 设$\{\varphi_l,l=1,2,\cdots\}$是 i.i.d. $U[0,2\pi]$分布的随机序列，令

$$\begin{cases}\zeta_n=\sum\limits_{k=1}^{n}\xi_k,\\ \xi_k=A_k\sin\varphi_k,\ k=1,2,\cdots,\end{cases} \tag{2.2.36}$$

则

$$E(\zeta_n)=\sum_{k=1}^{n}A_k\left(\frac{1}{2\pi}\int_0^{2\pi}\sin\varphi_k\,\mathrm{d}\varphi_k\right)\equiv 0, \tag{2.2.37}$$

$$\mathrm{Var}(\zeta_n)=\sum_{k=1}^{n}A_k^2\cdot E\left(\frac{1}{2\pi}\int_0^{2\pi}\sin^2\varphi_k\,\mathrm{d}\varphi_k\right)=\sum_{k=1}^{n}\frac{A_k^2}{2}. \tag{2.2.38}$$

由于$\{\xi_k,k=1,2,\cdots\}$是相互独立、均值为零的序列，对 $\delta>0$，有

$$E|\xi_k-E\xi_k|^{2+\delta}\leqslant A_k^{2+\delta}E|\sin(\theta_k)|^{2+\delta}\leqslant A_k^{2+\delta},$$

则

$$\delta_n=\frac{\sum\limits_{k=1}^{n}E|\xi_k-E\xi_k|^{2+\delta}}{\left[\sum\limits_{k=1}^{n}\mathrm{Var}(\xi_k)\right]^{\frac{2+\delta}{2}}}\leqslant\frac{\sum\limits_{k=1}^{n}A_k^{2+\delta}}{\left(\frac{1}{2}\sum\limits_{k=1}^{n}A_k^2\right)^{\frac{2+\delta}{2}}}\leqslant\frac{2^{\frac{2+\delta}{2}}\sum\limits_{k=1}^{n}(\beta k^{\gamma})^{2+\delta}}{\alpha^{2+\delta}n^{\frac{2+\delta}{2}}}. \tag{2.2.39}$$

由于 $\gamma(2+\delta)>0$，从而

$$\sum_{k=1}^{n} k^{\gamma(2+\delta)} \leqslant \int_{1}^{n+1} x^{\gamma(2+\delta)} \mathrm{d}x \tag{2.2.40}$$

$$= \frac{(n+1)^{\gamma(2+\delta)+1}-1}{1+\gamma(2+\delta)}$$

$$\leqslant \frac{2^{\gamma(2+\delta)+1}}{1+\gamma(2+\delta)} n^{\gamma(2+\delta)+1}, \tag{2.2.41}$$

其中(2.2.40)式的积分不等式可参见图 2.2.3.

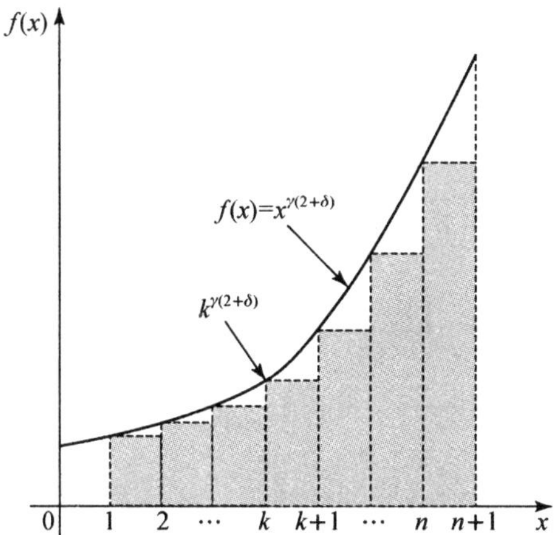

图 2.2.3 一个积分不等式的示意图

将(2.2.41)式代入(2.2.39)式可得

$$\delta_n \leqslant \frac{2^{\frac{2+\delta}{2}} \cdot \beta^{2+\delta} \cdot 2^{\gamma(2+\delta)+1} \cdot n^{1+\gamma(2+\delta)}}{[1+\gamma(2+\delta)] \cdot \alpha^{2+\delta} \cdot n^{\frac{2+\delta}{2}}} \triangleq \frac{\kappa(\alpha,\beta,\gamma,\delta)}{n^{\frac{\delta}{2}-\gamma(2+\delta)}}, \tag{2.2.42}$$

其中 $\kappa(\alpha,\beta,\gamma,\delta)$ 是常数,与 n 无关. 又由 $0<\gamma<1/2$,则可选

$$\delta = \frac{1+2\gamma}{1/2-\gamma} > 0, \quad 即 \quad \frac{\delta}{2} - \gamma(2+\delta) = 1. \tag{2.2.43}$$

将(2.2.43)式运用于(2.2.42)式的分母可得

$$\delta_n \leqslant \kappa(\alpha,\beta,\gamma,\delta) n^{-1} \to 0, \quad n \to \infty,$$

从而由 Lyapunov 中心极限定理有

$$\eta_n = \frac{1}{B_n} \sum_{k=1}^{n} (\xi_k - E\xi_k) = \frac{\sum_{k=1}^{n} \xi_k}{\sqrt{\frac{1}{2} \sum_{k=1}^{n} A_k^2}} \xrightarrow{D} N(0,1). \tag{2.2.44}$$

由于$\{\xi_k\}$是相互独立、均值为零的序列，则 $\zeta_n = \sum_{k=1}^{n} \xi_k$ 的特征函数满足

$$\begin{aligned}\phi_{\zeta_n}(t) &= \sum_{k=1}^{n} E(\mathrm{e}^{\mathrm{i}\xi_k t}) = \prod_{k=1}^{n} \left(\frac{1}{2\pi}\int_0^{2\pi} \mathrm{e}^{\mathrm{i}A_k \sin\varphi_k t}\,\mathrm{d}\varphi_k\right) \\ &= \prod_{k=1}^{n} J_0(A_k t) \quad (\text{见}(2.2.33)\text{式}),\end{aligned} \tag{2.2.45}$$

从而 η_n 的特征函数

$$\phi_{\eta_n}(t) = \prod_{k=1}^{n} J_0\left(A_k \frac{t}{\sqrt{\frac{1}{2}\sum_{s=1}^{n} A_s^2}}\right) \to \mathrm{e}^{-\frac{1}{2}t^2}, \quad n \to \infty. \tag{2.2.46}$$

由此定理得证. ▌

推论 在定理 2.2.2 的条件下有以下渐近式成立：

$$\prod_{k=1}^{n} J_0(A_k) \approx \mathrm{e}^{-\frac{1}{2}\sum_{k=1}^{n} A_k^2}. \tag{2.2.47}$$

证明 由于(2.2.46)式的收敛对 t 在有限区间上是一致的，取 $t = \sqrt{\frac{1}{2}\sum_{k=1}^{n} A_k^2}$，对充分大的 n，代入(2.2.46)式，则(2.2.47)式成立. ▌

对以上结果，有兴趣的读者可参看谢(1984).

第三课题　天王星光环信号的统计检测

§1　天王星光环的发现及其检测中的问题

数百年前 Galelio 用光学望远镜发现了土星有美丽的光环，之后的数百年间再没有人用天文仪器发现太阳系里其它行星也有光环，甚至有的科学家断言太阳系里除土星外都不会有光环. 直到 1977 年 3 月 10 日在一次掩星的观测中偶然发现了天王星也有光环. 这一伟大发现被认为是 20 世纪太阳系里最重大的发现.

1977 年 3 月 10 日夜间发生天王星与一颗编号为 SAO158687 的恒星相掩（如同日、月蚀）. 当时进行这一稀有事件观测的只有美国、中国、澳大利亚、印度、南非等国家中的少数几个天文台，许多世界著名的大天文台均未加入，原因是有一天文学界的权威认为这一“300 年一遇”的现象不会发生，于是许多天文台都“偃旗息鼓”. 然而美国的空中飞行实验室 KAO 在观测掩星的现象时，发现天王星在轨道上运行尚未达到掩星的位置时，该恒星被观测到的亮度即自行变暗，随后又恢复到原本的亮度；然而隔一段时间后，这一现象又重复出现，前后竟被发现有 5 次之多，之后才出现真正的掩星现象. 随后又再次出现 5 次亮度的变化. KAO 当天的记录由 Elliot 等人（1977）在著名的杂志 *Nature* 上发表，其图形如图 2.3.1.

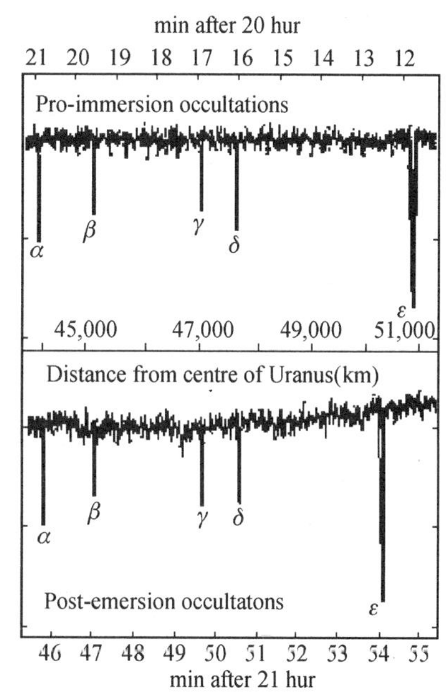

图 2.3.1　1977 年 3 月 10 日由 Elliot 等人记录下的掩星发生前后各 5 次明显光度变化的曲线

由图 2.3.1 可明显地看出 KAO 的记录显示掩星前后亮度有 5 次变化——原来是天王星的 5 个光环“掩”了该恒星的现象，由此发现了天王星有 5 个光环. 当时美国科学家这一发现成了世界科技界的特大新闻. 当天中国科学家也在北京天文台进行了观测，其记录片断如图 2.3.2 所示. 从中可以看出有一个明显的亮度的变化，经过详细测算确定它就是对应于美国记录上的 ε 主环的信号. 因此，中国新华社也发表了消息：中国科学家也发现了天王星有光环.

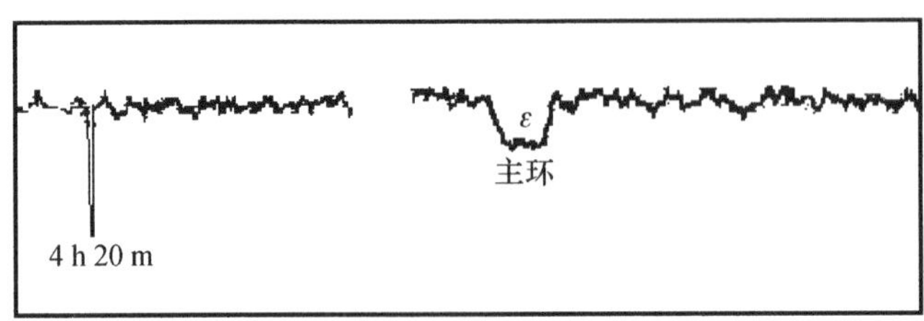

图 2.3.2 1977 年 3 月 10 日中国关于天王星掩星记录中的 ε 环信号

然而，由于中国天文学家使用的仪器灵敏度较低，因此在记录上只有一个明显的 ε 光环信号，没能看到如美国 KAO 记录上那样明显的 5 个亮度的变化信号. 由于世界上对这一重大天文事件的记录只有三个天文台有较完整的记录，因此许多国家的天文学家都十分关注中国的记录是否也能证实确有 $\alpha,\beta,\gamma,\delta,\varepsilon$ 光环信号. 天王星的光环果真是 5 个吗?

观察图 2.3.2 的中国记录可看出：由于中国天文仪器灵敏度不高，掩星过程能记录到的信号成分很弱，"噪声"背景太强，ε 光环信号外，$\alpha,\beta,\gamma,\delta$ 光环信号较弱，如果有，在我们的记录中也一定完全被淹没在噪声背景中. 在记录已成定局的情况下，要检查中国的记录上是否也有 5 个光环的信号只能借助于数学上的处理. 在杂乱的背景中能否把微弱的光环信号(如果它们确实存在)检测出来显然是对数学工作者的又一次挑战!

经过艰苦的分析工作，我们提出了独特的检测天王星光环信号的方法. 最后，我们发现：天王星的光环不是 5 个，至少有 6 个或 7 个，这在当时是最早在国际上发现天王星有不止 5 个光环的科学结论(见 Chen D, et al (1978)). 这一发现为十年后美国的 Voyager-2 宇宙飞船飞过天王星时拍回的照片所证实(见图 2.3.7).

§2 利用极大信噪比方法检测天王星光环的信号

我们检测光环信号的方法属于随机过程的统计检测法，其主要手段就是第一篇第三章§2 中介绍的极大信噪比滤波. 大家知道，在一些工程技术问题中，首要关心的不是信号的恢复而是存在性问题. 例如，在雷达探测中，发射源向空间发射一串信号(如脉冲序列)，如果空中有目标，信号打到目标上就会有部分信号被反射回来为接收器所接收，于是从发射到接收到反射波的时间间隔即相当于电波往返于目标和发射点所需时间，由此算出距离(示意

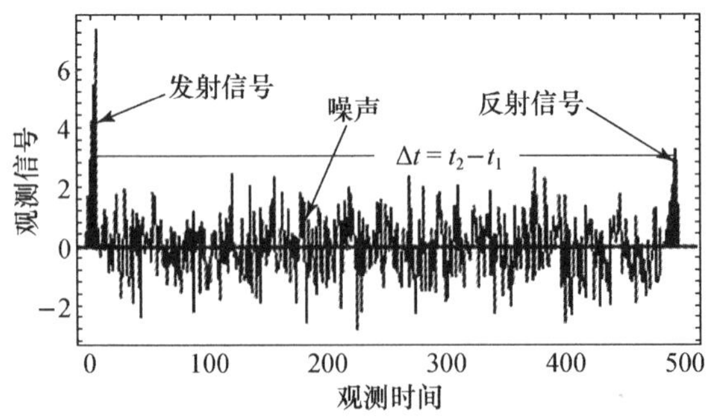

图 2.3.3 雷达荧光屏上发射信号和目标反射信号

图见图 2.3.3).

然而，如果目标很远，回波的能量就很弱，因而可能完全淹没在噪声中，而在杂乱噪声背景中发现回波信号并不要求恢复原信号的完整波形，只需在噪声中能突出回波信号并能确定其位置即可. 因此从数学上看，这正好是极大信噪比的观点(见第一篇第三章的图 1.3.7(a),(b)).

2.1 信号的形式

在信号(1.3.36),(1.3.37)的极大信噪比滤波方法中，需要知道要寻找的信号 $s(t)$的形式和噪声$n(t)$的统计性质. 经过北京天文台的反复测试，确定了没受畸变的信号 $s(t)$的表达式为

$$s(t)=\begin{cases}I_0(1-e^{-t/T}), & t<T_0,\\ I_0(1-e^{-T_0/T})e^{-(t-T_0)/T}, & t\geqslant T_0,\end{cases} \tag{2.3.1}$$

其中 I_0 表示方波的幅度，T 是信号的持续时间(我们讨论的情况相当于 $T=1$)，T_0 是需要估计的常数. 当 $T_0=1, I_0=1, T=1$ 时，$s(t)$的形式如图 2.3.4 所示①，其中信号离散化的抽样时间间隔为 $\Delta=0.25$ s，从而信号波形具体表达式为

$$s(k)=\begin{cases}I_0(1-e^{-T_0/T})e^{-\left(4-T_0-\frac{k}{4}\right)/T}, & k\leqslant\dfrac{4-T_0}{0.25},\\ I_0\left[1-e^{-\left(4-\frac{k}{4}\right)/T}\right], & k>\dfrac{4-T_0}{0.25}.\end{cases} \tag{2.3.2}$$

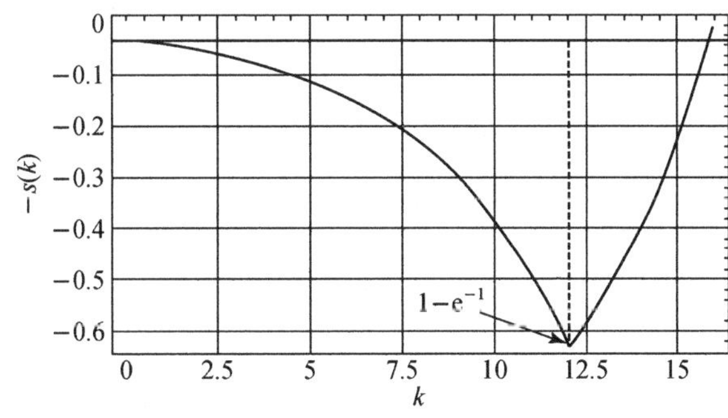

图 2.3.4 信号离散化的形式($T=T_0=I_0=1$)

在(2.3.2)式中，$T_0=RC=1$ 是仪器确定的，而 $T_0=1$ 则是通过极大似然估计得到的(见表 2.3.1，其中 f 为极大似然函数).

① 为了和天文记录的信号类似，本图实际上是$-s(k)$的图形.

表 2.3.1　T_0 的极大似然估计在 $T_0=1$ 时达极大值

T_0	0.50	0.70	1.00	1.25	1.5
$f(T_0)$	13.97	13.27	17.48	15.67	14.30

从表 2.3.1 中可看出，当 $T_0=1$ 时，$f(T_0)$达到极大，故确定 $T_0=1$ s. 这与美国 KAO 的参数不谋而合.

2.2　噪声的统计性质

从观测记录上我们可看到很强的不规则的“杂波”，它就是噪声. 经过分析，它主要产生于仪器系统的热噪声和观测中的星光闪烁. 经过统计分析，可以认为噪声(记为$\{n(t)\}$)是平稳过程，离散化后则为平稳序列，记为$\{n_k\}$，满足：

$$\begin{cases} En_k \equiv a, \forall k, \\ E(n_{k+\tau}-a)(n_k-a)=R(\tau), \end{cases} \tag{2.3.3}$$

其中 $R(\tau)$是相关函数，其样本估计为(设 $a=0$)

$$r_k=\frac{1}{N}\sum_{t=1}^{N-k} n_{t+k}n_t, \quad k=0,1,\cdots,m. \tag{2.3.4}$$

表 2.3.2 是噪声记录的相关函数值，图 2.3.5 是它的图形. 由图形上可明显看出：噪声$\{n_k\}$不是白噪声，它不满足 $R(k)=\sigma^2\delta_{0,k}$，$k=0,1,2,\cdots$.

表 2.3.2　噪声记录的相关函数

k	0	1	2	3	4	5	6	7
$R(k)$	1.00	0.761	0.521	0.309	0.153	0.054	−0.010	−0.054
k	8	9	10	11	12	13	14	15
$R(k)$	−0.041	−0.010	0.010	0.015	−0.007	−0.026	0.007	0.025

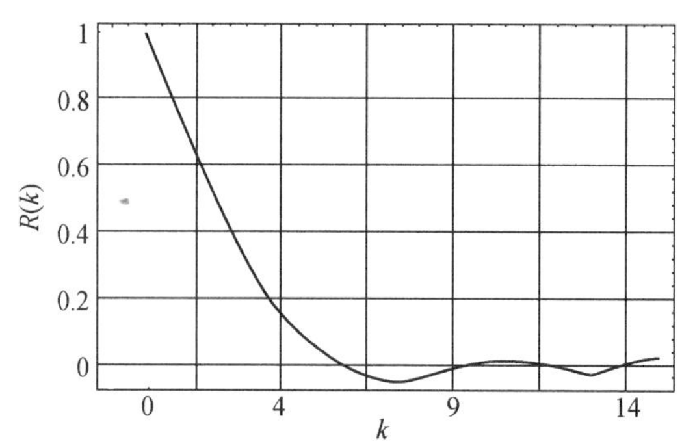

图 2.3.5　观测噪声的相关函数

在第一篇第二章中我们介绍了平稳观测数据建模的 Burg 极大熵方法，加上用 AIC 函数定阶((1.2.16)式)，这些方法运用于观测噪声可得以下的 AR(1)模型：

$$n_t - 0.761\, n_{t-1} = 1.327\varepsilon_t, \tag{2.3.5}$$

其中 ε_t 为标准白噪声. 图 2.3.6(a),(b)分别是用 AR(1)模型(2.3.5)导出的谱密度函数(见(1.2.11)式)和用 Bartlett 窗估计(见(1.2.119),(1.2.120)式)得到的谱密度. 两个图除了在零点的高度有所差异之外，其整体能量的分布很相像，即噪声背景的分布属于低频的噪声.

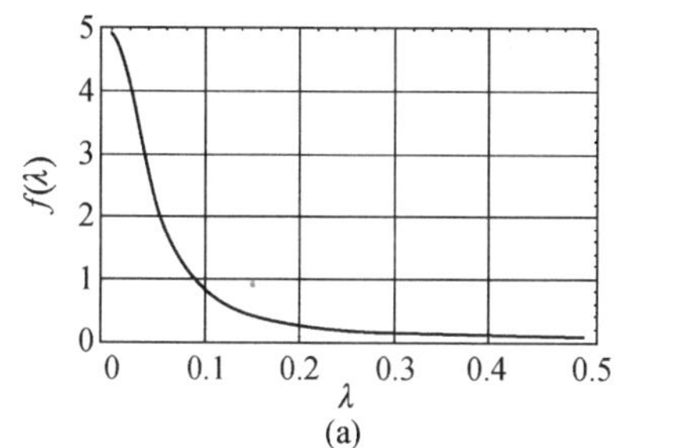

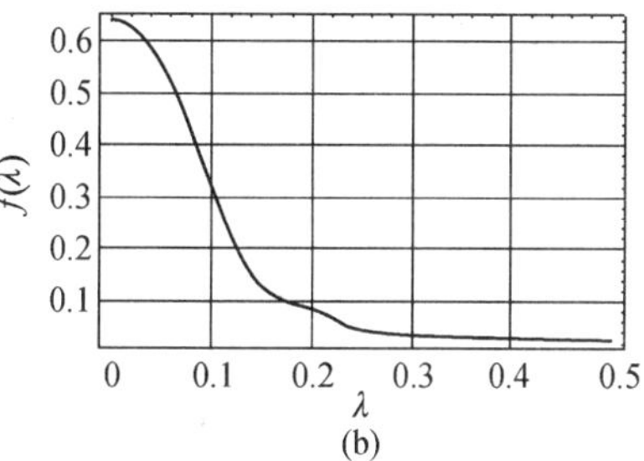

图 2.3.6　观测噪声的谱密度：用 AR(1)模型(a)和用 Bartlett 窗估计(b)

2.3　检测信号的统计检验

在前两节对记录资料背景分析的基础上我们认识到：

(1) 记录资料是信号和噪声的叠加：

$$y(t) = s(t) + n(t), \tag{2.3.6}$$

其中 $s(t)$如果存在，应具有(2.3.2)式即图 2.3.4 的形式；$n(t)$是平稳噪声，能量主要在低频段，由以往的分析知 $n(t)$可认为是正态噪声 $N(0,\sigma_n^2)$.

(2) 我们的目的是检测光环信号的存在性和位置而非恢复原信号的形式，这更像图 2.3.3雷达信号的检测.

(3) 滤波的目的是尽可能滤掉噪声，恢复原信号，因而光环信号的检测不用滤波方法而用存在性的统计检验. 而后者最关键是寻求合适的统计量，且这个统计量应是能在噪声背景中检验信号的存在性，这使我们又想起运用极大信噪比的方法.

综上所述，要从 $y(t)$中检测出信号 $s(t)$，我们作如下的假设检验：

$$\begin{aligned} &H_0:\ y(t) = n(t), && 1 \leqslant t \leqslant N; \\ &H_1:\ y(t) = s(t) + n(t), && 1 \leqslant t \leqslant N. \end{aligned} \tag{2.3.7}$$

也就是说，我们不妨假设收到的全是噪声并无信号 $s(t)$存在；如果 H_0 被否定，则可认为记录中含有信号$s(t)$.

检验的统计量选极大信噪比的(1.3.48)式：

$$\hat{\zeta} = \zeta/\sigma_\zeta, \tag{2.3.8}$$

其中
$$\zeta=\sum_{k=1}^{N}y(t_k)s(t_k),\tag{2.3.9}$$
而 σ_ζ 是 ζ 的标准差.

下面来求在 H_0 下统计量 $\hat{\zeta}$ 的分布. 首先由表达式(2.3.9)知,在 H_0 下 ζ 仍然服从正态分布. 于是

$$E(\zeta)=\sum_{k=1}^{N}s(t_k)E[y(t_k)]=0,\tag{2.3.10}$$

$$\begin{aligned}E(\zeta^2)=\sigma_\zeta^2&=E\Big[\sum_{i=1}^{N}\sum_{j=1}^{N}s(t_i)s(t_j)y(t_i)y(t_j)\Big]\\&=\sum_{i=1}^{N}\sum_{j=1}^{N}s(t_i)s(t_j)E[n(t_i)n(t_j)]\quad(\text{在 }H_0\text{ 下})\\&=\sum_{i=1}^{N}\sum_{j=1}^{N}s(t_i)s(t_j)R(t_i-t_j)\quad(\text{见(2.3.3)式}),\end{aligned}\tag{2.3.11}$$

其中 $R(\tau)$ 为噪声 $n(t)$ 的相关函数. 可见

$$\sigma_\zeta=\Big[\sum_{i=1}^{N}\sum_{j=1}^{N}s(t_i)s(t_j)R(t_i-t_j)\Big]^{\frac{1}{2}}.\tag{2.3.12}$$

因 ζ 仍为正态变量,故有

$$\zeta\sim N(0,\sigma_\zeta^2)\tag{2.3.13}$$

或

$$\zeta/\sigma_\zeta\sim N(0,1).\tag{2.3.14}$$

于是,可以选择一个临界值 u_α,在给定检验水平 α 下使得有下式成立:

$$P\{\hat{\zeta}>u_\alpha\}=\alpha.\tag{2.3.15}$$

大家知道 α 的选择至关重要,它涉及犯第一类错误. 为了增强否定 H_0 的结论的可靠性(即认为有光环存在),使犯错误尽可能地小,我们选 $\alpha=0.01$. 而由正态分布我们知道,这相当于

$$u_\alpha=2.32.\tag{2.3.16}$$

又由记录可算出(2.3.12)式的值为

$$\sigma_\zeta=0.643.\tag{2.3.17}$$

将以上 u_α,σ_ζ 的具体数值代入(2.3.15)式可得检验的否定域为

$$R_{0.01}=\{\zeta>\sigma_\zeta u_\alpha\}=\{\zeta>1.49\}.\tag{2.3.18}$$

在否定 H_0 的基础上,为了更准确地确认 H_1 中的 $s(t)$ 是光环信号(见(2.3.2)式),我们还要求另一相似性统计量

$$\rho=\frac{\sum\limits_{i=1}^{N}y(t_i)s(t_i)}{\sqrt{\sum\limits_{i=1}^{N}s^2(t_i)}\cdot\sqrt{\sum\limits_{j=1}^{N}y^2(t_j)}}.\tag{2.3.19}$$

应在 $\rho \geqslant 0.85$ 以上才确认存在光环信号.

因此,给了一段记录,我们能确认它不是纯噪声而是存在光环信号(即否定 H_0,接受 H_1)的条件是双统计量满足

$$\{\zeta > 1.49; \rho \geqslant 0.85\}. \tag{2.3.20}$$

由于$\{\zeta>1.49\}$的概率已是 0.01,则(2.3.20)式出现的概率已远远小于 0.01.

§3 天王星观测记录的实际检测结果

3.1 对观测记录的实际检测

在本课题§2 中,我们已从理论上做好检测光环的工作.在实际检测时,先把全部记录采点离散化,共分为 31 段,每段 120 数据,即$\{y^{(k)}(t), t=1,2,\cdots,120\}, k=1,2,\cdots,31$.

根据以上方法,对我国 1977 年 3 月 10 日关于天王星的掩星观测记录进行分段检测,得到如表 2.3.3 和表 2.3.4 所示的信息(其中 t 表示时间,D 表示光学厚度,它们是由其它方法计算出来的),可见它们满足条件(2.3.20).

表 2.3.3 掩星前检测到的信息

光环 \ 参数	ρ	ζ	t	D
α	0.923	2.37	$20^h29^m54'$	1.00
β	0.883	1.50	$20^h28^m01'$	0.51
γ	0.847	1.67	$20^h24^m28'$	0.58
δ	0.928	1.53	$20^h23^m28'$	0.66
ε		—	—	1.40

表 2.3.4 掩星后检测到的信息

光环 \ 参数	ρ	ζ	t	D
α	0.951	2.33	$21^h37^m34'$	0.64
β	—	—	—	—
γ	0.865	1.49	$21^h42^m28'$	0.69
δ	0.883	2.64	$21^h43^m51'$	0.97
ε	—	—	—	1.82

掩星之后的 β 光环信息没有找到,对照国外的记录发现它应在记录 β 光环信息的时间

段内,当时正好操作人员在进行仪器上的校正工作.前已述,因观测人员并不知道有环信息,所以正好发生漏测,这是非常可惜的.对于 ε 光环,已进行其它天文学上明显的识别,上述表中不再列入.

3.2 天王星光环的其它发现

上一节中介绍的是,将我们的统计方法运用于我国的天文观测,也发现了美国 KAO 较先公布的天王星的 5 个光环.然而更重要的是:除了以上美国公布的光环信息外,我们的统计方法还发现了另外一批光环的信息,在《中国科学》(1978)相关文献中,我们分别称它们为 λ^*,μ^* 和 γ^*,各有关参数如表 2.3.5 所示,其中 r 表示该信息位置离天王星中心的距离.

表 2.3.5 统计方法检测到的新的光环信息

信息 \ 参数	ρ	ζ	t	r (km)
λ^*	0.889	1.74	$20^h34^m11'$	42570
μ^*	0.912	1.60	$21^h33^m26'$	42780
γ^*	0.916	1.69	$21^h41^m08'$	47050

由于表 2.3.5 中 λ^* 和 μ^* 离中心的距离几乎相同和对称,因而我们认为可能是天王星的第 6 个光环.此外,我们还发现一个独立的信息 γ^*,因没检测到它的“对偶信息”,所以认为也可能是某个破碎或断开的光环信息.

以上结论是我们独立发现的,结果是 1977 年夏获得的,这是最早发现天王星有不止 5 个光环的结论.我们断言:在 α 光环内可能存在第 6 个光环,并介于 β 与 γ 之间有 γ^* 信息.

在 20 世纪 80 年代,美国发射了 Voyager-2 号宇宙飞船,经过长距离的飞行,在到达天王星附近时,拍回了许多照片,其中有一张有关天王星光环的照片,发表在 *Nature* 上(见 Murray,Carl,Thompson(1990)),见图 2.3.7.

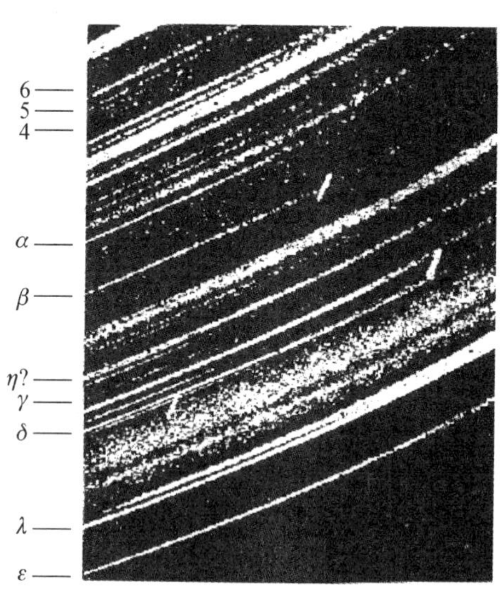

图 2.3.7 Voyager-2 拍回的天王星光环的照片

从照片中可以看出天王星总共有 10 个光环,它们由里往外的取名为:6,5,4,α,β,η,γ,δ,λ 和 ε.各光环离天王星的距离如表 2.3.6 所示.①

① 见于 S. F. Dermoot, Phil. Trans. R. Soc, London, A 303(1981).

表 2.3.6 各光环离天王星的距离

光环名	ε		δ		γ		η
距离(km)	51181.7±33.3		48333.9±32.6		47657.3±32.5		47208.9±32.5
光环名	β	α		4		5	6
距离(km)	45695.6±32.4	44752.3±32.4		42600.1±32.3		42272±32.2	41865.5±32.1

将上述结果和我们检测到的 λ^*, μ^*, γ^* 信息相对照即可看出：λ^*-μ^* 相当于以上的"4"光环，它确实如同我们十几年前算出的，存在于 α 光环以内；此外，我们检测到的信息 γ^* 相当于 η 光环的一侧，误差只有一百多千米，而天王星距离我们这么遥远，我们的信号又如此微弱，靠数学方法能算出这样的结果实在是始料不及的.

读者自然会问：为何天王星有 10 个光环，我们只检测到 7 个光环信息呢？这就涉及统计学中的两类错误(误差)问题. 由于我们的检测要求 $\{\zeta>1.49;\rho\geqslant 0.85\}$，其检验水平 α 远小于 0.01，对此我们是为了严格确保检测到光环的信息的可靠性. 众所周知，严格控制 α 往往会加大第二类误差，即可能由于门限过高而没能承认有些光环的存在性，这是不可避免的.

在本章结束时，我们应再次指出：能够成功检测出天王星光环信号的关键是统计量(见(2.3.9)式)

$$z(t)=\sum_k y(t_k)s(t-t_k),$$

而它的思想是源于极大信噪比滤波.

第四课题　一个随机过程的最优抽样问题及其在内分泌学中的应用

§1　问题的提出

本课题的核心目的是为了解决生理学中对血样中的荷尔蒙激素水平的检测问题. 如何尽可能地减少对血样的抽取又能测定出个体各种激素水平的变化曲线是多年来未解决的一个难题. 国际上许多人呼吁科学家为这一问题出计,因为它关系到广大妇女的生育问题. 本文用随机过程相互包含信息量的理论和方法较好地解决了这一问题.

为了准确地测定妇女在生理周期中血液的各种荷尔蒙激素的变化,一般来讲需要不间断地在一个生理周期内每天抽取血样进行分析. 与生育有关的激素主要有四种: Estradiol(简称 E2),Progesterone(简称 P),Luteinizing Hormone(简称 LH)及 Follicle Stimulating Hormone(简称 FSH). 例如,一般的女性荷尔蒙激素中 LH 和 P 的曲线图如图 2.4.1 所示. 假如一位待检查的妇女其生理周期为 30 天,为了得到较完整的其激素变化的信息就需要每天抽取血样,共 30 个样本,从中再用医学手段分离出以上四种激素的变化曲线,然后给出诊断. 这一完整的过程对待检查者来说无论在肉体上、精神上还是经济上的负担都是很重的. 因此 WHO 的 HRP 有关部门曾发出号召,希望科学家能想出一种办法,它既能测出荷尔蒙激素的曲线又尽可能少地抽取血样以减轻病人的负担.

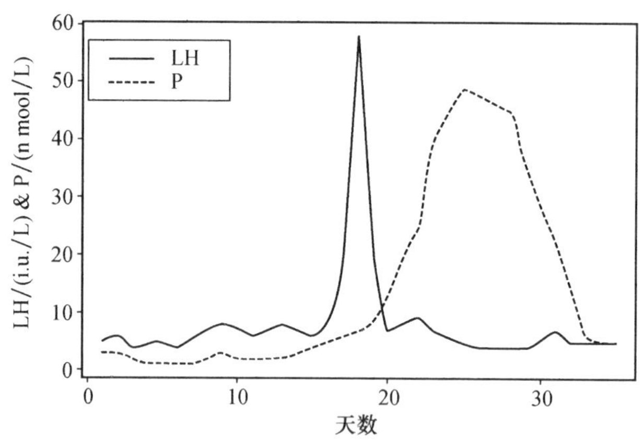

图 2.4.1　一般的女性荷尔蒙激素中 LH 和 P 的曲线图

例如，一个具有 30 天生理周期的病人，能不能把抽取的血样从 30 次减少到 5 次？此问题最初一看很可能不认为是一个与统计学或数学有关的问题. 如果看不出它与数学的联系，不能将它提成一个确切的数学问题，那么我们就很难下手. 由图 2.4.2 可看出，各个体的观测曲线差别是相当大的，如两个人的曲线的峰值位置和形状就很不一样. 如果我们想减少抽样的观测次数而设计为等间隔抽样，则显然这些稀疏抽样值是不可能预报出原来的基于 30 天的完整观测曲线的. 图 2.4.3 就是一个例子，其中虚线为真实观测曲线，而实线为基于等间隔的拟合，两者相差甚远. 因此，只有将上述问题提成适当而准确的数学问题并运用适当的数学方法与工具加以研究，才有可能得到满意的解决.

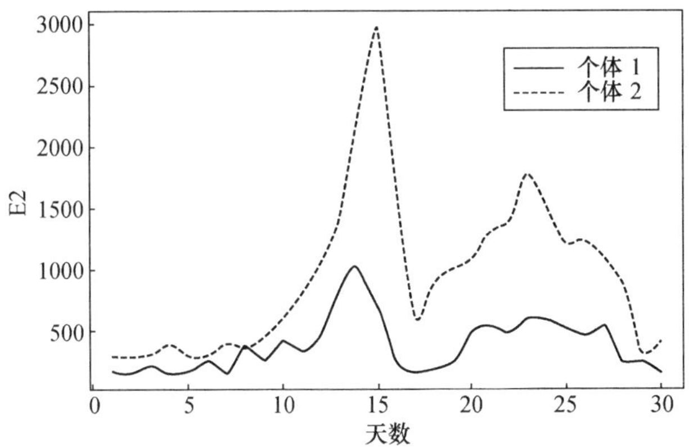

图 2.4.2　不同个体的 E2 的曲线图

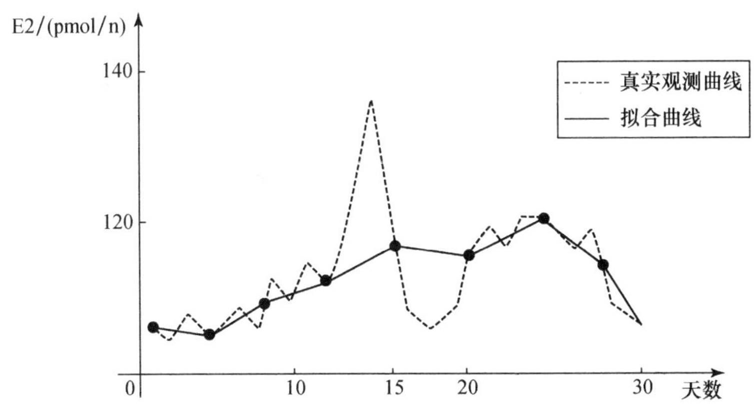

图 2.4.3　基于等间隔采样的拟合可能远离真实观测曲线

§2 数学预备知识

为了解决我们的问题,需要做一些数学知识上的准备.首先我们应看到,对不同的个体,其观测曲线是很不相同的、随机的,因而我们在数学上应将每个人的观测记录(即观测样本曲线)视为随机过程的实现.

2.1 熵

我们知道,一个事件的发生如能给人们带来信息则它必须是随机事件.设 A 是随机事件,当它发生时,给人们带来的信息在信息论中是用 $-\log P(A)$ 来度量的,其中 $P(A)$ 是 A 事件发生的概率.

设 ξ 是随机变量,它的分布为

$$\xi \sim \begin{pmatrix} A_1 & A_2 & \cdots & A_n \\ P_1 & P_2 & \cdots & P_n \end{pmatrix},$$

则 ξ 每一次试验给人们的平均信息量是

$$H(\xi) = -\sum_{k=1}^{n} P_k \log P_k.$$

通常称 $H(\xi)$ 为**熵**(entropy).于是我们有以下的重要定理:

定理 2.4.1 设 ξ 的分布为

$$\xi \sim \begin{pmatrix} A_1 & A_2 & \cdots & A_n \\ P_1 & P_2 & \cdots & P_n \end{pmatrix}, \quad P_k > 0, k = 1,2,\cdots, n,$$

则 $H(\xi)$ 达到极大的充分必要条件是:

$$H(\xi) = \text{Max} \Longleftrightarrow P_k = \frac{1}{n}, \quad k = 1,2,\cdots,n.$$

也就是说,对离散型随机变量,均匀分布具有最大的信息量.本定理的证明可在本课题附录一中找到.

设 ξ 是连续型随机变量,概率密度为 $p(x)$,Shannon 定义连续型随机变量的熵(有时称为**微分熵**)为

$$H(\xi) = -\int_{-\infty}^{+\infty} p(x) \log p(x) \mathrm{d}x.$$

定理 2.4.2 设 ξ 是连续型随机变量,其密度函数为 $p(x)$,方差 $\mathrm{Var}(\xi) = \sigma^2$ 存在,并设在 σ^2 给定的条件下(设均值为零),以下微分熵存在:

$$H(\xi) = -\int_{-\infty}^{+\infty} p(x) \log p(x) \mathrm{d}x,$$

则能使 $H(\xi)$ 达到极大的充分必要条件是 ξ 服从正态分布:

$$\xi \sim N(0, \sigma^2).$$

方差在电机工程上代表了信号的平均功率. 这可由随机过程的遍历性定理看出：设随机过程代表电流 $x(t)$，则其平均功率为

$$\mathrm{Var}(\xi)=E(\xi^2)=\lim_{T\to\infty}\frac{1}{T}\int_0^T x^2(t)\,\mathrm{d}t.$$

定理 2.4.2 告诉我们：当随机信号的平均功率给定之后，具有最大信息量的分布是正态分布. 这一点在工程技术、科学领域具有重大意义.

Shannon 给的上述微分熵的缺点是：

(1) 从数学分析基本知识可看出：并非所有概率密度函数都可以使微分熵的积分存在. 而对有的随机变量说“不能谈它的信息”，这在常识上不合理.

(2) 可以证明：上述微分熵的值依赖于“观测系统”，即在线性变换下它的值会发生变化(参看 Shannon(1948)). 这点也不太合理.

但是，它还是有很多优点的，所以广泛被人们所引用. 以下我们将介绍比熵的概念更广泛、更有实用价值的“相互包含信息量”的概念和理论.

2.2　相互包含信息量

定义 2.4.1　设$\{\xi_1(t)\}$和$\{\xi_2(s)\}$是两个任意的随机过程，以 v_1 和 v_2 代表由$\{\xi_1(t)\}$和$\{\xi_2(s)\}$所产生的事件的最小 σ 代数，则$\{\xi_1(t)\}$，$\{\xi_2(s)\}$两个随机过程的**相互包含信息量**(简称**互息**)定义为

$$I(\xi_1,\xi_2)=\sup\sum P(A_iB_j)\log\frac{P(A_iB_j)}{P(A_i)P(B_j)},\tag{2.4.1}$$

其中 sup 是对所有可能将 Ω 分解为有限个随机事件的一切$\{A_1,A_2,\cdots,A_n\}$，$\{B_1,B_2,\cdots,B_m\}$而言的，它们互不相交，且 $A_i\in v_1$，且 $B_j\in v_2$.

不难证明 $I(\xi_1,\xi_2)$具有以下重要性质：

性质 1　$I(\xi_1,\xi_2)=I(\xi_2,\xi_1)$.

性质 2　$I(\xi_1,\xi_2)\geqslant 0$，且 $I(\xi_1,\xi_2)=0\Longleftrightarrow v_1,v_2$ 是相互独立的.

上述定义和性质可见于 Ibragimov and Rozanov (1978)，Pinsker (1964)，更早的可在江泽培(1958)中找到.

为了帮助读者理解上述(2.4.1)式，我们来看一个特例：假设

$$(\xi,\eta)\sim N\left(0,\begin{pmatrix}1&\rho\\ \rho&1\end{pmatrix}\right),$$

其中 ρ 为(ξ,η)的相关系数. 由定义 2.4.1，此时(2.4.1)式可改写为

$$I(\xi,\eta)=\sup_{E_i,D_j}\sum Q_{12}(E_i\times D_j)\log\frac{Q_{12}(E_i\times D_j)}{Q_1(E_i)\times Q_2(D_j)},\tag{2.4.2}$$

其中 E_i,D_j 为 Borel 集，Q_{12},Q_1,Q_2 是由(ξ,η)引入的平面和直线上的测度：

$$Q_{12}(E\times F)=P\{\xi\in E,\eta\in F\},$$
$$Q_1(E)=P\{\xi\in E\},\quad Q_2(F)=P\{\eta\in F\}.$$

不妨假定 $\rho\neq 1$,则 $\mathrm{d}Q_{12}\ll \mathrm{d}x\mathrm{d}y$,故可有

$$\frac{Q_{12}(\mathrm{d}x\mathrm{d}y)}{Q_1(\mathrm{d}x)Q_2(\mathrm{d}y)}=\frac{p(x,y)}{p(x)p(y)},$$

其中 $p(x)=\frac{1}{\sqrt{2\pi}}\mathrm{e}^{-\frac{x^2}{2}}$. 可见互息的公式可具体写为

$$I(\xi,\eta)=\iint\limits_{\mathbf{R}^2}p(x,y)\log\frac{p(x,y)}{p(x)p(y)}\mathrm{d}x\mathrm{d}y=-\frac{1}{2}\log(1-\rho^2). \tag{2.4.3}$$

由概率论大家知道,$\rho=0$ 当且仅当两者是独立的,由互息看也有

$$I(\xi,\eta)=0\Longleftrightarrow\rho=0.$$

此外,当 $\rho\to 1$ 或 -1 时,$I(\xi,\eta)\to+\infty$,表明相互包含信息量为无穷大,统计学上我们知道两者是线性相关的.

必须指出的是:(2.4.3)式虽然是在上述正态的条件下推导出来的,但是也有人直接用

$$I(\xi,\eta)=\iint\limits_{\mathbf{R}^2}p(x,y)\log\frac{p(x,y)}{p(x)p(y)}\mathrm{d}x\mathrm{d}y \tag{2.4.4}$$

作为两个随机变量相互包含信息量的定义(见 Shannon(1948)). 由(2.4.4)式不难得出以下另外一个公式:

$$I(\xi,\eta)=H(\eta)-H_\xi(\eta), \tag{2.4.5}$$

其中

$$H(\eta)=-\int_{-\infty}^{+\infty}p(y)\log p(y)\mathrm{d}y, \tag{2.4.6}$$

$$H_\xi(\eta)=-\int_{-\infty}^{+\infty}p(x)\left[\int_{-\infty}^{+\infty}p(y|x)\log p(y|x)\mathrm{d}y\right]\mathrm{d}x. \tag{2.4.7}$$

(2.4.6)式代表了 η 的信息量(熵),而(2.4.7)式则代表了 η 关于 ξ 的条件信息量(条件熵).

不难看出以上结果容易推广到多变量的情形,即

$$I(\boldsymbol{\xi},\boldsymbol{\eta})=H(\boldsymbol{\eta})-H_{\boldsymbol{\xi}}(\boldsymbol{\eta}), \tag{2.4.8}$$

$$H(\boldsymbol{\eta})=-\int_{\mathbf{R}^n}p(\mathbf{y})\log p(\mathbf{y})\mathrm{d}\mathbf{y}, \tag{2.4.9}$$

$$H_{\boldsymbol{\xi}}(\boldsymbol{\eta})=-\int_{\mathbf{R}^n}p(\mathbf{x})\left[\int_{\mathbf{R}^n}p(\mathbf{y}|\mathbf{x})\log p(\mathbf{y}|\mathbf{x})\mathrm{d}\mathbf{y}\right]\mathrm{d}\mathbf{x}. \tag{2.4.10}$$

2.3 正态加性噪声条件下相互包含信息量的表达式

由图 2.4.4 我们可以看到,每一个个体的实测曲线实际上都不可避免地要出现量测误差,因而观测到的是我们要的信号加上混入的噪声. 由此,可以设想我们的观测模型是

$$\eta(t) = \xi(t) + n(t), \quad t \in \mathbf{Z}, \tag{2.4.11}$$

其中 $\xi(t)$ 为信号，而 $n(t)$ 为噪声，两者相互独立且是均值为零的正态过程.

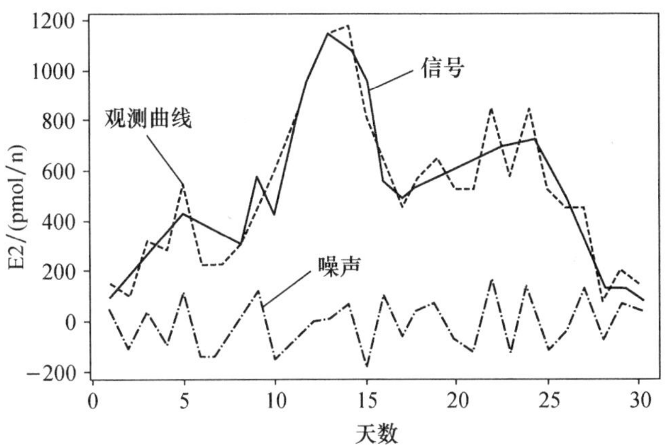

图 2.4.4　E2 的观测曲线，信号及噪声

令

$$\boldsymbol{\xi} = (\xi(1), \cdots, \xi(N)), \quad \boldsymbol{\eta} = (\eta(1), \cdots, \eta(N)), \tag{2.4.12}$$

$$\begin{aligned} \boldsymbol{Z} &= (\xi(1), \xi(2), \cdots, \xi(N), \eta(1), \eta(2), \cdots, \eta(N)) \\ &\triangleq (z(1), z(2), \cdots, z(N), z(N+1), \cdots, z(2N)), \end{aligned} \tag{2.4.13}$$

则其相关矩阵可表为

$$E(z(k)z(j)) \triangleq \boldsymbol{\Gamma}_z = (\sigma_{k,j}^{(z)}), \tag{2.4.14}$$

其中 $(\sigma_{k,j}^{(z)})$ 由以下四个部分组成：

$$\boldsymbol{\Gamma}_z = \begin{pmatrix} \boldsymbol{\Gamma}_\xi & \boldsymbol{\Gamma}_\xi \\ \boldsymbol{\Gamma}_\xi & \boldsymbol{\Gamma}_\xi + \boldsymbol{\Gamma}_n \end{pmatrix}_{2N\times 2N}, \tag{2.4.15}$$

$\boldsymbol{\Gamma}_\xi, \boldsymbol{\Gamma}_n$ 分别是由 $\boldsymbol{\xi}$ 和 $\boldsymbol{n}$ 的相关矩阵组成的，其中 $\boldsymbol{n} = (n(1), \cdots, n(N))$.

不难验证：

$$\boldsymbol{\Gamma}_z^{-1} = \begin{pmatrix} \boldsymbol{\Gamma}_\xi^{-1} + \boldsymbol{\Gamma}_n^{-1} & -\boldsymbol{\Gamma}_n^{-1} \\ -\boldsymbol{\Gamma}_n^{-1} & \boldsymbol{\Gamma}_n^{-1} \end{pmatrix}. \tag{2.4.16}$$

再利用矩阵论中的公式

$$\det\begin{pmatrix} \boldsymbol{B} & \boldsymbol{C} \\ \boldsymbol{A} & \boldsymbol{E} \end{pmatrix} = \det(\boldsymbol{B})\det(\boldsymbol{E} - \boldsymbol{A}\boldsymbol{B}^{-1}\boldsymbol{C}),$$

则 $\det(\boldsymbol{\Gamma}_z) = \det(\boldsymbol{\Gamma}_\xi)\det[(\boldsymbol{\Gamma}_\xi + \boldsymbol{\Gamma}_n) - \boldsymbol{\Gamma}_\xi\boldsymbol{\Gamma}_\xi^{-1}\boldsymbol{\Gamma}_\xi] = \det(\boldsymbol{\Gamma}_\xi)\det(\boldsymbol{\Gamma}_n)$,

从而可推得

$$p(\boldsymbol{y}|\boldsymbol{x}) = (2\pi)^{-N/2}[\det(\boldsymbol{\Gamma}_n)]^{-1}\exp\left\{-\frac{1}{2}(\boldsymbol{z}\boldsymbol{\Gamma}_z^{-1}\boldsymbol{z}^{\mathrm{T}} + \boldsymbol{x}\boldsymbol{\Gamma}_\xi\boldsymbol{x}^{\mathrm{T}})\right\}$$

$$= (2\pi)^{-N/2}[\det(\boldsymbol{\Gamma}_n)]^{-1}\exp\left\{-\frac{1}{2}(\boldsymbol{y}-\boldsymbol{x})\boldsymbol{\Gamma}_n^{-1}(\boldsymbol{y}-\boldsymbol{x})^{\mathrm{T}}\right\}$$
$$= p(\boldsymbol{n}), \tag{2.4.17}$$

这 $p(\boldsymbol{n})$为 $\boldsymbol{n}$ 的概率密度函数. 可见

$$I(\boldsymbol{\xi},\boldsymbol{\eta}) = H(\boldsymbol{\eta}) - \int_{\mathbf{R}^n}\left\{\int_{\mathbf{R}^n} p(\boldsymbol{n})\log p(\boldsymbol{n})\mathrm{d}\boldsymbol{n}\right\}p(\boldsymbol{x})\mathrm{d}\boldsymbol{x}$$
$$= H(\boldsymbol{\eta}) - H(\boldsymbol{n}). \tag{2.4.18}$$

由结果(2.4.18),实际上我们已经证明了以下的重要定理:

定理 2.4.3 假设观测模型是

$$\eta(t) = \xi(t) + n(t), \quad t\in\mathbf{Z}, \tag{2.4.19}$$

其中 $\xi(t)$为信号,而 $n(t)$为噪声,两者相互独立且是均值为零的正态过程. 对给定的观测时刻 $t_1,t_2,\cdots,t_N\in\mathbf{R}$,令

$$\boldsymbol{\xi}=(\xi(t_1),\cdots,\xi(t_N)),\quad \boldsymbol{\eta}=(\eta(t_1),\cdots,\eta(t_N)),\quad \boldsymbol{n}=(n(t_1),\cdots,n(t_N))$$

则
$$I(\boldsymbol{\xi},\boldsymbol{\eta})=H(\boldsymbol{\eta})-H(\boldsymbol{n}). \tag{2.4.20}$$

如果噪声序列在(2.4.20)式中的 $H(\boldsymbol{n})$是一个恒定值(如白噪声),则求互息的最大值等价于寻找 $H(\boldsymbol{\eta})$的最大值.

推论 1 在定理 2.4.1 的条件下,如果 $n(t)$为白噪声序列,则

$$I(\boldsymbol{\xi},\boldsymbol{\eta}) = \underset{\boldsymbol{\xi}}{\mathrm{Max}} \Longleftrightarrow H(\boldsymbol{\eta}) = \underset{\boldsymbol{\eta}}{\mathrm{Max}}.$$

推论 2 在推论 1 的条件下,设$(t_1^*,\cdots,t_N^*)$在一个闭集 B 中,则它能达到极大值

$$\sup_{\substack{t_i\in B\\ i=1,2,\cdots,N}} I(\boldsymbol{\xi},\boldsymbol{\eta}) = I(\boldsymbol{\xi}^*,\boldsymbol{\eta}^*)$$

的充分必要条件是使得

$$\sup_{\substack{t_j\in B\\ j=1,2,\cdots,N}} \det(\boldsymbol{\Gamma}_\eta) = \det(\boldsymbol{\Gamma}_{\eta^*}) \tag{2.4.21}$$

事实上,对给定的 N,不难算出

$$H(\boldsymbol{\eta}) = \log[(2\pi\mathrm{e})^{N/2}[\det(\boldsymbol{\Gamma}_\eta)]^{1/2}], \tag{2.4.22}$$

从而 $H(\boldsymbol{\eta})$达最大值当且仅当 $\det(\boldsymbol{\Gamma}_\eta)$达最大值. 具体的证明见附录二.

以上这些理论结果给我们指出了解决我们的问题的方向.

§3 随机过程的最优抽样方法应用于荷尔蒙激素的观测

3.1 观测过程的协方差矩阵

由一般激素观测曲线的图 2.4.4 不难看出,在激素水平的量测过程中,观测量含有噪声

的成分，因而我们可以运用加性模型(2.4.11)，认为量测到的随机过程既有我们要的信号也有噪声. 而且为方便起见，我们假定噪声是独立同分布的正态过程；信号为简单起见也假定为正态过程，但不假定具有平稳性. 这些假定都有一定的实际依据.

为了减少抽检血样，我们下面将以生理周期为 30 天的妇女为研究对象. 有关研究单位提出的指标是希望由 30 天的抽检减少到 5 天的抽检，而且安排抽查的日期应该事先固定，不可能因人而异，而最终的要求是能由这 5 天的量测值预报出完整的 30 天的激素变化的曲线.

由本课题 § 2 中的理论知，这相当于我们的观测足标集为 $B=\{1,2,\cdots,30\}$，从中要选出最具有信息量的 5 个观测点 $\underline{t}=\{t_1,t_2,\cdots,t_5\}$. 由定理 2.4.3 的推论 2 我们知道，首先应该求得观测过程 $\eta(t)$ 的协方差阵 $\boldsymbol{\Gamma}_\eta$，然后再从中选出具有最大行列式值的一个子矩阵. 下面我们将先对激素中的 E2 曲线进行分析和建模，最后进行完整曲线的预报.

以下的对称阵(为减少篇幅，没有将全部数据列出)是基于对 100 名妇女在其生理周期 30 天内实际观测血样计算出来的关于 E2 的协方差阵：

$$
\boldsymbol{\Gamma}_\eta=\mathrm{Cov}(\eta(t),\eta(s))
=\begin{bmatrix}
3495 & 2985 & -557 & -1485 & 3451 & 444 & -952 & \cdots & 7577 & 2597 \\
2985 & 7968 & 1819 & 992 & 4131 & 686 & 4553 & \cdots & 6668 & 1893 \\
-557 & 1819 & 10231 & 10442 & 7529 & 8199 & 16917 & \cdots & 1964 & -2355 \\
-1458 & 992 & 10442 & 17411 & 4798 & 14661 & 31330 & \cdots & -2205 & -5544 \\
3541 & 4131 & 7529 & 4798 & 16781 & 3840 & 5491 & \cdots & 7069 & 1496 \\
444 & 686 & 8199 & 14661 & 3840 & 15100 & 28151 & \cdots & 551 & -4653 \\
-952 & 4553 & 16917 & 31330 & 5491 & 28151 & 63807 & \cdots & 558 & -6096 \\
4331 & 8296 & 4799 & -472 & 9206 & 1157 & 2023 & \cdots & 9087 & 3446 \\
2698 & 907 & 5060 & 2415 & 13458 & 2864 & 573 & \cdots & 2575 & -1053 \\
10040 & 10750 & 2419 & 345 & 16682 & 5560 & 7201 & \cdots & 19248 & 4278 \\
17132 & 28317 & 17696 & 14904 & 35886 & 19389 & 45121 & \cdots & 41062 & 11304 \\
17857 & 24582 & 20850 & 9971 & 36864 & 16887 & 30694 & \cdots & 46928 & 9741 \\
9500 & 12707 & 36692 & 34589 & 34522 & 32086 & 68935 & \cdots & 48240 & 6620 \\
-4424 & -18014 & -3785 & -9048 & 4233 & -10677 & -25399 & \cdots & 4143 & 2708 \\
-1941 & 2067 & -18481 & 26468 & -11557 & -29748 & -48294 & \cdots & 372 & 17330 \\
1627 & 9983 & -6112 & -19165 & 391 & -24741 & -38204 & \cdots & 9727 & 11869 \\
7446 & 15264 & 4831 & -3876 & 10214 & -3809 & -3562 & \cdots & 28776 & 6498 \\
\vdots & \vdots & \vdots & \vdots & \vdots & \vdots & \vdots & & \vdots & \vdots \\
7577 & 6668 & 1964 & -2205 & 7069 & 551 & 558 & \cdots & 29396 & 9110 \\
2597 & 1893 & -2355 & -5544 & 1496 & -4653 & -6096 & \cdots & 9110 & 9107
\end{bmatrix}_{(30\times 30)}.
\tag{2.4.23}
$$

3.2　相互包含信息量准则下最优子集的选择

由(2.4.22)式和定理 2.4.3 的推论 2 可知：在噪声 $n(t)$ 为正态白噪声的条件下要使得

$I(\boldsymbol{\xi},\boldsymbol{\eta})$达到极大必须且只需使观测过程所对应的行列式 $\det(\boldsymbol{\Gamma}_\eta)$达到极大. 于是我们的任务就是从 $\boldsymbol{\Gamma}_\eta$ 中选择一切可能的 5 阶子矩阵并求其行列式的值,从中找出最大值所对应的子矩阵. 该子矩阵所对应的足标集即是我们所求的最佳取样观测点(见定理 2.4.1 及定理 2.4.3 的推论 2). 当然,要从 30 阶矩阵中算出一切可能的 5 阶子矩阵的行列式值(总共有 $C_{30}^5=142506$ 种可能)也是很大的工作量. 以下我们在表 2.4.1 中列出最关键的计算值及相应的相互包含信息量的数值,其中 9,10,…,30 表示具有 30 天生理周期的个体妇女可能选择的抽样日期. 每种抽样设计只能在 30 天中选择 5 天抽取血样,出现字母 S 的为取样日期. 而 $I(\boldsymbol{\xi},\boldsymbol{\eta})$为每一种抽样所对应的互息值,它是由定理 2.4.3 的有关公式计算出来的. 由表 2.4.1 可以看出,最优的抽样点为(10,13,15,20,25),此时其互息值达到最大值,为 29.06. 因此对生理周期为 30 天的妇女,其最佳的设计抽样点同样的都是这五个点.

表 2.4.1 不同抽样点的互息值 $I(\xi,\boldsymbol{\eta})$

日期 \ 个体	1	2	3	4	5	6	7	8	9	10	11
9				S	S						
10	S	S	S			S	S	S	S		
11					S	S				S	S
12			S	S							
13		S					S	S	S	S	
14	S										
15		S	S	S	S	S			S		S
16	S						S	S			
17		S	S	S	S	S				S	S
18	S						S	S			
19											
20									S	S	S
21											
22											
23											
24								S			
25	S	S	S	S	S	S	S		S	S	S
26											
27											
28											
29											
30											
$I(\xi,\boldsymbol{\eta})$	27.79	28.48	27.75	27.62	28.01	27.84	28.26	28.85	29.06	28.98	28.18

3.3 E2 激素曲线的预报

现在介绍以 E2 为例的基于上述最优抽样点的完整曲线的预报步骤,其中第二步的新样本点是基于原抽样值的估计,为的是使预报曲线更精确.

第一步:按 $t_{10}=10, t_{13}=13, t_{15}=15, t_{20}=20, t_{25}=25$ 的日期抽取血样并检出 E2 的值,记为

$$\boldsymbol{\eta}=(\eta(t_{10}),\eta(t_{13}),\cdots,\eta(t_{25})). \tag{2.4.24}$$

第二步:由上述一切观测到的$\{\boldsymbol{\eta}\}$值推断出在 $\tilde{\boldsymbol{\eta}}=(\eta(t_5),\eta(t_{12}),\eta(t_{17}),\eta(t_{23}),\eta(t_{30}))$ 的最优值 $\boldsymbol{\eta}^+$:

$$\boldsymbol{\eta}^+=\underset{L(\boldsymbol{\eta})}{\mathrm{Proj}}(\tilde{\boldsymbol{\eta}}). \tag{2.4.25}$$

统计学的理论告诉我们,(2.4.25)式在正态分布条件下等价于用回归来估计,其系数可作为每个个体的通用预报公式的系数.

第三步:基于 10 个样本点值 $\boldsymbol{\eta}^*=(\boldsymbol{\eta},\boldsymbol{\eta}^+)$,我们用三阶样条多项式函数来估计 30 天的 E2 曲线值.

3.4 实际检验与对比

我们将以上的方法运用于实际,经过反复检验,证实这些理论与方法在实际应用中是有效的,即:可用 5 个点的样本值推断出完整的 30 天的变化曲线.以下将检验中比较典型的、好的及一般的作一些示范说明.

图 2.4.5 是一个比较一般的结果,属于中等,除了峰值出现的位置有一些偏离之外,其

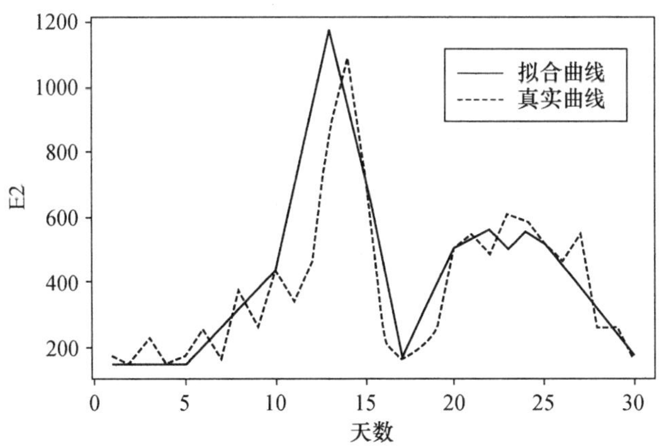

图 2.4.5 观测对象 No.1 的真实 E2 曲线与拟合曲线

它整体曲线都拟合得比较好.图 2.4.6 和图 2.4.7 属于比较好的,我们的方法几乎完整且准确地预报出信息.

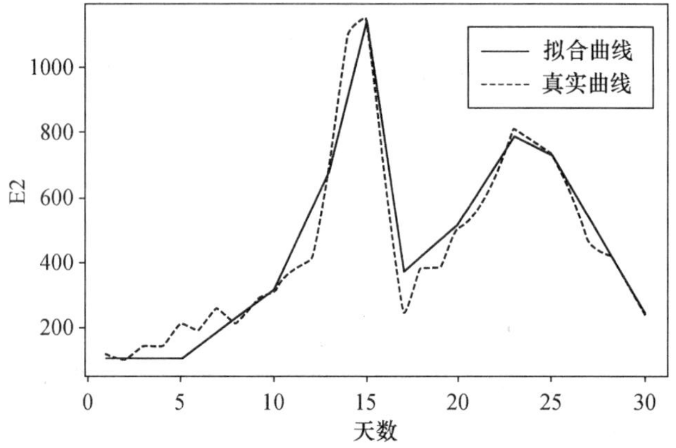

图 2.4.6 观测对象 No.3 的真实 E2 曲线与拟合曲线

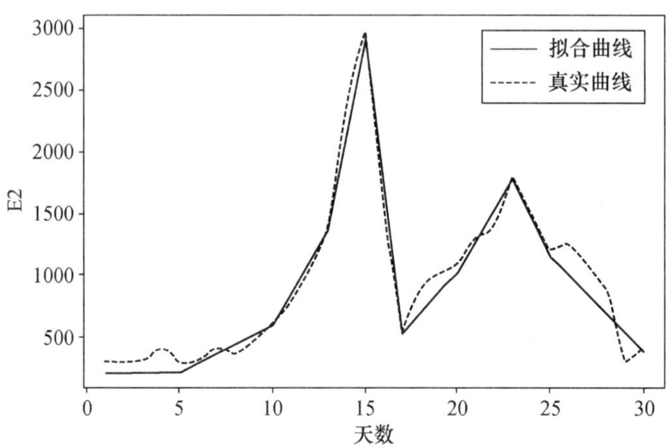

图 2.4.7 观测对象 No.2 的真实 E2 曲线与拟合曲线

我们的理论和方法同样可以用于预报激素 P 的曲线.图 2.4.8 就是一个例子,它同样也是用(10,13,15,20,25)这 5 个样本点推断出来的.至于 LH 和 FSH,我们只需用 E2,P 的以上 5 个样本点的信息即可进行预报,而且结果也符合临床的要求,原因是从生理学上看,它们是有内在相关性的.有兴趣的读者可以参看文献 Hsieh (1998).

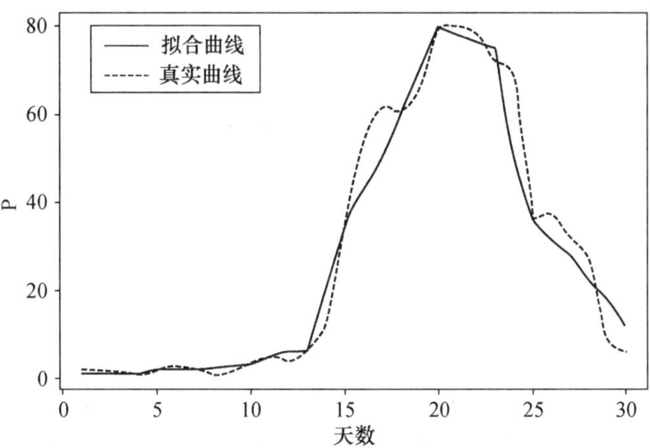

图 2.4.8 观测对象 No.2 的真实 P 曲线与拟合曲线

附录一 关于定理 2.4.1 的证明

定理 2.4.1 设 ξ 的分布为

$$\xi \sim \begin{pmatrix} A_1 & A_2 & \cdots & A_n \\ P_1 & P_2 & \cdots & P_n \end{pmatrix}, \quad P_k > 0, k=1,2,\cdots, n,$$

则 $H(\xi)$ 达到极大的充分必要条件是：

$$H(\xi) = \mathrm{Max} \Longleftrightarrow P_k = \frac{1}{n}, \quad k=1,2,\cdots,n. \tag{附 1.1}$$

证明 由熵的定义知

$$\begin{aligned} H(\xi) - \log n &= -\sum_{k=1}^{n} P_k \log P_k - \log n \\ &= \sum_{k=1}^{n} P_k(\log P_k + \log n) \quad (\text{因} \sum_k P_k \equiv 1) \\ &= -\sum_{k=1}^{n} P_k \log n P_k = \sum_{k=1}^{n} P_k \log \frac{1}{nP_k}. \end{aligned} \tag{附 1.2}$$

利用数学归纳法不难证明：对 $x_n > 0\ (n=1,2,\cdots,k)$ 及 $\lambda_n > 0\ (n=1,2,\cdots,k)$，$\sum_{n=1}^{k} \lambda_n = 1$，有以下不等式成立：

$$\sum_{n=1}^{k} \lambda_n \log x_n \leqslant \log \sum_{n=1}^{k} \lambda_n x_n. \tag{附 1.3}$$

而上述不等式等号成立的充分必要条件为

$$x_1 = x_2 = \cdots = x_k. \tag{附 1.4}$$

利用上述结果于(附 1.2)式,条件皆可满足,从而

$$H(\xi) - \log n = \sum_{k=1}^{n} P_k \log \frac{1}{nP_k} \leqslant \log\left(\sum_{k=1}^{n} P_k \frac{1}{nP_k}\right) = \log \sum_{k=1}^{n} \frac{1}{n} = 0. \tag{附 1.5}$$

可见

$$H(\xi) \leqslant \log n,$$

而等号成立的充分必要条件为

$$\frac{1}{nP_1} = \frac{1}{nP_2} = \cdots = \frac{1}{nP_n}, \tag{附 1.6}$$

即定理之结论(附 1.1). ▌

该定理告诉我们一个重要事实,即:在有限结果的离散型分布中,每一实验结果能给人们带来最大(平均)信息的分布是等概分布. 如 Loto 型彩票的 N 个球,它们的出现是等概的,第一个落下的球是什么号码,它就带有最大信息. 又如设将生孩子性别理想化为等概,则告知某人家生了男孩或女孩也具有最大信息(参看图 2.4.9).

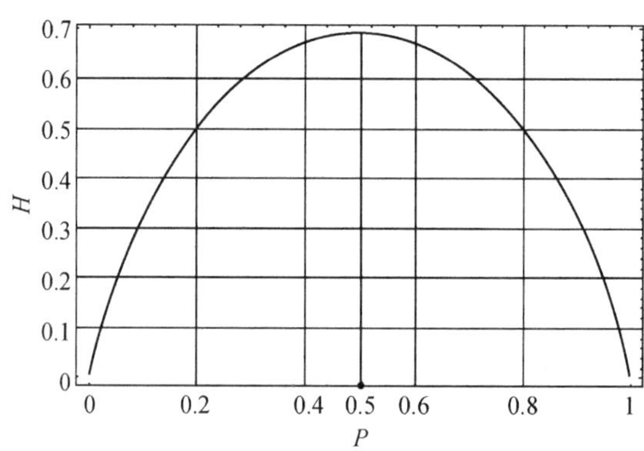

图 2.4.9 熵 $H(\xi) = -P\log P - (1-P)\log(1-P)$ 的图形

附录二 关于定理 2.4.2 的证明

定理 2.4.2 设 ξ 是连续型随机变量,其密度函数为 $p(x)$,方差 $\mathrm{Var}(\xi)=\sigma^2$ 存在,并设在 σ^2 给定的条件下(设均值为零),以下微分熵存在:

$$H(\xi) = -\int_{-\infty}^{+\infty} p(x) \log p(x) \mathrm{d}x, \tag{附 2.1}$$

则能使 $H(\xi)$ 达到极大的充分必要条件是 ξ 服从正态分布:

$$\xi \sim N(0, \sigma^2). \tag{附 2.2}$$

在证明定理 2.4.2 之前,我们需要证明一条引理,它是 Kullback-Leibler 信息量的一条

性质.

定义 设 $p_1(x), p_2(x)$ 均是定义于 E ($E\subset\mathbf{R}$)上的概率密度函数,并且 $p_1(x)p_2(x)>0$ ($x\in E$),则称

$$\partial(p_1, p_2) = \int_E p_1(x)\log\frac{p_1(x)}{p_2(x)}\mathrm{d}x \qquad (附 2.3)$$

为(p_1, p_2)的 **Kullback-Leibler 信息量**,简称 **K-L 信息量**.

显然,K-L 信息量可以是多维分布的,于是若理解 $\boldsymbol{x}=(x,y)$, $p_1(\boldsymbol{x})=p(x,y)$, $p_2(\boldsymbol{x})=p(x)p(y)$,则(附 2.3)的 K-L 信息量便演化出和 Shannon 及江泽培相通的相互包含信息量:

$$\partial(p_1, p_2) = \iint_{E^*} p(x,y)\log\frac{p(x,y)}{p(x)p(y)}\mathrm{d}x\mathrm{d}y = I(\boldsymbol{\xi},\boldsymbol{\eta}), \qquad (附 2.4)$$

其中 $p(x)$, $p(y)$分别代表 $p(x,y)$的第一和第二变量的边缘分布,$p(x,y)$在 $E^*\subset\mathbf{R}^2$ 上有定义.

关于定理 2.4.2,我们可以推广到 n 维情形. 事实上,我们在抽血样的问题中用到的是 n 维的情形. 首先证明以下结果:

定理 2.4.4 Kullback-Leibler 不等式[①]**:**

$$\partial(p_1, p_2) \geqslant 0, \qquad (附 2.5)$$

其中等号成立的充分必要条件为

$$p_1(x) = p_2(x),\ \text{a. e. } (\mathrm{d}x)^{②}. \qquad (附 2.6)$$

证明 首先指出,对 $y>0$,恒有

$$\ln y \leqslant y - 1 \qquad (附 2.7)$$

成立,而等号成立的充分必要条件是 $y=1$. 事实上,令

$$f(y) = y - 1 - \ln y,$$

则求导数得

$$f'(y) - 1 - \frac{1}{y}, \quad f'(1) = 0,$$

$$f''(y) = \frac{1}{y^2} > 0 \quad (y > 0).$$

这表明 $f(y)$只有一个极小值点,即 $y=1$(见图 2.4.10). 而 $f(1)=0$,故 $f(y)\geqslant 0$,等号成立的充分必要条件是 $y=1$.

将以上结果用到 K-L 信息量表达式(附 2.3),可得

---

① K-L 信息量(附 2.3)在文献中的定义其对数的底不限于 e,此定理则取自然对数.

② 此处为对 Lebesgue 测度"几乎处处"之意,确切定义见严(1982).

$$\int_E p_1(x)\ln\frac{p_2(x)}{p_1(x)}\mathrm{d}x \leqslant \int_E p_1(x)\left[\frac{p_2(x)}{p_1(x)}-1\right]\mathrm{d}x$$

$$=\int_E [p_2(x)-p_1(x)]\mathrm{d}x = 0.$$

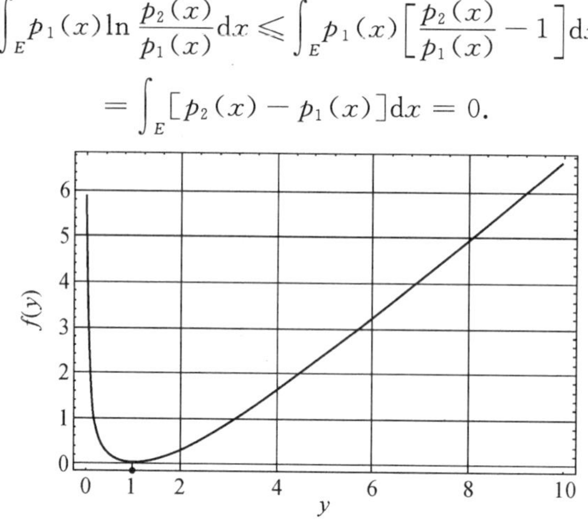

图 2.4.10 函数 $f(y)$ 的图形（$f(y)\geqslant 0$，$f(1)$ 达极小值）

可见

$$I(p_1,p_2)=-\int_E p_1(x)\ln\frac{p_1(x)}{p_2(x)}\mathrm{d}x\geqslant 0,$$

而等号成立的充分必要条件为

$$\frac{p_2(x)}{p_1(x)}=1,\quad \text{a. e. }(\mathrm{d}x) \quad ▌$$

以下是定理 2.4.2 在 n 维情形下的表述：

定理 2.4.5 设 $\boldsymbol{\xi}=(\xi_1,\xi_2,\cdots,\xi_n)$ 是实 n 维随机变量，有密度函数 $p(\boldsymbol{x})>0$，且其协方差阵

$$(\mathrm{Cov}(\xi_i,\xi_j))_{n\times n}=\begin{bmatrix}\sigma_{11} & \sigma_{12} & \cdots & \sigma_{1n}\\ \sigma_{21} & \sigma_{22} & \cdots & \sigma_{2n}\\ \vdots & \vdots & & \vdots\\ \sigma_{n1} & \sigma_{n2} & & \sigma_{nn}\end{bmatrix}\triangleq \boldsymbol{\Gamma}_n>0 \tag{附 2.8}$$

给定，则使 n 维熵

$$H(\boldsymbol{\xi})=-\int_{\mathbf{R}^n}p(\boldsymbol{x})\ln p(\boldsymbol{x})\mathrm{d}\boldsymbol{x} \tag{附 2.9}$$

达到极大的充分必要条件是 $\boldsymbol{\xi}$ 服从 n 维正态分布，此时其极大熵为

$$H_{\max}(\boldsymbol{\xi})=\ln\{(2\pi\mathrm{e})^{\frac{n}{2}}[\det(\boldsymbol{\Gamma}_n)]^{\frac{1}{2}}\}. \tag{附 2.10}$$

证明 首先指出有关 K-L 信息量的定理 2.4.4 对 n 维分布也成立，从而

$$\int_{\mathbf{R}^n}p_1(\boldsymbol{x})\ln\frac{p_2(\boldsymbol{x})}{p_1(\boldsymbol{x})}\mathrm{d}\boldsymbol{x}\leqslant 0,$$

即 $$-\int_{\mathbf{R}^n} p_1(\boldsymbol{x})\ln p_1(\boldsymbol{x})\mathrm{d}\boldsymbol{x} \leqslant -\int_{\mathbf{R}^n} p_1(\boldsymbol{x})\ln p_2(\boldsymbol{x})\mathrm{d}\boldsymbol{x}. \qquad (附 2.11)$$

取 $p_2(\boldsymbol{x})$ 为 $N(\mathbf{0},\boldsymbol{\Gamma}_n)$ 的密度函数，则上式右端变成

$$-\int_{\mathbf{R}_n} p_1(\boldsymbol{x})\ln\left\{\left(\frac{1}{2\pi}\right)^{\frac{n}{2}} \frac{1}{[\det(\boldsymbol{\Gamma}_n)]^{\frac{1}{2}}}\mathrm{e}^{-\frac{1}{2}\boldsymbol{x}\boldsymbol{\Gamma}_n^{-1}\boldsymbol{x}^{\mathrm{T}}}\right\}\mathrm{d}\boldsymbol{x}$$

$$= \ln\{(2\pi)^{\frac{n}{2}}[\det(\boldsymbol{\Gamma}_n)]^{\frac{1}{2}}\} + \frac{1}{2}\int_{\mathbf{R}^n} p_1(\boldsymbol{x})\boldsymbol{x}\boldsymbol{\Gamma}_n^{-1}\boldsymbol{x}^{\mathrm{T}}\mathrm{d}\boldsymbol{x}. \qquad (附 2.12)$$

利用代数知识

$$\boldsymbol{x}\boldsymbol{\Gamma}_n^{-1}\boldsymbol{x}^T = \mathrm{tr}(\boldsymbol{\Gamma}_n^{-1}\boldsymbol{x}^{\mathrm{T}}\boldsymbol{x}), \qquad (附 2.13)$$

则(附 2.12)式可写为

$$\begin{aligned}
&-\int_{\mathbf{R}^n} p_1(\boldsymbol{x})\ln p_2(\boldsymbol{x})\mathrm{d}\boldsymbol{x}\\
&= \ln\{(2\pi)^{\frac{n}{2}}[\det(\boldsymbol{\Gamma}_n)]^{\frac{1}{2}}\} + \frac{1}{2}\mathrm{tr}\left[\int_{\mathbf{R}^n} p_1(\boldsymbol{x})(\boldsymbol{\Gamma}_n^{-1}\boldsymbol{x}^{\mathrm{T}}\boldsymbol{x})\mathrm{d}\boldsymbol{x}\right]\\
&= \ln\{(2\pi)^{\frac{n}{2}}[\det(\boldsymbol{\Gamma}_n)]^{\frac{1}{2}}\} + \frac{1}{2}\mathrm{tr}\left[\boldsymbol{\Gamma}_n^{-1}\int_{\mathbf{R}^n} \boldsymbol{x}^{\mathrm{T}}\boldsymbol{x}p_1(\boldsymbol{x})\mathrm{d}\boldsymbol{x}\right]. \qquad (附 2.14)
\end{aligned}$$

由于 $p_1(\boldsymbol{x})$ 可取为本定理 $\boldsymbol{\xi}$ 的密度函数 $p(\boldsymbol{x})$，则其协方差即为 $\boldsymbol{\Gamma}_n$，从而(附 2.14)式中

$$\begin{aligned}
\boldsymbol{\Gamma}_n^{-1}\int_{\mathbf{R}^n} \boldsymbol{x}^{\mathrm{T}}\boldsymbol{x}p_1(\boldsymbol{x})\mathrm{d}\boldsymbol{x} &= \boldsymbol{\Gamma}_n^{-1}\int_{\mathbf{R}^n}(x_ix_j)_{1\leqslant i,j\leqslant n}p_1(\boldsymbol{x})\mathrm{d}\boldsymbol{x}\\
&= \boldsymbol{\Gamma}_n^{-1}\left(\int_{\mathbf{R}^n} x_ix_jp_1(\boldsymbol{x})\mathrm{d}\boldsymbol{x}\right)_{1\leqslant i,j\leqslant n} = \boldsymbol{\Gamma}_n^{-1}\boldsymbol{\Gamma}_n\\
&= \boldsymbol{I}_n \quad (单位阵). \qquad (附 2.15)
\end{aligned}$$

将(附 2.15)式代回(附 2.14)式并回到(附 2.11)式，则有

$$\begin{aligned}
-\int_{\mathbf{R}^n} p_1(\boldsymbol{x})\ln p_1(\boldsymbol{x})\mathrm{d}\boldsymbol{x} &\leqslant \ln\{(2\pi)^{\frac{n}{2}}[\det(\boldsymbol{\Gamma}_n)]^{\frac{1}{2}}\} + \frac{n}{2}\\
&= \ln\{(2\pi\mathrm{e})^{\frac{n}{2}}[\det(\boldsymbol{\Gamma}_n)]^{\frac{1}{2}}\}, \qquad (附 2.16)
\end{aligned}$$

从而等号成立的充分必要条件为

$$p_1(\boldsymbol{x}) = p_2(\boldsymbol{x}) \sim N(\mathbf{0},\boldsymbol{\Gamma}_n), \qquad (附 2.17)$$

此时 $$H_{\max} = \ln\{(2\pi\mathrm{e})^{\frac{n}{2}}[\det(\boldsymbol{\Gamma}_n)]^{\frac{1}{2}}\}. \quad \blacksquare \qquad (附 2.18)$$

由定理 2.4.4 可知，在协方差阵给定之下使得 n 维熵最大的是正态分布，并由(附 2.18)式可知，要使得 n 维熵最大等价于寻找(给定区域内)

$$\det(\boldsymbol{\Gamma}_n) = \mathrm{Max},$$

从而本研究课题就可转换为 n 给定之下(如有关研究单位提出 $n=5$)，在 30×30 的矩阵 $\boldsymbol{\Gamma}_\eta$ 中寻找 5×5 的子矩阵 $\boldsymbol{\Gamma}_5^*$(要符合实协方差阵性质)，使它的行列式值最大.

第五课题　先天愚型儿童与正常儿童脑诱发电位曲线的谱分析

§1　问题的提出

许多科学家研究视觉诱发电位(VEP)和智能障碍(智障)之间的关系已有很长历史(见Chalke(1965),Rhodes(1969),Straumanis(1973)).遗憾的是他们所用的数学方法都比较简单.例如,他们多数采用在时间域的记录曲线中比较其幅度值、潜伏期长短等等经典方法,因此VEP和智障之间分析的结论也不一致.Chalke(1965)认为智障者的潜伏期比正常群体要长;但Straumanis(1973)则有不同看法,他认为两者无显著差异;Rhodes(1969)认为在一般情况下智障者VEP的幅度比正常人要高;等等.此外,心理学家对类似的课题也有兴趣和争论.Liu & Wang(1963)与苏联学者Novikova & Chislina(见于前文所附文献)关于脑电波成分的分析持有不同看法.苏联学者认为在EEG脑电中智障者的α波并不明显,但Liu & Wang对106位智障儿童EEG的分析认为α波与θ波几乎是交替出现的,虽然θ波显得更多一些.以上意见谁是谁非并没有强有力的结论.

Xu(1979)研究了30个年龄介于9—16岁的正常儿童的VEP和14个相同年龄段的智障儿童的VEP.Xu所用的统计分析方法简介如下:将智障儿童和正常儿童作为两个总体,每个个体的潜伏期N_i(单位:m sec)和幅度P_i(单位:m volt)的数据如表2.5.1所示,对它们进行t检验;表2.5.1中“D类群体”代表智障儿童,“N类群体”代表正常儿童,“AEP”是声诱发电位,即Xu除了视觉诱发研究外也进行了声诱发的研究.

表2.5.1　脑诱发电位的检验

成分		N_1	P_1	N_2	P_2	N_1-P_2	P_2-N_2	P_3
VEP均值	D类群体	86.07	141.7	238.9	336.6	10.88	13.55	4.95
	N类群体	72.5	137.8	213.9	351.6	13.3	14.1	2.46
	t检验	$P<0.01$	$P>0.05$	$P<0.05$	$P>0.05$	$P>0.05$	$P>0.05$	$P<0.05$
AEP均值	D类群体	134.28	192.8	273.9	418.4	24.69	33.52	9.86
	N类群体	126.7	189.2	253.5	365.0	20.6	21.99	2.76
	t检验	$P>0.05$	$P>0.05$	$P>0.05$	$P<0.05$	$P>0.05$	$P<0.05$	$P<0.01$

由表2.5.1可看出:对两个群体的VEP检验,7项中只有3项是显著的不同(N_1,N_2和P_3);同样的比例也出现在AEP的检验中(P_2,P_2-N_2和P_3).可见用这类简单的方法和指

标不足以揭示这两类群体的本质差异和特征.

§2　智障儿童与正常儿童 VEP 记录的谱分析

2.1　随机过程与采样序列的谱密度

第一篇第二章的采样定理(定理 1.2.1)告诉我们,当随机过程 $\eta(t)$ 的谱密度满足一定条件时,$\eta(t)$ 可以用对它的采样序列 $\left\{\eta\left(\frac{n}{2W}\right), n=0,\pm1,\cdots\right\}$ 表示. 本节将进一步介绍,作为平稳随机过程的 $\eta(t)$,在一定条件下它有谱密度 $f_{\eta\eta}(n)$;而作为平稳序列 $\xi_k=\eta(k\Delta)$ $\left(k=0,\pm1,\pm2,\cdots;\Delta=\frac{1}{2W}\right)$,它也存在它的谱密度 $f_{\xi\xi}(\lambda)$. 那么,$f_{\eta\eta}(\lambda)$ 与 $f_{\xi\xi}(\lambda)$ 有什么关系,当一个知道了以后,另一个是否随之可得? 两者的定义域有什么关系? 以下就来介绍相关的结果.

定理 2.5.1　设 $\eta(t)$ 是一个实平稳过程,$E\eta(t)\equiv0(-\infty<t<+\infty)$,相关函数为

$$R_{\eta\eta}(u)=E[\eta(t+u)\eta(t)],\quad \forall\, t,u\in\mathbf{R}, \tag{2.5.1}$$

它满足

$$\int_{-\infty}^{+\infty}|R_{\eta\eta}(u)|\,\mathrm{d}u<+\infty. \tag{2.5.2}$$

令

$$\xi_k=\eta(k\Delta),\quad k=0,\pm1,\pm2,\cdots,\ \Delta>0, \tag{2.5.3}$$

则 $\{\xi_k\}$ 为平稳序列,其谱密度可表为

$$f_{\xi\xi}(\lambda)=\frac{1}{\Delta}\sum_{k=-\infty}^{\infty}f_{\eta\eta}\left(\frac{\lambda+2k\pi}{\Delta}\right). \tag{2.5.4}$$

证明　首先指出 $\{\xi_k\}$ 是零均值的平稳序列. 由 $\eta(t)$ 的零均值,$E\xi_k\equiv0(\forall\, k)$ 是显然的. 又由于 $\eta(t)$ 是平稳过程,则类似平稳序列,它必可表为

$$\eta(t)=\int_{-\infty}^{+\infty}\mathrm{e}^{\mathrm{i}\lambda t}\,\mathrm{d}z_\eta(\lambda),\quad t\in\mathbf{R}, \tag{2.5.5}$$

则

$$\begin{aligned}R_{\xi\xi}(t,k)&=E(\xi_{t+k}\xi_t)=E[\eta((t+k)\Delta)\eta(t\Delta)]\\&=E\left[\int_{-\infty}^{+\infty}\mathrm{e}^{\mathrm{i}\lambda(t+k)\Delta}\mathrm{d}z_\eta(\lambda)\overline{\int_{-\infty}^{+\infty}\mathrm{e}^{\mathrm{i}\lambda t\Delta}\mathrm{d}z_\eta(\lambda)}\right]\\&=\int_{-\infty}^{+\infty}\mathrm{e}^{\mathrm{i}\lambda k\Delta}\mathrm{d}F_{\eta\eta}(\lambda)=R_{\xi\xi}(k),\quad \forall\, k\in\mathbf{Z},\end{aligned} \tag{2.5.6}$$

其中 $F_{\eta\eta}$ 是 η 的谱分布函数. (2.5.6)式表明 $\{\xi_k\}$ 是平稳序列.

在条件(2.5.2)下,$\eta(t)$ 有谱密度 $f_{\eta\eta}(\lambda)$,则(2.5.6)式可进一步改写为

$$R_{\xi\xi}(k)=\int_{-\infty}^{+\infty}\mathrm{e}^{\mathrm{i}k(\lambda\Delta)}f_{\eta\eta}(\lambda)\,\mathrm{d}\lambda=\int_{-\infty}^{+\infty}\mathrm{e}^{\mathrm{i}k\mu}f_{\eta\eta}\left(\frac{\mu}{\Delta}\right)\frac{\mathrm{d}\mu}{\Delta}$$

$$= \sum_{m=-\infty}^{\infty}\int_{(2m-1)\pi}^{(2m+1)\pi} e^{ik\mu} f_{\eta\eta}\left(\frac{\mu}{\Delta}\right)\frac{d\mu}{\Delta}$$

$$= \sum_{m=-\infty}^{\infty}\int_{(2m-1)\pi}^{(2m+1)\pi} e^{ik\mu}\cdot e^{-2mk\pi i}\cdot f_{\eta\eta}\left(\frac{\mu}{\Delta}\right)\frac{d\mu}{\Delta}$$

$$= \sum_{m=-\infty}^{\infty}\int_{-\pi}^{\pi} e^{iks} f_{\eta\eta}\left(\frac{s+2m\pi}{\Delta}\right)\frac{ds}{\Delta}\quad (\text{令 } \mu - 2m\pi = s)$$

$$= \int_{-\pi}^{\pi} e^{iks}\left[\frac{1}{\Delta}\sum_{m=-\infty}^{\infty} f_{\eta\eta}\left(\frac{s+2mx}{\Delta}\right)\right]ds \tag{2.5.7}$$

$$= \int_{-\pi}^{\pi} e^{iks} f_{\xi\xi}(s)ds,\quad \forall k\in\mathbf{Z}. \tag{2.5.8}$$

(2.5.8)式是由序列$\{\xi_k\}$的相关函数的谱表示得到的. 由于它对一切整数集成立，由 Fourier 变换知

$$f_{\xi\xi}(\lambda) = \frac{1}{\Delta}\sum_{m=-\infty}^{\infty} f_{\eta\eta}\left(\frac{\lambda+2m\pi}{\Delta}\right),\quad -\pi\leqslant\lambda\leqslant\pi. \tag{2.5.9}$$

定理得证. ▌

定理 2.5.2 在定理 2.5.1 的条件下，如果 $\eta(t)$的谱密度 $f_{\eta\eta}(\lambda)$满足：

$$f_{\eta\eta}(\lambda) = 0,\quad |\lambda| > 2\pi W, \tag{2.5.10}$$

且记 $\xi_k=\eta(k\Delta)$，$\Delta=\frac{1}{2W}$，则有

$$f_{\eta\eta}(\lambda) = \begin{cases}\frac{1}{2W}f_{\xi\xi}\left(\frac{\lambda}{2W}\right), & |\lambda| < 2\pi W,\\ 0, & \text{其它}.\end{cases} \tag{2.5.11}$$

证明 由定理 2.5.1 的(2.5.9)式有

$$f_{\xi\xi}(\lambda) = \frac{1}{\Delta}\Big[f_{\eta\eta}\left(\frac{\lambda}{\Delta}\right) + f_{\eta\eta}\left(\frac{\lambda}{\Delta}+\frac{2\pi}{\Delta}\right) + f_{\eta\eta}\left(\frac{\lambda}{\Delta}-\frac{2\pi}{\Delta}\right)$$
$$+ f_{\eta\eta}\left(\frac{\lambda}{\Delta}+2\,\frac{2\pi}{\Delta}\right) + f_{\eta\eta}\left(\frac{\lambda}{\Delta}-2\,\frac{2\pi}{\Delta}\right)+\cdots\Big],\quad -\pi\leqslant\lambda\leqslant\pi,$$

然而

$$\frac{\lambda}{\Delta} - n\frac{2\pi}{\Delta} \leqslant \frac{\pi}{\Delta}-\frac{2\pi}{\Delta} = -\frac{\pi}{\Delta} = -2\pi W,\quad n\geqslant 1,$$

$$\frac{\lambda}{\Delta} + n\frac{2\pi}{\Delta} \geqslant -\frac{\pi}{\Delta}+\frac{2\pi}{\Delta} = \frac{\pi}{\Delta} = 2\pi W,\quad n\geqslant 1,$$

于是由条件(2.5.10)知

$$f_{\eta\eta}\left(\frac{\lambda}{\Delta}-n\frac{2\pi}{\Delta}\right) = f_{\eta\eta}\left(\frac{\lambda}{\Delta}+n\frac{2\pi}{\Delta}\right) = 0,\quad n\geqslant 1. \tag{2.5.12}$$

故
$$f_{\xi\xi}(\lambda)=\frac{1}{\Delta}f_{\eta\eta}\left(\frac{\lambda}{\Delta}\right),\quad |\lambda|\leqslant\pi.$$

令 $\mu=\frac{\lambda}{\Delta}$,则

$$f_{\eta\eta}(\mu)=\Delta f_{\xi\xi}(\Delta\mu)=\frac{1}{2W}f_{\xi\xi}\left(\frac{\mu}{2W}\right),\quad |\mu|<2\pi W. \tag{2.5.13}$$

定理得证. ▌

2.2 VEP的谱估计

视觉诱发电位之所以广泛被生理学家所重视,除了它蕴含着智能行为的信息之外,很重要的一个特点是它对每个个体而言,其曲线记录是相当稳定的. 图 2.5.1 就是一个正常女童在不同时间段测试的 VEP 记录. 从中可以看出其 VEP 的基本特征是基本保持的. 这就为我们进行统计分析提供了比较可靠的前提.

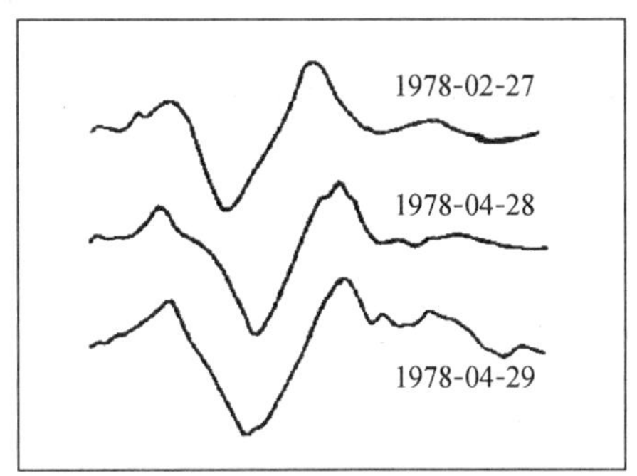

图 2.5.1　正常女童在不同时间的 VEP 记录

图 2.5.2 是一个智障儿童和一个正常儿童的 VEP 记录,从中可看出其形状似乎不太相同.

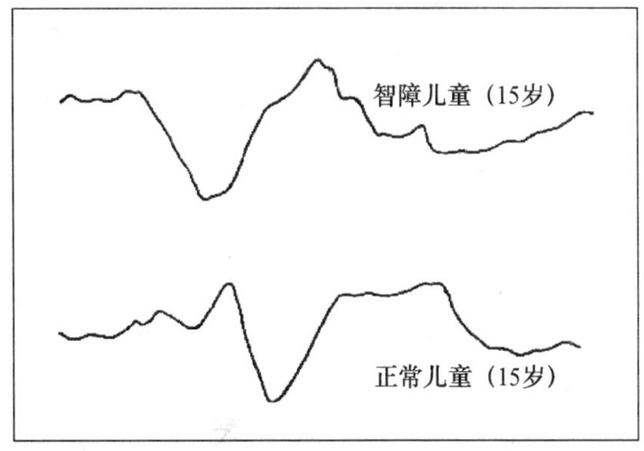

图 2.5.2　智障儿童与正常儿童的 VEP 记录

对于上述 VEP 的记录，我们可认为每个个体的 VEP 是随机过程(连续的)，而我们将进行的谱分析是基于离散时间序列的，故对原始 VEP 需要进行离散采样，其方法和理论依据皆在前述定理之中.

首先关于上界频率 W 的确定. 根据我们的实验，生理学家认为 $W=50$ Hz 已满足实际要求，于是 $\Delta=\frac{1}{2W}=0.01$ s，并据此可将上述 VEP 离散化，记为 $\{\xi_k\}$. 在第一篇第二章 3.2 小节中我们介绍了谱密度估计的非参数加窗方法(具体公式可参看(1.2.118)～(1.2.120)式)：

设 $\bar{\xi}$ 为 $\{\xi_k\}$ 的均值，令

$$\begin{cases} y(k)=\xi_k-\bar{\xi},\ \bar{\xi}=\dfrac{1}{N}\displaystyle\sum_{k=1}^{N}\xi_k, \\ \gamma(k)=\dfrac{1}{N}\displaystyle\sum_{s=1}^{N-k}y(k+s)y(s), \end{cases} \quad k=0,1,2,\cdots,m_N, \tag{2.5.14}$$

其中 $m_N=c\sqrt{N}$，$c=1.0\sim3.0$，而加窗谱估计公式为

$$\hat{f}_k=\frac{1}{\pi}\left[\frac{\gamma(0)}{2}+\sum_{s=1}^{m_N}\gamma(s)w_N(s)\cos\frac{sk\pi}{m_N}\right],\quad k=0,1,2,\cdots,m_N. \tag{2.5.15}$$

如以前我们所建议，窗函数可选 Bartlett 窗：

$$w_N(s)=\begin{cases} 1-\dfrac{|s|}{m_N}, & |s|\leqslant m_N, \\ 0, & \text{其它}. \end{cases} \tag{2.5.16}$$

由于取 $\Delta=0.01$ s，$N=50$，$m_N=15$，即谱密度估计 $\{\hat{f}_k, k=0,1,\cdots,15\}$ 分布于 $[0,50]$(单位：Hz)之间，谱线间隔

$$\Delta f=\frac{50}{15}\text{ Hz}=3\frac{1}{3}\text{ Hz}. \tag{2.5.17}$$

在实验当中，由于不同的个体是在不同的时间进行 VEP 的实验采集，因而仪器的幅度值等不尽相同. 为了能统一比较，我们将上述 $\{\hat{f}_k\}$ 规范化，即令

$$\bar{f}_k=\frac{\hat{f}_k}{\displaystyle\sum_{s=0}^{m_N}\hat{f}_s},\quad k=0,1,\cdots,m_N. \tag{2.5.18}$$

在工程上，一个随机过程的方差是和平均功率相联系的，设

$$\operatorname{Var}(\xi_t)=\int_{-\pi}^{\pi}f_\xi(\lambda)\mathrm{d}\lambda\approx\sum_k f_\xi(\lambda_k)\Delta_\lambda,$$

则
$$\overline{f_k}=\frac{\Delta_\lambda \hat{f}_k}{\sum_s \hat{f}_s\Delta_\lambda}=\Delta_\lambda\frac{\hat{f}_k}{\mathrm{Var}(\xi_t)}.$$

于是在平均功率相同条件下 $\mathrm{Var}(\xi_t)=\mathrm{const}$，从而
$$\overline{f_k}\propto \hat{f}_k. \tag{2.5.19}$$

因此原来谱密度的分布信息仍然保存在$\{\overline{f_k}\}$之中. 由实际记录可算出 D 类和 N 类两个群体的谱分布(见表 2.5.2)，其曲线如图 2.5.3 所示.

表 2.5.2　D,N 两类群体的谱分布

谱分布	$\overline{f_0}$	$\overline{f_1}$	$\overline{f_2}$	$\overline{f_3}$	$\overline{f_4}$	$\overline{f_5}$
D 类群体	0.221	0.322	0.256	0.083	0.039	0.017
N 类群体	0.181	0.259	0.273	0.148	0.053	0.022

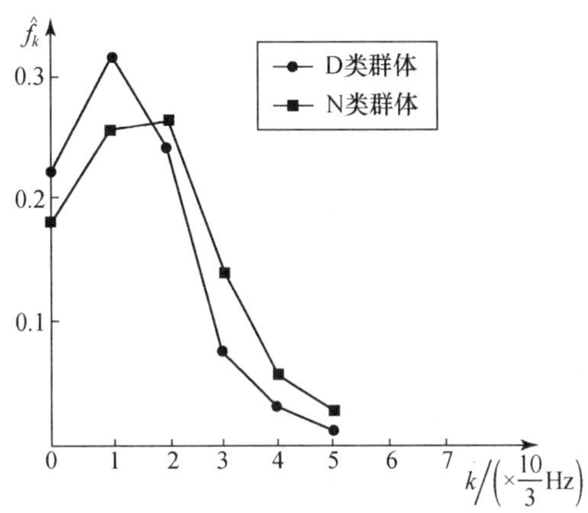

图 2.5.3　D,N 两类群体的谱密度分布

§3　谱特征的统计检测

为了对以上两类群体的谱特征进行检测和统计检验，我们需要以下的大样本定理：

定理 2.5.3　设 $x(t)$是实正态平稳序列，其相关函数 $R(k)$满足：
$$\sum_k(1+|k|)|R(k)|<+\infty, \tag{2.5.20}$$

则加窗谱估计$\{\hat{f}_1,\hat{f}_2,\cdots,\hat{f}_J\}(J<m_N)$是渐近独立正态随机变量：
$$\hat{f}_k\sim N\left(f_k,2\pi N^{-1}f_k^2\int_{-\pi}^{\pi}W_N^2(\lambda)\mathrm{d}\lambda\right), \tag{2.5.21}$$

其中
$$\int_{-\pi}^{\pi}W_N^2(\lambda)\mathrm{d}\lambda=m_N\|K\|^2, \tag{2.5.22}$$

这里 $\|K\|^2$ 为选择的谱窗的核能①.

定理 2.5.3 的证明比较难,有兴趣的读者可参看 Brillinger(1981),此处我们主要是运用它做统计检验.

3.1 对 D,N 两类群体所对应的谱密度进行检验

基于定理 2.5.3,对每一对$(\hat{f}_k^{(N)},\hat{f}_k^{(D)})(k=0,1,\cdots,m)$可进行如下的假设检验:

$$H_0: E\hat{f}_k^{(D)}=E\hat{f}_k^{(N)},k\text{ 给定(方差未知但相等)}.$$

令

$$T=\frac{a_{\mathrm{D}}^{(k)}-a_{\mathrm{N}}^{(k)}}{\sqrt{\dfrac{n_1S_{\mathrm{D}}^2+n_2S_{\mathrm{N}}^2}{n_1+n_2-2}}}\cdot\frac{1}{\sqrt{\dfrac{1}{n_1}+\dfrac{1}{n_2}}},\tag{2.5.23}$$

其中

$$a_{\mathrm{D}}^{(k)}=\frac{1}{n_1}\sum_{i=1}^{n_1}\hat{f}_{k,i}^{(\mathrm{D})},\quad a_{\mathrm{N}}^{(k)}=\frac{1}{n_2}\sum_{i=1}^{n_2}\hat{f}_{k,i}^{(\mathrm{N})}\tag{2.5.24}$$

分别是 D,N 两类群体谱密度估计的均值,而 $S_{\mathrm{D}}^2,S_{\mathrm{N}}^2$ 为各自的样本方差.不难看出,在定理 2.5.3 结果的基础上,(2.5.23)式的统计量 T 服从具有 n_1+n_2-2 个自由度的 $t(n_1+n_2-2)$ 分布.

对于 $k=0,1,2,\cdots,10$,我们检验的结果,在检验水平 $\alpha=0.01$ 下,对 $k=1,3$,我们拒绝了 H_0.而它们分别对应于

$$f_1=3.33\ \mathrm{Hz},\quad f_3=10.0\ \mathrm{Hz}.\tag{2.5.25}$$

我们知道:在生理学上 $f_1=3.33$ Hz 对应于脑电中的 δ 波,而 $f_3=10.0$ Hz 对应于 α 波②.

3.2 对 D,N 两类群体的谱成分进行判别分析

我们以上通过 t 检验找到了 D,N 两类群体 VEP 谱成分在(f_1,f_3)上有显著差异.然而,仅这两个成分是否足以区分 D,N 两类群体?这就是统计学上的判别分析.

设两类群体的谱征选为$(\hat{f}_1,\hat{f}_3)$,则记个体向量集为

$$\begin{aligned}D&=\{(\hat{f}_{j,1}^{(\mathrm{D})},\hat{f}_{j,3}^{(\mathrm{D})}),\ j=1,2,\cdots,n_2\},\\N&=\{(\hat{f}_{i,1}^{(\mathrm{N})},\hat{f}_{i,3}^{(\mathrm{N})}),\ i=1,2,\cdots,n_1\},\end{aligned}\tag{2.5.26}$$

---

① 在选择 Bartlett 窗函数(2.5.16)之下,$\|K\|^2=\frac{2}{3}$(见谢(1990)).

② 在神经生理学中,频率介于 0~4 Hz 的成分称为 δ 波;4~8 Hz 的成分为 θ 波;8~14 Hz 的成分为 α 波;14~31 Hz 的成分为 β 波.

样本均值向量为

$$\begin{cases}\overline{\boldsymbol{D}} = (0.3217, 0.0832)^{\mathrm{T}}, \\ \overline{\boldsymbol{N}} = (0.2488, 0.1603)^{\mathrm{T}},\end{cases} \tag{2.5.27}$$

逆相关矩阵为

$$\boldsymbol{S}^{-1} = 10^3\begin{bmatrix}3.60634 & 3.98466\\ 3.98466 & 4.96094\end{bmatrix}. \tag{2.5.28}$$

线性判别分析方法可见于 Karson(1982). 这时需求

$$\begin{cases}\boldsymbol{C}_{\mathrm{D}} = \boldsymbol{S}^{-1}\overline{\boldsymbol{D}} = (1491.68, 1694.62)^{\mathrm{T}}, \\ \boldsymbol{C}_{\mathrm{N}} = \boldsymbol{S}^{-1}\overline{\boldsymbol{N}} = (1536.00, 1786.62)^{\mathrm{T}}, \\ C_{0,\mathrm{D}} = -\dfrac{1}{2}\overline{\boldsymbol{D}}^{\mathrm{T}}\overline{\boldsymbol{C}}_{\mathrm{D}} = -310.43, \\ C_{0,\mathrm{N}} = -\dfrac{1}{2}\overline{\boldsymbol{N}}^{\mathrm{T}}\overline{\boldsymbol{C}}_{\mathrm{N}} = -334.28,\end{cases} \tag{2.5.29}$$

从而判别函数为

$$L(\hat{f}_1, \hat{f}_3) = (C_{0,\mathrm{N}} - C_{0,\mathrm{D}}) + (C_{\mathrm{N}}^{(1)} - C_{\mathrm{D}}^{(1)})\hat{f}_1 + (C_{\mathrm{N}}^{(2)} - C_{\mathrm{D}}^{(2)})\hat{f}_3. \tag{2.5.30}$$

其中 $C_{\mathrm{N}}^{(i)}, C_{\mathrm{D}}^{(i)}$ 分别为 $\boldsymbol{C}_{\mathrm{N}}$ 和 $\boldsymbol{C}_{\mathrm{D}}$ 的第 i 个分量.

令 $\boldsymbol{F}=(\hat{f}_1, \hat{f}_3)$, $L(\boldsymbol{F})=44.32\hat{f}_1+92\hat{f}_2-23.85$, 则

$$\begin{cases}\boldsymbol{F} \in N, 若 L(\boldsymbol{F}) \geqslant 0; \\ \boldsymbol{F} \in D, 若 L(\boldsymbol{F}) < 0.\end{cases} \tag{2.5.31}$$

对于我们检测的实际样本,运用(2.3.31)判别的结果如图 2.5.4 所示,从中可以看出 D,N 两类群体基本上分别分布在两个区域.

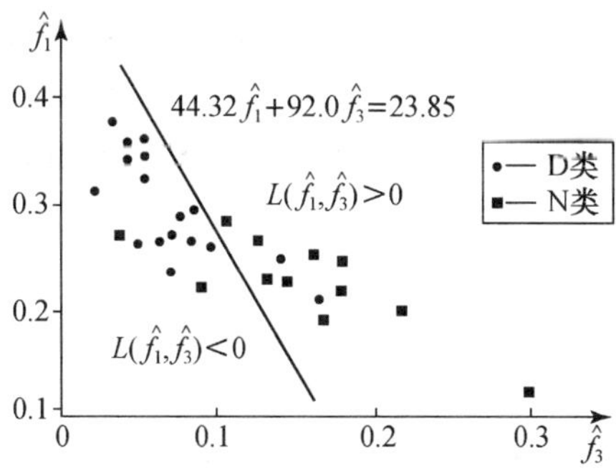

图 2.5.4　D,N 两类群体谱特征的判别分析

3.3 Hotelling 检验

对于上述判别结果的有效性，可用 Hotelling 检验来判断：

$$H_0: \boldsymbol{\mu}_1 = \boldsymbol{\mu}_2 \text{（方差阵未知）}.$$

选取统计量

$$T^2 = \frac{n_1 n_2}{n_1 + n_2}(\bar{\boldsymbol{x}}_1 - \bar{\boldsymbol{x}}_2)^{\mathrm{T}} \boldsymbol{S}_{12}^{-1} (\bar{\boldsymbol{x}}_1 - \bar{\boldsymbol{x}}_2), \tag{2.5.32}$$

它服从 $T^2(n_1+n_2-2)$ 分布，其中

$$\begin{cases} \boldsymbol{x}_g = (\bar{x}_{1g}, \cdots, \bar{x}_{mg})^{\mathrm{T}} \ (g = 1,2), \\ \bar{x}_{ig} = \dfrac{1}{n_g}\sum\limits_{k=1}^{n_g} x_{igk} \ (i = 1,2,\cdots,m; g = 1,2), \\ \boldsymbol{S}_{12} = (S_{12,ij})_{m\times m}, \\ S_{12,ij} = (n_1+n_2-2)^{-1}\sum\limits_{g=1}^{2}\sum\limits_{k=1}^{n_g}(x_{igk} - \bar{x}_{ig})(x_{jgk} - \bar{x}_{jg}). \end{cases} \tag{2.5.33}$$

而样本的各频率（D,N 两类群体）的实际计算如表 2.5.3 所示.

表 2.5.3 D,N 两类群体样本谱估计

谱估计	$\bar{f}_0$	$\bar{f}_1$	$\bar{f}_2$	$\bar{f}_3$	$\bar{f}_4$	$\bar{f}_5$	$\bar{f}_6$	$\bar{f}_7$	$\bar{f}_8$	$\bar{f}_9$
D 类群体	0.0606	0.0597	0.0577	0.0561	0.0570	0.0620	0.0665	0.0621	0.0470	0.0380
N 类群体	0.0233	0.0239	0.0260	0.0307	0.0410	0.0660	0.1057	0.1313	0.0740	0.0410

然而 T^2 分布的检验往往是利用 F 分布来进行的，即

$$F = \frac{n_1+n_2-m-1}{n_1+n_2-2}T^2 \sim F(m, n_1+n_2-m-1) \tag{2.5.34}$$

（见 Karson(1982)）. 因此，在给定水平 α 下可由 F 分布找到临界值 F_α，当 $F>F_\alpha$ 时，拒绝 H_0.

在我们这里，$m=2$，$F=13.09$，而对于 $\alpha=0.01$，可查得对应于 $\alpha=0.01$ 的 $F(2,26)$ 分布临界值为 $F_{0.01}=5.53$，则由 $F_{0.01}=5.53<13.09=F$，可看出我们的判别效果是高度显著的.

3.4 极大熵方法的谱分析

叶(1985)对上述 D,N 两类群体的 VEP 记录进行了谱分析，但所用方法是极大熵准则下的 AR 模型拟合（见第一篇第二章的公式(1.2.11)）. 具体步骤如下：

(1) 对原始记录进行一阶差分：

$$x_i = \xi_{i+1} - \xi_i, \quad i = 1,2,\cdots,n-1, \tag{2.5.35}$$

其中 $\{\xi_i\}_1^n$ 是对 VEP 的离散采样点.

(2) 运用极大熵拟合各记录 $\{x_i\}$ 并用 AIC 函数来定阶，得到 AR 模型谱密度估计 $\hat{f}(\lambda)$

后，将[0,π]分为 $T=39$ 份，则第 k 个点的谱密度估计为

$$\hat{f}_k = \frac{\theta_0^2}{2\pi\left|\sum_{s=0}^{p}\varphi_s \exp\left(\frac{-\mathrm{i}sk\pi}{T}\right)\right|^2},\quad k=0,1,2,\cdots,T. \tag{2.5.36}$$

对 D,N 两类群体得到的结果如图 2.5.5 所示. 从中可看出，D,N 两类群体谱分布的差别比用加窗谱估计得到的图 2.5.3 还明显.

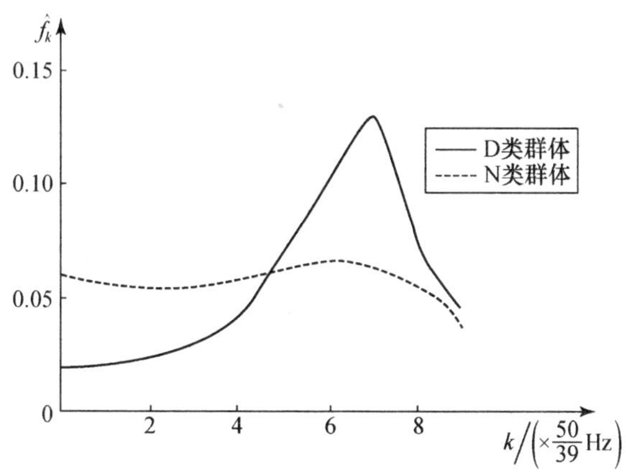

图 2.5.5 用极大熵对 D,N 两群体 VEP 的谱估计

(3) 统计检验：用统计量(2.5.23)对 D,N 两类群体在 $\{f<\hat{f}_4=5.13\ \text{Hz}\}$，即 δ 波，θ 波范围内进行检验，有显著差异；在 $\{f_6=7.69\ \text{Hz}\sim f_8=10.25\ \text{Hz}\}$，即 α 波范围内，D,N 两类群体同样有显著差异. 这些结果与我们前面介绍的不仅相吻合，而且更加强化了我们的结论.

§4 生理学观点下的解释

数学工作应用于某个具体学科领域时，很重要的一点是必须和该学科的基本规律相吻合(可以有创新和新发现)，并得到该领域专家的支持. 我们以上用时间序列方法得到的结果获得了许多生理学家的赞同，他们并从生理学上给予解释：脑电波从婴儿到儿童的发育过程中是逐渐由低频成分向高频成分发展的；而 α 波是正常儿童脑电发育的一项重要指标，而且许多人都认为该成分是与智力的发育有关的. 在幼儿时期 D 类群体的低频成分比 N 类群体的低频成分强；N 类儿童，其相对高频的 α 波随年龄的增长愈来愈强，而 D 类儿童却始终停留在低频阶段，其高频成分没能正常发育，造成了两类群体 α 波段的明显差异.

最后，从图 2.5.5 中可看出中国学者 Lin 等人的观点显然是正确的，即 D 类儿童的 α 波不是没有出现，只是比 N 类儿童低而已.

第六课题　关于彩票中奖号码独立同分布的检验

§1　问题的提出

彩票在中国已有很长的历史，据法国学者 Charpentier(1920)一书中的考证，彩票发源于中国，古代称为“Hua-Hoey”. 而早期于 1860 年在上海销售的近代彩票是由菲律宾、西班牙统治的政府发行的，30 年间从中国总共获得了大约 60 万千克白银. 真正由中国自行发行的彩票是 1899 年 4 月 23 日(清政府时期)由广济公司发行的“江南慈善彩票”，其第一期即有一万份售出，直至 1901 年. 旧中国地方政府也自行发行过多种彩票. 新中国成立后，受于对彩票业认识的限制，直到 1987 年改革开放后中国福利彩票才由政府正式发行. 现在彩票业在中国已经非常普遍，中央和地方都推出多种彩票，除了传统的数字彩票之外，还有与体育有关的足球彩票；除了纸质的定期(如每周两次)彩票外，还有网上电子彩票；等等.

北京大学彩票研究所经常收到彩民的来信“状告”某省、市的彩票中奖号码“明显地有人为操控”，致使许多彩民已经不信任，并且放弃再购买彩票了. 须知，现在彩票业在中国已是具有相当规模的具社会公益性的产业，目前(2008 年)已达数百亿之多，而福彩和体彩为建立福利设施和街头到处可见的体育健身设备所作的巨大贡献是中国老百姓已经看到的. 当然这都是彩民们的功劳. 如果彩民们因感到“有人为操控”而不再买彩票，则对中国福利事业将是一大损失. 然而除了涉及刑事案件外，一般要对某省、市的某类出奖机下一个“不公正”的结论在科学技术层面上是非常不容易的一件事，甚至其中涉及非常深刻的数学理论和数理统计方法问题.

表 2.6.1 是北京体彩 36 选 7 第 1～57 期的中奖号码记录(头 7 个号是正选号，后一位是特别号)，我们能说它的出奖号码是不公正的吗？如何检验它的公正性呢？

表 2.6.1　北京体彩第 1～57 期中奖号码记录

12＋14＋17＋22＋27＋28＋35－18	01＋09＋11＋17＋22＋25＋35－20	02＋10＋17＋23＋32＋33＋34－05
01＋06＋09＋14＋20＋33＋36－13	02＋10＋14＋18＋23＋27＋34－30	02＋09＋12＋16＋23＋25＋26－21
20＋24＋27＋29＋30＋31＋34－22	05＋11＋12＋18＋22＋28＋30－16	10＋12＋18＋22＋27＋31＋35－25
16＋17＋20＋21＋22＋30＋36－03	03＋04＋06＋10＋12＋18＋36－19	01＋02＋12＋22＋24＋30＋32－29
07＋08＋10＋14＋16＋22＋30－31	01＋09＋11＋18＋20＋27＋29－02	03＋18＋21＋22＋24＋33＋35－27
10＋16＋18＋28＋29＋31＋33－30	07＋09＋11＋14＋21＋27＋35－18	06＋12＋14＋17＋21＋30＋33－20
02＋06＋11＋12＋16＋17＋24－34	04＋11＋14＋18＋20＋22＋24－06	04＋08＋11＋15＋17＋20＋21－14

(续表)

05+11+18+22+24+27+35−26	02+06+10+12+17+26+35−19	01+02+07+15+24+26+33−27
05+11+18+22+24+27+35−26	02+06+10+12+17+26+35−19	01+02+07+15+24+26+33−27
05+06+12+16+33+34+35−21	03+05+11+14+24+34+36−21	03+13+14+20+28+35+36−29
02+03+13+14+15+20+26−33	02+06+11+16+17+28+35−22	02+03+11+20+21+23+30−16
02+07+14+19+20+24+33−26	05+08+14+18+23+27+32−02	06+11+15+22+27+33+35−29
01+05+10+20+24+28+35−34	08+12+14+15+17+19+35−25	03+08+09+17+22+33+34−20
03+10+13+24+25+27+36−08	01+14+15+17+20+29+34−21	08+12+13+15+16+22+35−01
07+15+20+25+27+29+33−21	03+08+14+21+22+25+28−13	04+08+16+26+27+30+36−25
04+12+18+21+25+33+35−24	05+10+16+18+24+26+28−32	12+19+20+23+24+26+28−04
10+19+20+25+32+35+36−12	01+02+22+28+31+32+33−29	11+24+25+26+27+33+34−36
01+11+15+16+21+23+25−24	02+17+21+23+24+28+34−13	03+04+16+25+31+33+35−24
02+11+19+22+27+30+36−26	05+06+07+09+17+31+34−11	04+14+17+26+30+32+33−28

本课题的研究重点就是介绍从统计学和概率论角度，如何去检验彩票中奖号码是否是公正的. 然而要全面地下结论是很复杂和很困难的，以下只侧重介绍两种比较有效，理论上也有新意的检验方法. 北京大学彩票研究所对彩票中奖号码的检验须经过 8 种不同方法的检验才能下结论，而这些检验方法是经过多年，争求过多国和地区统计学家、概率论专家的意见后才形成的. 可见彩票中奖号码的检验有多难！至今在近期国内外刊物上还经常可看到这方面的学术论文. 请记住大师 A. N. Kolmogorov 的名言："独立同分布的序列具有最大的复杂性."

§2 彩票中奖号码的频数分布检验

2.1 分布的 χ^2 检验

在对离散分布的检验中 χ^2 检验是常用的一种. 设随机变量的取值和相应概率分布为

$$P\{\xi = x_k\} = P_k > 0, \quad k - 1,2,\cdots,n, \tag{2.6.1}$$

在 N 次观测中 x_k 出现频数为 $V_k(k=1,2,\cdots,n)$，则 χ^2 检验是：

H_0：ξ 的分布为(2.6.1)式(不带未知参数)；

H_1：ξ 的分布不是(2.6.1)式.

取统计量为

$$\chi^2 = \sum_{k=1}^{n} \frac{(V_k - NP_k)^2}{NP_k}, \tag{2.6.2}$$

它服从具有 $n-1$ 个自由度的 $\chi^2(n-1)$分布(见中山大学(1981)).

例 2.6.1 考虑 $x_k=0,1,2,\cdots,9$ 的可能取值，相应概率为均匀分布

$$P\{x_k = k\} = \frac{1}{10}, \quad k = 0,1,2\cdots,9. \tag{2.6.3}$$

如今由计算机软件产生相互独立的[①] 200 个随机数，即 $N=200$，各频数$\{V_k\}_0^9$及相应的$NP_k(k=0,1,\cdots,9)$列于表 2.6.2.

表 2.6.2　N=200 的频数及理论分布

k	0	1	2	3	4	5	6	7	8	9
V_k	19	27	16	19	18	23	19	20	23	16
NP_k	20	20	20	20	20	20	20	20	20	20

我们关心的问题是：该软件产生的这些随机数是否服从(2.6.3)式的分布？

于是，基于表 2.6.2 我们可以进行以下的关于分布的 χ^2 检验：

H_0：样本的理论分布为$\{0,1,\cdots,9\}$的均匀分布，即(2.6.3)式；

H_1：不是$\{0,1,\cdots,9\}$的均匀分布.

取统计量：

$$\chi^2 = \sum_{k=0}^{9} \frac{(V_k - 20)^2}{20}. \tag{2.6.4}$$

将表 2.6.2 各数据代入，可算出 $\chi^2=5.3$. 而在检验水平 $\alpha=0.05$ 之下，$\chi^2_{0.05}(9)=16.92$. 由于

$$\chi^2 = 5.3 < 16.92 = \chi^2_{0.05}(9), \tag{2.6.5}$$

则我们不能否定 H_0，或者说可以接受样本的理论分布为$\{0,1,\cdots,9\}$的均匀分布.

有人将上述方法运用于彩票均匀分布的检验，其方法是：以 36 个号码选 7 个为例(参看表2.6.1)，认为 $k=01,02,\cdots,36$，计算其各号码出现的频数$\{V_k\}$，检验中奖号码是否服从均匀分布$\left\{P_k=\frac{1}{36}\right\}$.

例 2.6.2　某地彩票 B 为 36 选 7，观察其中奖号码共 137 期(记录格式参看表 2.6.1)，各号码的频数如表 2.6.3 所示.

表 2.6.3　彩票 B 在 137 期开奖中各号码出现的频数

k	01	02	03	04	05	06	07	08	09	10	11	12
V_k	29	29	26	17	23	21	25	24	26	27	40	31
k	13	14	15	16	17	18	19	20	21	22	23	24
V_k	21	34	22	33	24	28	20	39	21	38	25	34
k	25	26	27	28	29	30	31	32	33	34	35	36
V_k	22	24	30	26	20	24	19	21	30	27	37	22

① 实际上只能是近似独立的.

于是我们可以进行以下的假设检验：

H_0：彩票 B 的中奖号码是均匀分布的；

H_1：彩票 B 的中奖号码不是均匀分布的.

检验的统计量选

$$\chi^2 = \sum_{k=1}^{36} \frac{(V_k - TP_k)}{TP_k} \sim \chi^2(35), \tag{2.6.6}$$

其中 $T = \sum_k V_k = 959$.

用表 2.6.3 的样本值代入(2.6.6)式可得 $\chi^2=46.9$，而在检验水平 $\alpha=0.05$ 下，自由度为 35 的临界值为 $\chi^2_{0.05}(35)=49.80$. 由

$$\chi^2 = 46.9 < 49.80 = \chi^2_{0.05}(35) \tag{2.6.7}$$

知，检验结果与 H_0 无显著差异，即不能否定彩票 B 的中奖号是均匀分布的.

2.2　修正的 χ^2 检验

以上在例 2.6.2 中介绍了彩票 B（36 选 7）基于频数分布的 χ^2 检验，并由 $\chi^2=46.9<\chi^2_{0.05}(36-1)=49.80$ 而接受了 H_0. 然而 Haigh(1997)和 Joe(1993)则认为统计量(2.6.6)应该作修正. 事实上，细心的读者也会发现，检验公式(2.6.6)并不完全适合于 χ^2 检验的条件，即以上述实验总次数 $T=\sum_k V_k$，并以 $TP_k(k=1,\cdots,m)$ 作为与 V_k 比较的理论值并不合适，因为对某个号码"k"，我们并不是进行完全的"T 次独立观测". 须知，比如 36 选 7，考查号码"01"，由于中奖的 7 个号码是不可重复的，因此在 $N=137$ 期开奖中认为号码"01"在 $T=7\times137=959$ 次中出现频数为 $V_1=29$ 有悖于"独立"观测的要求，然而在 $N=137$ 次开奖中出现的号码却应认为是独立的. 所以以上对 V_k 的计算有合理的成分也有不合理的成分，因而需要作修正. 以下介绍 Joe 和 Haigh 的结果：

设有 N 个号码(如 $N=36$)，它们是$\{1,2,\cdots,N\}$；每次开奖出现的是一个无重复号码的，长度为 k 的未排序的随机向量(只看内容不计次序，如 $k=7$，称之为 k-tuple)：

$$\boldsymbol{X}(i) = (x_1^{(i)}, x_2^{(i)}, \cdots, x_k^{(i)}), \quad i = 1,2,\cdots,n \tag{2.6.8}$$

(n 相当于独立开奖的次数，如 $n=137$)，$\{\boldsymbol{X}(i)\}_1^n$ 是独立同分布向量序列. 设在 N 个号码中，我们考查其中一个子集所构成的向量 $\boldsymbol{\alpha}$，$\boldsymbol{\alpha}$ 可以是一维的，如 $\boldsymbol{\alpha}=4$，也可以是二维的，如 $\boldsymbol{\alpha}=(4,8)$，或是三维的，等等，最多为 k 维. 在 n 次开奖中，我们在$\{\boldsymbol{X}(i)\}_1^n$ 中可考查 $\boldsymbol{\alpha}$ 出现的次数，它是随机变量，记为 $O_{\boldsymbol{\alpha}}$，如 $O_{\{4\}}$，$O_{\{4,8\}}$ 代表 n 次开奖中 4 或(4,8)出现的次数. 以 $m(\boldsymbol{\alpha})$ 记 $\boldsymbol{\alpha}$ 的维数，显然有

$$\begin{cases} O_{\boldsymbol{\alpha}} = \sum_{i=1}^{n} I_{\{\boldsymbol{\alpha}\subset\boldsymbol{X}(i)\}}, \\ \sum_{\boldsymbol{\alpha}} O_{\boldsymbol{\alpha}} = \mathrm{C}_N^{m(\boldsymbol{\alpha})}, \end{cases} \tag{2.6.9}$$

其中 I 为示性函数. 以下计算 $O_{\boldsymbol{\alpha}}$ 的期望和方差:

$$(1)\ E(O_{\boldsymbol{\alpha}}) = \sum_{i=1}^{n} E(I_{\{\boldsymbol{\alpha}\subset X(i)\}}) = \frac{n\mathrm{C}_{N-m(\boldsymbol{\alpha})}^{k-m(\boldsymbol{\alpha})}}{\mathrm{C}_N^k} \triangleq P_d \quad (\text{只与维数有关}), \tag{2.6.10}$$

其中 $d=\dim(\boldsymbol{\alpha})$.

(2) 设想考虑两个向量 $\boldsymbol{\alpha},\boldsymbol{\beta}$,其维数相同,则有

$$\begin{aligned}\mathrm{Cov}(O_{\boldsymbol{\alpha}},O_{\boldsymbol{\beta}}) &= n\mathrm{Cov}(I_{\{\boldsymbol{\alpha}\subset X(1)\}},I_{\{\boldsymbol{\beta}\subset X(1)\}})\\ &= n[E(I_{\{\boldsymbol{\alpha}\subset X(1)\}}I_{\{\boldsymbol{\beta}\subset X(1)\}}) - E(I_{\{\boldsymbol{\alpha}\subset X(1)\}})E(I_{\{\boldsymbol{\beta}\subset X(1)\}})]\\ &= n[E(I_{\{\boldsymbol{\alpha}\cup\boldsymbol{\beta}\subset X(1)\}}) - P_d^2] = n(\mathrm{C}_{N-m(\boldsymbol{\alpha})-m(\boldsymbol{\beta})+m(\boldsymbol{\alpha\beta})}^{k-m(\boldsymbol{\alpha})-m(\boldsymbol{\beta})+m(\boldsymbol{\alpha\beta})}/\mathrm{C}_N^k - P_d^2)\\ &= n(\mathrm{C}_{N-2d+m(\boldsymbol{\alpha\beta})}^{k-2d+m(\boldsymbol{\alpha\beta})}/\mathrm{C}_N^k - P_d^2) \triangleq n(P_{2d-m(\boldsymbol{\alpha\beta})} - P_d^2),\end{aligned} \tag{2.6.11}$$

其中 $\boldsymbol{\alpha}\cup\boldsymbol{\beta}\subset X(1)$ 是指 $X(1)$ 中包含了向量 $\boldsymbol{\alpha},\boldsymbol{\beta}$ 之并,而

$$d = \dim(\boldsymbol{\alpha}) = \dim(\boldsymbol{\beta}), \quad m(\boldsymbol{\alpha\beta}) = \dim(\boldsymbol{\alpha}\cap\boldsymbol{\beta}). \tag{2.6.12}$$

当 $\boldsymbol{\alpha}=\boldsymbol{\beta}$ 时,有

$$\mathrm{Cov}(O_{\boldsymbol{\alpha}},O_{\boldsymbol{\beta}}) = \mathrm{Var}(O_{\boldsymbol{\alpha}}) = n(P_d - P_d^2). \tag{2.6.13}$$

当维数 $d=1,2$ 时,Joe (1993)的结果如下:

当 $d=1$ 时,统计量为

$$J_1 = \frac{N-1}{N-k}\cdot\frac{1}{E}\sum_{i=1}^{N}(O_i - E)^2, \tag{2.6.14}$$

其中 $E=nk/N$,J_1 服从自由度为 $N-1$ 的 χ^2 分布.

当 $d=2$ 时,统计量为

$$J_2 = n^{-1}\Big[b_2\sum_{\boldsymbol{\alpha}}(O_{\boldsymbol{\alpha}} - E)^2 + b_1\sum_{\{(\boldsymbol{\alpha},\boldsymbol{\beta}):\ m(\boldsymbol{\alpha\beta})=1\}}(O_{\boldsymbol{\alpha}} - E)(O_{\boldsymbol{\beta}} - E)\Big], \tag{2.6.15}$$

它服从自由度为 $\frac{1}{2}N(N-1)-1$ 的 χ^2 分布,其中

$$\begin{cases} b_1 = -C(k-2),\ b_2 = [(k-1)N - 5k + 7]C,\\ C = \dfrac{N(N-1)(N-2)}{k(k-1)^2(N-k)(N-k-1)},\ E = n\cdot\dfrac{k(k-1)}{N(N-1)}. \end{cases} \tag{2.6.16}$$

对 $d=3$ 或一般的结果可参看文献马(2003).

2.3 彩票中奖号码均匀性的统计检验

下面我们对 $d=1,2$(主要对 $d=1$)时国内外若干种 Loto 型彩票的历史开奖记录进行均匀性的检验.

1. 伪随机数的检验

我们知道国际上许多著名的软件如 Mathematica 等都有非常优秀的产生随机数的方

法. 虽然它们是由一定的算法产生的而非真随机数(故称为伪随机数),但它们具有非常好的统计性质. 我们用 S-plus 产生 $n=200$ 组独立同分布、长度为 $k=6$ 的"中奖号码",号码共 $N=49$ 个. 用 Joe 的方法检验, $d=1$ 时,自由度为 $df_1=N-1=48$;而 $d=2$ 时,自由度为 $df_2=\frac{1}{2}N(N-1)-1=1175$. 均匀性的检验结果如表 2.6.4 所示(其中结论 A 表示接受均匀分布性. 以后若结论 R 出现,则表示拒绝均匀分布性).

表 2.6.4　用 S-plus 软件产生的随机数的检验

$n=200, N=49, k=6$	$d=1$	$d=2$
统计量 χ^2 的值	65	1197
$\chi^2(df)$对应的概率值	0.6422	0.9541
结　论	A	A

2. 中国某些彩票中奖号码的均匀性检验

(1) B 市 36 选 7 彩票($n=137$)的均匀性检验:

作者从开奖的 137 期中,得到各号码出奖的记录分布如表 2.6.3 所示,如果我们用普通的统计量(2.6.6)作 χ^2 检验,则(2.6.7)式显示不否定 H_0. 然而该方法存在缺点需修正. 如今用 Joe 的统计量(2.6.15)可算出 $J_1=56.646$,从而对应 χ^2 分布的检验概率

$$P_1 = P\{J_1 < \chi^2(35)\} = 0.01174. \tag{2.6.17}$$

可见结论是非常显著地与均匀分布有差异. 如用(2.6.7)检验也是否定的.

论文马(2008)中还对 $d=2$ 进行了 Joe 检验($n=138$),其统计量 $J_2=779.8$, $P_2=P\{J_2<\chi^2(629)\}=0.0004$,同样否定均匀分布性质.

(2) H 省 29 选 7 彩票($n=148$)的均匀性检验,其结果如表 2.6.5 所示.

表 2.6.5　H 省 29 选 7 彩票的均匀性检验

$n=148, N=29, k=7$	$d=1$	$d=2$
统计量 χ^2 的值	47.4	576.0
$\chi^2(df)$对应的概率值	0.0245	0.0000
结　论	R	R

由表 2.6.5 可知该彩票的均匀分布性是被拒绝的.

(3) S 省 30 选 7 彩票($n=239$)的均匀性检验,其结果如表 2.6.6 所示.

从表 2.6.6 中可看出:一维检验结果是可接受均匀分布性,而二维检验就不认可.

表 2.6.6 S 省 30 选 7 彩票的均匀性检验

$n=239, N=30, k=7$	$d=1$	$d=2$
统计量 χ^2 的值	24.0	513.3
$\chi^2(df)$对应的概率值	0.5386	0.0103
结　论	A	R

(4) SX 省 35 选 7 彩票($n=175$)的均匀性检验,其结果如表 2.6.7 所示.

表 2.6.7 SX 省 35 选 7 彩票的均匀性检验

$n=175, N=30, k=7$	$d=1$	$d=2$
统计量 χ^2 的值	42.8	737.1
$\chi^2(df)$对应的概率值	0.2857	0.0001
结　论	A	R

从表 2.6.7 再次看出 $d=1$ 时可通过,但 $d=2$ 时却通不过. 可见 Joe 的二维检验还是比较严的. 除以上检验外,还有对 C 市 32 选 7 彩票($n=239$)的检验($d=1, P_1=0.3840$;$d=2, P_2=0.0387$)也出现 $d=1$ 时可通过,而 $d=2$ 时遭拒绝($P_2<0.05$)的情况.

然而,也不是国内彩票机都不均匀,如:

(5) GX 省 37 选 7 彩票($n=176$)的均匀性检验,其结果如表 2.6.8 所示.

表 2.6.8 GX 省 37 选 7 彩票的均匀性检验

$n=176, N=37, k=7$	$d=1$	$d=2$
统计量 χ^2 的值	29.5	705.5
$\chi^2(df)$对应的概率值	0.4641	0.2688
结　论	A	A

还有一些省市的彩票中奖号码可通过 Joe 的一、二维检验,因此对国内的出奖机的检验和监控是必须经常进行的. 国外彩票业比较发达的国家其中奖号码的记录都有比较好的概率性质.

3. 境外某些 Loto 型彩票的检验

(1) 中国香港 47 选 6 彩票($n=207$)的均匀性检验,其结果如表 2.6.9 所示.

表 2.6.9 中国香港 47 选 6 彩票的均匀性检验

$n=207, N=47, k=6$	$d=1$	$d=2$
统计量 χ^2 的值	48.4	1115.0
$\chi^2(df)$对应的概率值	0.7546	0.4471
结　论	A	A

(2) 英国 49 选 6 彩票($n=204$)的均匀性检验,其结果如表 2.6.10 所示.

表 2.6.10　英国 49 选 6 彩票的均匀性检验

$n=204, N=49, k=6$	$d=1$	$d=2$
统计量 χ^2 的值	41.2	1210.6
$\chi^2(df)$对应的概率值	0.5056	0.4583
结　　论	A	A

(3) 美国 50 选 5～Big Game 彩票($n=330$)的均匀性检验,其结果如表 2.6.11 所示.

表 2.6.11　美国 Big Game 彩票的均匀性检验

$n=330, N=50, k=5$～	$d=1$	$d=2$
统计量 χ^2 的值	44.9	1290.9
$\chi^2(df)$对应的概率值	0.7233	0.1799
结　　论	A	A

(4) 日本 43 选 7 Loto-6 彩票($n=98$)的均匀性检验.

我们现有的资料是:Loto-6,2000-10-5～2002-8-22 共 $n=98$ 期,从 $N=43$ 选 7 中各单个号码的对应频数为

$$\begin{aligned}&15,\ 15,\ 16,\ 13,\ 14,\ 11,\ 13,\ 15,\ 14,\ 15,\ 17,\\&15,\ 23,\ 13,\ 20,\ 20,\ 17,\ 13,\ 15,\ 18,\ 15,\ 14,\\&19,\ 10,\ 20,\ 16,\ 17,\ 24,\ 10,\ 18,\ 13,\ 13,\ 16,\\&15,\ 19,\ 15,\ 22,\ 14,\ 14,\ 17,\ 19,\ 16,\ 18.\end{aligned}$$

用公式(2.6.15)进行计算:

$$N=43,\quad k=7,\quad n=98,\quad E=nk/N=15.9535,$$

$$J_1=\frac{N-1}{N-k}\cdot\frac{1}{E}\sum_{i=1}^{N}(O_i-E)^2=30.707\quad(d=1),\tag{2.6.18}$$

则由 $df=43-1$ 对应的 $\chi^3(42)$分布的概率值为

$$P_1=P\{30.707\leqslant\chi^2(42)\}=0.9013.\tag{2.6.19}$$

故 $d=1$ 时,Joe 方法对日本 43 选 7 Loto-6 彩票的检验也不能否认其中奖号码的均匀分布性质.

2.4　Joe 检验的小结

我们引入的 Joe 关于彩票中奖号码的均匀分布性质的检验是很好的统计检验,它不仅对以往简单的 χ^2 分布的运用作了修正,还针对彩票所谓 k-tuple 的 $d=1,2,3$ 及马(2003)的一般 d 维检验给出了可行的明显计算方法.当然在实用中考查 $d=1,2$ 即可. 从上一节我们

给出的实例中可以看出，它的功能是很强的，尤其对 $d=2$. 显然我们不能说 Joe 的二维检验“过严”，因为它对 S-plus 随机数及比较发达国家、地区甚至我国的某些彩票的均匀性检验都是可以通过的. 对于通不过的，实应对出奖机乃至出奖方法检查其问题. 以 B 市 36 选 7 彩票和日本 43 选 7 Loto-6 彩票作比较(参看图 2.6.1)，从图上可看出 B 市 36 选 7 彩票最多出现的号码共出现 40 次，而最少出现的号码共出现 17 次，若计算其偏差，由 $E=26.63$，则这两项的平方误差率为

$$\frac{1}{E}[(17-E)^2+(40-E)^2]=10.195;$$

而日本 43 选 7 Loto-6 彩票最少出现的号码共出现 10 次，最多出现的号码共出现 23 次，又 $E=15.95$，从而平方误差率为

$$\frac{1}{15.95}[(10-15.95)^2+(23-15.95)^2]=5.335.$$

比较上面的结果就可以看出，只是最大、最小频率的偏差，我国 B 市 36 选 7 彩票就和日本 43 选 7 Loto-6 彩票差很多. 这说明我国 B 市 36 选 7 彩票的均匀性不够好.

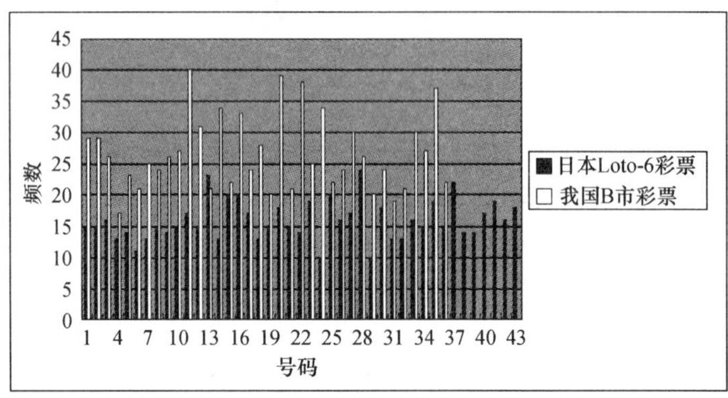

图 2.6.1 我国 B 市 36 选 7 彩票与日本 43 选 7 Loto-6 彩票频率分布的比较

此外，Joe 检验的最大优点是可以进行 $d=2,3$ 时的检验，其中 $d=2$ 是很好用而有效的方法.

§3 关于彩票中奖号码的 HOC 检验

在第二节中我们介绍了频率分布的 Joe 检验，然而对一组随机数的独立同分布检验可以有许多方法，单是时间序列分析方法就可以有好多种(参看 Xie(2004)). 因此，对某种彩票的中奖号码要下一个“不公正”的结论，仅用一两种检验是不够的. 以下我们介绍时域上的 HOC 检验方法.

3.1　HOC 在正态条件下的理论

所谓 HOC 是 High Order Crossing(高阶交叉)的缩写.

定义 2.6.1　设$\{Z_t\}$为平稳时间序列,$EZ_t\equiv 0$,∇为差分算子,对整数$k>1,N>2$,令

$$X_t^{(k)}=\begin{cases}1, & \nabla^{k-1}Z_t\geqslant 0,\\ 0, & 否则,\end{cases} \tag{2.6.20}$$

$$D_{k,N}=\sum_{t=2}^{N}I_{\{X_t^{(k)}\neq X_{t-1}^{(k)}\}}, \tag{2.6.21}$$

则称$D_{k,N}$为Z_t的k阶 **HOC.**

设序列$\{Z_t\}$如下:

$$\{Z_t\}=\{-3,2,0,-1,-2,-3,-1,1,-2,3,4,0,-1\}, \tag{2.6.22}$$

取$k=2$,则

$$\begin{aligned}&\{X_t^{(2)}\}=\{1,0,0,0,0,1,1,0,1,1,0,0\},\\ &D_{2,12}=1+0+0+0+1+0+1+1+0+1+0=5.\end{aligned} \tag{2.6.23}$$

以上结果见图 2.6.2(a),(b)和图 2.6.3.

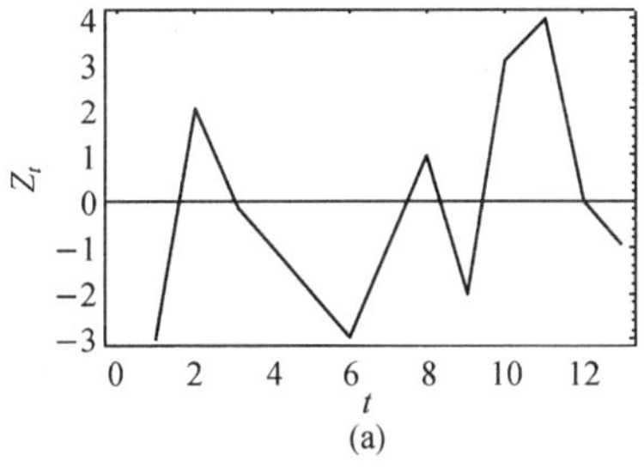

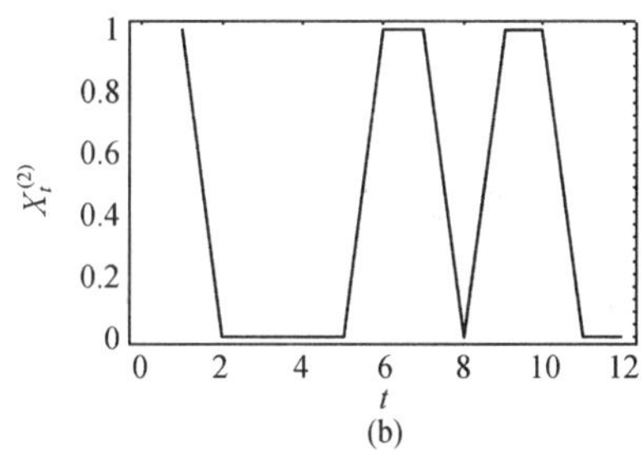

图 2.6.2　平稳序列$\{Z_t\}$的图形(a)与二值序列$\{X_t^{(2)}\}$的图形(b)

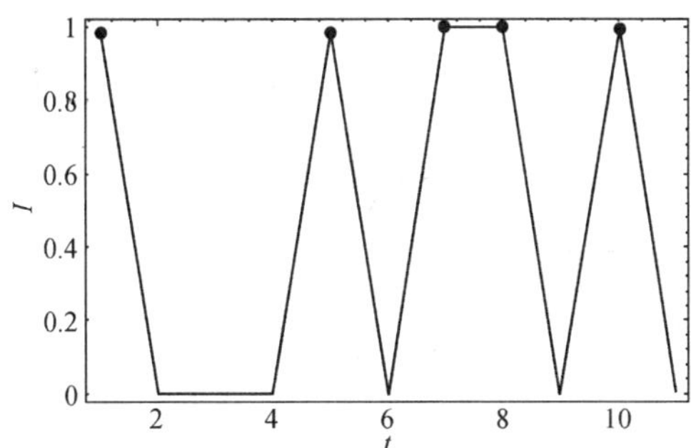

图 2.6.3　示性函数序列$I_{\{X_t^{(2)}\neq X_{t-1}^{(2)}\}}$的图形

对照图 2.6.2(a),平稳序列$\{Z_t\}$的图形和横轴的交点的个数,恰好是$D_{2,12}=5$(从第二

点开始算起).

关于 HOC 的理论,Kedem 有一系列结果,与我们彩票检验有关的是以下结果(参看文献 Kedem(1994),(1986)).

定理 2.6.1 设$\{Z_t\}$是具有 m 步相依的正态随机序列,其谱分布包含 π,则对给定的 $N>0$,有

$$\lim_{j\to\infty}\frac{\mathrm{Var}(D_{j,N})}{(N-1)\lambda_1^{(j)}(1-\lambda_1^{(j)})}=1, \tag{2.6.24}$$

其中

$$\begin{cases}\lambda_k^{(j)}=\dfrac{1}{2}+\dfrac{1}{\pi}\arcsin\rho_{j,k-1},\\ \rho_{j,k-1}=\mathrm{Corr}(\nabla^{k-1}Z_{t-j},\nabla^{k-1}Z_t).\end{cases} \tag{2.6.25}$$

定理 2.6.2 设$\{Z_t\}$是独立同服从分布 $N(0,\sigma^2)$的序列,则对充分大的 N,有

$$\frac{D_{j,N}-(N-1)\left[\dfrac{1}{2}+\pi^{-1}\cdot\arcsin\left(1-\dfrac{1}{j}\right)\right]}{\sqrt{(N-1)\lambda_1^{(j)}(1-\lambda_1^{(j)})}}\xrightarrow{D}N(0,1), \tag{2.6.26}$$

其中

$$\lambda_1^{(j)}=\frac{1}{2}+\frac{1}{\pi}\arcsin\rho_{j,0}=\frac{1}{2}-\frac{1}{\pi}\arcsin\left(1-\frac{1}{j}\right). \tag{2.6.27}$$

利用以上结果,我们可以断言:$D_{j,N}$落入区间

$$(N-1)\left[\frac{1}{2}+\frac{1}{\pi}\arcsin\left(1-\frac{1}{j}\right)\right]\pm1.96(N-1)^{1/2}\left\{\frac{1}{4}-\left[\frac{1}{\pi}\arcsin\left(1-\frac{1}{j}\right)\right]^2\right\}^{1/2} \tag{2.6.28}$$

的概率近似为 $1-\alpha=0.95$.

由(2.6.26)式导出(2.6.28)式只需检验

$$\begin{aligned}\lambda_1^{(j)}(1-\lambda_1^{(j)})&=\left[\frac{1}{2}-\frac{1}{\pi}\arcsin\left(1-\frac{1}{j}\right)\right]\left[\frac{1}{2}+\frac{1}{\pi}\arcsin\left(1-\frac{1}{j}\right)\right]\\&=\frac{1}{4}-\left[\frac{1}{\pi}\arcsin\left(1-\frac{1}{j}\right)\right]^2,\end{aligned} \tag{2.6.29}$$

则统计量 $D_{j,N}$自然可认为渐近正态于

$$\begin{cases}\mathrm{mean}=(N-1)\left\{\dfrac{1}{2}+\dfrac{1}{\pi}\arcsin\left(1-\dfrac{1}{j}\right)\right\},\\ \mathrm{Var}=(N-1)\lambda_1^{(j)}(1-\lambda_1^{(j)})=(N-1)\left\{\dfrac{1}{4}-\left[\dfrac{1}{\pi}\arcsin\left(1-\dfrac{1}{j}\right)\right]^2\right\}.\end{cases} \tag{2.6.30}$$

由此,Kedem 建议:当$\{Z_t\}$对应的 $D_{j,N}(j=1,2,\cdots,8)$至少有一项落入区间(2.6.28)外时,即可拒绝$\{Z_t\}$是独立同分布的 i.i.d. 序列.

3.2　离散均匀分布序列的正态变换

Kedem 关于 HOC 的检验方法，对序列的 i.i.d. 检验用(2.6.28)式是很方便的. 但困难是它的结果全部建立在正态分布之上(见定理 2.6.1 及定理 2.6.2). 然而对大部分彩票(Loto型)而言，它们是均匀分布的，而且是离散型有限取值的分布，显然和正态分布有本质的差异. 因此，我们需要对原离散型分布的随机变量加以改造. 我们用 Unid$[0,m]$表示取值于$\{0,1,\cdots,m\}$的离散型均匀分布，$U[a,b]$代表取值于$[a,b]$的连续型均匀分布，于是有以下的结果(参见谢(1985))：

引理 2.6.1　设 ξ 服从 $U[0,1]$分布，η 服从 Unid$[0,M-1]$($M>1$)分布，两者相互独立，令

$$\zeta=\xi+\eta, \tag{2.6.31}$$

则 ζ 服从 $U[0,M]$分布.

证明　用特征函数法(见谢(1985))，我们知道，若 $\theta\sim U[a,b]$，则其特征函数为

$$\varphi_\theta(t)=\frac{\mathrm{e}^{\mathrm{i}bt}-\mathrm{e}^{\mathrm{i}at}}{\mathrm{i}t(b-a)}, \tag{2.6.32}$$

而且由独立性有

$$\varphi_\zeta(t)=\varphi_\xi(t)\varphi_\eta(t).$$

易见

$$\varphi_\xi(t)=\frac{\mathrm{e}^{\mathrm{i}t}-1}{\mathrm{i}t},\quad \varphi_\eta(t)=\sum_{k=0}^{M-1}\mathrm{e}^{\mathrm{i}kt}\cdot\frac{1}{M}=\frac{1}{M}\cdot\frac{1-\mathrm{e}^{\mathrm{i}Mt}}{1-\mathrm{e}^{\mathrm{i}t}}.$$

将以上两式代入(2.6.32)式，得

$$\varphi_\zeta(t)=\frac{\mathrm{e}^{\mathrm{i}t}-1}{\mathrm{i}t\,M}\cdot\frac{\mathrm{e}^{\mathrm{i}Mt}-1}{\mathrm{e}^{\mathrm{i}t}-1}=\frac{\mathrm{e}^{\mathrm{i}Mt}-1}{\mathrm{i}tM}. \tag{2.6.33}$$

将(2.6.33)式与(2.6.32)式对照知 $\zeta\sim U[0,M]$.

引理 2.6.2　设 u_1,u_2 相互独立，同服从 $U[0,1]$分布，令

$$\begin{cases}\zeta_1=\sqrt{(-2\ln u_1)}\cos(2\pi u_2),\\ \zeta_2=\sqrt{(-2\ln u_1)}\sin(2\pi u_2),\end{cases} \tag{2.6.34}$$

则 ζ_1,ζ_2 相互独立，并服从 $N(0,1)$分布. ▌

证明　首先求 $\zeta=\sqrt{(-2\ln u_1)}$的分布.

因为 ζ 与 u_1 是单调函数变换关系，所以 ζ 的概率密度函数为

$$p_\zeta(r)=p_{u_1}(\mathrm{e}^{-r^2/2})\left|\frac{\mathrm{d}}{\mathrm{d}r}\mathrm{e}^{-r^2/2}\right|,\quad r>0,$$

其中 p_{u_1} 是 u_1 的概率密度函数. 而 $u_1\sim U[0,1]$，有

$$p_{u_1}(x)=\begin{cases}1, & 0\leqslant x\leqslant 1,\\ 0, & \text{其它},\end{cases}$$

又

$$\left|\frac{\mathrm{d}}{\mathrm{d}r}\mathrm{e}^{-\frac{r^2}{2}}\right|=r\mathrm{e}^{-r^2/2},\quad r>0,$$

故 $$p_\zeta(r)=r\mathrm{e}^{-r^2/2},\quad r>0.\quad (\text{Rayleigh 分布}) \tag{2.6.35}$$

其次，令 $\theta=2\pi u_2$，显然它服从 $U[0,2\pi]$分布. 于是求(2.6.34)式的联合分布变成：已知 ζ,θ 是独立随机变量，ζ 服从 Rayleigh(r)分布，θ 服从 $U[0,2\pi]$分布，求

$$\begin{cases}\zeta_1=\zeta\cos\theta,\\ \zeta_2=\zeta\sin\theta\end{cases} \tag{2.6.36}$$

的联合分布. 显见(2.6.36)式对应的函数变换为

$$\begin{cases}z_1=y\cos\varphi,\\ z_2=y\sin\varphi\end{cases}\Longrightarrow\begin{cases}y=\sqrt{z_1^2+z_2^2},\\ \varphi=\arctan(z_2/z_1),\end{cases} \tag{2.6.37}$$

$$J=\begin{vmatrix}\dfrac{\partial y}{\partial z_1} & \dfrac{\partial y}{\partial z_2}\\ \dfrac{\partial \varphi}{\partial z_1} & \dfrac{\partial \varphi}{\partial z_2}\end{vmatrix}=\frac{1}{y}=\frac{1}{\sqrt{z_1^2+z_2^2}},\quad y>0, \tag{2.6.38}$$

而 ζ,θ 的联合概率密度函数为

$$p_{(\zeta,\theta)}(y,\varphi)=p_\zeta(y)\cdot p_\theta(\varphi)=y\mathrm{e}^{-y^2/2}\frac{1}{2\pi},\quad y>0,0<\varphi\leqslant 2\pi, \tag{2.6.39}$$

其中 p_ζ,p_θ 分别是 ζ,θ 的概率密度函数，于是由通常的变换公式得 ζ_1,ζ_2 的联合概率密度函数

$$\begin{aligned}p_{(\zeta_1,\zeta_2)}(z_1,z_2)&=p_{(\xi,\theta)}\left(\sqrt{z_1^2+z_2^2},\arctan\frac{z_2}{z_1}\right)|J|\\ &=\sqrt{z_1^2+z_2^2}\,\mathrm{e}^{-\frac{1}{2}\left(\sqrt{z_1^2+z_2^2}\right)^2}\cdot\frac{1}{2\pi}\cdot\frac{1}{\sqrt{z_1^2+z_2^2}}\\ &=\frac{1}{2\pi}\mathrm{e}^{-\frac{1}{2}(z_1^2+z_2^2)}=\frac{1}{\sqrt{2\pi}}\mathrm{e}^{-z_1^2/2}\cdot\frac{1}{\sqrt{2\pi}}\mathrm{e}^{-z_2^2/2}\\ &=p_{\zeta_1}(z_1)\cdot p_{\zeta_2}(z_2),\end{aligned} \tag{2.6.40}$$

其中

$$\begin{cases}p_{\zeta_1}(z_1)=\dfrac{1}{\sqrt{2\pi}}\mathrm{e}^{-z_1^2/2},\quad -\infty<z_1<+\infty,\\ p_{\zeta_2}(z_2)=\dfrac{1}{\sqrt{2\pi}}\mathrm{e}^{-z_2^2/2},\quad -\infty<z_2<+\infty.\end{cases} \tag{2.6.41}$$

由(2.6.40)式和(2.6.41)式知，ζ_1,ζ_2 相互独立，同服从 $N(0,1)$分布. ▌

定理 2.6.3 设 $\boldsymbol{\eta}=\{\eta_1,\eta_2,\cdots,\eta_n,\cdots\}$为独立同分布于 Unid$[0,M-1]$的序列，$\boldsymbol{\theta}=\{\theta_1,\theta_2,\cdots,\theta_n,\cdots\}$为独立同分布于 $U[0,1]$的序列，$\boldsymbol{\eta}$ 和 $\boldsymbol{\theta}$ 相互独立. 令

$$u_i=\frac{1}{M}(\eta_i+\theta_i),\quad i=1,2,\cdots,n,\cdots, \tag{2.6.42}$$

则 $\boldsymbol{u}=\{u_1,u_2,\cdots,u_n,\cdots\}$为独立同分布于 $U[0,1]$的序列. 又记

$$\begin{cases}\xi_i^{(1)} = \sqrt{(-\ln u_{2i-1})}\ \cos(2\pi u_{2i}),\\ \xi_i^{(2)} = \sqrt{(-\ln u_{2i-1})}\ \sin(2\pi u_{2i}),\end{cases}\quad i=1,2,\cdots,n,\cdots, \tag{2.6.43}$$

则$\{(\zeta_i^{(1)}),(\zeta_i^{(2)}),i=1,2,\cdots,n,\cdots\}$是相互独立同$N(0,1)$分布的序列.

证明　由引理 2.6.1 可得 $\boldsymbol{u}$ 序列 i.i.d. 于 $U[0,1]$，又由引理 2.6.2 可得第二个结论.

图 2.6.4 是用(2.6.42)式得到 $U[0,1]$分布画的 qqnorm 图，从中可看出它不像直线，偏离正态分布. 图 2.6.5 是以上数据经(2.6.43)式变换后的图像. 而图 2.6.6 是用正态分布 $N(0,1)$随机数画出的图像. 由图 2.6.5 与图 2.6.6 相比较可看出运用定理 2.6.3 的实际效果是相当好的.

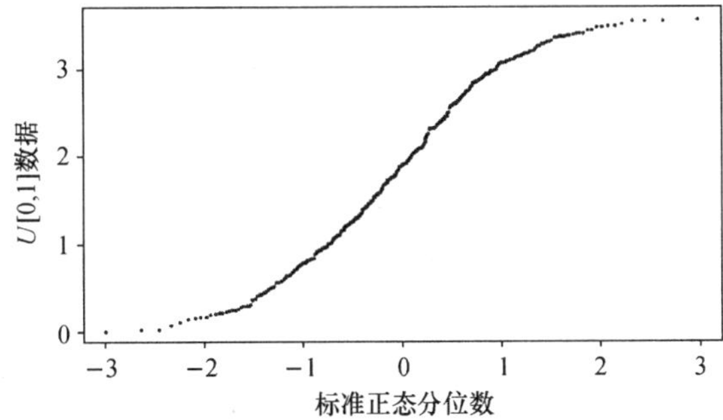

图 2.6.4　均匀分布 $U[0,1]$的正态 qqnorm 图

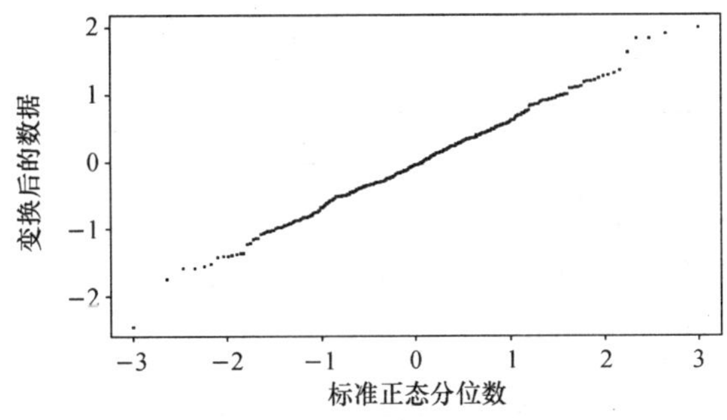

图 2.6.5　均匀分布 $U[0,1]$经变换后的正态 qqnorm 图

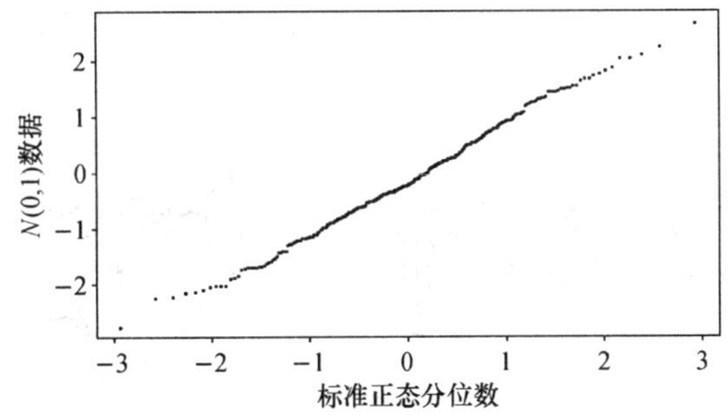

图 2.6.6　正态分布 $N(0,1)$的 qqnorm 图

3.3 彩票中奖号码的 HOC 检验

有了以上的理论准备,我们就可以对国内外的一些彩票进行独立同分布的 HOC 检验.

设$\{Z_t\}$是零均值的平稳序列,$\{X_t^{(k)}\}$为对应于(2.6.20)式的 k 阶差分序列,$D_{k,N}$为由(2.6.21)式定义的 k 阶 HOC,则它渐近正态于(2.6.30)分布. 对给定的检验水平 $1-\alpha$,可求出置信区间$[a,b]$,如设 $1-\alpha=0.95$,则$[a,b]$如(2.6.28)式所示.

1. 随机模拟序列

图 2.6.5 对应的渐近正态随机序列是根据定理 2.6.3,先由 Mathematica 软件产生独立分布于$U[0,35]$的序列,再产生独立同分布于$U[0,1]$的序列,后用(2.6.42)式和(2.6.43)式产生出 i. i. d. $N(0,1)$的序列$\{Z_t\}$. 我们取其中一段 $n=149$,经 $j=1,2,\cdots,8$ 阶的差分,得$D_{j,n}(n=149,\ j=1,2,\cdots,8)$,考查各统计量是否落入 $1-\alpha=0.95$ 或 0.90 的置信区间内. 其检验结果列于表 2.6.12.

表 2.6.12 独立同分布模拟序列的 HOC 检验

差分阶数 j		1	2	3	4
$D_{j,149}$		73	98	105	111
理论置信区间	$\alpha=0.10$	[64,84]	[89.2,108]	[90.4,107]	[95.9,112]
	$\alpha=0.05$	[62.1,85.9]	[87.4,110]	[97.8,119]	[104,124]
差分阶数 j		5	6	7	8
$D_{j,149}$		115	116	116	117
理论置信区间	$\alpha=0.10$	[99.6.115]	[102,117]	[105,119]	[117,132]
	$\alpha=0.05$	[108,127]	[111,130]	[114,132]	[115,133]

图 2.6.7(a),(b),(c),(d)和图 2.6.8(a),(b),(c),(d)为序列$\{Z_t\}$进行各阶差分后对应的序列$\{\nabla^k Z_t\}(k=1,2,3,\cdots,8)$的图形.

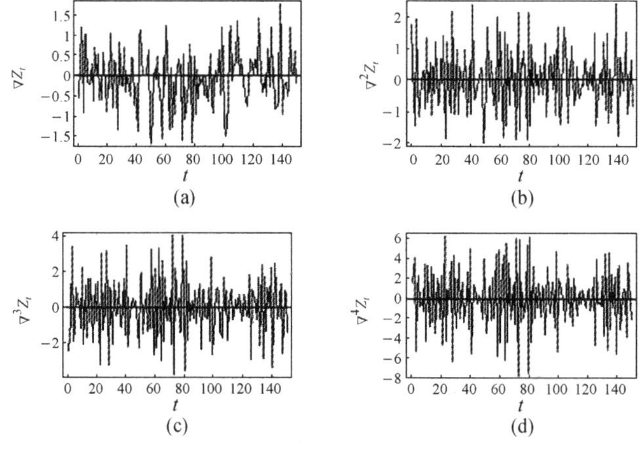

图 2.6.7 随机序列$\{Z_t\}$的差分图

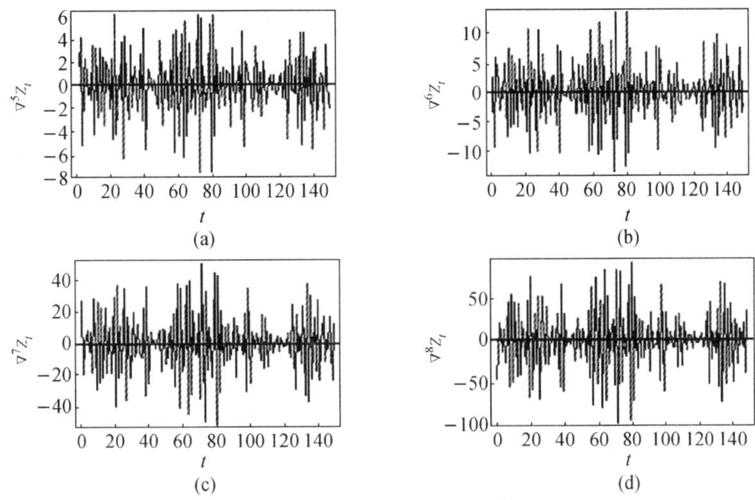

图 2.6.8 随机序列$\{Z_t\}$的差分图

从表 2.6.12 可以看出：对于用计算机软件产生的伪随机数序列$\{Z_t\}$，用 HOC 检验，无论是比较窄的($1-\alpha=0.90$)或宽一些($1-\alpha=0.95$)的置信区间，各级统计量 $D_{j,n}$ 均在置信区间内，这表明独立同分布性可以接受.

2. 中国香港六合彩特选号码的 HOC 检验

我们得到中国香港六合彩的开奖记录比较长，因此截为前、后两段：HK1 与 HK2，长度都是 $n=137$. 因为是同一性质的序列，它们的检验区间长度对相同的检验水平 α 都是一样的. 检验结果列于表 2.6.13，从中可以看出：无论是历史年代早一点的 HK1 或晚一点的 HK2，HOC 的检验统计量的值都落在置信区间内($1-\alpha=0.90$ 或 $1-\alpha=0.95$)，可见其统计分布性质 i. i. d. 也是可以接受的.

表 2.6.13 对中国香港六合彩特选号码两段长为 $n=137$ 的 HOC 检验

差分阶数 j		1		2		3		4	
$D_{j,137}$		HK1：71	HK2：67	HK1：94	HK2：86	HK1：99	HK2：93	HK1：106	HK2：96
理论置信区间	$\alpha=0.10$	[57.9,77.1]		[81,99]		[90.4,107]		[95.9,112]	
	$\alpha=0.05$	[65.1,79.4]		[79.3,101]		[88.8,109]		[94.4,114]	
差分阶数 j		5		6		7		8	
$D_{j,137}$		HK1：109	HK2：104	HK1：110	HK2：105	HK1：112	HK2：107	HK1：113	HK2：106
理论置信区间	$\alpha=0.10$	[99.6.115]		[102,117]		[105,119]		[106,120]	
	$\alpha=0.05$	[98.2,117]		[101,119]		[103,120]		[105,122]	

3. B 市 36 选 7 彩票的 HOC 检验

为了比较细致地检验独立同分布性质，我们对各期中奖的 7 个号码(未排序)的第 k($k=$

1,2,…,7)列(见表 2.6.14)分别进行了 HOC 检验,结果如表 2.6.15 所示.

表 2.6.14 未排序中奖号码第 k 列的时间序列 $X_k=\{x_k(t),t=1,2,\cdots,15\}$

期号 t \ k	1	2	3	4	5	6	7
2002-001	12	25	32	22	33	17	4
2002-002	30	12	24	13	34	22	36
2002-003	4	8	27	32	1	29	28
2002-004	5	32	6	17	4	18	12
2002-005	19	21	20	31	23	33	22
2002-006	25	24	17	4	36	33	10
2002-007	18	24	34	3	26	35	20
2002-008	12	37	10	8	35	14	29
2002-009	21	5	17	7	3	6	18
2002-010	23	27	17	35	9	33	16
2002-011	11	10	33	35	13	37	12
2002-012	9	4	3	33	24	21	30
2002-013	9	19	28	25	7	18	11
2002-014	22	17	8	28	25	10	18
2002-015	29	8	35	23	4	27	25

表 2.6.15 B 市 36 选 7 彩票的 HOC 检验

差分阶数 j		3	5	6	7	8	结论
理论置信区间		[90.4,107]	[99.6,115]	[102,117]	[105,119]	[106,120]	
k	1					105	$R_{0.10}$
	4	90	96*	99*	103	102*	$R_{0.05}$
	6				103	103*	$R_{0.05}$
	7			101		104	$R_{0.10}$
	8				104	103*	$R_{0.05}$

从表 2.6.15 可看出,在 B 市 36 选 7 彩票加上特选号码的 HOC 检验中,第 1,4,6,7 和 8 列都出现 $D_{j,n}$ 落在置信区间外而被否定其独立同分布性质(至少有一个),而第 4 列在 $j=3,5,6,7,8$ 时皆落在置信区间外;特选号码($k=8$)也以很显著的小概率被否定(加"*"号指 $R_{0.05}$,即在检验水平 $\alpha=0.05$ 下拒绝).由以上的 HOC 检验,再加上(2.6.17)式的 Joe 检验,对于 B 市 36 选 7 彩票的中奖号码我们从统计学上看有理由拒绝其独立同均匀分布的性质.

4. SX 省 35 选 7 彩票特选号码的 HOC 检验

对 SX 省 35 选 7 彩票特选号码进行的 HOC 检验也以 0.05 的小概率拒绝其i.i.d.性质(见表 2.6.16). 前一节用 Joe 检验($d=2$)同样通不过. 虽然对某一种彩票中奖号码性能的鉴定还可以用多种检验,但 Joe 检验和 HOC 检验是比较灵敏的.

表 2.6.16 SX 省 35 选 7 彩票特选号码的 HOC 检验

差分阶数 j	3	5	6	7	8	结论
理论置信区间	[90.4,107]	[99.6,115]	[102,117]	[105,119]	[106,120]	
$D_{j,n}$		90*	100*	100*	102*	$R_{0.05}$

5. 美国 Big Game 彩票特选号码[①]的 HOC 检验

我们对美国 Big Game 彩票($n=137$)的特选号码序列也进行了 HOC 检验,其结果列于表2.6.17. 从表中可看出,对 $j=1,2,\cdots,8$,没有一个 $D_{j,n}$统计量是被拒的,所以说HOC检验也并非是“过严”的一种检验.

表 2.6.17 美国 Big Game 彩票特选号码的 HOC 检验

差分阶数 j		1	2	3	4
$D_{j,137}$		66	82	92	103
理论置信区间	$\alpha=0.10$	[57.9,77.1]	[81,99]	[90.4,107]	[95.9,112]
	$\alpha=0.05$	[65.1,78.9]	[79.3,101]	[88.8,109]	[94.4,114]
差分阶数 j		5	6	7	8
$D_{j,137}$		104	104	106	109
理论置信区间	$\alpha=0.10$	[99.6,115]	[102,117]	[105,119]	[106,120]
	$\alpha=0.05$	[98.2,117]	[101,119]	[103,120]	[105,122]

① 对于 HK1,HK2,SX 省 35 选 7 彩票及美国 Big Game 彩票,都由于得不到未排序的原始序列,故只对其特选号码进行检验.

第七课题　异常值的检测与修正

§1　问题的提出

在时间序列的观测和记录中，经常会发现有一些数据似乎和前后数据的规律不一样. 因此，对这些点(数据)就应给予特别关注，它们可能是由于仪器工作状态不正常引起的(英文有时称为“electronic hiccups”)；另一种可能是工作状态正常，但是客观(观测对象)内在机理发生了突变，这种情况在科学领域有时比前一类异常更需要关注.

图2.7.1是我国湘江水流量的记录，它是在接受端由电子仪器接受到有关水利部门发来的信息画的图形. 图 2.7.1 中从第 10 点到 15 点的变化有些异常，第 14 点从最高位突然降到最低位，而随后第 15，16，…点倒是比较正常. 由于第 14 点处于夏季，河水流量不会出现“枯水”记录，因此我们怀疑它可能是信息传输中出现的 electronic hiccup.

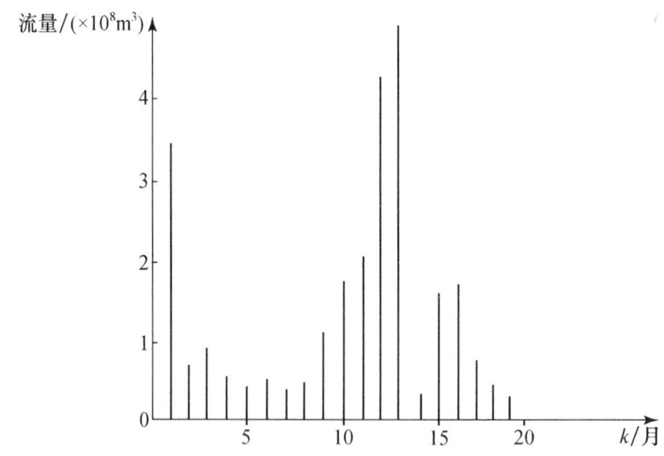

图 2.7.1　接收到的河流流量记录图

另一张图是有关金融汇率的. 图 2.7.2 是美元兑德国马克自 1989 年 8 月 1 日到 1991 年 7 月 31 日的真实汇率记录. 从记录上细心的读者或有经验的金融工作者会发现在第 350～400点之间有几个异乎寻常的“尖点”，在 410～450 之间也似乎有几个“不正常”点. 汇率记录是公平的、每日公布的. 因此，如果有异常点它自然不是信息传输错误，而只可能是其社会、经济的因素所导致的.

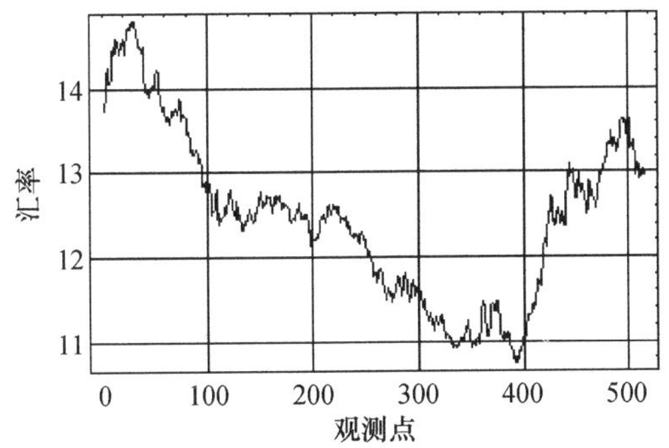

图 2.7.2 美元兑德国马克汇率记录(1989-8-1—1991-7-31)

本课题当初最直接的任务是由有关雷达测距部门提出来的,它们的测量手段和测量过程必须靠信息传输,而且不可能重复实验.因此,在理论上说我们存在两个大问题:

(1) 在观测到一串时间序列数据$\{x_1, x_2, \cdots, x_n\}$后,如何鉴别哪个(些)点是异常点?

(2) 如果必须删除这些异常点,问:有没有办法尽可能准确地“恢复”它们的真值?

以上两大问题是时间序列分析中的重大问题,关于它们的讨论文献上已发表了许多文章,数学手段和能力上也有很大发展和提高,近代的可参看文献 Nu & Chu(1993),Yin(1988),Xie(1997),Wang(1995),谢 & 铃木(2002).

然而受数学基础知识的限制(如近代文献多用小波理论和方法)本课题我们只介绍最基本而很有效的检测方法和修复方法.

§2 预 备 知 识

2.1 关于 AO 型和 IO 型两类异常值

时间序列观测数据中出现的异常值大致分为两类:一类称为 AO 型(Additive Outlier),另一类称为 IO 型(Innovation Outlier).AO 型异常值通常指外加的突发干扰引起的异常值,即所谓electronic hiccup.如图 2.7.1 中 $k=14$ 处,明显地是信息传输中一个不合理的孤立异常值.AO 型异常值的数学模型通常可表为

$$y(t) = x(t) + \beta\delta_{t,j}, \tag{2.7.1}$$

其中 $x(t)$是我们的目标信息;当 $t=j$ 时,$\delta_{t,j}=1$,其它点 $\delta_{t,j}\equiv 0$;而 β 是突发的加性异常值,可正可负.例如,图 2.7.1 中若 $k=14$ 对应的值是 AO 型异常值,则显然其对应 $\beta<0$.

为了理解 IO 型异常值,我们先看另一张有关河流流量的图(见图 2.7.3).

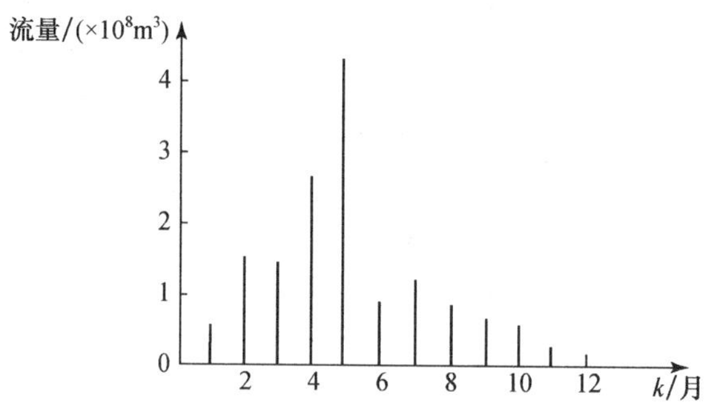

图 2.7.3 某河流流量图

如果模型(2.7.1)代表的 AO 型是“个别”的、孤立的，则 IO 型是有“后效性”的，即某个异常值的出现将影响其后的观测值. 如图 2.7.3 中 $k=6$ 处明显地是出现了偏低的异常值，而且不同于图 2.7.1，当 $k=6$ 处的值偏小后其随后的流量也总体偏低，它们是由 $k=6$ 处的“后效性”所导致的(因为 $k=7,8$ 时也处于夏季多雨时段).

数学上，对 IO 模型的刻画是：

$$y(t)=x(t)+\beta_0\delta_{t,j}+\beta_1\delta_{t-1,j}+\beta_2\delta_{t-2,j}+\cdots, \tag{2.7.2}$$

其中$\{\beta_j\}$是未知参数，具有某种收敛性.

设想 $x(t)$有以下分解(见 Wold 分解(2.5.2)式)：

$$x(t)=\sum_{k=0}^{\infty}C_k\varepsilon(t-k), \tag{2.7.3}$$

则一种简化的 IO 模型可表为

$$y(t)=\sum_{k=0}^{\infty}C_k[\varepsilon(t-k)+r\delta_{t-k,j}], \tag{2.7.4}$$

当 $t=j$ 时，有

$$\begin{aligned} y(j)&=x(j)+r,\\ y(j+k)&=x(j+k)+C_kr,\quad k=1,2,\cdots, \end{aligned} \tag{2.7.5}$$

而由于 $C_k\searrow 0\ (k\to\infty)$，从而表明模型(2.7.4)中的 IO 成分也是一个衰减序列.

许多统计工作者都认为在实际工作中遇到的异常值大多可以归入以上介绍的 AO 模型和 IO 模型之中. 当然，更重要的是首先识别哪些点存在异常值，进而再谈是 AO 型还是 IO 型的，并希望在检出之后能给予尽可能合理的修正.

2.2 AR 模型下异常值的 Score 检验

关于时间序列分析中的异常值检测，已有许多文章和书籍作了介绍，如 Wei(1990)和 Xie(1993)中有比较系统的介绍. 另外 Bassevile, Nikiforov(1993)中的 CUSUM 方法也比较有效. 以下我们只介绍一种比较普遍、方法上不仅方便而且也比较有效的对异常值的统计检验方法——Score 检验.

假设我们的目标序列是$\{x(t)\}$,它服从 AR(p)模型:

$$x(t) = \sum_{k=1}^{p}\varphi_k x(t-k) + \varepsilon(t) \quad (\varphi_k = \varphi_k^{(p)}), \tag{2.7.6}$$

则 AO 型和 IO 型干扰模型(intervention model)分别为

$$\begin{aligned} y(t) &= x(t) + \beta\,\delta_{t,j}, \\ y(t) &= \sum_{k=0}^{\infty} C_k[\varepsilon(t-k) + r\,\delta_{t-k,j}]. \end{aligned} \tag{2.7.7}$$

我们也可以将(2.7.7)式中的两式联合起来写成

$$\begin{cases} y(t) = x(t) + \beta\,\delta_{t,j}, \\ \Phi_p(U)x(t) = \varepsilon(t) + \alpha\,\delta_{t,j}, \end{cases} \tag{2.7.8}$$

其中 $\Phi_p(z)=1-\varphi_1 z-\cdots-\varphi_p z^p$ 为对应于 AR(p)模型(2.7.6)的多项式,U 为推移算子 $U^k x_t = x_{t-k}$.

于是在 $t=k$ 点异常值的检验为

$$H_0: \alpha = \beta = 0; \quad H_1: \{\alpha \neq 0\} \cup \{\beta \neq 0\}. \tag{2.7.9}$$

假设 $x(t)$的模型参数 $p,\{\varphi_k\}_1^p$ 为已知,并且 $\varepsilon(t)$是独立同分布于 $N(0,\sigma^2)$的序列,则对数似然函数为

$$L(\alpha,\beta \mid y(1),\cdots,y(N),\sigma^2,\varphi) = -\frac{N}{2}\log 2\pi - \frac{N}{2}\log\sigma^2 + \frac{1}{2}\det(\boldsymbol{M}_p) - \frac{S(\varphi,\alpha,\beta)}{2\sigma^2}, \tag{2.7.10}$$

其中

$$\begin{aligned} S(\varphi,\alpha,\beta) = &\sum_{i=1}^{p}\sum_{j=1}^{p} m_{i,j}[y(i) - \beta\,\delta_{i,k}][y(j) - \beta\,\delta_{j,k}] \\ &+ \sum_{i=p+1}^{N}\left\{[y(t) - \beta\,\delta_{i,k}] - \sum_{s=1}^{p}\varphi_s[y(t-s) - \beta\,\delta_{t-s,k} - \alpha\,\delta_{t,k}]\right\}^2, \end{aligned} \tag{2.7.11}$$

$$\boldsymbol{M}_p = \begin{bmatrix} \gamma_0 & \gamma_1 & \cdots & \gamma_{p-1} \\ \gamma_1 & \gamma_0 & \cdots & \gamma_{p-2} \\ \vdots & \vdots & & \vdots \\ \gamma_{p-1} & \gamma_{p-2} & \cdots & \gamma_0 \end{bmatrix}^{-1} \cdot \sigma^2 \triangleq (m_{i,j})_{p\times p}, \tag{2.7.12}$$

而$\{\gamma_n\}$为 $x(t)$的协方差函数.

对要检查的点 $t=k(k>p)$,Score 检验是基于以下的定理的:

定理 2.7.1(Score 检验)　设干扰模型为(2.7.8)式,其中

$$x(t) = \sum_{j=1}^{p}\varphi_j x(t-j) + \varepsilon(t) + \alpha\,\delta_{t,k}, \tag{2.7.13}$$

其中 $\varepsilon(t)$是独立同分布于 $N(0,\sigma^2)$的序列,模型系数$\{\varphi_j\}$,阶数 p,σ^2 皆已知,则在 H_0 之下,

对 $k>p$,Score 统计量

$$SC_k=\frac{\varepsilon^2(k)}{\sigma^2}+\frac{\left[\sum_{j=1}^{p}\varphi_j\varepsilon(k+j)\right]^2}{\sigma^2\sum_{j=1}^{p}\varphi_j^2} \tag{2.2.14}$$

服从 $\chi^2(2)$分布,而

$$\varepsilon(t)=\Phi(U)y(t),\quad t=k,k+1,\cdots,k+p. \tag{2.7.15}$$

证明 首先注意到(2.7.11)式,在 $S(\varphi,\alpha,\beta)$右边表达式第一项双重求和中并不含 α 和 β (H_0 之下),由于 $k>p$ 的假定下,双重求和足标皆在$[0,p]$之间,从而 $\delta_{i,k}\equiv\delta_{j,k}=0$,所以

$$\begin{aligned}\frac{\partial L}{\partial\beta}&=-\frac{1}{2\sigma^2}\cdot\frac{\partial}{\partial\beta}\left\{\sum_{i=p+1}^{N}\left\{[y(t)-\beta\delta_{t,k}]-\sum_{r=1}^{p}\varphi_r[y(t-r)-\beta\delta_{t-r,k}]-\alpha\delta_{t,k}\right\}^2\right\}\\&=-\frac{1}{\sigma^2}\sum_{t=k}^{N}\left(-\delta_{t,k}+\sum_{r=1}^{p}\varphi_r\delta_{t-r,k}\right)\left\{[y(t)-\beta\delta_{t,k}]-\sum_{r=1}^{p}\varphi_r[y(t-r)-\beta\delta_{t-r,k}]-\alpha\delta_{t,k}\right\},\end{aligned} \tag{2.7.16}$$

$$\frac{\partial L}{\partial\alpha}=\frac{1}{\sigma^2}\left\{[y(k)-\beta]-\sum_{r=1}^{p}\varphi_r y(k-r)-\alpha\right\}. \tag{2.7.17}$$

在 H_0 之下,$\alpha=\beta=0$,则(2.7.16)式变成

$$\left(\frac{\partial L}{\partial\beta}\right)_{\alpha=\beta=0}=-\frac{1}{\sigma^2}\sum_{t=k}^{N}\left(-\delta_{t,k}+\sum_{r=1}^{p}\varphi_r\delta_{t-r,k}\right)\left[y(t)-\sum_{r=1}^{p}\varphi_r y(t-r)\right].$$

而由于

$$-\delta_{t,k}+\sum_{r=1}^{p}\varphi_r\delta_{t-r,k}=\begin{cases}-1, & t=k,\\0, & t>k+p,\end{cases} \tag{2.7.18}$$

因此

$$\begin{aligned}\left(\frac{\partial L}{\partial\beta}\right)_{\alpha=\beta=0}&=-\frac{1}{\sigma^2}\sum_{t=k}^{p+k}\varphi_{t-k}\left[y(t)-\sum_{r=1}^{p}\varphi_r y(t-r)\right]\\&=-\frac{1}{\sigma^2}\sum_{i=0}^{p}\varphi_i\left[y(i+k)-\sum_{r=1}^{p}\varphi_r y(i+k-r)\right],\end{aligned} \tag{2.7.19}$$

其中约定 $\varphi_0=-1$.用类似方法可以获得

$$\begin{cases}\left(\dfrac{\partial L}{\partial\alpha}\right)_{\alpha=\beta=0}=\dfrac{1}{\sigma^2}\left[y(k)-\sum_{r=1}^{p}\varphi_r y(k-r)\right],\\\dfrac{\partial^2 L}{\partial\beta^2}=-\dfrac{1}{\sigma^2}\sum_{r=0}^{p}\varphi_r^2,\\\dfrac{\partial^2 L}{\partial\beta\partial\alpha}=-\dfrac{1}{\sigma^2},\\\dfrac{\partial^2 L}{\partial\alpha^2}=-\dfrac{1}{\sigma^2},\end{cases} \tag{2.7.20}$$

从而 Fisher 信息矩阵是

$$\boldsymbol{J}=E\begin{bmatrix}\dfrac{\partial^2 L}{\partial\beta^2} & \dfrac{\partial^2 L}{\partial\beta\partial\alpha}\\ \dfrac{\partial^2 L}{\partial\alpha\partial\beta} & \dfrac{\partial^2 L}{\partial\alpha^2}\end{bmatrix}=\begin{bmatrix}\sum\limits_{r=0}^{p}\varphi_r^2 & 1\\ 1 & 1\end{bmatrix}\cdot\frac{1}{\sigma^2}, \tag{2.7.21}$$

则

$$\boldsymbol{J}^{-1}=\frac{\sigma^2}{\sum\limits_{r=1}^{p}\varphi_r^2}\begin{bmatrix}1 & -1\\ -1 & \sum\limits_{r=0}^{p}\varphi_r^2\end{bmatrix}\quad(\text{记 }\varphi_0=-1). \tag{2.7.22}$$

在统计学中,Score 统计量是(见 Cox & Hinhley(1974),Wei, et al(1991))

$$SC_k=\left[\left(\frac{\partial L}{\partial\beta},\frac{\partial L}{\partial\alpha}\right)\boldsymbol{J}^{-1}\left(\frac{\partial L}{\partial\beta},\frac{\partial L}{\partial\alpha}\right)^{\mathrm{T}}\right], \tag{2.7.23}$$

其中 $\boldsymbol{J}$ 是(2.7.21)式的 Fisher 信息矩阵.

如今在 H_0 之下,$\alpha=\beta=0$,则可将(2.7.19)~(2.7.22)诸式代入(2.7.23)式,有

$$SC_k=\left(\sigma^2\sum_{i=1}^{p}\varphi_i^2\right)^{-1}\left\{\left[\sum_{i=0}^{p}\varphi_i\varepsilon(k+i)\right]^2+2\left[\sum_{i=0}^{p}\varphi_i\varepsilon(k+i)\right]\varepsilon(k)+\left(\sum_{i=0}^{p}\varphi_i^2\right)\varepsilon^2(k)\right\}. \tag{2.7.24}$$

然而

$$\left[\sum_{i=0}^{p}\varphi_i\varepsilon(k+i)\right]^2=\left[\sum_{i=1}^{p}\varphi_i\varepsilon(k+i)\right]^2-2\varepsilon(k)\sum_{i=1}^{p}\varphi_i\varepsilon(k+i)+\varepsilon^2(k), \tag{2.7.25}$$

$$2\left[\sum_{i=0}^{p}\varphi_i\varepsilon(k+i)\right]\varepsilon(k)=2\varepsilon(k)\sum_{i=1}^{p}\varphi_i\varepsilon(k+i)-2\varepsilon^2(k), \tag{2.7.26}$$

$$\left(\sum_{i=0}^{p}\varphi_i^2\right)\varepsilon^2(k)=\varepsilon^2(k)\sum_{i=1}^{p}\varphi_i^2+\varepsilon^2(k), \tag{2.7.27}$$

将(2.7.25)~(2.7.27)式代回(2.7.24)式可得

$$\begin{aligned}SC_k&=\left(\sigma^2\sum_{i=1}^{p}\varphi_i^2\right)^{-1}\left\{\left[\sum_{i=1}^{p}\varphi_i\varepsilon(k+i)\right]^2+\varepsilon^2(k)\sum_{i=1}^{p}\varphi_i^2\right\}\\&=\frac{\varepsilon^2(k)}{\sigma^2}+\left(\sigma^2\sum_{i=1}^{p}\varphi_i^2\right)^{-1}\left[\sum_{i=1}^{p}\varphi_i\varepsilon(k+i)\right]^2.\end{aligned} \tag{2.7.28}$$

而(2.7.28)式恰好就是本定理表达式(2.7.14).

进一步说,由于假定 $\varepsilon(t)$ 独立同分布于 $N(0,\sigma^2)$,则显然有 $\sigma^{-2}\varepsilon^2(k)\sim\chi^2(1)$,而且不难看出有

$$\frac{\left[\sum_{i=1}^{p}\varphi_i\varepsilon(k+i)\right]^2}{\sigma^2\sum_{i=1}^{p}\varphi_i^2}\sim\chi^2(1). \qquad (2.7.29)$$

又由于 $\sigma^{-2}\varepsilon(k)$ 是与

$$\frac{\left[\sum_{i=1}^{p}\varphi_i\varepsilon(k+i)\right]^2}{\sigma^2\sum_{i=1}^{p}\varphi_i^2}$$

独立的，由(2.7.28)式自然有结论

$$SC_k\sim\chi^2(2). \qquad (2.7.30)$$

定理 2.7.1 得证. ▌

2.3 关于删失数据的内插修正

对于怀疑有异常值的记录，经过上述 Score 检验后，如果证实某些数据是异常值，则应该从数据记录中删除①. 随后的问题自然是如何“补充”这些数据. 比如说，通常最简单的就是取前后两个值的平均数. 但这种修正显然过于简单，可能把序列中的重要信息给丢失了. 例如，带强周期性的序列在峰值处出现 electronic hiccup，我们检验后加以删除，而代之以前后两个值的平均，于是峰值将消失，然而峰值在许多科技领域都是具有特殊重要性的.

以下介绍有关 AR 模型删失数据的修复问题，其中包括单点(AO 型)异常值的修正与一段(IO 型)异常值的修正. 从实用角度，它已具有很广泛的应用领域.

设 $\{x(t)\}$ 是一个 AR(p)模型：

$$x(t)=\sum_{j=1}^{p}\varphi_j x(t-j)+\varepsilon(t), \qquad (2.7.31)$$

其中 $\{\varepsilon(t)\}$ 是 i. i. d. $N(0,\sigma^2)$ 分布的序列.

设 $\{x(j)\}_1^N$ 是包含了 m 个删失数据的观测值，记

$$X_M=\{x(n_j)\}_1^m\subset\{x(j)\}_1^N, \qquad (2.7.32)$$

其中

$$p<n_1<n_2<\cdots<n_m<N-p+1, \qquad (2.7.33)$$

并记

$$\begin{cases}M=\{n_1,n_2,\cdots,n_m\}, & \text{(异常足标集)}\\ K=\{k_1,k_2,\cdots,k_r\}, & \text{(正常足标集)}\end{cases} \qquad (2.7.34)$$

其中

$$X_K=\{x(k_j),\ k_j\in K\}=\{x(j)\}_1^N\backslash X_M, \qquad (2.7.35)$$

① 除非这些异常值有特殊的背景和解释不可删除.

则我们有以下结果：

定理 2.7.2(AR 模型的内插修正)　设$\{x(t)\}$是一个 AR(p)平稳序列，则在(2.7.31)～(2.7.35)式的记号和条件下，方程

$$\sum_{\substack{|i-j|\leqslant p\\ i\in M}} a_{i-j}\hat{x}(i)=-\sum_{\substack{|i-j|\leqslant p\\ i\in K}} a_{i-j}x(i),\quad j\in M \tag{2.7.36}$$

有唯一解：

$$\hat{X}_M=\{\hat{x}(i),\ i\in M\}, \tag{2.7.37}$$

并且

$$\hat{X}_M=E(X_M\,|\,X_K,\Phi,\sigma^2) \tag{2.7.38}$$

是极大似然估计，其中

$$a_k=a_{-k}=\sum_{j=0}^{p-k}\varphi_j\varphi_{j+k},\quad \varphi_0=-1,\ k=0,1,\cdots,p. \tag{2.7.39}$$

本定理的结果只需对方程(2.7.36)求解即可得.

具体说来，对单点删失的修正是：

(1) 对 $p=1$ 的 AR(p)：

$$E(x(m)\,|\,X_K,\varphi,\sigma^2)=\frac{\varphi_1}{1+\varphi_1^2}[x(m-1)+x(m+1)]; \tag{2.7.40}$$

(2) 对 $p=2$ 的 AR(p)：

$$\begin{aligned}E(x(m)\,|\,X_K,\varphi,\sigma^2)=&\frac{\varphi_1(1-\varphi_2)}{1+\varphi_1^2+\varphi_2^2}[x(m-1)+x(m+1)]\\&+\frac{\varphi_2}{1+\varphi_1^2+\varphi_2^2}[x(m-2)+x(m+2)];\end{aligned} \tag{2.7.41}$$

(3) 对更一般的 AR(p)(记 $\varphi_0=1$)：

$$E(x(m)\,|\,X_K,\varphi,\sigma^2)=-\sum_{s=1}^{p}\left\{\frac{\sum\limits_{j=0}^{p-s}\varphi_j\varphi_{j+s}}{\sum\limits_{j=0}^{p}\varphi_j^2}[x(m+s)+x(m-s)]\right\}. \tag{2.7.42}$$

而在 IO 之下对一段时间序列的修正就比较困难. 在 AR(1)模型下，记

$$\begin{cases}X_K=\{x(1),\cdots,x(s-1),x(s+m),x(s+m+1),\cdots,x(N)\},\\X_M=\{x(s),x(s+1),\cdots,x(s+m-1)\}\end{cases} \tag{2.7.43}$$

分别为已知观测数据集和删失数据集，则最优内插修正值为

$$\hat{x}(s-1+j)=\frac{1}{1-\varphi_1^{2(m+1)}}[(\varphi_1^j-\varphi_1^{2(m+1)-j})x(s-1)+(\varphi_1^{m+1-j}-\varphi_1^{m+1+j})x(s+m)], \tag{2.7.44}$$

$$j=1,2,\cdots,m.$$

最后需要提醒的是：我们以上均假定了$\{x(t)\}$是零均值的平稳 AR(p)序列，若均值不为零需先作变换

$$\begin{cases}\hat{x}(t)=x(t)-\mu,\\ \mu=\dfrac{1}{N-m}\displaystyle\sum_{k\in K}x(k).\end{cases}\tag{2.7.45}$$

读者可自行验证，当 $m=j=1$ 时，(2.7.44)式和(2.7.40)式相同. 而如果原始数据是有趋势的非平稳数据，需要先去“趋势”给予平稳化，拟合出 AR(p)模型才能用以上的 Score 检验和删失修正方法.

§3 应用实例

以下我们将介绍前两节的理论和方法如何应用于实际问题.

3.1 汇率数据异常值(跳跃点)的检测

在上一节中我们给出了美元兑德国马克汇率的记录(见图 2.7.2)，并对其中的一些数据怀疑是否是异常值. 然而 Score 检验并不可直接运用于该数据组，因为从图 2.7.2 可以直观地感觉到它是非平稳序列. 因此，应该首先加以平稳化，并在给出 AR 模型拟合之后方可用定理 2.7.1 来检测异常值，具体步骤如下：

1. 平稳化

对若干类非平稳过程，在本书第一篇中我们已介绍了若干种平稳化的方法. 特别是去趋势的手段可用 X-11 算法或回归方法. 我们对图 2.7.2 的 515 个数据去趋势后得平稳序列如图 2.7.4 所示.

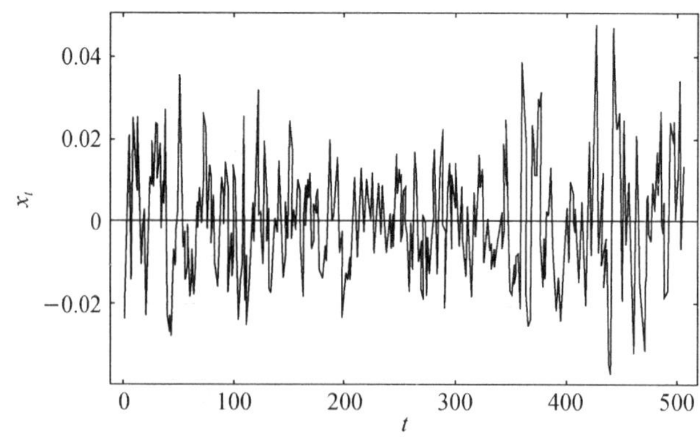

图 2.7.4 对图 2.7.2 的曲线去趋势后得到的平稳序列 x_t

2. 模型拟合

我们介绍过极大熵的拟合必是 AR(p)模型(见第一篇第二章 1.2 小节),而其中的阶数 p 可以用 AIC 函数或 BIC 函数来判定(见第一篇第二章 1.3 小节(1.2.16)式和(1.2.20)式).

于是我们得到图 2.7.4 的 AR(1)模型拟合:

$$x(t)=0.6478\,x(t-1)+0.01025e(t), \tag{2.7.46}$$

其中的残差 $e(t)\sim N(0,1)$. 对照(2.7.6)式,有 $\varepsilon(t)=0.01025e(t)$.

3. Score 检验

取检验水平为 0.01,则 $\chi^2(2)$对应 $Q_{0.01}=9.21$,于是对应于$\{SC_k\}$和 $Q_{0.01}$ 可得图 2.7.5. 从图中可以看出统计量 $SC_k>Q_{0.01}=9.21$ 的有三个位置,这些位置可以认为与 H_0: $\alpha=\beta=0$ (见(2.7.9)式,此处的 α 不是检验水平)有显著差异,即可认为是异常点,它们分别对应于:

第一个位置: 1990 年 10 月 19—20 日,汇率由 1.475 上升到 1.5098;

第二个位置: 1991 年 5 月 22—25 日,汇率由 1.643 上升到 1.686;

第三个位置: 1991 年 4 月 17—25 日,邻近的峰值皆大于 $Q_{0.01}$,汇率变化大于 3.8%.

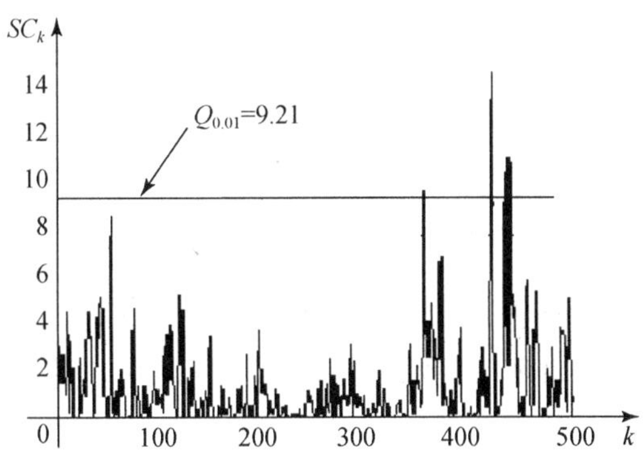

图 2.7.5　对汇率的数据用 AR(1)模型拟合进行的 Score 检验

4. 汇率发生突变的解释

我们翻阅了报纸并与专家共同研讨上述异常变化的背景,发现一些有趣的与社会、经济的关联性:

第一个位置汇率猛升了 4.3%. 其背景是: 当时美国总统布什宣布,若在 1991 年 1 月 15 日前伊拉克不从科威特撤军,则美国将根据联合国决议出兵武力解决.

第二个位置汇率也由 1.643 上升到 1.686,升了 4.3%. 其背景是: 海湾战争到了月中已取得胜利,局势显得较平静,突然美军宣布与伊拉克空军发生冲突,美军击落了两架伊战机,于是局势似乎突然间又紧张起来.

第三个位置在 1991 年 4 月 17—25 日,我们没有发现有什么特别新闻背景. 然而用小波方法(见 Ip,et al (2004))在 1991 年 4 月 29 日处(即与上述相邻)明显检测到重要的异常：G_7 会议之后，美国联邦储备银行宣布短期利率削减 0.5%，这引起了 −4.55% 的调整.

最后，我们想指出的一点是：从图 2.7.5 可看出，除了以上三个位置 $SC_k > Q_{0.01} = 9.21$ 外，还在(0,100)之间有一明显"尖峰"，但由于此处 $SC_k < 9.21$，没有承认它是异常点. 事实上其原因是我们的检验水平很严，是 0.01. 如果取为 0.05，从而 $Q_{0.05} = 5.99$ ($\chi^2(2)$分布)，则该峰就应接纳为异常值. 然而用 Lemarie-Meyer 小波方法进行检测却认为该点是异常值(如图 2.7.6(见前引文献))，它对应于 1989 年 9 月 22—25 日，汇率由 1.9520 下降到1.8993，下降了5.27%，大幅"跳水". 原因出于该周末的一次会议 G_7：多国认为美元兑多国货币汇率过于强势，不利于世界经济健康发展，G_7 都同意对汇率做出调整，才发生上述突变.

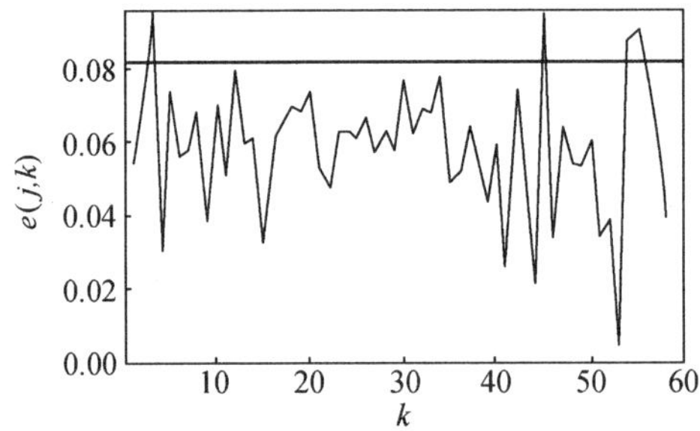

图 2.7.6 对汇率数据用 Lemarie-Meyer 小波方法检测异常值

3.2 雷达测量系统的异常值检测和修正

某雷达量测系统在终端的处理系统是专门对远方传来的数据进行分析、整理，而一项重要任务就是检测传输过程中出现的异常值并以予尽可能好的修正. 该系统不要求在线处理并称发生的错误率均小于 5%.

我们的具体做法是：

(1) 设 $Z=\{z(t), t=1,2,\cdots,N\}$ 是系统终端收到的数据，由于错误率小于 5%，不妨假定 Z 可分解为两段：

$$\begin{aligned} Z = & \{z(k), k=1,2,\cdots,L\} \cup \{z(k), k=L+1,\cdots,N\} \\ \triangleq & Z^{(1)} \cup Z^{(2)}. \end{aligned} \tag{2.7.47}$$

我们这里 $N=250, L=45$，部分数据如表 2.7.1 所示.

(2) 去趋势：这既可以用简单的差分方法(当呈直线趋势时)，也可以用回归方法(多项式)：

$$y(t) = z(t) - \mathrm{Reg}(t) \tag{2.7.48}$$

去趋势后，对 $y(t)$进行检验. 在前一课题中因汇率数据比较复杂，我们用(2.7.48)式，而这里我们用一阶差分：

$$y(t)=\nabla z(t)=z(t+1)-z(t),\quad t=1,2,\cdots,N-1. \tag{2.7.49}$$

(3) 模型拟合：对 $y(t)(t=1,2,\cdots,44)$ 用 Burg 极大熵模拟，并用 BIC 函数来判定阶，得 AR(1) 模型：

$$y(t)=\bar{y}+0.1543[y(t-1)-\bar{y}]+0.3618e(t), \tag{2.7.50}$$

其中

$$\bar{y}=\frac{1}{44}\sum_{t=1}^{44}y(t)=9.533. \tag{2.7.51}$$

(4) Score 检验：对 $Z^{(2)}$ 中的一段 $\{y(t)=\nabla z(t),t=45,\cdots,120\}$ 进行 Score 检验，发现

$$\{y(t),t=49,56,57,58,59\} \tag{2.7.52}$$

在检验水平 $\alpha=0.05$ 下被检出与 H_0 有显著差异，此时统计量 SC_k 大于 $Q_{0.05}=5.991$.

(5) 内插修正：对 $t=49$，运用公式(2.7.40)可得

$$\begin{aligned}\hat{y}(49)&=9.533+\frac{0.1545}{1+0.1545^2}\{[y(48)-9.533]+[y(50)-9.533]\}\\&=9.4706;\end{aligned} \tag{2.7.53}$$

而对于 $t=56,57,58,59$，由于是关联的一串，可能是 IO 型异常点，我们用(2.7.43)式和(2.7.44)式处理：

$$X_M=\{y(56),y(57),y(58),y(59)\}, \tag{2.7.54}$$

则用(2.7.44)式可得修正值

$$\hat{y}(56)=9.605,\quad \hat{y}(57)=9.542,\quad \hat{y}(58)=9.519,\quad \hat{y}(59)=9.435. \tag{2.7.55}$$

连同对 $t=49,\hat{y}(49)=9.4706$，则我们不仅用 Score 检验发现了量测系统中的若干错误(异常点)而且分别用不同手段(AO 模型和 IO 模型)将它们修正.

综合本题的结果，列于表 2.7.1.

表 2.7.1 雷达测量系统的 Score 检验与修正($Q_{0.05}=5.991$)

t	$Z^{(2)}$	y	SC_k	是否显著	修正值 $\hat{y}$	修正值 $\hat{Z}$
48	8874.5	9.4	4.765	否	—	—
49	8884.8	10.3	6.292	是	9.4706	8883.97
50	8894.0	9.2	1.814	否	—	8893.17
⋮	⋮	⋮	⋮	⋮	⋮	⋮
55	8942.1	10.0	2.196	否	—	8942.1
56	8951.4	9.3	5.9 E7	是	9.605	8951.7
57	6166.3	−2785.1	1.39 E8	是	9.542	8961.2
58	8970.7	2804.4	8.09 E7	是	9.519	8970.7
59	8980.3	9.6	1.4 E6	是	9.435	8980.2
60	8989.2	8.9	4.146	否	—	—

第八课题　铁路货运量若干种预报方法的比较

§1　引　　言

我国铁路发展之迅速在世界上是少有的，也是惊人的，其根本推动力在于我国经济的飞速发展.就在这种情况下，铁路部门仍然感到吃紧.除了客流量巨增之外，很大的需求仍然是货运.表 2.8.1 和图 2.8.1 分别记录和显示了 1990—2005 年我国铁路货运量的变化.在运输能力不能满足实际需求的情况下，一项很重要的任务就是挖掘运输的潜力.因为各运输站点的车辆需求并不一样，因而根据需求的实际情况，各站点互相帮助和支持，在很多情况下也是一条途径.当然首先各站点应准确了解自己的需求情况.作者在 20 世纪 80 年代就曾应邀参与南方一个车站货运量的建模和预报，结果与实际相当接近.虽然现在看数据比较旧，然而作为预报方法的学习，尤其当时还与若干种比较著名方法的预报效果进行比较，因而作为时间序列分析的学习内容，读者还是应该掌握的.

表 2.8.1　1990—2005 年我国铁路货运量

年份	1990	1991	1992	1993	1994	1995
货运量(万吨)	150681	152893	157627	162794	163216	165982
年份	1996	1997	1998	1999	2000	2001
货运量(万吨)	170915	172019	164082	167196	178023	192580
年份	2002	2003	2004	2005		
货运量(万吨)	204246	224248	249017	269296		

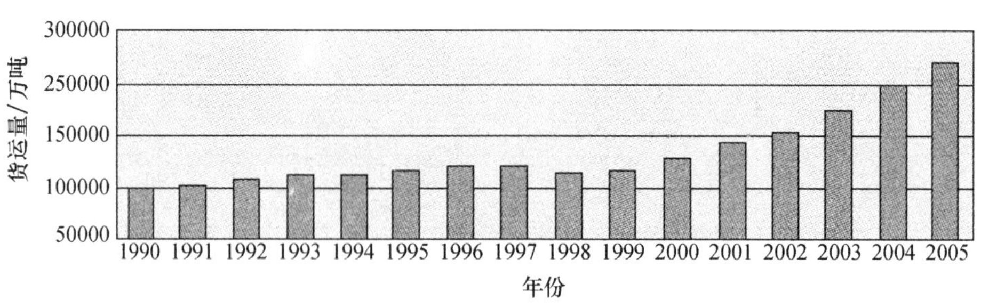

图 2.8.1　1991—2005 年我国铁路货运量

图 2.8.2 是 1972—1986 年我国株洲铁路货运量的实际记录图[①]. 我们的任务就是根据这一记录尽可能准确地预报下一年度每月的货运量. 如果预报经实际检验能在 6%误差以内,有关部门就可以根据需要调拨车辆. 而当时有关管理人员只能凭直观和经验,因而误差很大. 以下我们从时间序列分析的观点介绍若干种预报方法,并比较它们的效果.

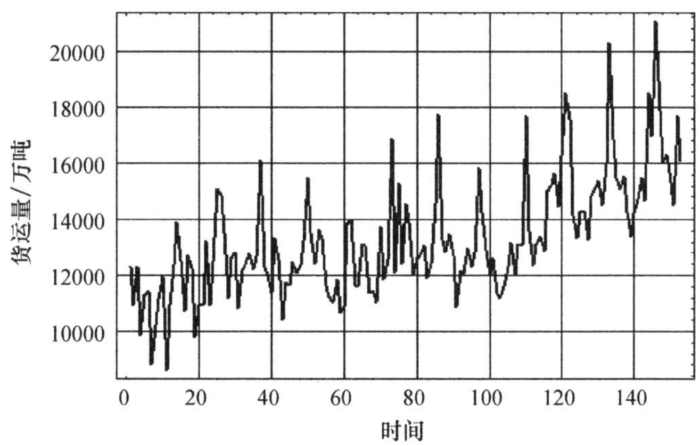

图 2.8.2 1972—1986 年我国株洲铁路货运量

§2 X-11 算法

2.1 X-11 算法的信号分解和预报

我们在第一篇第三章 §3 的 3.1 小节中,详细地介绍了经济数据中很普遍使用的 X-11 算法. 在这一方法中,认为我们观测到的数据 $x(t)$实质上是由三部分线性叠加而成的:

$$x_t = T_t + S_t + e_t, \tag{2.8.1}$$

其中 T_t 是观测数据 x_t 中的趋势成分;S_t 是经济数据经常存在的季节性成分,如年假,夏、冬季等因素;e_t 是扣除上述两种因素(成分)后剩余的不可认识的随机因素,一般都假定它是零均值,甚至是正态的、独立同分布的. 但实际上原始的 X-11 算法并没有这些先决条件,因而获得广泛应用.

前面我们已介绍过,从观测数据 x_t 是如何通过一系列的滤波器和运算才分解出 T_t,S_t 成分的. 这一系列步骤可以用图 2.8.3 所示的流程来描述.

① 本货运量的具体数字记录读者可以在本书的附录中找到.

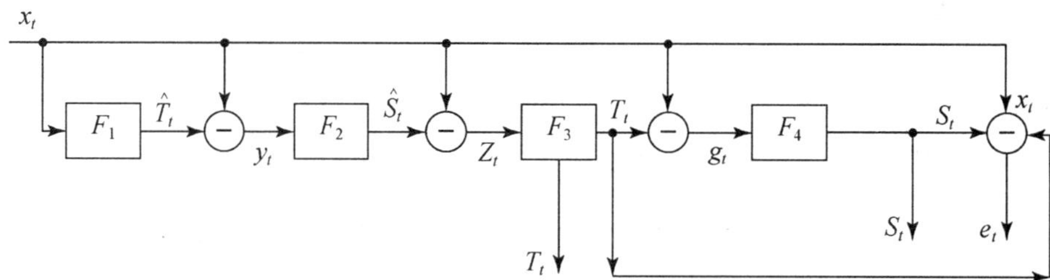

图 2.8.3 X-11 算法的流程图

由于滤波是线性运算，而 T_t,S_t 的滤波项又是有限的，因而读者不难自行将若干个滤波项合成一个滤波项，可表为

$$T_t = \sum_{k=-N}^{N} h_T(t) x_{t+k}, \quad t = N+1, N+2, \cdots, n-N, \tag{2.8.2}$$

$$S_t = \sum_{k=-N}^{N} h_S(t) x_{t+k}, \quad t = N+1, N+2, \cdots, n-N, \tag{2.8.3}$$

而综合滤波系数可见于表 2.8.2 和表 2.8.3.

表 2.8.2 由观测数据 x_t 获得 T_t 时对应的滤波系数 $h_T(t)$

t	0	1	2	3	4	5
$h_T(t)$	1.8789 E-1	1.7068 E-1	1.2612 E-1	7.1790 E-2	2.6787 E-2	6.4478 E-3
t	6	7	8	9	10	11
$h_T(t)$	1.4577 E-2	2.7157 E-2	1.9278 E-2	3.6450 E-3	−1.4641 E-2	−2.9386 E-2
t	12	13	14	15	16	17
$h_T(t)$	−3.4854 E-2	−2.8778 E-2	−1.3775 E-2	3.9030 E-3	1.7574 E-2	2.2127 E-2
t	18	19	20	21	22	23
$h_T(t)$	2.0146 E-2	1.4836 E-2	1.0065 E-2	1.7580 E-3	−7.5370 E-3	−1.4845 E-2
t	24	25	26	27	28	29
$h_T(t)$	−1.7427 E-2	−1.4237 E-2	−6.6710 E-3	2.0160 E-3	8.3608 E-3	9.8058 E-3
t	30	31	32	33	34	35
$h_T(t)$	6.7155 E-3	2.5151 E-3	8.5222 E-4	−1.2897 E-4	−4.3299 E-4	−3.0406 E-4
t	36	37	38	39		
$h_T(t)$	−8.7545 E-5	−6.5702 E-9	−6.0254 E-9	−2.2774 E-8		

表 2.8.3　由观测数据 x_t 获得 S_t 时对应的滤波系数 $h_S(t)$

t	0	1	2	3	4	5
$h_S(t)$	1.8091 E-1	−1.8704 E-2	−1.7661 E-2	−1.6352 E-2	−1.5180 E-2	−1.4528 E-2
t	6	7	8	9	10	11
$h_S(t)$	−1.3820 E-2	−1.3581 E-2	−1.4204 E-2	−1.6073 E-2	−1.8272 E-2	−2.0515 E-2
t	12	13	14	15	16	17
$h_S(t)$	1.7864 E-1	−2.0676 E-2	−1.8702 E-2	−1.6141 E-2	−1.3753 E-2	−1.2248 E-2
t	18	19	20	21	22	23
$h_S(t)$	−1.1591 E-2	−1.1291 E-2	−1.0749 E-2	−1.0663 E-2	−1.0907 E-2	−1.1270 E-2
t	24	25	26	27	28	29
$h_S(t)$	1.1849 E-1	−1.1531 E-2	−1.1279 E-2	−1.0774 E-2	−1.0016 E-2	−9.1282 E-3
t	30	31	32	33	34	35
$h_S(t)$	−8.2852 E-3	−7.4546 E-3	−6.5620 E-3	−5.8277 E-3	−5.3284 E-3	−5.1005 E-3
t	36	37	38	39		
$h_S(t)$	6.4884 E-2	−5.3620 E-3	−5.7003 E-3	−5.9389 E-3		

对 1972—1986 年我国株洲铁路的货运量数据，运用 X-11 算法，可以分解出其中的趋势成分 T_t，如图2.8.4 所示，而季节性成分 S_t 和随机误差成分 e_t 则分别见于图 2.8.5 和图2.8.6.

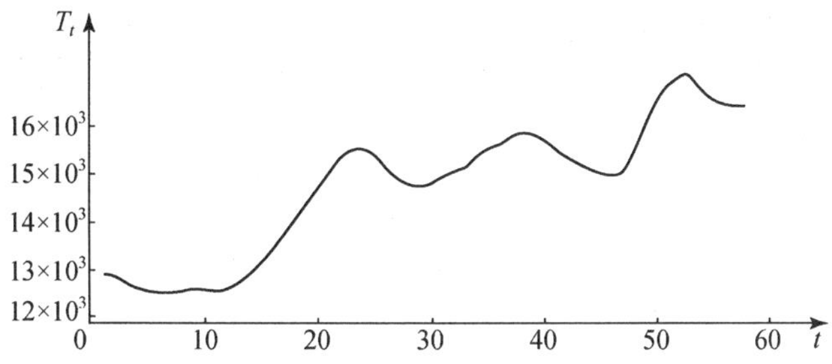

图 2.8.4　由 X-11 算法提取出的趋势成分 T_t

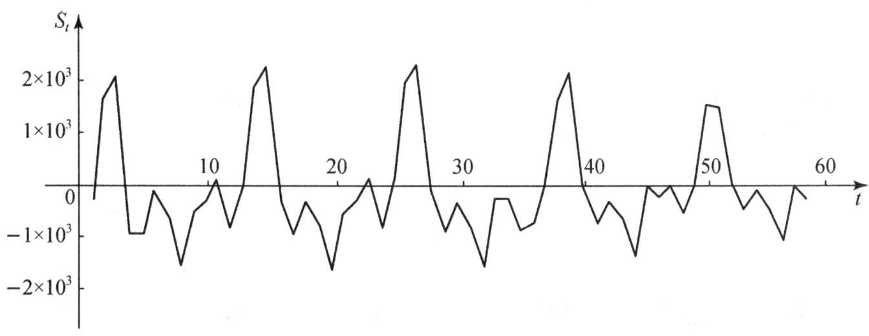

图 2.8.5　由 X-11 算法提取出的季节性成分 S_t

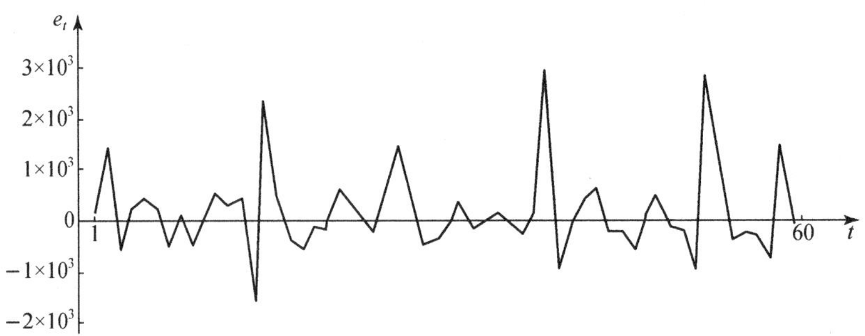

图 2.8.6 由 X-11 算法分离出的随机误差成分 e_t

2.2 预报和分析

用 X-11 算法对实际观测数据,特别具有以 12 为周期的序列进行分析、预报,在应用工作中被广泛采用.其原因是方法简单,不要求序列的平稳性、正态性等等,而且结果直观并具有相当的预报精度.例如,用第一篇第三章所介绍的预报方法,基于上述 X-11 算法分解出的 T_t,S_t 等,可作前向 10 个月货运量的预报,经和实际记录的对照,其结果如表 2.8.4 所示.

表 2.8.4 用 X-11 算法预报 10 个月的货运量

k	真值(万吨)	预报值(万吨)	误差百分比(%)
1	15537	16133	3.8
2	15992	15559	2.7
3	16945	15658	7.6
4	19391	16180	16.5
5	20182	16479	18.3
6	16861	15774	6.4
7	15804	15567	2.1
8	16874	15971	5.3
9	16103	15836	1.6
10	16227	15531	4.2

对于一种方法进行 K 步外推预报,评价其优劣的整体指标一般有两种:

(1) 平均百分比误差,用 APE(Average of Percentage Error)表示:设 K 步预报值为 $\hat{x}_1,\hat{x}_2,\cdots,\hat{x}_K$,而真值为 $x_1,x_2,\cdots,x_K$,则

$$\mathrm{APE}=\frac{1}{K}\sum_{j=1}^{K}\frac{|x_j-\hat{x}_j|}{x_j}. \tag{2.8.4}$$

(2) 中位数百分比误差,用 MPE(Medium Value of Percentage Error)表示:先计算各步预报的误差百分比

$$\mathrm{PE}_j = \frac{|x_j - \hat{x}_j|}{x_j}, \quad j = 1,2,\cdots,K, \tag{2.8.5}$$

然后按升序排成序列

$$\mathrm{PE}_{j_1} \leqslant \mathrm{PE}_{j_2} \leqslant \cdots \leqslant \mathrm{PE}_{j_K}, \tag{2.8.6}$$

再按统计学中的中位数定义可计算出 MPE.

例如,由表 2.8.4,用 X-11 算法预报 10 步,即 $K=10$,可得

$$\begin{aligned}\mathrm{APE} &= \frac{1}{10}(0.038 + 0.027 + 0.076 + 0.165 + 0.183 \\ &\quad + 0.064 + 0.021 + 0.053 + 0.016 + 0.042) \\ &= 6.85\%.\end{aligned} \tag{2.8.7}$$

而上述误差按升序排列为

$$\begin{aligned}&0.016 < 0.021 < 0.027 < 0.038 < 0.042 < 0.053 \\ &\quad < 0.064 < 0.076 < 0.165 < 0.183,\end{aligned} \tag{2.8.8}$$

从而

$$\mathrm{MPE} = \frac{1}{2}(0.042 + 0.053) = 4.75\%. \tag{2.8.9}$$

评价:无论用 APE 或用 MPE 来评价优劣,X-11 算法的 10 步外推结果从整体上看效果还是不错的,如果用回避极端值的中位数衡量,误差小于 5%(见(2.8.9)式).然而对铁路运输部门来讲,每年最关心,也是最吃紧的是"春运"货运量,即图 2.8.2 中的诸多峰值(大约是 12 个月,因每年春节都不一定是阳历的同一月份).而恰好从图 2.8.5 和表 2.8.4 可看出:由于提取出的峰值不够高,使得在最大货运量 19391(报 16180)和 20182(报 16479)处预报值偏低,误差最大.这是铁路部门不可接受的.

我们也考虑过对随机误差 e_t(见图 2.8.6)进一步挖掘其信息,证实它并非纯白噪声而可用一个 AR 模型进行拟合,然后向前用 AR 模型预报公式(见第一篇第三章)作预报.但上述问题依然存在(见 Xie(1993)).

§3 Xie 的方法

在第一篇第三章§3 及本课题§2 中,我们介绍了如何用滤波的方法从观测数据中提取趋势成分 T_t.但我们指出了:由于 X-11 算法的滤波方法是非因果性的,即由时间段 $[t-N, t+N]$ 中的数据滤出 t 时刻的值,因而对预报工作而言最关键的"近期"一段时间 $[N-M+1, N]$ 的数据是缺失的,且 $t \leqslant N-M+1$ 滤出的 T_t 也没有数学表达式,需另外拟合一个公式方能做外推.此外,X-11 算法提取趋势成分的综合滤波器的频域性能并不理想.用表 2.8.2 中的系数 $\{h_T(t)\}$ 进行谱域分析,可得如图 2.8.7 所示的频率响应函数 $F_T(\lambda)$.从图 2.8.7 中读者可发现:提取趋势成分 T_t 的 X-11 滤波器在低频 $\left(\lambda < 10 \times \frac{\pi}{64}\right)$ 之内有很好的"低通"滤波性能,然而它的旁边有一个很大的"旁瓣"(side lobe),因而 T_t 除低频成分外还有相对

高频的成分. 而进一步分析 X-11 算法整体提取季节性成分 S_t 的滤波系数$\{h_S(t)\}$，得其频率响应函数$F_S(\lambda)$如图 2.8.8 所示. 从图 2.8.8 可看出，提取季节性成分的 X-11 滤波器太受限于以 12 为周期的成分，如果观测数据是严格以 12 为周期，则该滤波器性能自然很好，但如果除 12 以外还有别的周期成分或者不严格以 12 为周期(如我国的春节货运)，则效果就不会很好. 基于以上分析，我们对 X-11 算法的分解作一些改进. 以下介绍的方法又简单，效果又好.

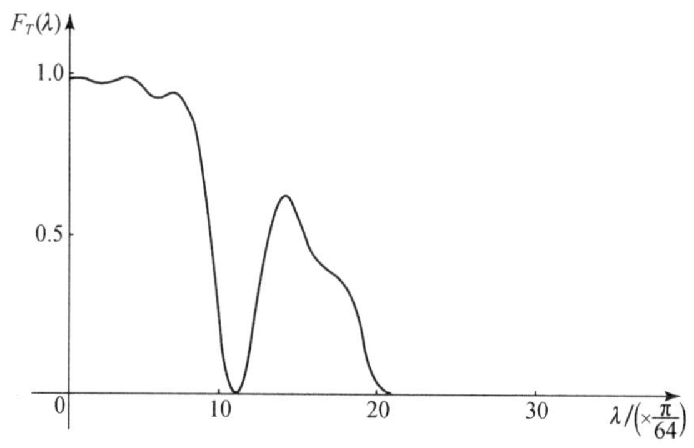

图2.8.7 整体 X-11 滤波器提取 T_t 的频率响应函数图

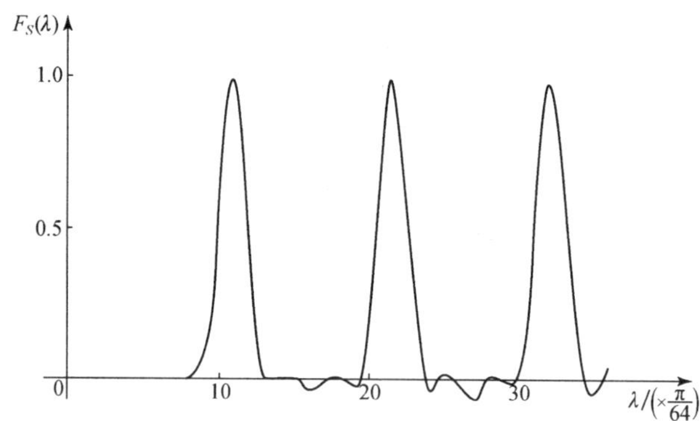

图 2.8.8 整体 X-11 滤波器提取 S_t 的频率响应函数图

3.1 观测数据的分析和建模选择

大家知道，经济、金融类型的数据是变化很快的，也很难有很长的“一贯性”，尤其是为了作预报用的数据，愈新的观测记录愈有利于对未来作预报，而“远古”的老数据有时和新数据有内在不同的机制. 所以对建模、预报数据不一定愈长愈好. 就算在 20 世纪 80 年代，我国仍以计划经济为主的上述 1972—1986 年株州铁路的货运量数据也呈现出有内在的变化，如图 2.8.9(a)中大致可分为两段，第一段是[1,90]，而第二段是[91,158]. 从图 2.8.10 中读者可发现，前后两段观测数据的水平线(level)是有很大差异的，如果把它们同一处理对未来预报的准确性就会有较大偏差. 因此我们将第二段(共有 63 个数据)作为建模的依据，而且包含了 5 个周期[①]. 具体建模步骤见于下一节.

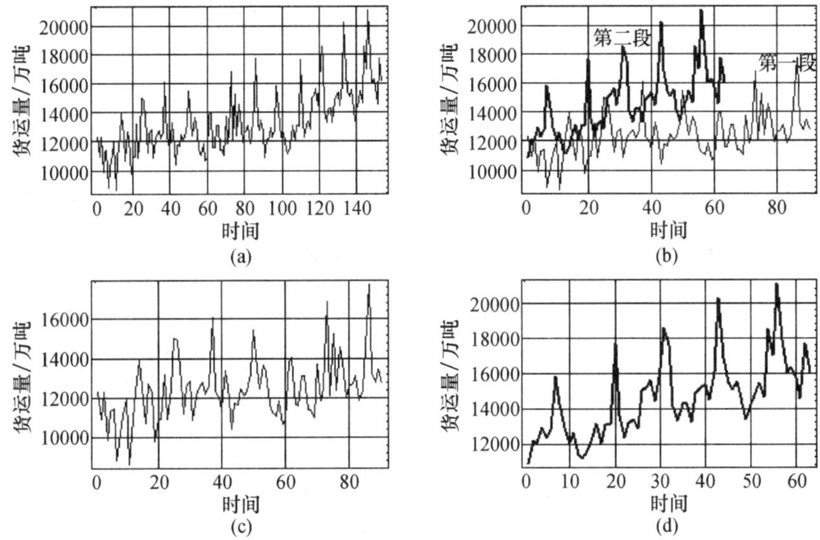

图 2.8.9　全体观测数据(a)，第一段数据(c)，第二段数据(d)及两段数据的比较(b)

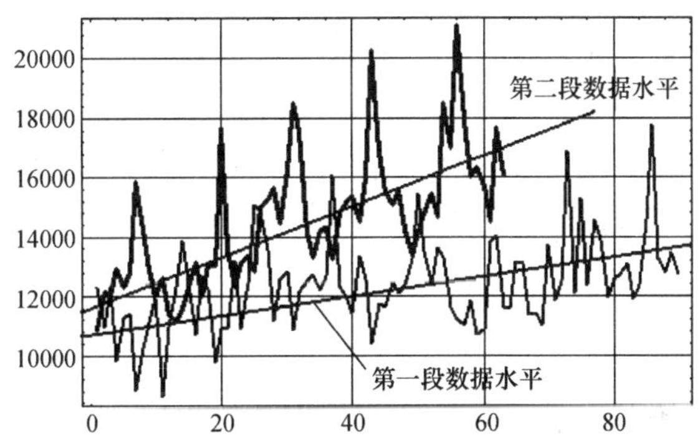

图 2.8.10　第一段数据与第二段数据水平线的比较

3.2　建模步骤

1. 趋势成分的拟合

为简单起见，我们仍沿用 X-11 算法的思想：

① 据 Forecat PRO 的要求，建模数据长度应至少包含 3 个周期.

$$x_t = T_t + S_t + e_t.$$

先用多项式拟合 T_t,设

$$T_t = a + bt + ct^2 + dt^3 + et^4 + ft^5, \tag{2.8.10}$$

其中 a,b,c,d,e,f 为待定常数.在最小平方和意义下选优,得

$$T_t = 12510.8 - 106.187t + 15.8958t^2 - 0.50789t^3 + 0.00694012t^4 - 0.0000351202t^5. \tag{2.8.11}$$

其图形及与原观测数据的比较如图 2.8.11(a),(b)所示.从 T_t 的图形看并不因我们引入 5 阶多项式而产生具有很多弯曲的曲线,另外从两者的比较可看出其走向还是很好的.

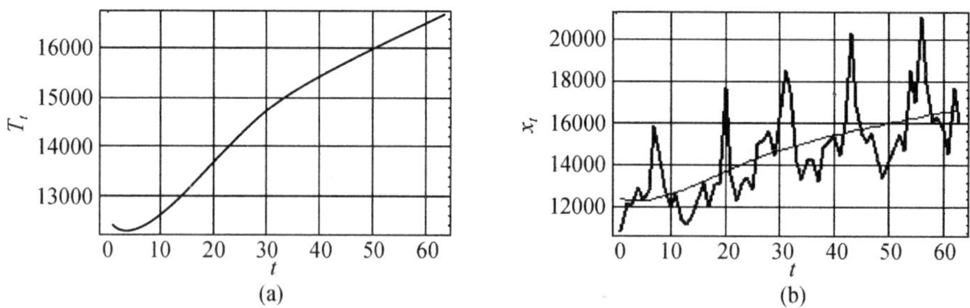

图 2.8.11 拟合的 T_t(a)及与原数据的比较(b)

2. 周期成分的检测

我们有了趋势成分 T_t 之后,可用(2.8.11)式产生与原数据相对应的 63 个数据.然后令

$$y_t = x_t - T_t, \quad t = 1,2,\cdots,63, \tag{2.8.12}$$

其图形如图 2.8.12 所示.从图 2.8.12 中我们可看出,其中虽然以周期 12 为峰值的成分最显著,但也包含了其它周期成分.因此,我们和 X-11 算法不同,并不认为它是单周期的,而可能含有多个周期.

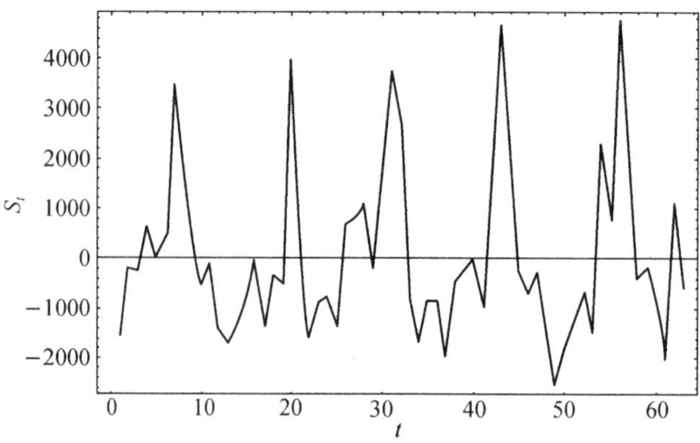

图 2.8.12 去趋势后的包含有周期成分的图形

关于检测周期成分的方法,我们在第一篇第二章§3 中介绍了若干种方法.其实对图 2.8.12的数据用简单的周期图函数

$$I_N(\lambda) = \frac{2}{N}\left|\sum_{k=1}^{N} y_k \mathrm{e}^{-\mathrm{i}k\lambda}\right|^2, \quad 0 \leqslant \lambda \leqslant \pi, N = 63, \tag{2.8.13}$$

则可得图 2.8.13.从图 2.8.13 中可看出有三个比较明显的峰值,大概在

$$\lambda_1 = 0.50, \quad \lambda_2 = 1.05, \quad \lambda_3 = 1.60$$

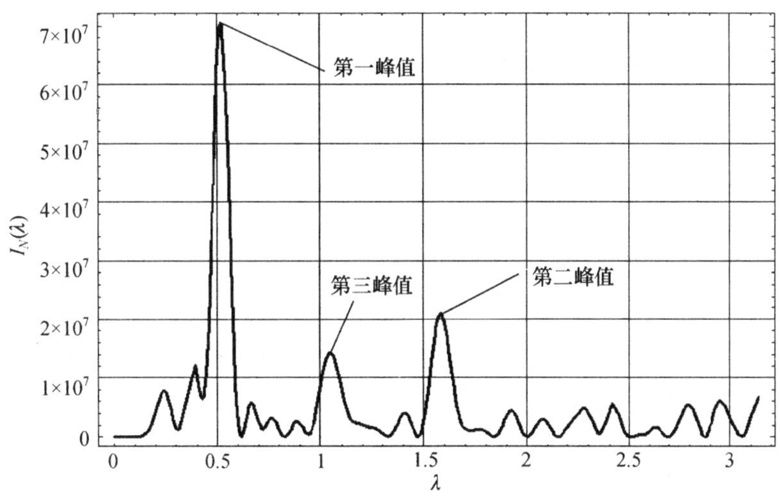

图 2.8.13 去趋势后 y_t 的周期图函数 $I_N(\lambda)$

附近.我们假定周期成分的形式为

$$S_t = \sum_{k-1}^{P} A_k \cos(\lambda_k t + \theta_k), \tag{2.8.14}$$

选以上的 $\lambda_i(i=1,2,3)$为初值,再选一些适当的初值$\{A_k^0\}$,$\{\theta_k^0\}$,寻找

$$\min_{A_k,\theta_k,\lambda_k}\left\{\sum_k [y_k - A_1\cos(0.5k+\theta_1)] - A_2\cos(1.05k+\theta_2) - A_3\cos(1.6k+\theta_3)\right\} \tag{2.8.15}$$

可得最优拟合为

$$\begin{aligned} S_t = & 1700\cos(0.51413t - 3.3) + 1050\cos(1.05275t - 1.5) \\ & + 899.992\cos(1.5915t - 0.33). \end{aligned} \tag{2.8.16}$$

(2.8.16)式的函数 S_t 与去趋势的 y_t 的比较见于图 2.8.14.

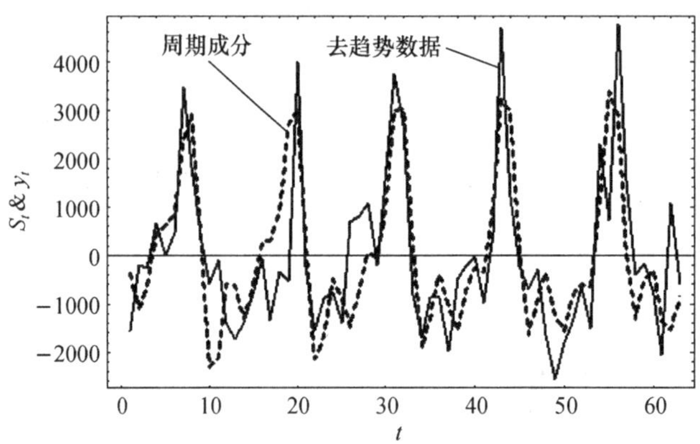

图 2.8.14 周期成分 S_t 与去趋势的 y_t 的比较

而随机误差成分

$$e_t = y_t - S_t, \quad t = 1,2,\cdots,63 \tag{2.8.17}$$

则可见于图 2.8.15. 对于序列 e_t,它是无信息的白噪声序列还是具有进一步可挖掘信息的平稳序列需要利用第一篇第三章建模的知识来分析. 如果是前者(白噪声序列),则对我们的预报就没有什么帮助;而如果是有内在结构的平稳序列,则我们可以(比如说用极大熵方法)进一步建模,这对改进预报效果往往是很有帮助的.

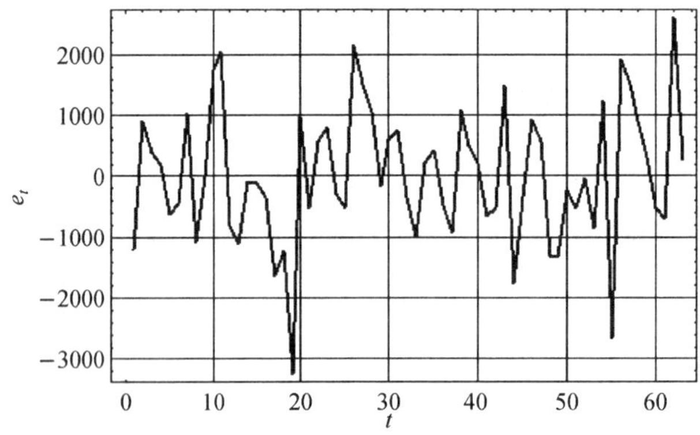

图 2.8.15 随机误差成分 e_t 的图形

3. 随机误差的分析

我们的思路是认为 e_t 的 63 个值 $e_t(t=1,2,\cdots,63)$ 是平稳序列的观测记录,其中均值 mean=20.5758,而方差 Var=1.2599×10^6. 用极大熵拟合,加上用 AIC 函数判定阶,数值结果如表 2.8.5 所示. 而如果用 Burg 算法拟合并用 AIC 函数判定阶,则结果见于表 2.8.6.

表 2.8.5　用极大熵拟合的 AIC 函数值

k	0	1	2	3	4	5
AIC	0.000000	1.993530	3.779175	5.703735	5.972290	7.913818
k	6	7	8	9	10	11
AIC	9.872070	10.919067	12.150269	9.609253	7.205078	8.709717
k	12	13	14	15		
AIC	10.688232	12.475586	14.134399	15.744507		

表 2.8.6　用 Burg 算法拟合的 AIC 函数值

k	0	1	2	3	4	5
AIC	0.000000	1.992615	3.748108	5.669006	5.654907	7.604187
k	6	7	8	9	10	11
AIC	9.530945	10.236267	11.023438	7.345947	3.806213	4.768372
k	12	13	14	15		
AIC	6.664429	8.189331	8.940430	9.072632		

由以上两种方法判定阶，都得到 $p=0$，即将序列判为白噪声序列．因此，也无须进一步建模，而预报公式也就是趋势成分 T_t 加上周期成分 S_t．

3.3　预报和分析

由 3.2 小节我们最终得到的建模公式为

$$\begin{aligned} x_t &= T_t + S_t + \varepsilon_t \\ &= 12510.8 - 106.187t + 15.8958t^2 - 0.50789t^3 + 0.00694012t^4 \\ &\quad - 0.0000351202t^5 + 1700\cos(0.51413t - 3.3) \\ &\quad + 1050\cos(1.05275t - 1.5) + 889.992\cos(1.5915t - 0.33) + \varepsilon_t, \end{aligned} \tag{2.8.18}$$

其中 ε_t 为白噪声，均值 mean$=0.07240$，方差 Var$=2.6169\times10^6$．而公式(2.8.18)的建模数据是 $t=1,2,\cdots,63$，因而对 $t+\tau$ 的预报公式自然是：

$$\hat{x}(t+\tau) = T(t+\tau) + S(t+\tau), \quad \tau = 1,2,\cdots,10. \tag{2.8.19}$$

其结果和表 2.8.4 相对应列于表 2.8.7．

表 2.8.7　用 Xie 的方法预报 10 个月的货运量

k	真值(万吨)	预报值(万吨)	误差百分比(%)
1	15537	15737.8	1.2922
2	15992	15815.1	1.10626

(续表)

k	真值(万吨)	预报值(万吨)	误差百分比(%)
3	16945	17940.3	5.874
4	19391	20232.9	4.34153
5	20182	19435.5	3.69888
6	16861	16733.9	0.753574
7	15804	15802.2	0.577372
8	16874	16587.3	1.69888
9	16103	16364.7	1.62522
10	16227	15204.6	6.30057

预报效果图见图 2.8.16. 其平均误差百分比为

$$\mathrm{APE} = 2.72\%,$$

而误差百分比中位数为

$$\mathrm{MPE} = 1.66\%.$$

和 X-11 算法的预报结果的最大不同是,X-11 算法在预报最大货运量上误差太大,而 Xie 的方法对最大两个值的预报误差都比较小,从而可为铁路货运部门所接受. 从方法上看,最重要是季节性成分 S_t 在 X-11 算法中是单纯以 12 为周期作处理的,而我们则认为含有多个周期(这是基于我国春节并非严格 12 个阳历月为周期的事实,也由图 2.8.13 的 $I_N(\lambda)$ 所证实). Xie 的方法很简单,既学习了 X-11 算法又改进了 X-11 算法,效果也不错.

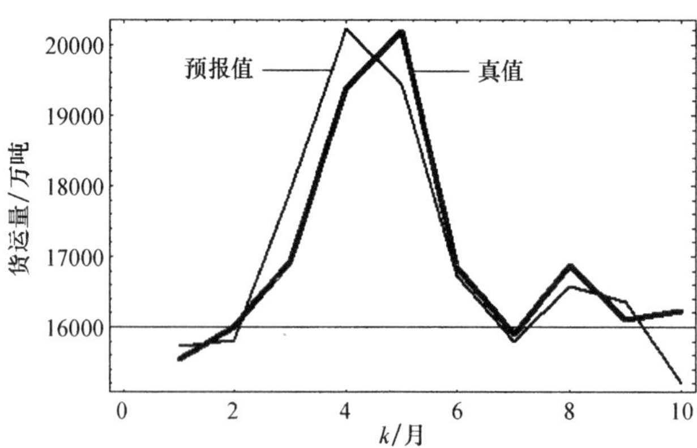

图 2.8.16 用 Xie 的方法的预报值与真值比较

§4 其它预报方法的效果和比较

本节将介绍几种常用预报方法运用于株洲铁路货运量的预报效果.这些方法有的效果相当好,其原理有一些在第一篇中介绍过,有一些以后才详细介绍,它们已在许多通用软件包中可找到.作者认为 Forecast Master(1986)的软件中介绍的一些预报方法适应面还是比较广的.以下对有关方法作一些简介①.

4.1 简单指数平滑

在 Forecast Master(1986)中,将观测值记为 $y[t]$.如果它是平稳序列,均值线自然是一个常数;如果是均值线带有慢变化的,以下都称为 level.本方法是假定 $y[t]$中不包含季节性(周期性)成分,其形式为

$$L[t+1]=\alpha y[t]+(1-\alpha)L[t],\quad 0\leqslant\alpha\leqslant 1, \tag{2.8.20}$$

其中 $L[t]$表示时间序列的平滑水平,$y[t]$为观测值,α 为平滑水平参数.

易见,若 α 的值大,则 $L[t+1]$中强调现有观测值;反之,若 α 的值小,则强调 $L[t]$,更重视 t 时刻以前观测记录的后效影响.而由

$$L[t]=\alpha y[t-1]+(1-\alpha)L[t-1],$$

$$L[t-1]=\alpha y[t-2]+(1-\alpha)L[t-2],$$

等等,递推可得

$$L[t+1]=\sum_{j=0}^{\infty}\alpha(1-\alpha)^j y[t-j]. \tag{2.8.21}$$

由(2.8.21)式可清楚看出为什么称为"指数平滑".这是因为 $L[t+1]$是由历史观测值$\{y[t],y[t-1],\cdots\}$组合而成,其线性组合的权重$\{\alpha(1-\alpha)^j\}$是指数下降的,α 愈大,愈表明重视"近前"观测值.总而言之,当 $\alpha=1.0$ 时,有

$$L[t+1]=y[t]. \tag{2.8.22}$$

一般情况下,α 的选择是使得历史观测值的组合(2.8.21)和真实值的平方误差最小.设想我们有观测值$\{y[t],t=0,1,2,\cdots,n\}$,令

$$L[1]=\alpha y[0], \tag{2.8.23}$$

$$L[n+1]=\sum_{j=0}^{n}\alpha(1-\alpha)^j y[n-j], \tag{2.8.24}$$

则取 $\alpha=\alpha^*$,使得

---

① 在以下方法中,若从严格的时间序列理论上看都存在一些不严格之处.

$$Q(\alpha) = \sum_{k=0}^{n-1} [y(k+1) - L[k+1]]^2 \tag{2.8.25}$$

达到极小.对于预报,有两种说法:

(1) Forecast Master(1986):

$$\hat{y}[t+\tau] = L[t], \quad \tau > 0,$$

因而对未来的预报是常数.

(2) Makridakis (1982):

$$L[t+\tau] = (1-\alpha^*)L[t] + \alpha^* \sum_{j=0}^{\tau-1} (1-\alpha^*)^j y[t],$$

其中 $\tau=1,2,\cdots,m$.

4.2 Holt 两参数指数平滑[①]

此方法可用于有趋势成分 $T[t]$但无明显季节因素的情形,具体公式为

$$\hat{y}[t+\tau] = L[t] + \tau T[t], \tag{2.8.26}$$

其中

$$\begin{cases} L[t] = \alpha y[t] + (1-\alpha)(L[t-1] + T[t-1]), \\ T[t] = \beta(L[t] - L[t-1]) + (1-\beta)T[t-1], \end{cases} \tag{2.8.27}$$

这里 τ 为外推步数,α 为 level 的平滑参数,β 为趋势的平滑参数,$L[t]$,$T[t]$分别为 t 时刻的 level 和趋势值,$\hat{y}[t+\tau]$代表基于观测时刻 t,τ 步外推的预报理论值.

4.3 Winters 的三参数平滑

此方法考虑了三个因素,即假定观测值是非平稳序列,不仅含有趋势成分 $T[t]$还包含有明显的季节性成分 $I[t]$.季节性的影响不仅可以考虑为加性的,也可以考虑为乘性的.对加性季节性模型我们比较熟悉,以下侧重介绍乘性季节性模型:

$$\hat{y}[t+\tau] = (L[t] + \tau T[t])I[t-s+\tau], \tag{2.8.28}$$

其中

$$\begin{cases} L[t] = \alpha\left(\dfrac{y[t]}{I[t-s]}\right) + (1-\alpha)(L[t-1] + T[t-1]), \\ T[t] = \beta(L[t] - L[t-1]) + (1-\beta)T[t-1], \\ I[t] = \gamma\left(\dfrac{y[t]}{L[t]}\right) + (1-\gamma)I(t-s), \end{cases} \tag{2.8.29}$$

这里 s 为季节的长度(例如:12 个月),γ 为季节的平滑参数,$I[t]$是 t 时刻的季节指数,其它参数如同 4.2 小节中所介绍.

---

① 以下的 Holt,Winters 方法皆用 Forecast Master(1986)中的公式,与第一篇第三章 Makridakis 的公式略有差别.

将模型(2.8.28)和(2.8.26)相比较会发现差别在于引入了季节性因素 $I[t]$,它实质上是 t 时刻观测值与 level 的比值并与一个季节长度的指标作加权平均.

4.4 Box-Jenkins 季节性 ARIMA 模型

众所周知,Box-Jenkins 引入的可以在观测数据中带有趋势性的非平稳 ARIMA(p,d,q)模型在实际应用中得到了广泛的应用.然而在实际问题中观测的对象不仅有趋势性(线性或非线性),而且往往受季节性因素的影响.因此后人将 ARIMA(p,d,q)模型推广到带季节性(周期性)的模型.我们在本课题的预报工作中用了 Forecast Pro,而其中它们用了带季节性的 ARIMA 模型的预报.为了和其它方法一起作比较,我们以下只初略地介绍,而模型的定义、预报、定阶及参数估计等将在下一课题中加以详细介绍.

称一个随机序列$\{x_t\}$为具有以 s 为周期的,阶数为$(p,d,q)\times(P,D,Q)$的**季节性 ARIMA 模型**,如果令

$$\begin{cases}\nabla_s = 1 - U^s\,(U\ \text{为向后一步推移算子}),\\ \nabla_s^D = (1-U^s)^D,\ \nabla^d = (1-U)^d,\end{cases} \tag{2.8.30}$$

$$y_t = \nabla^d \nabla_s^D x_t, \tag{2.8.31}$$

则$\{y_t\}$是稀疏系数的 ARMA($p+sP,q+sQ$)平稳序列.以后这类模型记为

$$\text{ARIMA}(p,d,q)\times(P,D,Q)_s.$$

例如,设$\{x_t\}$是 ARIMA$(2,1,0)\times(0,1,0)_s$,令

$$y_t = \nabla\nabla_s x_t = (x_t - x_{t-s}) - (x_{t-1} - x_{t-1-s}), \tag{2.8.32}$$

则$\{y_t\}$是 AR(2)模型,它应该满足以下形式的方程:

$$\Phi_2(U)y_t = \theta_0\varepsilon_t.$$

进一步,若令 $Z_t = x_t - x_{t-s}$,按季节的长度 s 差分,则$\{Z_t\}$是 ARIMA(2,1,0)模型.

4.5 各种方法的预报效果

我们基于完全相同的株洲铁路货运量记录,对未来 10 个月的货运量作外推预报.所用的预报方法总共有以下 6 种:

方法 1: Xie 的方法;

方法 2: Holt 指数平滑,有线性趋势,无明显季节性波动模型;

方法 3: Winters 线性趋势,乘性季节性模型;

方法 4: Winters 线性趋势,加性季节性模型;

方法 5: 指数平滑,有趋势,加性季节性模型;

方法 6: Box-Jenkins 季节性 ARIMA$(0,1,1)\times(1,0,1)$模型.

若干种预报方法的结果与真实记录的比较如图 2.8.17 所示.准确的预报数值与平均总体百分比误差 APE 及按中位数计算的百分比误差列于表 2.8.8,表中括号内的数按误差从

小到大排名,其中 1 为最好,最差为 6.

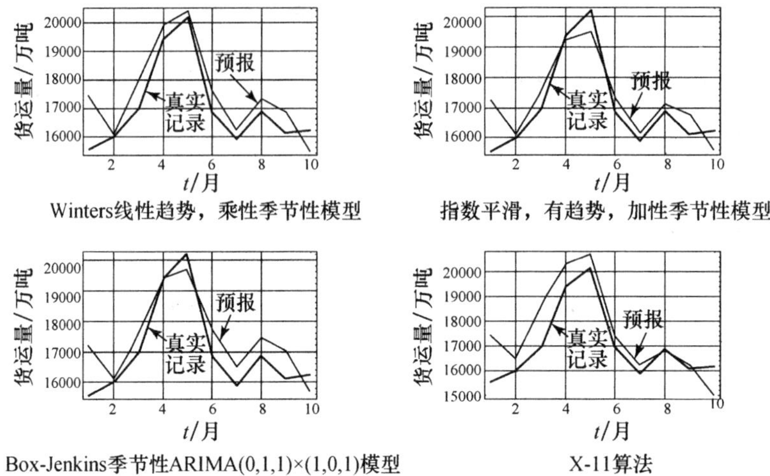

图 2.8.17 若干种预报方法的结果与真实记录的比较

表 2.8.8 若干种预报方法的结果与真实记录的比较

t/月	真实记录	方法 1	方法 2	方法 3	方法 4	方法 5	方法 6
1	15537	15737.8	16548.1	17435.2	17303.4	17232.6	17219.1
2	15992	15815.1	16581.9	16064.0	16177.3	16085.9	16065.7
3	16945	17940.3	16615.7	17908.3	17640.6	17517.4	17563.3
4	19391	20232.9	16649.5	19864.0	19358.3	19231.6	19384.5
5	20182	19435.5	16683.3	20393.9	19631.6	19475.8	19692.7
6	16861	16733.9	16717.1	17644.1	17468.3	17320.0	17737.7
7	15894	15802.2	16750.9	16247.1	16325.7	16162.1	16515.4
8	16874	16587.3	16784.7	17324.4	17295.1	17124.9	17479.0
9	16103	16364.7	16818.5	16837.4	16927.1	16743.1	17006.3
10	16227	15204.6	16852.3	15449.1	15762.8	15550.7	15672.5
APE (%)		2.72 (1)	5.86 (6)	4.07 (5)	3.63 (3)	3.32 (2)	3.91 (4)
MPE (%)		1.66 (1)	4.14 (6)	3.612(4)	2.79 (2)	3.04 (3)	3.616(5)

评价：从表 2.8.8 及图 2.8.16,图 2.8.17 可以看出,我们的方法(Xie 的方法),无论用 APE 或 MPE 来评价都是最好的,而方法本身并没有什么特别之处,无非是改进型的 X-11 算法,重要改进大概就是引入潜在周期分析,认为周期不是单一的而是多个的,这可能比较符合中国的实际.其次表中最差的是简单的 Holt 指数平滑模型,因为它不考虑含有周期成

分;而 Winters 的乘性模型在许多场合(经济、金融)似乎效果不错,但在这里不如加性模型好;第 4,5 种方法效果不错,排名 2 或 3,而其中第 5 种方法实质上是我们在第一篇中介绍的 DSEP,效果是不错的.最后,为何 Box-Jenkins 的季节性 ARIMA 模型表现不够理想,作者没想清楚,但结果是由 Forecast Master 算出的,应该没问题.

总之,以上各类方法,虽从数值和图形上看各有优缺点,但整体看预报效果都是不错的.须知作 10 步外推对这样复杂的记录,误差百分比在 5%以内是很不容易的(方法 2 中略大于 5%),且除了方法 2 以外,对于高峰的 $k=4,5$,大多数方法都预报出来了.

第九课题　用季节性 ARIMA 模型描述长期性气温变化

§1　前　　言

在许多实际问题中都希望对未来做出预报，然而预报问题认真做起来是很不容易的. 从数学观点看，首先必须对实际问题有较深入的了解，其次能由此建立起较能真实反映该问题的数学模型，并且该模型有"解"——准确的解或尽可能准确的近似解. 在时间序列分析领域，应该说 Box-Jenkins 提出的 ARMA 模型、ARIMA 模型以及季节性 ARIMA 模型提供了对实际问题的建模和作预报的比较有效的手段. 虽然它们可能不是最优的，但它们的适应面和手段却比较广，容易掌握，且预报结果往往也有一定准确性，所以目前这些模型仍被实际工作者广泛采用，并在许多软件包中可以找到. 以下我们先对 Box-Jenkins 的模型作一些简单回顾，并且对于实际计算中的一些问题提出一些看法和建议，然后将这些模型应用于上海长期气温变化的预报. 其中的数据和方法虽然不是新的，但它具有普遍性，初学时间序列的读者从中是会受益的. 本课题不是作者本人的工作，却从中学到不少东西，原文见文献黄等人(1980)，An and Xie(1992).

§2　季节性 ARIMA 模型的参数估计和定阶

2.1　ARIMA 模型及预报

1. ARMA 模型与 ARIMA 模型

我们在第一篇第二章§2 的 2.2 小节中已具体介绍了 ARMA 模型的预报，它适合于平稳序列，即均值为常数而二阶相关性不随时间点而变化的随机序列. 但很多实际问题并不满足平稳性. ARIMA 模型在一定程度上对常见的一些非平稳序列给了建模的途径. 我们知道一大类非平稳序列的非平稳性表现在其均值不是一个常数，或称这些序列的变化是有趋势的，而趋势可表现为直线趋势(线性函数)或曲线趋势. 如果是直线趋势，如图 2.9.1(a)，设线性函数为 $l(x)=a+bx$，当对等间隔点$\{x_k=k,k=1,2,\cdots,N\}$上的 $y_k=l(x_k)=a+bk$ 作一阶差分时，有

$$\nabla y_k = y_k - y_{k-1} \tag{2.9.1}$$

$$= (a+bk) - [a+b(k-1)] = b, \quad k=1,2,\cdots,N. \tag{2.9.2}$$

图 2.9.1(b)表示出在各 x_k 点 $\nabla y_k=\text{const}$. 由此启发我们当趋势函数显出直线趋势时，用一

阶差分有可能将之平稳化.

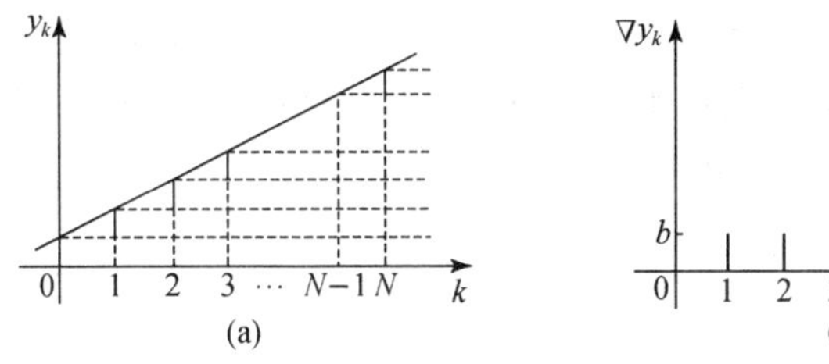

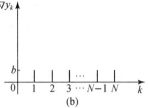

图 2.9.1　线性函数 $y_k=a+bk$ (a)与一阶差分$\nabla y_k\equiv b$ (b)

如果趋势显示为二阶曲线(如图 2.9.2(a))：

$$y_k = a + bk + ck^2, \tag{2.9.3}$$

则一阶差分为

$$\begin{aligned}\nabla y_k &= (a + bk + ck^2) - [a + b(k-1) + c(k-1)^2] \\ &= b + 2ck - c^2 = (b - c^2) + 2ck \\ &\triangleq A + Bk,\quad A = b^2 - c^2,\ B = 2c \quad (\text{见图 } 2.9.2(\text{b})),\end{aligned} \tag{2.9.4}$$

二阶差分为

$$\nabla^2 y_k = B = 2c \quad (\text{见图 } 2.9.2(\text{c})). \tag{2.9.5}$$

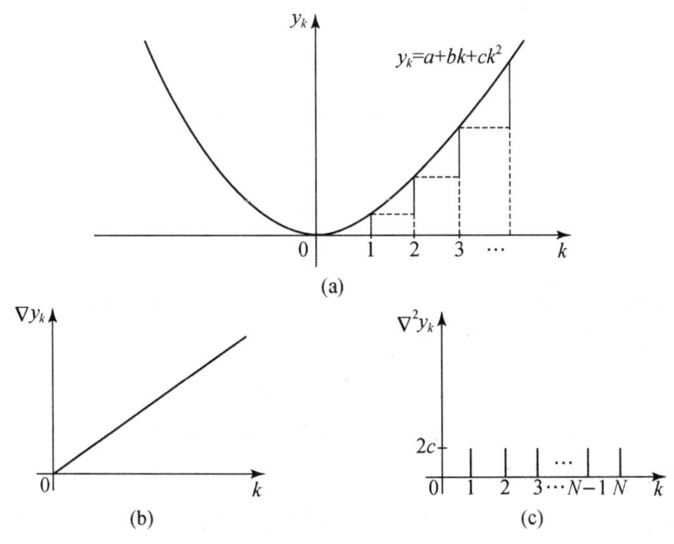

图 2.9.2　二阶曲线函数 $y_k=a+bk+ck^2$ (a)与一阶差分$\nabla y_k=A+Bk$ (b)和二阶差分$\nabla^2 y_k=2c$ (c)

因此,在实际应用中,若有一、二阶形态的非平稳趋势,通过差分后有可能得到平稳模型，它可用 ARMA(p,q)模型来刻画. 理论上当然也可以考虑不限于一、二阶的差分，而是进行更高阶的 d 阶差分. 但作者经验上认为阶数高了并不稳定，效果也不太可靠，一般还是以低阶差分为宜. 若一个序列经 d 阶差分后变得平稳而可用 ARMA(p,q)来刻画，则该序列就称为是 ARIMA(p,d,q)模型. 确切的定义如下：

定义 2.9.1 设$\{Z_t\}$是随机序列，它满足以下条件：

(1) $E|Z_t|^2<+\infty$；

(2) 存在正整数 d，使得

$$EZ_t = 0, \quad t = 1,2,\cdots,d, \tag{2.9.6}$$

并且

$$x_t = \sum_{k=0}^{d}(-1)^k \mathrm{C}_d^k Z_{t-k}, \quad t > d \tag{2.9.7}$$

是 ARMA(p,q)模型；

(3) $E(Z_s x_t) = 0\ (1 \leqslant s \leqslant d,\ d < t)$， (2.9.8)

则称$\{Z_t\}$为 **ARIMA(p,d,q)模型**.

对于定义 2.9.1 有两点说明：

(1) 关于(2.9.7)式：它是对 Z_t 进行 d 阶差分的显式表示，如当 $d=1$ 时，有

$$x_t = \sum_{k=0}^{1}(-1)^k \mathrm{C}_1^k Z_{t-k} = Z_t - Z_{t-1}, \quad t > 1;$$

当 $d=2$ 时，有

$$\begin{aligned} x_t &= \sum_{k=0}^{2}(-1)^k \mathrm{C}_2^k Z_{t-k} = Z_t - 2Z_{t-1} + Z_{t-2} \\ &= (Z_t - Z_{t-1}) - (Z_{t-1} - Z_{t-2}) \\ &= \nabla Z_t - \nabla Z_{t-1} = \nabla^2 Z_t, \quad t > 2; \end{aligned} \tag{2.9.9}$$

等等.

(2) 关于(2.9.8)式：因经过 d 阶差分，x_t 只能从 $t>d$ 开始有效，(2.9.8)式表明足标 d 之前的 Z_s 与 $x_t(t>d)$是正交的，即差分过程“损失”的初始 d 个值对 x_t 以后的预报不损失任何信息. 这当然是理论上的一种假定，实际上 Z_t 都是观测值，都带有信息，读者可理解为当 t 充分大(离 d 较远)时，Z_t 的最初几个观测值对预报无大影响.

2. ARIMA 模型的预报公式

以上(2.9.7)式是 x_t 通过$\nabla^d Z_t$ 来表示，但我们对 x_t 的处理最后还要还原到原始观测值 Z_t. 事实上，Z_t 总是可通过 $x_t(t>d)$及 d 个 Z_t 初值来表示：

$d=1$：

$$Z_t = (Z_t - Z_{t-1}) + (Z_{t-1} - Z_{t-2}) + \cdots + (Z_2 - Z_1) + Z_1;$$

$$= Z_1 + \sum_{j=1}^{t-1} x_{1+j}, \quad t > d = 1; \tag{2.9.10}$$

$d=2$：

$$\begin{aligned} Z_t &= Z_k + \sum_{l=1}^{t-k} y_{k+l} \quad (y_{k+l} = Z_{k+l} - Z_{k+l-1}) \\ &= Z_k + \sum_{l=1}^{t-k} \Big(y_k + \sum_{j=1}^{l} x_{k+j} \Big) \\ &= Z_k + (t-k) y_k + \sum_{l=1}^{t-k} \sum_{j=1}^{l} x_{k+j} \\ &= Z_k + (t-k)(Z_k - Z_{k-1}) + \sum_{l=1}^{t-k} \sum_{j=1}^{l} x_{k+j} \\ &= Z_k + (t-k)(Z_k - Z_{k-1}) + \sum_{j=1}^{t-k} (t-k-j+1) x_{k+j}. \end{aligned} \tag{2.9.11}$$

当取 $k=2, t>2$ 时，有

$$\begin{aligned} Z_t &= Z_2 + (t-2)(Z_2 - Z_1) + \sum_{j=1}^{t-2} (t-j-1) x_{2+j} \\ &= Z_2 + \mathrm{C}_{t-2}^{1} \nabla Z_2 + \sum_{j=1}^{t-2} \mathrm{C}_{t-j-1}^{1} x_{2+j}. \end{aligned} \tag{2.9.12}$$

当差分是一般的 d 阶($d>0$，k 为正整数)时，对 $t>d$ 有如下表示：

$$Z_t = \sum_{i=0}^{d-1} \mathrm{C}_{t-k+i-1}^{i} \nabla^i Z_k + \sum_{j=1}^{t-k} \mathrm{C}_{t-k-j+d-1}^{d-1} x_{k+j} \tag{2.9.13a}$$

$$= \sum_{i=0}^{d-1} \mathrm{C}_{t-d+i-1}^{i} \nabla^i Z_d + \sum_{j=1}^{t-d} \mathrm{C}_{t-j-1}^{d-1} x_{d+j} \quad (\text{取 } k = d). \tag{2.9.13b}$$

若 d 阶差分后 x_t 可认为是平稳的，则 x_t 可进行 AR 模型或 ARMA 模型拟合并进行预报，从而由(2.9.13)式即可对 Z_t 做出预报.

定理 2.9.1 设$\{Z_t\}$为 ARIMA(p,d,q)序列，则已知$\{Z_k, k\leqslant t\}$之下对 $Z_{t+\tau}$ $(t>d, \tau>0)$的最优预报为

$$E(Z_{t+\tau} \mid Z_1, Z_2, \cdots, Z_d; x_s, s \leqslant t) \triangleq E(Z_{t+\tau} \mid \mathscr{L}_t) \tag{2.9.14}$$

$$= \sum_{i=0}^{d-1} \mathrm{C}_{\tau+i-1}^{i} \nabla^i Z_t + \sum_{j=1}^{\tau} \mathrm{C}_{\tau-j+d-1}^{d-1} \hat{x}_{t,j}, \tag{2.9.15}$$

其中

$$\hat{x}_{t,j} = \underset{H_x(t)}{\mathrm{Proj}}(x_{t+j}) \triangleq E(x_{t+j} | H_x(t)), \tag{2.9.16}$$

这里

$$H_x(t) = \mathscr{L}\{x_s, s \leqslant t\} \quad (\text{见}(1.2.42)\text{式}), \tag{2.9.17}$$

而(2.9.14)式中的 $\mathscr{Z}_t$ 定义为

$$\mathscr{Z}_t = \left\{\zeta: \zeta = w + \sum_{j=1}^{d} C_j Z_j, w \in H_x(t), C_j \text{ 为任意实数}\right\}, \tag{2.9.18}$$

(2.9.14)式是 $Z_{t+\tau}$ 对 $\mathscr{Z}_t$ 的投影.

证明 利用(2.9.13a)式,$t+\tau>d$,再取 $k=t$,得

$$\begin{aligned} Z_{t+\tau} &= \sum_{i=0}^{d-1} \mathrm{C}_{t+z-k+i-1}^{i} \nabla^i Z_k + \sum_{j=1}^{t+\tau-k} \mathrm{C}_{t+\tau-j-k+d-1}^{d-1} x_{k+j} \\ &= \sum_{i=0}^{d-1} \mathrm{C}_{\tau+i-1}^{i} \nabla^i Z_t + \sum_{j=1}^{\tau} \mathrm{C}_{\tau-j+d-1}^{d-1} x_{t+j}. \end{aligned} \tag{2.9.19}$$

对(2.9.19)式在 $\mathscr{Z}_t$ 上作投影,得

$$E(Z_{t+\tau}|\mathscr{Z}_t) = \sum_{i=0}^{d-1} \mathrm{C}_{\tau+i-1}^{i} E(\nabla^i Z_t|\mathscr{Z}_t) + \sum_{j=1}^{\tau} \mathrm{C}_{\tau-j+d-1}^{d-1} E(x_{t+j}|\mathscr{Z}_t). \tag{2.9.20}$$

由于

$$\nabla^i Z_t = (1-U)^i Z_t, \quad i = 0,1,\cdots,d-1, \tag{2.9.21}$$

从而 $\nabla^i Z_t \in \mathscr{Z}_t$,又由条件(2.9.8),有 $x_t \perp Z_1, Z_2, \cdots, Z_d (t>d)$,因此

$$E(x_{t+j}|\mathscr{Z}_t) = E(x_{t+j}|H_x(t)) = \hat{x}_{t,j}. \tag{2.9.22}$$

代回(2.9.20)式得

$$E(Z_{t+\tau}|\mathscr{Z}_t) = \sum_{i=0}^{d-1} \mathrm{C}_{\tau+i-1}^{i} \nabla^i Z_t + \sum_{j=1}^{\tau} \mathrm{C}_{\tau-j+d-1}^{d-1} \hat{x}_{t,j}. \quad \blacksquare$$

3. 一般 ARMA 模型的预报公式

在第一篇的定理 1.2.5 和定理 1.2.6 中介绍了实际观测数据 AR 模型和 MA 模型的预报.以下介绍当模型是 ARMA 模型时的具体预报公式,因为 ARIMA(p,d,q)模型经差分得到的 x_t 是 ARMA(p,q)模型(见(2.9.7)式).

定理 2.9.2(ARMA 模型预报公式) 设$\{x_t\}$为 ARMA(p,q)模型,其方程为

$$\sum_{l=0}^{p} \varphi_l x_{t-l} = \sum_{l=0}^{q} \theta_l \varepsilon_{t-l}, \quad \varphi_0 = 1, \tag{2.9.23}$$

则有以下的向量预报公式成立:

$$\hat{\boldsymbol{W}}_{t+1}^{q} = \boldsymbol{G}\hat{\boldsymbol{W}}_t^q + \boldsymbol{\alpha} x_{t+1} + \boldsymbol{\beta}, \tag{2.9.24}$$

其中

$$\hat{\boldsymbol{W}}_{t+i}^{q} = (\hat{x}_{t+i,1}, \hat{x}_{t+i,2}, \cdots, \hat{x}_{t+i,q})^{\mathrm{T}}, \quad i = 0,1,$$

$$\boldsymbol{G}=\begin{bmatrix}-\dfrac{C_1}{C_0} & 1 & 0 & \cdots & 0\\ -\dfrac{C_2}{C_0} & 0 & 1 & \cdots & 0\\ \vdots & \vdots & \vdots & \ddots & \vdots\\ -\dfrac{C_{q-1}}{C_0} & 0 & \cdots & 0 & 1\\ -\dfrac{C_q}{C_0}-\varphi'_q & -\varphi'_{q-1} & \cdots & -\varphi'_2 & -\varphi'_1\end{bmatrix}, \tag{2.9.25}$$

$$\varphi'_j=\begin{cases}\varphi_j, & 0<j\leqslant p,\\ 0, & j>p,\end{cases} \tag{2.9.26}$$

$$\boldsymbol{\alpha}=\left(\frac{C_1}{C_0},\frac{C_2}{C_0},\cdots,\frac{C_q}{C_0}\right)^{\mathrm{T}}, \tag{2.9.27}$$

$$\boldsymbol{\beta}=\left(0,0,\cdots,-\sum_{j=q+1}^{p}\varphi_j x_{t+q-j+1}\right)^{\mathrm{T}}$$

(约定：当 $p\leqslant q$ 时，$\boldsymbol{\beta}\equiv\boldsymbol{0}$).

本定理的证明可在谢(1990)中找到(p. 138)，我们这里不再详细证明，只给出以下简单例子说明用法，其中 Wold 系数$\{C_k\}$与$\{\varphi_k\}$，$\{\theta_k\}$的关系可见于(1.2.61)～(1.2.65)式.

例 2.9.1　设$\{x_t\}$为 ARMA(1,2)模型，方程为

$$x_t-0.8x_{t-1}=\varepsilon_t-\varepsilon_{t-1}+0.24\varepsilon_{t-2},$$

求向量预报公式.

解　这里 $p=1,q=2$，且

$$\varphi_0=1,\quad \varphi_1=-0.8,\quad \theta_0=1,\quad \theta_1=-1,\quad \theta_2=0.24,$$

可求得 Wold 系数为

$$C_0=1,\quad C_1=\theta_1-\varphi_1C_0=-0.2,\quad C_2=\theta_2-\varphi_1C_1=0.08,$$
$$\varphi'_1=\varphi_1=-0.8,\quad \varphi'_\tau=0\ (\tau>1),$$

从而

$$\begin{bmatrix}\hat{x}_{t+1,1}\\ x_{t+1,2}\end{bmatrix}=\begin{bmatrix}0.2 & 1\\ -0.08 & 0.8\end{bmatrix}\begin{bmatrix}\hat{x}_{t,1}\\ \hat{x}_{t,2}\end{bmatrix}+\begin{bmatrix}-0.2\\ 0.08\end{bmatrix}x_{t+1} \tag{2.9.28}$$

(由于 $q>p$，$\boldsymbol{\beta}\equiv\boldsymbol{0}$，(2.9.24)式中无第三项). 对于 $\tau>q=2$，用

$$\hat{x}_{t,\tau}=-\sum_{l=1}^{p}\varphi_l\,\hat{x}_{t,\tau-l}\quad (p=1), \tag{2.9.29}$$

可得

$$\hat{x}_{t,\tau}=-\varphi_1\hat{x}_{t,\tau-1}=\cdots=(-\varphi_1)^{\tau-2}\,\hat{x}_{t,2}=0.8^{\tau-2}\,\hat{x}_{t,2}. \tag{2.9.30}$$

2.2 季节性ARIMA模型的建模

1. 关于季节性ARIMA模型

除了上述有趋势的时间序列外，许多实际问题是有周期现象的，如交通运输、气象水文等. 因此人们不满足于ARIMA模型而将之推广到带季节性的ARIMA模型.

定义2.9.2 称 x_t 为具有周期 s，阶数为 $(p,d,q)\times(P,D,Q)$ 的**季节性模型**（简称为 $\mathrm{ARIMA}(p,d,q)\times(P,D,Q)_s$ 模型），假如它满足以下的方程：

$$\varphi(U)\Phi(U^s)\nabla^d\nabla_s^D x_t=\theta(U)\Theta(U^s)\varepsilon_t,\tag{2.9.31}$$

其中 s 为正整数，而

$$\nabla_s=1-U^s,\quad \nabla_s^D=(1-U^s)^D,\quad \nabla^d=(1-U)^d,\tag{2.9.32}$$

$$\begin{cases}\Phi(U^s)=1+\Phi_1U^s+\Phi_2U^{2s}+\cdots+\Phi_PU^{Ps},\\ \Theta(U^s)=1+\Theta_1U^s+\Theta_2U^{2s}+\cdots+\Theta_QU^{Qs},\\ \varphi(U)=1+\varphi_1U+\varphi_2U^2+\cdots+\varphi_pU^p,\\ \theta(U)=\theta_0+\theta_1U+\theta_2U^2+\cdots+\theta_qU^q,\end{cases}\tag{2.9.33}$$

且 $\Phi(Z^s)$，$\Theta(Z^s)$，$\varphi(Z)$，$\theta(Z)$ 的根皆在单位圆外，ε_t 是标准白噪声序列.

例2.9.2 设 x_t 是 $\mathrm{ARIMA}(p,1,q)\times(0,1,0)_s$ 模型，则对应(2.9.31)式的方程为

$$\varphi_p(U)\nabla\nabla_s x_t=\theta_q(U)\varepsilon_t,\tag{2.9.34}$$

其中 $\varphi_p(U)$，$\theta_q(U)$ 代表 p 阶和 q 阶多项式. 若令

$$\begin{aligned}y_t&=\nabla\nabla_s x_t=(1-U)(1-U^s)x_t=(1-U-U^s+U^{s+1})x_t\\&=x_t-x_{t-1}-x_{t-s}+x_{t-(s+1)}=(x_t-x_{t-s})-(x_{t-1}-x_{t-s-1})\\&=Z_t-Z_{t-1},\quad Z_t=x_t-x_{t-s},\end{aligned}\tag{2.9.35}$$

则方程(2.9.34)变成

$$\varphi_p(U)y_t=\theta_q(U)\varepsilon_t,\tag{2.9.36}$$

即 y_t 为 $\mathrm{ARMA}(p,q)$ 模型. 由上看出：对原始数据 x_t 先按周期 s 作差分得 Z_t，而后对 Z_t 的一阶差分成为 $\mathrm{ARMA}(p,q)$ 模型，即 Z_t 为 $\mathrm{ARIMA}(p,1,q)$ 模型.

由上可见，若在方程(2.9.31)中，令

$$Z_t=\nabla^d\nabla_s^D x_t,\tag{2.9.37}$$

并且合并

$$\varphi\Phi=\Phi^*,\quad \theta\Theta=\Theta^*,\tag{2.9.38}$$

则 Φ^* 为 $p+Ps$ 阶多项式，Θ^* 为 $q+Qs$ 阶多项式，从而 Z_t 是 $\mathrm{ARMA}(p+Ps,q+Qs)$ 模型，当然是稀疏系数的ARMA模型.

因此，由以上分析可看出，季节性ARIMA模型的建模归根结底还在于参数的估计和判

阶问题.

2. 正态分布条件下参数的 M. L. E 和 M. S. S. E[①]

设 ARMA(p,q)模型为

$$\sum_{k=0}^{p}\varphi_k x(t-k)=\varepsilon(t)+\sum_{k=1}^{q}\theta_k\varepsilon(t-k),\tag{2.9.39}$$

其中 $E\varepsilon^2(t)=\theta_0^2>0$,而参数表为向量形式

$$\boldsymbol{\lambda}=(\theta_0^2,\boldsymbol{\beta})=(\theta_0^2;\varphi_1,\varphi_2,\cdots,\varphi_p;\theta_1,\cdots,\theta_q).\tag{2.9.40}$$

假定 $\varepsilon(t)$是 i. i. d. $N(0,\theta_0^2)$白噪声序列,记

$$\boldsymbol{x}=(x_1,x_2,\cdots,x_N)^{\mathrm{T}}\tag{2.9.41}$$

为样本,则对数似然函数为

$$\ln p(x|\boldsymbol{\lambda})=-\frac{N}{2}\ln 2\pi+\frac{1}{2}\ln\det(\Sigma^{-1})-\frac{1}{2}\boldsymbol{x}'\Sigma^{-1}\boldsymbol{x},\tag{2.9.42}$$

其中Σ为协方差阵. 记

$$\boldsymbol{M}_N=\theta_0^2\Sigma^{-1},\tag{2.9.43}$$

则

$$\det(\Sigma^{-1})=\det(\boldsymbol{M}_N)\theta_0^{-2N}.\tag{2.9.44}$$

于是我们有以下的重要结果:

(1) 矩阵 $\boldsymbol{M}_N$ 是与参数 θ_0 无关的.

这只需证明逆矩阵 $\boldsymbol{M}_N^{-1}$ 的每个(k,j)元素都与 θ_0^2无关即可. 由(2.9.43)式知

$$\boldsymbol{M}_N^{-1}=\theta_0^{-2}\Sigma,\tag{2.9.45}$$

从而

$$(\boldsymbol{M}_N^{-1})_{k,j}=\theta_0^{-2}R(k-j)=\theta_0^{-2}E[x(k)x(j)].\tag{2.9.46}$$

利用(1.1.32)式及定理 1.1.9 的 ARMA 模型谱密度的参数表示式(1.1.82),则(2.9.46)式可表为

$$\begin{aligned}(\boldsymbol{M}_N^{-1})_{k,j}&=\theta_0^{-2}\int_{-\pi}^{\pi}\mathrm{e}^{\mathrm{i}(k-j)\lambda}\left|\frac{1+\sum\limits_{k=1}^{q}\theta_k\mathrm{e}^{-\mathrm{i}k\lambda}}{1+\sum\limits_{k=1}^{p}\varphi_k\mathrm{e}^{-\mathrm{i}k\lambda}}\right|^2 f_\varepsilon(\lambda)\mathrm{d}\lambda\\&=\theta_0^{-2}\int_{-\pi}^{\pi}\mathrm{e}^{\mathrm{i}(k-j)\lambda}\left|\frac{1+\sum\limits_{k=1}^{q}\theta_k\mathrm{e}^{-\mathrm{i}k\lambda}}{1+\sum\limits_{k=1}^{p}\varphi_k\mathrm{e}^{-\mathrm{i}k\lambda}}\right|^2\frac{\theta_0^2}{2\pi}\mathrm{d}\lambda\end{aligned}$$

---

① M. L. E 为最大似然估计,M. S. S. E 为最小误差平方和估计.

$$= \frac{1}{2\pi}\int_{-\pi}^{\pi} e^{i(k-j)\lambda} \left| \frac{1+\sum_{k=1}^{q}\theta_k e^{-ik\lambda}}{1+\sum_{k=1}^{p}\varphi_k e^{-ik\lambda}} \right|^2 d\lambda. \tag{2.9.47}$$

从(2.9.47)式可看出结论(1)是成立的.

(2) $|\det(\boldsymbol{M}_N)|<C$,其中 C 是一个常数,它与样本量 N 无关($N>p$).

以下为简明起见我们只对 AR(p)模型进行证明,一般 ARMA 模型的证明原理是类似的,只是写起来比较繁. 由 Yule-Walker 方程

$$\begin{bmatrix} R(0) & R(1) & \cdots & R(p) \\ R(1) & R(0) & \cdots & R(p-1) \\ \vdots & \vdots & & \vdots \\ R(p) & R(p-1) & \cdots & R(1) \end{bmatrix} \begin{bmatrix} 1 \\ \varphi_1 \\ \vdots \\ \varphi_p \end{bmatrix} = \begin{bmatrix} \theta_0^2 \\ 0 \\ \vdots \\ 0 \end{bmatrix}, \tag{2.9.48}$$

将其左边的协方差阵记为 $\boldsymbol{R}_{p+1}$,则由线性代数知识有

$$1 = \frac{\det\begin{bmatrix} \theta_0^2 & R(1) & \cdots & R(p) \\ 0 & & & \\ \vdots & & & \boldsymbol{R}_p \\ 0 & & & \end{bmatrix}}{\det(\boldsymbol{R}_{p+1})} = \frac{\theta_0^2\det(\boldsymbol{R}_p)}{\det(\boldsymbol{R}_{p+1})}. \tag{2.9.49}$$

由于 $\boldsymbol{R}_{p+1}>0$,$\det(\boldsymbol{R}_{p+1})=\det(\boldsymbol{R}_p)\theta_0^2>0$,即 $\theta_0>0$,可见对 $L>0$,有

$$\det(\boldsymbol{R}_{p+L+1}) = \det(\boldsymbol{R}_{p+L})\theta_0^2>0, \tag{2.9.50}$$

其中

$$\boldsymbol{R}_{p+L+1} = \begin{bmatrix} & & & R_{p+L} \\ & \boldsymbol{R}_{p+L} & & \vdots \\ & & & R_1 \\ R_{p+L} & \cdots & R_1 & R_0 \end{bmatrix}. \tag{2.9.51}$$

反复用(2.9.50)式可得

$$\det(\boldsymbol{R}_{p+L+1}) = (\theta_0^2)^{L+1}\det(\boldsymbol{R}_p), \tag{2.9.52}$$

从而得

$$\det(\boldsymbol{R}_{p+L+1}^{-1}) = \theta_0^{-2(L+1)}\det(\boldsymbol{R}_p^{-1}).$$

如今令 $N=p+L+1$ ($L>0$),由(2.9.43)式可得

$$\boldsymbol{M}_{p+L+1} = \theta_0^2\boldsymbol{R}_{p+L+1}^{-1},$$

并由(2.9.52)式有

$$\det(\boldsymbol{M}_{p+L+1})=\theta_0^{2(p+L+1)}\det(\boldsymbol{R}_{p+L+1}^{-1})=\theta_0^{2(p+L+1)}\cdot\theta_0^{-2(L+1)}\det(\boldsymbol{R}_p^{-1})=\theta_0^{2p}\det(\boldsymbol{R}_p^{-1}). \tag{2.9.53}$$

而(2.9.53)式最右端与 $N(L)$ 无关,从而

$$|\det(\boldsymbol{M}_N)| < C < +\infty, \quad N > p. \tag{2.9.54}$$

(3) 关于 M.S.S.E 的结果:

基于(2.9.42)式及以上(1),(2)两项结果,我们不难看出,极大化似然函数(2.9.42)等同于求以下函数的极小值(当 N 充分大):

$$\Lambda(\theta_0^2,\beta) = \frac{N}{2}\ln\theta_0^2 + \frac{1}{2\theta_0^2}\boldsymbol{x}^{\mathrm{T}}\boldsymbol{M}_N\boldsymbol{x}. \tag{2.9.55}$$

(2.9.55)式的最优估计称为**渐近对数似然估计**,而

$$S(\beta) = \boldsymbol{x}^{\mathrm{T}}\boldsymbol{M}_N\boldsymbol{x} \tag{2.9.56}$$

称为**平方和函数**,它是不含参数 θ_0^2 的. 于是 $\Lambda(\theta_0^2,\beta)$ 的最优解可由以下方程组解出:

$$\begin{cases} \dfrac{\partial}{\partial\theta_0^2}\Lambda(\theta_0^2,\beta) = \dfrac{N}{2\theta_0^2} - \dfrac{S(\beta)}{2\theta_0^4} = 0, \\ \dfrac{\partial}{\partial\beta}\Lambda(\theta_0^2,\beta) = \dfrac{1}{2\theta_0^2}\dfrac{\partial}{\partial\beta}S(\beta) = 0. \end{cases} \tag{2.9.57}$$

由方程组(2.9.57)得到的解称为 M.S.S.E. 换言之,即

$$\hat{\theta}_0^2 = \frac{1}{N}S(\beta), \tag{2.9.58}$$

而 $\hat{\beta}$ 是以下方程的解:

$$\frac{\partial}{\partial\beta}S(\beta) = 0. \tag{2.9.59}$$

3. 关于 Powell 算法

要求 $\Lambda(\theta_0^2,\beta)$ 的极值是一个不太容易的问题. 而对于下凸函数,Powell 算法提供了一种基于迭代算法求极值的有效手段,它区别于通常的梯度算法等许多需要用一、二阶函数导数的计算.

设 $\boldsymbol{x}=(x_1,x_2,\cdots,x_n)^{\mathrm{T}}$ 是实向量空间 $\mathbf{R}^n$ 中的一个向量且 $f(\boldsymbol{x})$ 是 $\mathbf{R}^n$ 中一个实正定下凸函数. **Powell 算法**是:取 $\mathbf{R}^n$ 中的一个点 $\boldsymbol{x}^{(i)}\in\mathbf{R}^n$ 作为初值而后计算 $f(\boldsymbol{x})$ 的最小值,沿着 n 个方向 $\boldsymbol{\eta}_1,\boldsymbol{\eta}_2,\cdots,\boldsymbol{\eta}_n$ 找,然后由 $\boldsymbol{x}^{(i)}$ 换到 $\boldsymbol{x}^{(i+1)}=\boldsymbol{x}^{(i)}+\lambda\boldsymbol{\eta}$. 具体步骤如下:

第一步:选一个初始值

$$\boldsymbol{x}^{(0)} = (x_1^0,x_2^0,\cdots,x_n^0)^{\mathrm{T}}\in\mathbf{R}^n \tag{2.9.60}$$

和 n 个方向

$$\boldsymbol{\eta}^{(1)},\boldsymbol{\eta}^{(2)},\cdots,\boldsymbol{\eta}^{(n)}\in\mathbf{R}^n. \tag{2.9.61}$$

作为初值可选

$$\boldsymbol{\eta}^{(i)} = (\underbrace{0,\cdots,0,\overset{\text{第}i\text{个}}{1},0,\cdots,0}_{n\text{个}})^{\mathrm{T}}, \quad i=1,2,\cdots,n. \tag{2.9.62}$$

第二步：对 $i=1,2,\cdots,n$，选一个实数 λ_i，使得对

$$x^{(i)} = x^{(i-1)} + \lambda_i \boldsymbol{\eta}^{(i)},$$

有
$$f_i = f(x^{(i)}) = \inf_{\lambda} f(x^{(i-1)} + \lambda \boldsymbol{\eta}^{(i)}), \quad i=1,2,\cdots,n, \tag{2.9.63}$$

而 λ 应保证在函数 $f(x^{(i)})$ 的下凸区域中选择.

第三步：令 $f_0 = f(x^{(0)})$，而对任何给定的 $\delta>0$，当 $f_0 - f_n < \delta$ 时，则停止计算且取 $f(x)$ 的近似极小值和对应的 x 分别为 f_n 和 $x^{(n)}$.

第四步：选一正整数 m $(1\leqslant m\leqslant n)$，使得

$$f_{m-1} - f_m = \Delta = \max_{1\leqslant k\leqslant n}\{f_{k-1} - f_k\}. \tag{2.9.64}$$

第五步：令

$$\tilde{f} = f(2x^{(n)} - x^{(0)}), \tag{2.9.65}$$

如果

$$\frac{1}{2}(f_0 - 2f_n + \tilde{f}) \geqslant \Delta, \tag{2.9.66}$$

则用 $x^{(n)}$ 取代 $x^{(0)}$，并沿着原来的方向 $\boldsymbol{\eta}^{(1)}, \boldsymbol{\eta}^{(2)}, \cdots, \boldsymbol{\eta}^{(n)}$ 找函数的极值(即回到第二步).

第六步：若

$$\frac{1}{2}(f_0 - 2f_n + \tilde{f}) < \Delta, \tag{2.9.67}$$

则令
$$\boldsymbol{\eta} = x^{(n)} - x^{(0)}, \tag{2.9.68}$$

并选 λ^*，使得对

$$x^* = x^{(n)} + \lambda^* \boldsymbol{\eta}, \tag{2.9.69}$$

函数 f 达到了最小值

$$f^* = f(x^*) = \inf_{\lambda} f(x^{(n)} + \lambda \boldsymbol{\eta}). \tag{2.9.70}$$

然后以 x^* 取代 $x^{(0)}$，再沿着以下方向

$$\boldsymbol{\eta}^{(1)}, \cdots, \boldsymbol{\eta}^{(m-1)}, \boldsymbol{\eta}^{(m+1)}, \cdots, \boldsymbol{\eta}^{(n)}, \boldsymbol{\eta} \tag{2.9.71}$$

选函数的极值(即回到第二步).

以上介绍的 Powell 算法可用于许多寻找非线性函数的极值问题.

4. 关于多项式根的 Jury 判别方法

在第一篇第一章的(1.1.62)～(1.1.67)式中，我们介绍了简单低阶 ARMA 模型多项式根位置的判别方法. 而对一般的 n 阶多项式，如何判别它的根的位置呢？Jury 判别方法可解决这一问题. 在介绍 Jury 判别方法之前，先引入一些记号.

设实系数多项式为

$$F(Z) = a_n Z^n + a_{n-1} Z^{n-1} + \cdots + a_1 Z + a_0, \quad a_n > 0, \tag{2.9.72}$$

令

$$
\begin{cases}
b_k = a_0 a_k - a_n a_{n-k}, & k = 0,1,\cdots,n-1, \\
c_k = b_0 b_k - b_{n-1} b_{n-1-k}, & k = 0,1,\cdots,n-2, \\
d_k = c_0 c_k - c_{n-2} c_{n-2-k}, & k = 0,1,\cdots,n-3, \\
\cdots\cdots\cdots\cdots
\end{cases}
\tag{2.9.73}
$$

一直到 $k=0,1,2,3$,则可得对应的 p_0, p_1, p_2, p_3,并令

$$
\begin{cases}
q_0 = p_0 p_0 - p_3 p_3, \\
q_2 = p_0 p_2 - p_3 p_1.
\end{cases}
\tag{2.9.74}
$$

于是有以下的定理:

定理 2.9.3(Jury 定理)　设 $F(Z)$是实系数 n 阶多项式,形如(2.9.72)式,则 $F(Z)$所有的根皆在单位圆内的充分必要条件为

(1) $F(1)>0$, (2.9.75)

$$
F(-1)\begin{cases}
<0, & \text{当 } n \text{ 是奇数时}, \\
>0, & \text{当 } n \text{ 是偶数时};
\end{cases}
\tag{2.9.76}
$$

$$
(2)\begin{cases}
|a_0| < a_n, \\
|b_0| > |b_{n-1}|, \\
|c_0| > |c_{n-2}|, \\
\cdots\cdots\cdots \\
|q_0| > |q_2|.
\end{cases}
\tag{2.9.77}
$$

此定理的证明可在文献 Jury(1964)中找到,这里不再给出证明而只介绍用法.

对 ARMA 模型的多项式

$$
\begin{cases}
\Phi(Z) = 1 + \varphi_1 Z + \cdots + \varphi_p Z^p, \\
\Theta(Z) = \theta_0 + \theta_1 Z + \cdots + \theta_q Z^q,
\end{cases}
\tag{2.9.78}
$$

我们要判别的是"根是否都在单位圆外",但 Jury 定理判别的是"根全在单位圆内". 因此在应用 Jury 定理前需对多项式 $\Phi(Z)$和 $\Theta(Z)$作变形. 设 $\Phi(Z)$,$\Theta(Z)$的根皆在单位圆外,令

$$
\begin{cases}
\Phi^*(Z) = \sum\limits_{k=0}^{p} \varphi_k Z^{p-k}, \\
\Theta^*(Z) = \sum\limits_{k=0}^{q} \theta_k Z^{q-k},
\end{cases}
\tag{2.9.79}
$$

则

$$
\begin{cases}
\Phi^*(Z) \neq 0, & |Z| \geqslant 1, \\
\Theta^*(Z) \neq 0, & |Z| \geqslant 1.
\end{cases}
\tag{2.9.80}
$$

这只需对 $\Phi(Z)$进行证明即可:设原 $\Phi(Z)$在单位圆外有 p 个根$\{Z_k\}$,即 $\Phi(Z)$可表示为

$$
\Phi(Z) = C\prod_{k=1}^{p}(Z - Z_k), \quad |Z_k| > 1,
\tag{2.9.81}
$$

则
$$\Phi^*(Z)=\sum_{k=0}^{p}\varphi_k Z^{p-k}=Z^p\sum_{k=0}^{p}\varphi_k Z^{-k}=Z^p\Phi\left(\frac{1}{Z}\right)$$
$$=CZ^p\prod_{k=1}^{p}\left(\frac{1}{Z}-Z_k\right). \tag{2.9.82}$$
而
$$\frac{1}{Z}-Z_k=0\Longleftrightarrow Z=\frac{1}{Z_k}\quad(k=1,2,\cdots,p),$$
从而由条件(2.9.81)知$|Z^{(k)}|<1$ $(k=1,2,\cdots,p)$，这表明 $\Phi^*(Z)$的根全在单位圆内.

以 AR(2)模型为例，设
$$\Phi(Z)=1+\varphi_1 Z+\varphi_2 Z^2.$$
改写为
$$\Phi^*(Z)=Z^2+\varphi_1 Z+\varphi_2,$$
这里 $a_2=1,a_1=\varphi_1,a_0=\varphi_2$，于是

(1) $\Phi^*(1)=1+\varphi_1+\varphi_2>0\Rightarrow\varphi_1+\varphi_2>-1$; (2.9.83)

(2) $\Phi^*(-1)=1-\varphi_1+\varphi_2>0\Rightarrow\varphi_1-\varphi_2<1$; (2.9.84)

(3) $|a_0|<|a_2|\Rightarrow|\varphi_2|<1$. (2.9.85)

读者不难看出(2.9.83)～(2.9.85)式的三个条件正是第一篇第一章中(1.1.65)式的三个条件.

§3 上海温度变化的建模与长期预报

本课题对 1952—1975 年上海的平均月气温记录总共 288 个数据，运用季节性 ARIMA 模型进行建模.其步骤如下：

(1) 假定模型为 ARIMA$(p,d,q)\times(P,D,Q)_M$ 模型，其中 $M=12,D=1$.

(2) 选初始向量系数
$$\boldsymbol{\beta}^{(0)}=(\varphi_1^0,\cdots,\varphi_P^0,\Phi_1^0,\cdots,\Phi_P^0,\theta_1^0,\cdots,\theta_q^0,\Theta_1^0,\cdots,\Theta_Q^0)^{\mathrm{T}}, \tag{2.9.86}$$
其中系数的选择要求每一组都必须满足平稳性，即用 Jury 判别法判根时保证 $\varphi_p(Z),\Phi_P(Z)$，$\theta_q(Z),\Theta(Z)_Q$ 各多项式在单位圆内(上)无根.

(3) 对 $\delta>0$，用 Powell 算法求 M. S. S. E，得到方程组(2.9.57)的最优参数.此中注意计算的参数
$$\boldsymbol{\beta}^{(i+1)}=\boldsymbol{\beta}^{(i)}+\lambda_i\boldsymbol{\eta}^{(i)}$$
须满足前述平稳性条件，同时保证参数选择区域是在函数的下凸区域.

(4) 对不同的(p,d,q,P,Q)重复计算以上(2)，(3)两步以获得最佳 M. S. S. E 的参数 β^* 和 S^*（见(2.9.59)式).

(5) 用 AIC 函数来判定阶：

$$\mathrm{AIC}(p,d,q,P,Q)=N\log\left(\frac{S^*}{N}\right)+2\left[\frac{N}{N-d}\right](p+q+P+Q+1+\delta_{d,0}),\tag{2.9.87}$$

其中$[x]$为 x 的整数部分，而

$$\delta_{d,0}=\begin{cases}1, & d=0,\\ 0, & d\neq 0,\end{cases}$$

N 是指数据经过$\nabla^d\nabla_{12}$差分后的样本个数.

经过以上的实际计算，最后的季节性模型选定为

$$\Big(\sum_{k=0}^{p}\varphi_k U^k\Big)\Big(\sum_{k=0}^{P}\Phi_k U^{kM}\Big)\nabla^d\nabla_M^D x(t)=\Big(\sum_{k=0}^{q}\theta_k U^k\Big)\Big(\sum_{k=0}^{Q}\Theta_k U^{kM}\Big)\varepsilon(t),\tag{2.9.88}$$

其中 $M=12,\Theta_0=\Phi_0=1,\theta_0=\varphi_0=1,\mathrm{Var}(\varepsilon(t))=\sigma_\varepsilon^2$，且：

$$\begin{cases}p=1,\ d=0,\ q=2,\\ P=2,\ D=1,\ Q=1,\end{cases}$$

$$\begin{cases}\varphi_1=0.00,\ \theta_1=-0.19,\\ \Phi_1=-0.09,\ \theta_2=0.01,\\ \Phi_2=-0.09,\ \Theta_1=0.90,\end{cases}$$

即用 288 个观测数据得到的上海气温月平均值的数学模型为 $\mathrm{ARIMA}(1,0,2)\times(2,1,1)_{12}$ 模型.

后来，研究人员又获得了后几年的数据，即由 288 个扩充到 324 个，并用以上算法重新计算结果发现所选的阶数、参数和上面的结果相同. 可见上述模型还是比较稳健的.

运用上述模型来预报 1974—1979 年上海的月平均气温，结果可见于图 2.9.3. 从中可看出预报效果是相当好的.

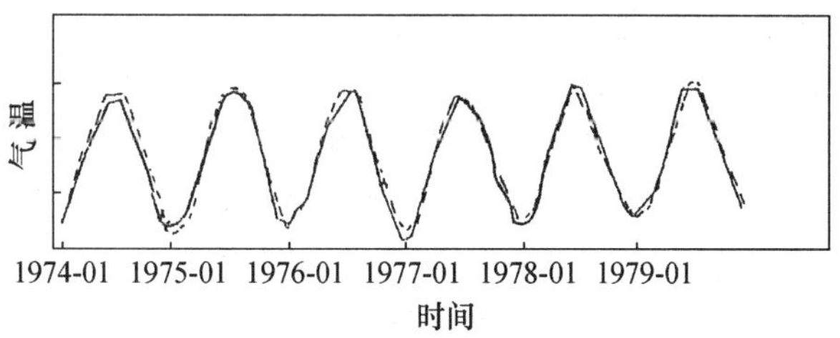

图 2.9.3 用季节性 ARIMA 模型预报上海的月平均气温

第十课题　随机场数据的时空潜在周期分析及其在地球物理中的应用

§1　前　　言

前面我们所介绍的理论和应用都是针对一维时间序列$\{x(t),t\in\mathbf{Z}\}$或n维向量时间序列$\{\mathbf{X}(t)=(x_1(t),\cdots,x_n(t)),t\in\mathbf{Z}\}$的.然而很多实际问题,它不是单变量$t\in\mathbf{Z}$的,而是多变量$(t,s)\in\mathbf{Z}^2$或$(x,y,t)\in\mathbf{Z}^3$的,即

$$\{x(t,s),(t,s)\in\mathbf{Z}^2\} \tag{2.10.1}$$

或

$$\{z(x,y,t),(x,y,t)\in\mathbf{Z}^3\} \tag{2.10.2}$$

(这里$\mathbf{Z}^2$,$\mathbf{Z}^3$分别表示二维整数集和三维整数集).前者如在平面区域内进行地球物理勘探,后者如t时刻于地理位置(x,y)的温度,等等.因此在时间序列分析的发展历史中,逐渐由一元向多元发展,再从一个变量到多个变量发展,后者就是所谓**随机场**或称**时空序列**.对于时间序列的理论,最具权威性也是最早的文章且为后人反复引用的当属 Kolmogorov (1941)(文集中论文之一),而关于随机场预测理论,最早开拓者却是我国数学家江泽培先生(Chiang Tse-Pei 或俄文 Цзян Цзэ-Пей),其文章“关于离散齐次随机场的线性预测”(1957a)发表在苏联的*Д. А. Н.*上,(1957b)是连续足标的预测理论. Kolmogorov 在总结苏联 40 年(1917—1957)的概率统计成就时曾说:“齐次及具有齐次增量的随机场的外推问题的研究由江泽培开始”(见《40 年》(1965)). 20 世纪 90 年代江泽培先生领导的讨论班和指导学生的毕业论文,将时空序列的理论和方法开拓到时空 ARMA 模型的建模、定阶以及时空的周期性分析等等,获得一系列新结果(见 Chiang (1990),He (1993)).

本课题是油田开发中的实际课题.我们知道在我国西北油田的勘探、开发条件都非常艰难,每打一口井都要付出高昂代价.而为了确切探明地下结构和储量,打井取得第一手资料又是绝对必需的.然而,比方说,要探明一个地区的石油储量,需要打多少口井呢?答案当然是“愈多愈精确”.可是出于尽可能节省开支的想法,自然会问:能不能少打一些井?需知许多艰难的地区,打一口深井需数百万元之多.因此,石油地质工作者向我们提出:在合理布局而且有一定数量的数据之后,能不能用数学方法预报出平面及立体的更多可靠的数值,以便地质学家能更准确地对该地区的石油储量做出估计?

这对我们数学工作者显然是一个很大的挑战.用数学方法处理地学问题可见于许多文章和书籍,比如较系统的书有 Harbaugh, Carter (1980).该书的一个重要意见是建议对地球物理的有关数据用周期性趋势分析模型,并举了一些好的研究结果.然而在他们用二维周

期函数建模时，一个最大的困难是确定周期成分的个数. 虽然书中作者提出了若干建议，但是显然这些建议缺乏严格的数学基础，更不可能给出统计学上的严格的渐近极限行为.

最可靠的办法当然是不仅能给出一种不难计算的对时空数据进行周期性函数建模的方法，而且这些方法有严格的数学理论基础. 20 世纪 90 年代江泽培先生领导的讨论班在这方面取得了重要进展. 以 He S(1993)及他随后发表的文章中的结果为代表，不仅给出了具体的随机场的周期成分检测、定阶方法，还给出了严格的证明.

本课题将介绍油田中的实际问题，给出用 He 的方法如何检测出有效周期成分，并由此建立了油田岩性渗透率的随机场数学模型和预报公式，且和实测数据作比较. 更重要的是由预测模型给出了该地区渗透率分布的立体分层图形. 地质学家从其它资料的对比中肯定了我们方法的正确性.

本文曾在以 David R Brillinger 为首的国际专题研讨会上作过介绍，后发表于 Springer 的 IMA 系列专著中(见文献 Xie(2004)).

§2 预备知识

2.1 关于随机场的若干名词

在以前的章节中我们只涉及一维时间序列$\{x(t),t\in\mathbf{Z}\}$或 n 维向量时间序列$\{\boldsymbol{X}(t),t\in\mathbf{Z}\}$，而像(2.10.1)，(2.10.2)式，甚至更一般的

$$\{x(\boldsymbol{t}),\boldsymbol{t}=(t_1,t_2,\cdots,t_n)\in\mathbf{Z}^n\},\tag{2.10.3}$$

都未讨论过. 以下简单介绍有关的一些定义，对于详细的内容，读者可参看 Yaglom(1987).

定义 2.10.1 一个 n 元变量的随机函数(2.10.3)称为是**离散齐次随机场**，假若它满足以下条件：

(1) $E[x(\boldsymbol{t})]=m$ (常数)，$\forall\,\boldsymbol{t}\in\mathbf{Z}^n$； (2.10.4)

(2) $E[x(\boldsymbol{t}_1)\overline{x(\boldsymbol{t}_2)}]=B(\boldsymbol{t}_1,\boldsymbol{t}_2)=B(\boldsymbol{t}_1-\boldsymbol{t}_2),\boldsymbol{t}_1,\boldsymbol{t}_2\in\mathbf{Z}^n$. (2.10.5)

以后我们只考虑具有实值的离散随机场(简称随机场)，而且常假定 $m=0$，从而协方差 $B(\cdot,\cdot)$和相关函数 $R(\cdot,\cdot)$相同.

需注意的是：对于实值的齐次随机场，当 $n=2$ 时，有

$$R(\boldsymbol{t}_1,\boldsymbol{t}_2)=R(-\boldsymbol{t}_1,-\boldsymbol{t}_2).\tag{2.10.6}$$

但一般地，

$$R(\boldsymbol{t}_1,\boldsymbol{t}_2)\neq R(-\boldsymbol{t}_1,\boldsymbol{t}_2).\tag{2.10.7}$$

以下介绍几个简单的与本课题有关的例子.

例 2.10.1(白噪声随机场) 随机场$\{x(\boldsymbol{t}),\boldsymbol{t}\in\mathbf{Z}^2\}$称为二维白噪声随机场(w. n.)，如果(2.10.4)式中 $m=0$，且相关函数

$$R(\boldsymbol{\tau}) = \begin{cases} 1, & \boldsymbol{\tau} = (0,0), \\ 0, & \boldsymbol{\tau} \neq (0,0). \end{cases} \tag{2.10.8}$$

例 2.10.2(调幅随机场) 设$\{A_j, j=1,2,\cdots,n\}$是 n 个相互独立,均值为 0,$\mathrm{Var}(A_j)=f_j(j=1,2,\cdots,n)$的实随机变量,$\{\omega_j, j=1,2,\cdots,n\}$是 n 个实数,

$$x(\boldsymbol{t}) = \sum_{j=1}^{n} A_j \mathrm{e}^{\mathrm{i}\boldsymbol{t}\omega_j}, \quad \boldsymbol{t} \in \mathbf{Z}^2, \tag{2.10.9}$$

则$\{x(\boldsymbol{t}), \boldsymbol{t} \in \mathbf{Z}^2\}$是齐次随机场.

首先,有

$$E[x(\boldsymbol{t})] = \sum_{j=1}^{n} E(A_j)\mathrm{e}^{\mathrm{i}\boldsymbol{t}\omega_j} \equiv 0,$$

$$\begin{aligned} R(\boldsymbol{t}_1, \boldsymbol{t}_2) &= E[x(\boldsymbol{t}_1)\overline{x(\boldsymbol{t}_2)}] \\ &= \sum_{j=1}^{n}\sum_{s=1}^{n} E(A_j A_s)\mathrm{e}^{\mathrm{i}\boldsymbol{t}_1\omega_j} \cdot \mathrm{e}^{-\mathrm{i}\boldsymbol{t}_2\omega_s}. \end{aligned} \tag{2.10.10}$$

其次,由于 $E(A_jA_s)=f_j\delta_{j,s}$,则(2.10.10)式变成

$$R(\boldsymbol{t}_1, \boldsymbol{t}_2) = \sum_{j=1}^{n} f_j \mathrm{e}^{\mathrm{i}(\boldsymbol{t}_1-\boldsymbol{t}_2)\omega_j} = R(\boldsymbol{t}_1 - \boldsymbol{t}_2). \tag{2.10.11}$$

可见$\{x(\boldsymbol{t}), \boldsymbol{t} \in \mathbf{Z}^2\}$是齐次随机场.

例 2.10.2 相当于圆频率为$\{\omega_j, j=1,2,\cdots,n\}$,调幅信号为$\{A_j, j=1,2,\cdots,n\}$,位置处于 $\boldsymbol{t}=(t_1,t_2)$的周期性信号.上述为复信号形式,更实用的往往是

$$x(\boldsymbol{t}) = \sum_{k=1}^{P} A_k \cos\omega_k \boldsymbol{t}, \tag{2.10.12}$$

其中 $A_k, \omega_k (k=1,2,\cdots,n)$同上述的 A_j, ω_j.这不难经适当变换化为(2.10.9)式的形式.如令

$$\lambda_k = \begin{cases} \omega_k, & k = 1,2,\cdots,P, \\ -\omega_{k-P}, & k = P+1, P+2,\cdots,2P, \end{cases} \tag{2.10.13}$$

$$\eta_j = \begin{cases} \dfrac{1}{2}A_j, & j = 1,2,\cdots,P, \\ \dfrac{1}{2}A_{j-P}, & j = P+1,\cdots,2P \end{cases} \tag{2.10.14}$$

及

$$y(\boldsymbol{t}) = \sum_{j=1}^{2P} \eta_j \mathrm{e}^{\mathrm{i}\boldsymbol{t}\lambda_j}, \quad \boldsymbol{t} \in \mathbf{Z}^2, \tag{2.10.15}$$

则(2.10.15)式具有(2.10.9)式的形式.但利用

$$\mathrm{e}^{\mathrm{i}\omega_j \boldsymbol{t}} + \mathrm{e}^{-\mathrm{i}\omega_j \boldsymbol{t}} = 2\cos\omega_j \boldsymbol{t}$$

立刻可看出 $y(\boldsymbol{t})=x(\boldsymbol{t})$.

例 2.10.3　设$\{\xi(t)\}$是标准白噪声随机场，$A_k,\omega_k(k=1,2,\cdots,n)$同上述的$A_j,\omega_j$，$\{A_k\}$与$\{\xi(t)\}$独立，令

$$x(t)=\sum_{j=1}^{n}A_k\cos\omega_k t+\xi(t),$$

则$\{x(t)\}$是齐次随机场.

本例的证明留给读者.

2.2　Khinchin-Bochner 定理和谱函数

由(2.10.9)式和(2.10.11)式可知，对一般的$t\in\mathbf{Z}^n$，令

$$x(t)=\sum_j A_j e^{it\omega_j},\quad t\in\mathbf{Z}^n,$$

则相关函数有以下形式：

$$R(\boldsymbol{\tau})=\sum_j f_j e^{i\tau\omega_j} \tag{2.10.16}$$

$$=\int_{\mathbf{R}^n}e^{i\boldsymbol{\tau}^{\mathrm{T}}\boldsymbol{\omega}}F(d\boldsymbol{\omega}), \tag{2.10.17}$$

其中$d\boldsymbol{\omega}=d\omega_1 d\omega_2\cdots d\omega_n$是$\mathbf{R}^n$空间中的测度元，$F(d\boldsymbol{\omega})$为 Stieltjes 测度，当它在对应于(2.10.16)式中的点上有跳跃间断值时就可将$R(\boldsymbol{\tau})$表为(2.10.17)式的形式. 这方面的理论已超出本书范围，读者可参看 Yaglom(1987)第四章第 21 节的有关段落.

在实用中，如果相关函数$R(\boldsymbol{\tau})=R(\tau_1,\tau_2,\cdots,\tau_n)$满足绝对可和性质：

$$\sum_{\tau_1}\sum_{\tau_2}\cdots\sum_{\tau_n}|R(\tau_1,\tau_2,\cdots,\tau_n)|<+\infty, \tag{2.10.18}$$

则存在非负n维函数$f(\boldsymbol{\omega})=f(\omega_1,\omega_2,\cdots,\omega_n)$，使得

$$R(\boldsymbol{\tau})=\int_{-\pi}^{\pi}\int_{-\pi}^{\pi}\cdots\int_{-\pi}^{\pi}f(\boldsymbol{\omega})e^{i\boldsymbol{\tau}^{\mathrm{T}}\boldsymbol{\omega}}d\omega_1 d\omega_2\cdots d\omega_n, \tag{2.10.19}$$

并且有

$$f(\boldsymbol{\omega})=\frac{1}{(2\pi)^n}\sum_{\tau_1=-\infty}^{\infty}\cdots\sum_{\tau_n=-\infty}^{\infty}e^{i\boldsymbol{\tau}^{\mathrm{T}}\boldsymbol{\omega}}R(\boldsymbol{\tau}). \tag{2.10.20}$$

上述$f(\boldsymbol{\omega})=f(\omega_1,\omega_2,\cdots,\omega_n)$就称为是齐次随机场$x(t)$的谱密度(函数).

例 2.10.4(白噪声随机场的谱密度)　设$x(t)$是例 2.10.1 的标准白噪声随机场，均值为零，相关函数$R(\boldsymbol{\tau})$是(2.10.8)式，显然满足(2.10.18)式，则由(2.10.20)式知谱密度为

$$f(\omega_1,\omega_2)=f(\boldsymbol{\omega})=\frac{1}{(2\pi)^2},\quad -\pi\leqslant\omega_1,\omega_2\leqslant\pi. \tag{2.10.21}$$

例 2.10.5(有理谱随机场的谱密度)　设$x(t)$的均值为零，相关函数为

$$R(\tau_1,\tau_2)=C\,a_1^{|\tau_1|}\cdot a_2^{|\tau_2|}, \tag{2.10.22}$$

其中 $C>0,|a_i|<1,a_i(i=1,2)$是实数,则其谱密度为

$$f(\omega_1,\omega_2)=\frac{C}{(2\pi)^2}\cdot\frac{(1-a_1^2)(1-a_2^2)}{|e^{i\omega_1}-a_1|^2|e^{i\omega_2}-a_2|^2}. \tag{2.10.23}$$

该谱密度的图形如图 2.10.1 所示

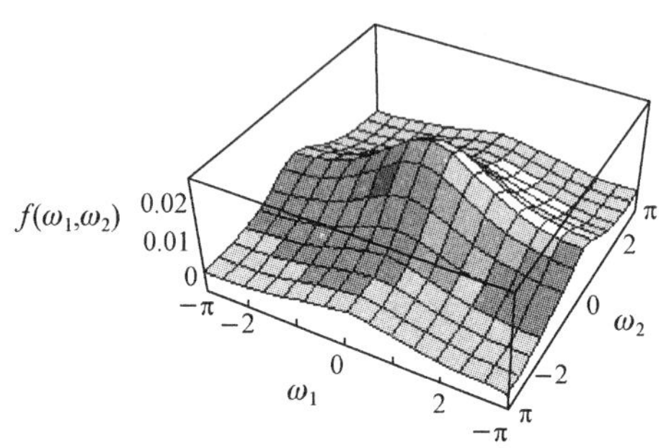

图 2.10.1 有理谱随机场(2.10.23)的谱密度

2.3 2-dim 随机场的潜在周期分析

在例 2.10.3 中我们已介绍了比较简单的在白噪声背景中的周期函数随机场模型. 以下介绍更一般的 **2-dim 模型**:

$$y(t,s)=\sum_{k=1}^{P}\eta(k)\exp\{i\lambda_k t+i\mu_k s\}+\xi(t,s), \tag{2.10.24}$$

其中 $P,\lambda_k,\mu_k(k=1,2,\cdots,P)$为未知参数,$\{\eta(k)\}$为未知的随机变量,相互独立,均值为零,$\xi(t,s)$是定义于 $\mathbf{Z}^2$ 的二维的齐次随机场,与$\{\eta(k)\}$独立.

问题是:如何由观测样本$\{y(t,s),t=1,2,\cdots,N,s=1,2,\cdots,M\}$出发去合理地估计出 $\lambda_k,\mu_k(k=1,2,\cdots,P)$和 P 的值?

He(1993)的具体做法是:

第一步:令

$$J(\lambda,\mu,N,M)=\sum_{n=1}^{N}\sum_{m=1}^{M}y(n,m)\exp\{-i(n\lambda+m\mu)\}, \tag{2.10.25}$$

$$C(k,j)=|J(d_k,e_j,N,M)|,\quad 1\leqslant k\leqslant 2N,\ 1\leqslant j\leqslant 2M, \tag{2.10.26}$$

其中

$$d_k=\frac{k\pi}{N}-\pi,\quad e_j=\frac{j\pi}{M}-\pi. \tag{2.10.27}$$

第二步:选择一个适当的常数 γ_0:

$$\gamma_0=A\left(N^2M\sqrt{M}+M^2N\sqrt{N}\right)^{1/2},\quad A=1\sim 3. \tag{2.10.28}$$

如果 $\lambda_k\neq\lambda_j,\mu_k\neq\mu_j(k\neq j)$,则可选

$$\gamma_0 = A(NM)^{3/4}. \tag{2.10.29}$$

第三步：令

$$\Sigma=\{(d_k,e_j):C(k,j)>\gamma_0,\ 1\leqslant k\leqslant 2N,\ 1\leqslant j\leqslant 2M\}. \tag{2.10.30}$$

第四步：将上述 Σ 分割成以下子集：

$$\Sigma=\Sigma_1+\Sigma_2+\cdots+\Sigma_{\hat{P}(N,M)}, \tag{2.10.31}$$

其中任何两个子集需满足以下分割条件：称两个点(λ_k,μ_j)和$(\lambda_{k'},\mu_{j'})$同属于一个子集，如果

$$\begin{cases}\left(|\lambda_k-\lambda_{k'}|\leqslant\dfrac{2\pi}{\sqrt{N}}\right)\cup\left(|\lambda_k-\lambda_{k'}|\geqslant 2\pi-\dfrac{2\pi}{\sqrt{N}}\right),\\ \left(|\mu_j-\mu_{j'}|\leqslant\dfrac{2\pi}{\sqrt{M}}\right)\cup\left(|\mu_j-\mu_{j'}|\geqslant 2\pi-\dfrac{2\pi}{\sqrt{M}}\right).\end{cases} \tag{2.10.32}$$

第五步：设在 Σ_i 内 $C(k,j)$在$(\hat{d}_i,\hat{e}_i)$上达到最大值，则令

$$\hat{\lambda}_i(N,M)=\hat{d}_i,\quad \hat{\mu}_i(N,M)=\hat{e}_i. \tag{2.10.33}$$

第六步：我们将$\{(\hat{d}_i,\hat{e}_i)\}$按字典排列法重新排序，并记频率估计为 $\hat{\lambda}_k(N,M)$，$\hat{\mu}_k(N,M)(k=1,2,\cdots,\hat{P}(N,M))$，参看图 2.10.2.

下一小节将指出，在适当的数学条件下，按以上方法得到的估计 $\hat{P}(N,M)$，$\hat{\lambda}_k(N,M)$，$\hat{\mu}_k(N,M)(k=1,2,\cdots,\hat{P})$皆为模型(2.10.24)中相应参数的强相合估计.

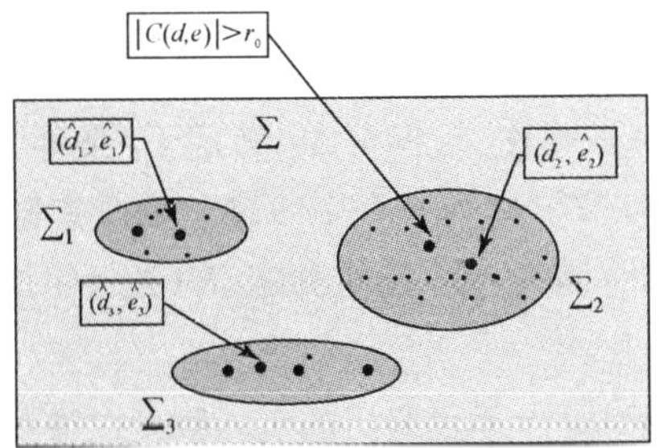

图 2.10.2 He 算法中检测周期成分和定阶示意图

*2.4 2-dim 随机场潜在周期分析的理论

为了让一些对上述估计方法的理论感兴趣的读者了解具体的内容，以下特作一些简单介绍，详细的可见于何(1999)中的有关章节，而对于不探求数学理论的读者，本节可不看.

定义 2.10.2 设$\{W(n,m),(n,m)\in\mathbf{Z}^2\}$是实值二维随机场，若 $E[W(n,m)]\equiv 0$，对$\forall\, n,m\in\mathbf{Z}^2$，$E[W^2(n,m)]=\sigma^2<+\infty$，且

$$E[W(n,m)W(k,j)]=0,\quad (n,m)\neq(k,j),$$

则称$\{W(n,m),(n,m)\in \mathbf{Z}^2\}$为**白噪声随机场.**

定义 2.10.3 设$\{d(k,j),(k,j)\in \mathbf{Z}_+^2\}$是一组实常数($\mathbf{Z}_+^2$表示二维非负整数集),满足

$$\sum_{k=0}^{\infty}\sum_{j=0}^{\infty}(k+j)\mid d(k,j)\mid <+\infty,$$

而$\{W(n,m),(n,m)\in \mathbf{Z}^2\}$是白噪声随机场.又设$\{X(n,m),(n,m)\in \mathbf{Z}^2\}$是 2-dim 随机场,可表为

$$X(n,m)=\sum_{k=0}^{\infty}\sum_{j=0}^{\infty}d(k,j)W(n-k,m-j),$$

则称$\{X(n,m)\}$为**线性随机场.**

不难证明线性随机场必是齐次的,并有谱密度

$$f_X(\lambda,\mu)=\frac{1}{4\pi^2}\left|\sum_{k=0}^{\infty}\sum_{j=0}^{\infty}d(k,j)\mathrm{e}^{-\mathrm{i}(k\lambda+j\mu)}\right|,\quad (\lambda,\mu)\in[-\pi,\pi]\times[-\pi,\pi].$$

定义 2.10.4 一个随机场$\{X_{\boldsymbol{n}},\boldsymbol{n}\in \mathbf{Z}^2\}$称为**自适应**于$\sigma$代数列$\{\mathscr{F}_t,\boldsymbol{t}\in \mathbf{Z}^2\}$,如果对$\forall \boldsymbol{n}\in \mathbf{Z}^2$,$X_{\boldsymbol{n}}$对$\mathscr{F}_{\boldsymbol{n}}$都是可测的.

定义 2.10.5 一个自适应随机场$\{X_{\boldsymbol{n}},\boldsymbol{n}\in \mathbf{Z}^2\}$称为一个 1/4 **鞅差**(Martingal Difference),如果

$$E(X_{\boldsymbol{n}}\mid \mathscr{F}_{\boldsymbol{n}^-})=0,\ \text{a.s.},\quad \forall \boldsymbol{n}\in \mathbf{Z}^2, \tag{2.10.34}$$

其中$\mathscr{F}_{t^-}=\bigvee_{s<t}\mathscr{F}_s$.

定义 2.10.6 如果对任何可积的随机变量ξ,均有

$$E[E(\xi\mid \mathscr{F}_{\boldsymbol{n}})\mid \mathscr{F}_{\boldsymbol{m}}]=E(\xi\mid \mathscr{F}_{\boldsymbol{n}\wedge \boldsymbol{m}}),\quad \forall \boldsymbol{n},\boldsymbol{m}\in \mathbf{Z}^2,$$

其中$\boldsymbol{n}\wedge\boldsymbol{m}=(n_1\wedge m_1,n_2\wedge m_2)$,则称$\{\mathscr{F}_{\boldsymbol{n}},\boldsymbol{n}\in \mathbf{Z}^2\}$满足 F_4 **条件**[①].

定义 2.10.7 $\{X_{\boldsymbol{n}},\mathscr{F}_{\boldsymbol{n}},\boldsymbol{n}\in \mathbf{Z}^2\}$称为一个 1/4 **鞅差白噪声随机场**,如果$\{X_{\boldsymbol{n}},\mathscr{F}_{\boldsymbol{n}},\boldsymbol{n}\in \mathbf{Z}^2\}$是一个 1/4 鞅差,而$\{\mathscr{F}_{\boldsymbol{n}},\boldsymbol{n}\in \mathbf{Z}^2\}$满足 F_4 条件并且 $E(X_{\boldsymbol{n}})=0,E(X_{\boldsymbol{n}}^2)=\sigma^2,E(X_{\boldsymbol{n}}X_{\boldsymbol{m}})=0$ $(\boldsymbol{n},\boldsymbol{m}\in \mathbf{Z}^2,\boldsymbol{n}\neq\boldsymbol{m})$.

定理 2.10.1 设$\{W(n,m)\}$是严平稳遍历的 1/4 鞅差白噪声随机场,满足

$$E(W^2(0,0)\log|W(0,0)|)<+\infty,$$

而$\{X(n,m)\}$是线性随机场,则有

$$\begin{aligned}\lim_{N,M\to\infty}\sup[NM\log(NM)]^{-1/2}\cdot\sup_{\lambda,\mu}|S(\lambda,\mu,N,M)|\\ \leqslant 4\pi\left[\sup_{\lambda,\mu}f(\lambda,\mu)\right]^{1/2},\ \text{a.s.},\end{aligned} \tag{2.10.35}$$

其中

$$S(\lambda,\mu,N,M)=\sum_{n=1}^{N}\sum_{m=1}^{M}X(n,m)\mathrm{e}^{-\mathrm{i}(n\lambda+m\mu)}, \tag{2.10.36}$$

① 以上有关符号的定义和术语请参看 He(1995).

而 $f(\lambda,\mu)$ 为 $\{X(n,m)\}$ 的谱密度.

由定理 2.10.1 知周期函数(2.10.36)(与周期图相关)的最大值的增长量是可估计的.

定理 2.10.2 设观测模型为

$$y(n,m)=\sum_{j=1}^{P}\beta_j \mathrm{e}^{\mathrm{i}(n\lambda_j+m\mu_j)}+X(n,m),\quad (n,m)\in\mathbf{Z}^2, \tag{2.10.37}$$

其中 $\{X(n,m)\}$ 使得(2.10.35)式成立,则当 N,M 充分大时,有

$$\hat{P}(N,M)=P \tag{2.10.38}$$

概率为 1 成立.

在定理 2.10.2 的证明中(见 He(1995)、何(1999))定理 2.10.1 起了很重要的作用. 由(2.10.35)式可看出

$$\sup|S(\lambda,\mu,N,M)|=o\left(\sqrt{NM\log(NM)}\right),\ \text{a. s.},$$

从而

$$\gamma_0=A\left(N^2M\sqrt{M}+M^2N\sqrt{N}\right)^{1/2},\quad A>0.$$

2.5 例题分析

首先需要指出:我们以上讨论的复周期函数 2-dim 随机场模型(2.10.37)可以涵盖以下常用的实模型:

$$y(t,s)=\sum_{k=1}^{q}\left[A_k\cos(\lambda_k t+\mu_k s)+B_k\sin(\lambda_k t+\mu_k s)\right]+\xi(t,s). \tag{2.10.39}$$

若令

$$\begin{cases}P=2q,\\ \lambda_{q+j}=-\lambda_j,\mu_{q+j}=-\mu_j, & j=1,2,\cdots,q,\\ \beta_j=(A_j-\mathrm{i}B_j)/2,\quad \beta_{q+j}=\bar{\beta}_j,\end{cases} \tag{2.10.40}$$

则模型(2.10.39)可表为

$$y(t,s)=\sum_{j=1}^{P}\beta_j\exp\{\mathrm{i}(\lambda_j t+\mu_j s)\}+\xi(t,s). \tag{2.10.41}$$

以下举一个例来说明我们在 2.3,2.4 小节中所提出的方法和理论的有效性.

例 2.10.6 设 $\xi(t,s)$ 是服从 $N(0,1)$ 的白噪声随机场,观测模型为

$$y(s,t)=A_1\cos(\lambda_1 s+\mu_1 t)+A_2\cos(\lambda_2 s+\mu_2 t)+\xi(s,t), \tag{2.10.42}$$

其中 $\lambda_1=-\frac{\pi}{15},\mu_1=\frac{2}{3}\pi,\lambda_2=\frac{10}{15}\pi,\mu_2=\frac{\pi}{30},A_1=1,A_2=1$,观测到样本 $\{y(s,t),1\leqslant s\leqslant N,1\leqslant t\leqslant M\}$, $N=15,M=30$,其图形如图 2.10.3 所示. 而图 2.10.4 显示的是纯白噪声 $\xi(s,t)$ 的观测样本图形.

由图 2.10.3 和图 2.10.4 可看出两者非常相似,从而从 $y(s,t)$ 的图形很难直观看出是

否有潜周期，有多少潜周期，更不用说它们是什么周期值(如果有的话).

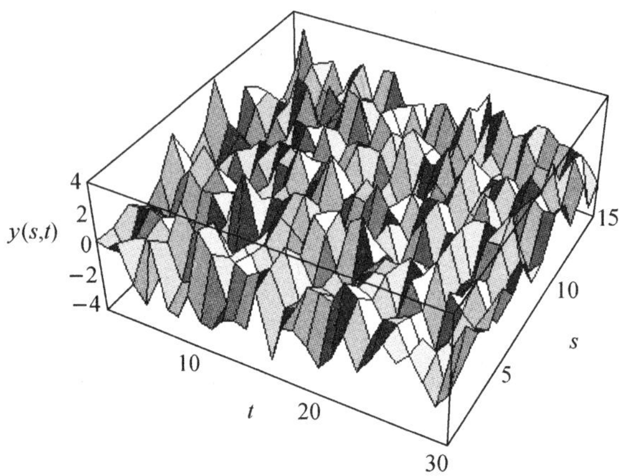

图 2.10.3 模型(2.10.42)的 $y(s,t)$ 观测样本

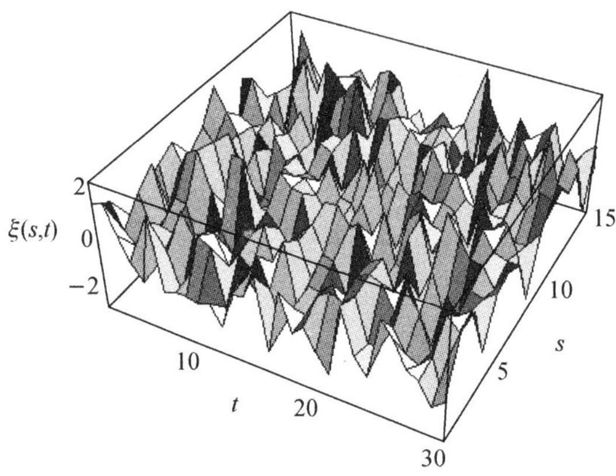

图 2.10.4 纯白噪声 $\xi(s,t)$ 的观测样本

我们完全按照 2.3 小节中介绍的方法先算出对应于(λ,μ,N,M)的 $J(\lambda,\mu,N,M)$，再由(2.10.25)～(2.10.33)式算出相应的值. 但是，由于我们的模型(2.10.42)是实的，要化成复的形式(2.10.24)需先经过变换(2.10.40)：

$$\begin{cases} P = 2q = 2\times 2 = 4, \\ \lambda_3 = -\lambda_1,\ \mu_3 = -\mu_1,\ \lambda_4 = -\lambda_2,\ \mu_4 = -\mu_2, \\ \beta_1 = \beta_3 = \dfrac{A_1}{2},\ \beta_2 = \beta_4 = \dfrac{A_2}{2},\ A_1 = 1, A_2 = 1. \end{cases} \tag{2.10.43}$$

于是 $y(s,t)$ 可表为复函数形式

$$y(s,t)=\sum_{j=1}^{P}\beta_j\exp\{\mathrm{i}(\lambda_j s+\mu_j t)\}+\xi(s,t). \tag{2.10.44}$$

由(2.10.25),(2.10.26)两式得到的 $C(k,j)$ $(1\leqslant k\leqslant 2N,1\leqslant j\leqslant 2M)$ 的图形如图 2.10.5 所示.

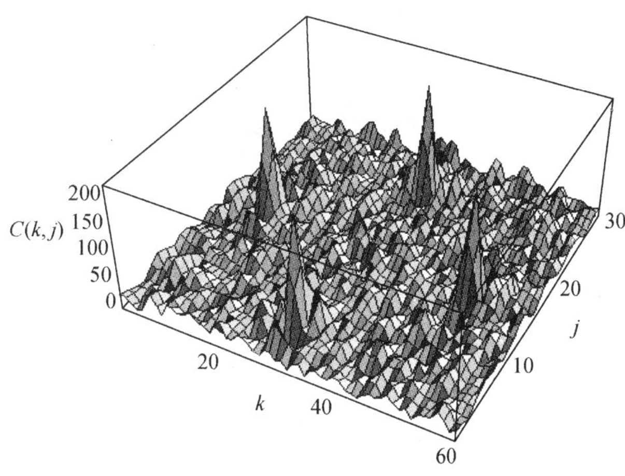

图 2.10.5　随机场周期图 $C(k,j)$ 的图形

从图 2.10.5 可明显地看出有四个比较高的峰值,最高的两个都是 216,而次高的两个也都是 212. 由(2.10.29)式及 $N=15$, $M=30$,取 $A=2$,则判别水准

$$\gamma_0=A(NM)^{3/4}=2(15\times 30)^{3/4}=195.4.$$

而最高的四个峰值对应的 $P_l(k,j)$ $(l=1,2,3,4;\ k=5,14,16,25;\ j=10,29,31,50)$ 如下:

$$\begin{cases}P_1(14,50):\ d_1=\dfrac{14}{15}\pi-\pi=-\dfrac{\pi}{15},\ e_1=\dfrac{50}{30}\pi-\pi=\dfrac{20}{30}\pi;\\[2ex] P_3(16,10):\ d_3=\dfrac{16}{15}\pi-\pi=\dfrac{\pi}{15},\ e_3=\dfrac{10}{30}\pi-\pi=-\dfrac{20}{30}\pi.\end{cases} \tag{2.10.45}$$

$$\begin{cases}P_2(25,31):\ d_2=\dfrac{25}{15}\pi-\pi=\dfrac{10}{15}\pi,\ e_2=\dfrac{31}{30}\pi-\pi=\dfrac{\pi}{30};\\[2ex] P_4(5,29):\ d_4=\dfrac{5}{15}\pi-\pi=-\dfrac{10}{15}\pi,\ e_4=\dfrac{29}{30}\pi-\pi=-\dfrac{\pi}{30}.\end{cases} \tag{2.10.46}$$

对于(2.10.45)式,令 $\hat{\lambda}_1=d_1$, $\hat{\lambda}_3=d_3$, $\hat{\mu}_1=e_1$, $\hat{\mu}_3=e_3$,则有

$$(\hat{\lambda}_1,\hat{\mu}_1)=-(\hat{\lambda}_3,\hat{\mu}_3). \tag{2.10.47}$$

而这正与变换(2.10.43)相符,峰值为 $C_1=C_3=216$.

对于(2.10.46)式,令 $\hat{\lambda}_2=d_2,\hat{\lambda}_4=d_4,\hat{\mu}_2=e_2,\hat{\mu}_4=e_4$,则

$$(\hat{\lambda}_2,\hat{\mu}_2)=-(\hat{\lambda}_4,\hat{\mu}_4), \tag{2.10.48}$$

也正与变换(2.10.43)相符,峰值为 $C_2=C_4=212$.

由于 $\gamma_0=195.4$,故上述四个点的峰值皆有 $C_k>\gamma_0(k=1,2,3,4)$成立.如果我们将 $C(k,j)$的图形(图 2.10.5)按值的大小画出其等高线,则可得平面图如图 2.10.6 所示.

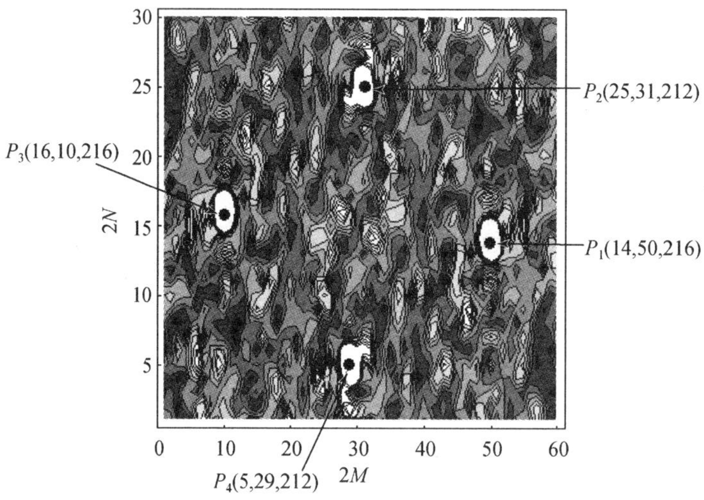

图 2.10.6 周期图 $C(k,j)$的等高线图和四个极值位置

四个峰值点之间的距离 $\|P_k-P_j\|_{k\neq j}$ 为

$$\{D_{12},D_{23},D_{34},D_{41},D_{13},D_{24}\}=\{22,22.8,22,22.8,40.05,20.1\},$$

即最近的两个点是 P_2 和 P_4,对应的(d_i,e_i)为

$$\begin{cases} d_2=\dfrac{10}{15}\pi, \\ e_2=\dfrac{\pi}{30} \end{cases} \quad \text{和} \quad \begin{cases} d_4=-\dfrac{10}{15}\pi, \\ e_4=-\dfrac{\pi}{30}. \end{cases}$$

而

$$\begin{cases} |d_2-d_4|=\left|\dfrac{20}{15}\right|\pi=2\pi\times 0.66>\dfrac{2\pi}{\sqrt{N}}=0.258\times 2\pi, \\ |e_2-e_4|=\left|\dfrac{2\pi}{30}\right|=2\pi\times 0.033<\dfrac{2\pi}{\sqrt{M}}=0.1825\times 2\pi. \end{cases}$$

这表明不满足(2.10.32)式,从而四个峰值不能归类,即 $\hat{P}(N,M)=4$.

然而由(2.10.47)式和(2.10.48)式我们知道,它实质上是 $\hat{q}=2$ 的实周期函数.

§3　吐鲁番-哈密盆地侏罗纪 S_3 砂岩渗透率的建模和预报

3.1　多项式回归和预报效果

我们知道岩性的渗透率是油田开发当中非常重要的一项指标，然而要得到确切的地层渗透率就需要打井取样.因此，如何尽可能少取样又能获得尽可能精确的各岩层渗透率的分布就是一项非常具有挑战性的课题.

下面我们介绍在我国西北的吐鲁番-哈密盆地侏罗纪 S_3 岩层渗透率的建模和预报.

1. 稀疏的渗透率采样值

以下就是该地区的 45 个真实观测值，向量$((x_k,y_k),P(x_k,y_k))$表示在坐标(x_k,y_k)处的渗透率为 $P(x_k,y_k)$(单位：$10^{-5}\mu\text{m}^2$)：

(1,6,1222)，(3,6,823)，(6,4,1020)，(13,4,1195)，(17,6,769)，(18,6,1161)，(24,6,1007)，(27,8,1153)，(28,8,1563)，(29,8,961)，(29,7,1384)，(30,8,1192)，(30,7,1393)，(31,7,1746)，(31,9,1211)，(32,7,1012)，(32,9,943)，(33,8,968)，(33,9,1580)，(34,8,1204)，(36,3,873)，(35,6,1026)，(38,6,830)，(39,3,844)，(40,4,1466)，(41,3,1130)，(44,5,753)，(50,5,1020)，(51,5,646)，(52,7,1758)，(54,6,956)，(56,6,1036)，(57,7,997)，(58,9,1711)，(61,9,1355)，(60,10,793)，(62,9,1068)，(63,8,1046)，(64,9,1119)，(65,9,1131)，(66,9,653)，(67,10,739)，(68,11,801)，(69,13,991)，(70,13,776).

我们的任务就是由这些得来不易的观测值预报出在区域$[0,70]\times[0,12]$内 840 格子点上的渗透率 P 的值.

2. 多项式回归

在许多地质研究中，统计学的方法得到了广泛且有成效的应用，尤其是回归方法，因此我们首先想到的也是用多维多项式回归来拟合.得到的最优拟合(在最小平方和准则下)为下列 5 阶多项式：

$$\begin{aligned}\zeta(x,y) = {} & 0.35858 + 2.426x - 2.033x^2 + 0.173x^3 - 0.0038x^4 \\ & + 7.37\times10^{-6}x^5 + 1.595y + 11.064xy - 0.906x^2y \\ & + 0.0324x^3y + 6.0353y^2 - 0.143x^2y^2 + 15.524y^3 \\ & + 0.383xy^3 - 2.636y^4 + 0.0849y^5,\end{aligned}\tag{2.10.49}$$

它的图形如图 2.10.7 所示.

从图 2.10.7 的分布曲面上可看出，在中间部位拟合还是比较好的，但是边沿部位却拟合得很差，在有些部位出现了负值且小于-3000，这是不可接受的，因为渗透率物理上的值不可能为负值. 如果看图 2.10.7 的等高线图(见图 2.10.8),则可看得更清楚,那些黑的部位皆为负值区域.

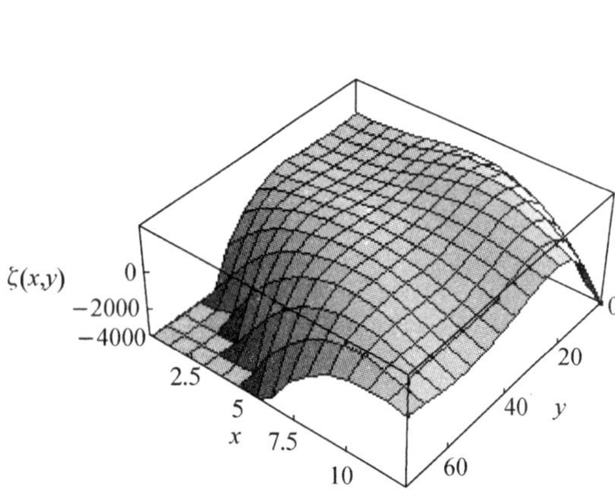

图 2.10.7 用多项式回归得到的渗透率分布曲面

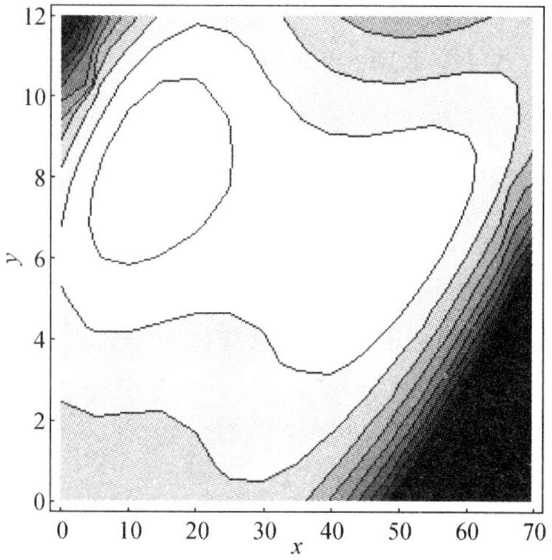

图 2.10.8 对应于图 2.10.7 的平面等高线图

3.2 潜在周期模型的拟合和预报效果

为了使我们的建模获得的效果不仅在数值和统计学上有好结果,而且在地球物理学家的分析和比较中能符合他们的规律和解释,我们决定将得到的三维空间数据分布的区域分割为 12 层(见图 2.10.9),对每一层渗透率的数据独立建模. 这样得到的理论分布是独立的. 然而,从地质学的观点看,各层之间存在着历史的地质演化,岩石和岩性的物理性质应存在可对比性,甚至像远古该地区河流的流向,层间存在着可对比性. 这样,我们的各层间独立的建模如果能和地学的观点和结论相吻合那就是最大的成功.

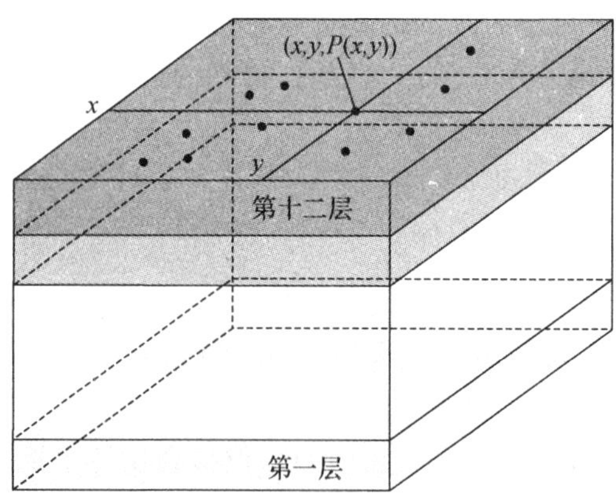

图 2.10.9 独立对各层岩性渗透率进行建模和预报

对于每一层渗透率(二维数据)的建模,其步骤如下:

第一步:考虑以下实函数形式的潜在周期拟合模型:

$$y(t,s)=\xi(t,s)+\sum_{k=1}^{P}[A_k\cos(\lambda_k t)\cos(\mu_k s)+B_k\cos(\lambda_k t)\sin(\mu_k s)$$
$$+C_k\sin(\lambda_k t)\cos(\mu_k s)+D_k\sin(\lambda_k t)\sin(\mu_k s)]. \quad (2.10.50)$$

读者不难看出,利用三角函数公式模型(2.10.50)也同样可化为模型(2.10.44)的形式,因而我们在§2中介绍的理论和方法仍然有效.

第二步:潜在周期的检测.我们得到的观测值总数为 $N\times M=910$,选 $A=3$,则检测门限值为

$$\gamma_0=A(N\times M)^{3/4}=497. \quad (2.10.51)$$

第一层的$(\lambda_k,\mu_k)(k=1,2,3,4)$满足

$$C(\lambda_k,\mu_k)>\gamma_0,\quad k=1,2,3,4,$$

列于下表:

k	1	2	3	4
$C(\lambda_k,\mu_k)$	1777	680	578	584
λ_k	0.2693	0.0897	0.359	0.1795
μ_k	1.3464	0.4488	1.7952	0.8976

第三步:由以上步骤知,$N=35,M=26$,频率是

$$\{(0,0),(0.0897,0.4488),(0.359,1.795),(0.1795,0.8976),(0.2693,1.3464)\}$$
$$=\{(\lambda_k,\mu_k),\ k=0,1,2,3,4\}.$$

令

$$\hat{y}(t,s)=C+\sum_{k=1}^{4}[A_k\cos(\lambda_k t)\cos(\mu_k s)+B_k\cos(\lambda_k t)\sin(\mu_k s)$$
$$+C_k\sin(\lambda_k t)\cos(\mu_k s)+D_k\sin(\lambda_k t)\sin(\mu_k s)], \quad (2.10.52)$$

而 $A_k,B_k,C_k,D_k(k=1,2,3,4)$由以下条件选择:

$$\min_{A_k,B_k,C_k,D_k}\sum_{t=1}^{N}\sum_{s=1}^{M}|y(t,s)-\hat{y}(t,s)|^2. \quad (2.10.53)$$

第四步:第一层的最终预报公式为

$$\begin{aligned}\hat{y}(t,s)=&1098.95-70.19\cos(0.08976t)\cos(0.4488s)\\&+191.34\cos(0.359t)\cos(1.7952s)+256.57\cos(0.17952t)\cos(0.8976s)\\&-479.81\cos(0.2693t)\cos(1.3464s)+258.92\cos(0.4488s)\sin(0.08976t)\\&-348.99\cos(0.8976s)\sin(0.1795t)-196.86\cos(1.3464s)\sin(0.2693t)\\&-30.42\cos(1.7952s)\sin(0.359t)+35.03\cos(0.08976t)\sin(0.4488s)\end{aligned}$$

$$- 130.93\sin(0.08976t)\ \sin(0.4488s) + 36.57\cos(0.1759t)\ \sin(0.8976s)$$
$$+ 257.56\sin(0.1795t)\ \sin(0.8976s) + 48.82\cos(0.2693t)\ \sin(1.3464s)$$
$$- 178.78\ \sin(0.2693t)\ \sin(1.3464s) - 21.34\cos(0.359t)\ \sin(1.7952s)$$
$$+ 209\sin(0.359t)\ \sin(1.7952s), \qquad (2.10.54)$$

其图形如图 2.10.10 所示.

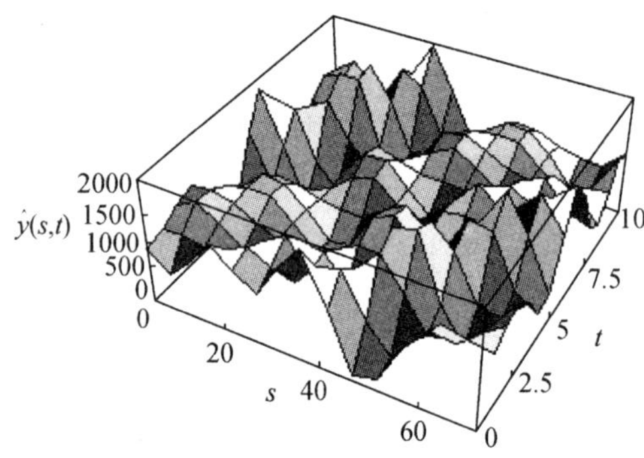

图 2.10.10 吐鲁番-哈密盆地侏罗纪 S_3 岩层的渗透率模型(第一层)

由(2.10.54)式可以算出任何区域内格子点上的渗透率预报值 $\hat{y}(t,s)$. 以下列出预报值和真实测量值的比较(第一分量为预报值,第二分量为真实测量值):

(968, 1222), (1045, 822), (1160, 1020), (968, 830), (973, 1195),
(982, 769), (962, 1016), (952, 1561), (968, 1161), (1097, 1007),
(1147, 1153), (1189, 1563), (1178, 961), (1228, 1384), (1152, 1192),
(1358, 1393), (1384, 1746), (1100, 1211), (1285, 1021), (1100, 943),
(1237, 968), (1190, 1580), (1232, 1204), (1243, 991), (1058, 873),
(1048, 1026), (961, 830), (1178, 844), (1025, 1466), (1155, 1130),
(1027, 953), (1038, 1020), (975, 646), (1285, 1758), (1090, 956),
(1012, 1036), (972, 997), (1077, 1711), (1107, 1355), (1038, 793),
(1043, 1068), (973, 1046), (947, 1119), (988, 1131), (1067, 653),
(915, 739), (961, 801), (1020, 991), (1083, 776).

以上预报平均误差为$|E(y-\hat{y})|=10$,标准差为$\sigma(y-\hat{y})=251$. 与仪器本身的测量误差$\sigma_x=176$ 相比较,我们的预报是相当好的,达到了实际部门的要求.

更为重要的是:当我们把 12 层渗透率的预报结果 $\hat{P}(x,y)$ 画出其等高线图时,不仅可以大致看出各层岩性的分布,而且各层间的一些地学上的特征具有可对比性和延续性,如河流当时的流向和岩性结构等. 例如,图 2.10.11(a),(b)是第一、二层预报模型的图形,它们具

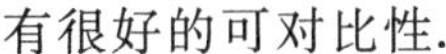
有很好的可对比性.

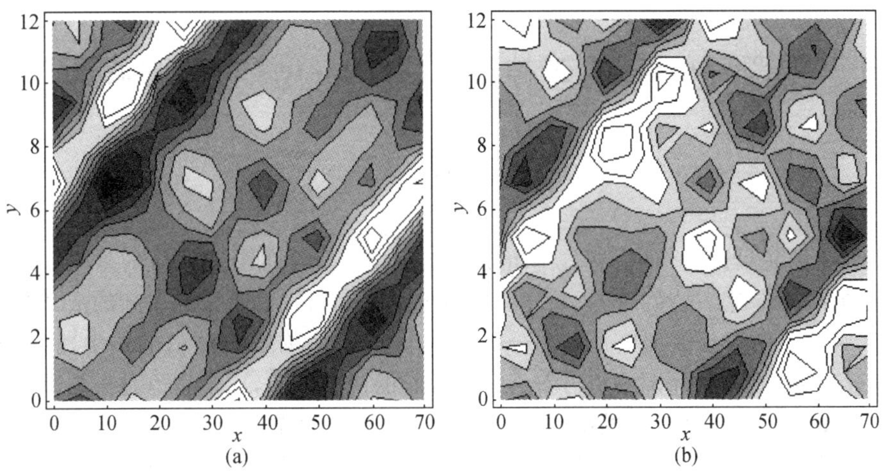

图 2.10.11　第一层(a)和第二层(b)渗透率等高线的比较

3.3　评注

读者不难看出,以上我们能够成功利用渗透率的稀疏数据进行平面格子点上的建模和预报,非常关键的是从理论上发展了一套随机场潜在周期成分的完整检测理论,并且给出了有效且可实现的建模方法,其中最关键的是定阶选 $\hat{P}_N$ 的问题从理论上证明了其定阶方法的相合性.但读者不难看出其理论证明是相当深奥和艰难的,有没有更简单(条件更强化但能符合实际应用)的证明和定阶的方法显然是值得读者们探索的.

当然 He 的理论也仍然存在一些进一步改进和发展的余地.如周期的检测关键的一步是寻找 Σ 集(见(2.10.30)式),而门限值 γ_0 的选择是致命的,虽然选(2.10.28)式中的 γ_0 是一种大样本行为下很直观的建议,但 A 的选择仍然可使 γ_0 相差很多,即周期成分可能丢失也可能有伪周期成分.当然这类问题都是难题.

第十一课题　小波、人工神经网络、Monte-Carlo 滤波及其应用

§1　前　　言

本课题主要是给读者介绍一些较新的随机过程与统计学的分支领域的基本知识及其若干实际应用. 在作者看来,这些新的领域之所以重要是它们给我们带来的崭新的数学工具和应用领域. 有人认为小波分析的理论是调和分析的一个分支,它有自己严密的数学理论,与概率统计并无直接联系;人工神经网络也可看为计算数学的一个方向,原本它也是作为逼近理论出现的;只有 Monte-Carlo 滤波一开始出现就和 Kalman 滤波、抽样理论有关,而它的方法却和计算方法中的统计计算法有关. 当这些新工具一旦与概率论、统计学相结合都显现出了新的活力,尤其与随机过程、时间序列相接合,引出了许多新的课题和成果. 为了开拓读者的视野和扩充新的知识,掌握更多的解决实际问题的工具,本章将简略介绍这三个领域的一些名词、方法和理论结果. 限于篇幅,本书不可能给出这些结果的证明,有兴趣进一步深入钻研的读者,在小波方面可参看 Daubechies I (1992),Percival D, Walden A T (2000), 谢衷洁,铃木武 (2002);在神经网络方面可参看 Connor J T (1996), Zhang Q (1997), Zhang Q, Benveniste A (1992), Kastra M (1996);在 Monte-Carlo 滤波方面可参看李东风,谢衷洁(2004),Kitagawa G (1996), Liu J S, Chen R (1998),以及上述各文献之后所引用的文献.

§2　小波及其应用

2.1　小波的数学理论简介

1. 为什么用小波?

什么是小波? 粗略地说,小波变换是一种细化的 Fourier 变换. 设 $f(t)\in L^2(\mathbf{R})$,则可有 L^2 意义下的一对 Fourier 变换:

$$\begin{cases} g(\omega) = \dfrac{1}{\sqrt{2\pi}}\displaystyle\int_{-\infty}^{+\infty} f(t)\mathrm{e}^{-\mathrm{i}\omega t}\,\mathrm{d}t, & (2.11.1) \\ f(t) = \dfrac{1}{\sqrt{2\pi}}\displaystyle\int_{-\infty}^{+\infty} g(\omega)\mathrm{e}^{\mathrm{i}\omega t}\,\mathrm{d}\omega. & (2.11.2) \end{cases}$$

然而由(2.11.1)式可看出: 为了要得到频域上的一个点 ω 的 $g(\omega)$值,我们需要用到函数 $f(t)$在全轴$(-\infty,+\infty)$的全部“信息”. 此外,当 f 的频域成分在某时间段发生变化时,$g(\omega)$并不能显示这种变化. 历史上 Garbor(1946)曾试图利用加窗 Fourier 变换来改善之,但理论

上又遇到一些问题.而小波理论完全建立在严格的数学理论基础上,其最大的特点在于它的"局部细化",从而显示出 Fourier 分析所不具备的优点(参看 Xie Z, et al(2002)).

设 $\psi(x)$是 L^2 可积的,满足

$$C_\psi = 2\pi\int_{-\infty}^{+\infty}\frac{|\hat{\psi}(\omega)|^2}{|\omega|}d\omega < +\infty, \tag{2.11.3}$$

则称 $\psi(x)$满足**容许性条件**,其中 $\hat{\psi}$ 为 ψ 的 Fourier 变换.以后称

$$\begin{aligned}\hat{f}(a,b) &= \langle f,\psi_{a,b}\rangle \quad (\text{内积}) \\ &= |a|^{-1/2}\int_{-\infty}^{+\infty}f(x)\overline{\psi\left(\frac{x-b}{a}\right)}dx, \quad a\neq 0, a,b\in\mathbf{R}\end{aligned} \tag{2.11.4}$$

为 f 的**连续型小波变换**,其中

$$\psi_{a,b} = |a|^{-1/2}\psi\left(\frac{x-b}{a}\right).$$

对于 $f,g\in L^2(\mathbf{R})$,如果对 $\forall\,\theta\in L^2(\mathbf{R})$均有

$$\langle f,\theta\rangle = \langle g,\theta\rangle = (\hat{g},\hat{\theta}), \tag{2.11.5}$$

则称在**弱意义下 f 等于 g**,记做 $f=g$ (w. s.).

若 ψ 满足容许性条件,则由(2.11.4)式有

$$f(x) = C_\psi^{-1}\int_{-\infty}^{+\infty}\int_{-\infty}^{+\infty}\hat{f}(a,b)\psi\left(\frac{x-b}{a}\right)\frac{da\,db}{a^2} \quad (\text{w. s.}) \tag{2.11.6}$$

成立.它相当于"逆变换".

2. Haar 小波系

为了让读者了解小波的含义,我们先举一个最简单也最常为人们引用的小波系.令

$$\psi(x) = \begin{cases}1, & 0\leqslant x<1/2, \\ -1, & 1/2\leqslant x<1, \\ 0, & \text{其它},\end{cases} \tag{2.11.7}$$

其图形如图 2.11.1 所示.对

$$\psi_{a,b}(x) = |a|^{-1/2}\psi\left(\frac{x-b}{a}\right), \tag{2.11.8}$$

令 $a=2^{-j}$,$b=k2^{-j}$($j,k\in\mathbf{Z}$),则

$$\psi_{a,b}(x) = 2^{j/2}\psi(2^jx-k), \quad j,k\in\mathbf{Z}, \tag{2.11.9}$$

其中 j 和 k 分别起到扩展和移动的作用.在小波分析中,(2.11.9)式的 $\psi_{a,b}(x)$通常表示为 $\psi_{j,k}(x)$($j,k\in\mathbf{Z}$).它们就构成了 Haar 小波系.当 j,k 变化时,Haar 小波的变化如图 2.11.2 所示.

易见,$\psi_{j,k}(x)$具有以下性质:

(1) $\psi_{j,k}(x)$具有限支撑$[k2^{-j},(k+1)2^{-j}]$;

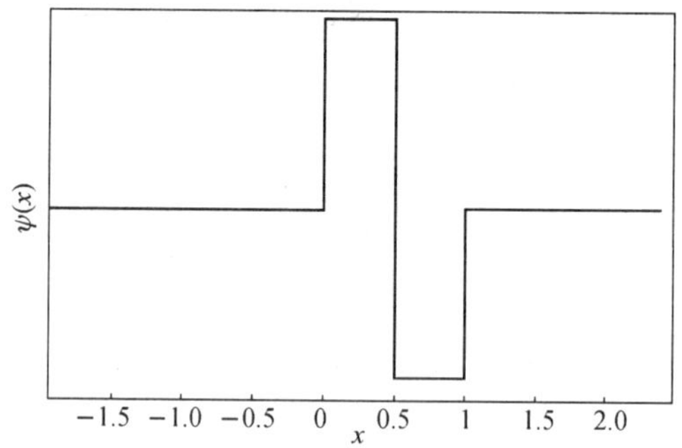

图 2.11.1 Haar 小波

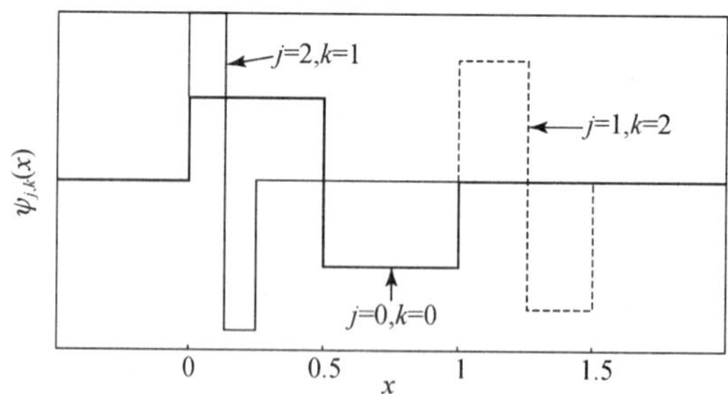

图 2.11.2 不同的 j,k 对应的 Haar 小波

(2) $\int_{-\infty}^{+\infty}\psi_{j,k}(x)\mathrm{d}x=0$;

(3) $\{\psi_{j,k}(x),\ j,k\in\mathbf{Z}\}$组成了 $L^2(\mathbf{R})$的完备正交系.

然而 Haar 小波系虽然简单且具有许多好的性质,但它的一大缺点是在频域上,"拖尾"太长. 例如,以 $j=0,k=0$ 为例,$\psi_{0,0}(x)$的 Fourier 变换为

$$\hat{\psi}(\omega)=\frac{\mathrm{i}}{\sqrt{2\pi}}\cdot\frac{2\mathrm{e}^{-\mathrm{i}\omega/2}-\mathrm{e}^{-\mathrm{i}\omega}-1}{\omega}. \tag{2.11.10}$$

$\sqrt{2\pi}|\hat{\psi}(\omega)|$的图形如图 2.11.3 所示.

以后我们将介绍许多小波函数 $\psi(x)$(我们称之为母小波),由它们生成的小波系同样也在 $L^2(\mathbf{R})$中组成完备正交系,但可同时在时域和频域上具有较好的衰减性或局部性.

3. 小波变换与 Fourier 变换的不同点

假定 $\psi(x)$为母小波,令 $a=a_0^m(a_0>1)$,$b=nb_0a_0^m(b_0\in\mathbf{R})$,则小波系为(参看(2.11.8)式)

$$\psi_{m,n}(x)=|a_0|^{-m/2}\psi(a_0^{-m}x-nb_0),\quad m,n\in\mathbf{Z}. \tag{2.11.11}$$

对于不同的频率 a_0^{-m},抽样间隔为 $b_0a_0^m$. 对于高频变化,即小的 m 值,其采样间隔 $b_0a_0^m$ 也小

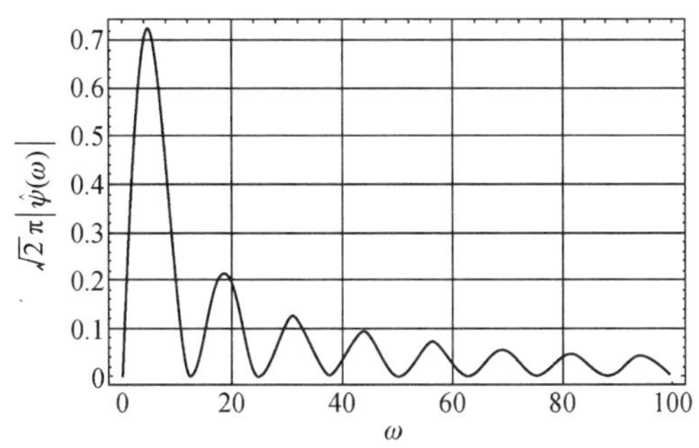

图 2.11.3　$\sqrt{2\pi}\,|\hat{\psi}(\omega)|$的图形

(比较密);反之,则比较稀(对应于较大的 m 值).这种采样方法不是等长的,而是具有"显微"功能.而普通 Fourier 变换,即便是 Garbor 的加窗 Fourier 变换,其窗函数为

$$w_{m,n}(t) = w(t - nq_0)\mathrm{e}^{\mathrm{i}mp_0}, \quad m,n \in \mathbf{Z}, \tag{2.11.12}$$

对不同的频率 mp_0,其时域采样间隔都是固定的 q_0.

2.2　多尺度分析与小波

1. 多尺度分析与正交系

定义 2.11.1　设 $L^2(\mathbf{R})$空间中有子空间序列$\{V_j, j\in\mathbf{Z}\}\subset L^2(\mathbf{R})$满足以下条件:

(1) $V_j\subset V_{j+1}$, $j\in\mathbf{Z}$;

(2) $\bigcap\limits_{j\in\mathbf{Z}} V_j=\{\phi\}$, $\big(\bigcup\limits_{j\in\mathbf{Z}} V_j\big)^c=L^2(\mathbf{R})$;

(3) $f(x)\in V_j\Longleftrightarrow f(2x)\in V_{j+1}, j\in\mathbf{Z}$;

(4) 若 $f(x)\in V_0$,则 $f(x-k)\in V_0$, $\forall\, k\in\mathbf{Z}$;

(5) 存在一个函数 $\varphi(x)\in V_0$,使得$\{\varphi(x-k), k\in\mathbf{Z}\}$组成了 V_0 的正交系($\varphi(x)$称为**尺度函数**),

则称$\{V_j, j\in\mathbf{Z}\}$为 $L^2(\mathbf{R})$的**多尺度分析**(简称 MRA).

关于上述定义的 MRA 有以下几点注释:

(1) 由第三条性质,用递推法不难看出有

$$V_j = \{f(2^j x) \mid f(x)\in V_0\}, \quad j\in\mathbf{Z}; \tag{2.11.13}$$

(2) 由上述(2.11.13)式,则

$$\{2^{j/2}\varphi(2^j x - k), k\in\mathbf{Z}\} \tag{2.11.14}$$

组成了 V_j 的正交系,以后记 $\varphi_{j,k}(x)=2^{j/2}\varphi(2^j x-k)$;

(3) $\varphi(x)$满足以下的**尺度方程**:

$$\begin{cases}\varphi(x) = \sqrt{2}\sum\limits_k h_k\varphi(2x-k), \\ h_k = \sqrt{2}\int_{-\infty}^{+\infty}\varphi(x)\,\overline{\varphi(2x-k)}\,\mathrm{d}x;\end{cases} \tag{2.11.15}$$

(4) 如令

$$g_k = (-1)^k \bar{h}_{1-k}, \quad k \in \mathbf{Z}, \tag{2.11.16}$$

则称

$$\psi(x) = \sqrt{2}\sum_k g_k \varphi(2x-k), \quad x \in \mathbf{R} \tag{2.11.17}$$

为母小波;

(5) 令

$$W_j = V_{j+1} \backslash V_j, \quad j \in \mathbf{Z}, \tag{2.11.18}$$

即 $V_{j+1} = V_j \oplus W_j \ (j \in \mathbf{Z})$,则可导出以下空间的分解:

$$V_{j+m} = V_j \oplus \sum_{s=j}^{j+m-1} \oplus W_s, \tag{2.11.19}$$

$$V_{j+1} = \sum_{s=-\infty}^{j} \oplus W_s, \tag{2.11.20}$$

$$L^2(\mathbf{R}) = \sum_{s=-\infty}^{\infty} \oplus W_s, \tag{2.11.21}$$

$$L^2(\mathbf{R}) = V_J \oplus \sum_{s=J}^{\infty} \oplus W_s. \tag{2.11.22}$$

由(3),(4)可看出,只要有尺度函数 $\varphi(x)$,则可定义出母小波 $\psi(x)$,并有以下重要定理成立:

定理 2.11.1 设 $\psi(x)$ 是由尺度函数 $\varphi(x)$ 依(2.11.17)式定义的母小波,令

$$\psi_{j,k}(x) = 2^{j/2}\psi(2^j x - k), \quad k, j \in \mathbf{Z}, \tag{2.11.23}$$

则 $\{\psi_{j,k}(x); j,k \in \mathbf{Z}\}$ 组成了 $L^2(\mathbf{R})$ 的标准正交基. 特别地,$\{\psi_{j,k}(x), k \in \mathbf{Z}\}$ 组成了 W_j 的标准正交基.

定理 2.11.2 设 $\psi(x)$ 为母小波,则

$$\int_{-\infty}^{+\infty} \psi(x)\,\mathrm{d}x = 0. \tag{2.11.24}$$

定理 2.11.3 设 $f \in L^2(\mathbf{R})$,则有以下展开式

$$f(x) = \sum_{j=-\infty}^{\infty}\sum_{k=-\infty}^{\infty} b_{j,k}\,\psi_{j,k}(x) \tag{2.11.25}$$

$$= \sum_{k=-\infty}^{\infty} \alpha_{J,k}\varphi_{J,k} + \sum_{j=J}^{\infty}\sum_{k=-\infty}^{\infty} \beta_{j,k}\psi_{j,k}(x), \tag{2.11.26}$$

其中

$$\begin{cases} \varphi_{j,k}(x) = 2^{j/2}\,\varphi(2^j x - k), \\ \psi_{j,k}(x) = 2^{j/2}\psi(2^j x - k), \end{cases} \quad j,k \in \mathbf{Z}, \tag{2.11.27}$$

$$\begin{cases} b_{j,k} = \langle f, \psi_{j,k} \rangle, \\ \alpha_{j,k} = \langle f, \varphi_{j,k} \rangle, \quad j,k \in \mathbf{Z}. \\ \beta_{j,k} = \langle f, \psi_{j,k} \rangle, \end{cases} \tag{2.11.28}$$

2. 几种常用的母小波

Ⅰ. Haar 小波

Haar 小波的定义与图形分别见(2.11.7),(2.11.8)式与图 2.11.1,其中 $\hat{\psi}(\omega)$亦可改写为

$$\hat{\psi}(\omega)=\frac{e^{i(\pi-\omega)/2}}{\sqrt{2\pi}}\cdot\frac{\left(1-\cos\frac{\omega}{2}\right)}{\frac{\omega}{2}},\tag{2.11.29}$$

则
$$|\hat{\psi}(\omega)|=(2\pi)^{-1/2}\frac{1-\cos\frac{\omega}{2}}{\left|\frac{\omega}{2}\right|},\quad \omega\in\mathbf{R}.\tag{2.11.30}$$

可见 $\psi(x)$虽然在时域很简明,但频域衰减较慢.

Ⅱ. Lemarie-Meyer 小波

先引入函数

$$h(\omega)=\begin{cases}C\left[\left(\frac{\pi}{3}\right)^2-\omega^2\right]^2, & |\omega|<\frac{\pi}{3},\\ 0, & \text{其它},\end{cases}\tag{2.11.31}$$

其中 C 是规范常数,使 $\int_{-\infty}^{+\infty}h(\omega)\mathrm{d}\omega=1$. 令

$$\hat{\varphi}(\omega)=\frac{1}{\sqrt{2\pi}}\left(\int_{\omega-\pi}^{\omega+\pi}h(u)\mathrm{d}u\right)^{1/2},\quad \omega\in\mathbf{R},\tag{2.11.32}$$

则其 Fourier 逆变换 $\varphi(x)$定义为尺度函数. 再由(2.11.17)式求出母小波 $\psi(x)$(称为 **Lemarie-Meyer 母小波**),其图形如图2.11.4所示. 由(2.11.31)式不难看出 Lemarie-Meyer 小波在频域上具有有限支集,而在时域上衰减也较快.

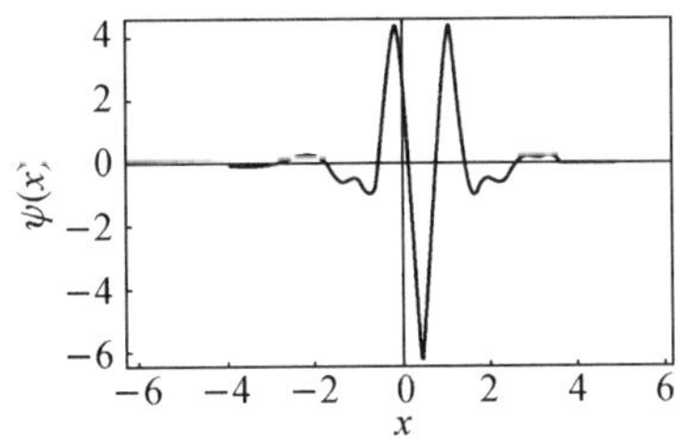

图 2.11.4 Lemarie-Meyer 母小波时域上的图形

Ⅲ. Daubechies 小波

由(2.11.15)~(2.11.17)式知:若$\{h_k\}$已知,理论上可获得尺度函数

$$\varphi(x) = \frac{1}{\sqrt{2\pi}}\Big[\prod_{j=1}^{\infty} H(2^{-j}\omega)\Big]^{\vee}(x), \tag{2.11.33}$$

其中$[F]^{\vee}(x)$代表 F 的 Fourier 逆变换函数，

$$H(\omega) = \frac{1}{\sqrt{2}}\sum_{k} h_k \mathrm{e}^{-\mathrm{i}k\omega}, \quad \omega \in \mathbf{R}, \tag{2.11.34}$$

进而可得母小波 $\psi(x)$（称为 **Daubechies 母小波**）

Daubechies(1992)建议采用如下一组实用的$\{h_k\}_0^N$：

(1) $N=3$：

$h_0=0.332670$，　$h_1=0.806891$，　$h_2=0.459877$，

$h_3=-0.135011$，　$h_4=-0.085441$，　$h_5=0.035226$.

(2) $N=5$：

$h_0=0.160102$，　$h_1=0.603829$，　$h_2=0.724308$，

$h_3=0.138428$，　$h_4=-0.242294$，　$h_5=-0.032244$，

$h_6=0.077571$，　$h_7=-0.006241$，　$h_8=-0.012580$，

$h_9=0.003335$.

(3) $N=7$：

$h_0=0.077852$，　$h_1=0.396539$，　$h_2=0.729132$，

$h_3=0.469782$，　$h_4=-0.143906$，　$h_5=-0.224036$，

$h_6=0.071309$，　$h_7=0.080612$，　$h_8=-0.038029$，

$h_9=-0.016574$，　$h_{10}=0.012550$，　$h_{11}=0.000429$，

$h_{12}=-0.001801$，　$h_{13}=0.000353$.

图 2.11.5 是 $N=7$ 时的 Daubechies 母小波.

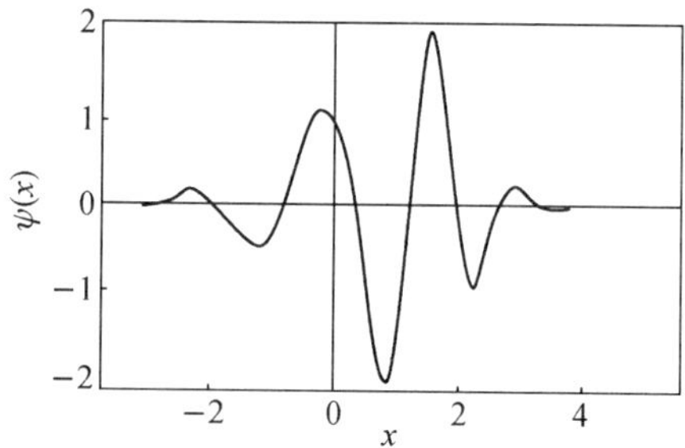

图 2.11.5　对应于 N=7 的 Daubechies 母小波

Ⅳ. Maar 小波

Maar 母小波及其 Fourier 逆变换函数分别为

$$\psi(x)=\mathrm{e}^{-x^2/2}-\frac{1}{2}\mathrm{e}^{-x^2/8},\quad x\in\mathbf{R},\tag{2.11.35}$$

$$\hat{\psi}(\omega)=\mathrm{e}^{-\omega^2/2}-\mathrm{e}^{-2\omega^2},\quad \omega\in\mathbf{R}.$$

$\psi(x)$和$\hat{\psi}(\omega)$的图形分别见于图2.11.6(a),(b). Maar 小波最大的优点是在时域和频域上都有很好的衰减性能.

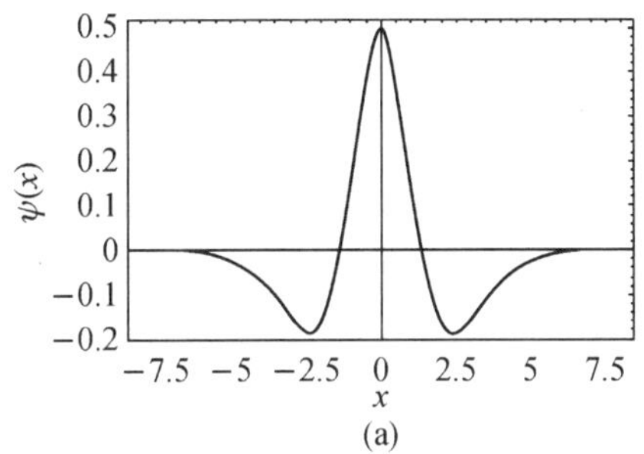

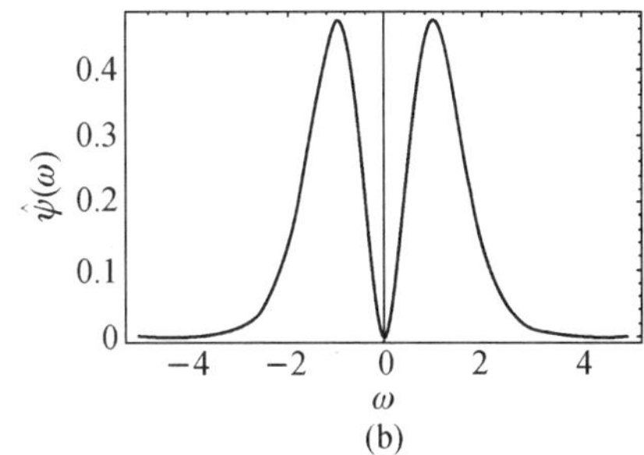

图 2.11.6 Maar 母小波(a)与 Maar 母小波的频域函数(b)

Ⅴ. B-样条函数(非正交系)小波

B-样条函数母小波为

$$\psi(x)=\begin{cases}C(3/2+2x), & -3/4\leqslant x\leqslant -1/4,\\ C(-4x), & -1/4\leqslant x\leqslant 1/4,\\ C(-3/2+2x), & -1/4\leqslant x\leqslant 3/4,\\ 0, & \text{其它},\end{cases}\tag{2.11.36}$$

其中 C 是一个适当选择的常数,其图形如 2.11.7 所示.

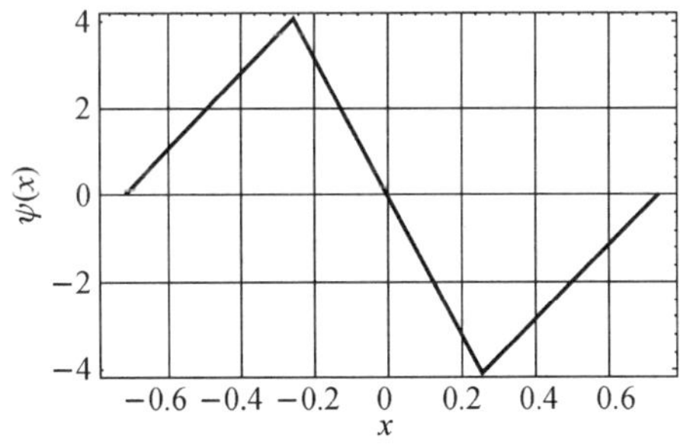

图 2.11.7 B-样条函数母小波

其它还有多种著名、常用的母小波可在谢与铃木(2002)中找到.

3. 周期小波

众所周知,在随机过程研究中周期函数系起了很重要的作用.在小波分析中,同样需要引入周期小波函数系.

设 $\psi(x)\in L_1(\mathbf{R})$,对 $j\geqslant 0$,引入

$$\psi_{j,k}^{\mathrm{Per}}(x)\triangleq\sum_{s\in\mathbf{Z}}\psi_{j,k}(x+s),\tag{2.11.37}$$

则 $\{\psi_{j,k}^{\mathrm{Per}}(x)\}$ 具有以下性质:

(1) $\psi_{j,k}^{\mathrm{Per}}(x)=\psi_{j,k}^{\mathrm{Per}}(x+n),\ \forall n\in\mathbf{Z}$;

(2) $\psi_{j,k+2^j}^{\mathrm{Per}}(x)=\psi_{j,k}^{\mathrm{Per}}(x)$;

(3) $\psi_{j,k}^{\mathrm{Per}}(x)=0,\ j<0,\forall k\in\mathbf{Z}$;

(4) $\hat{\psi}_{j,k}^{\mathrm{Per}}(s)=\sqrt{2\pi}\ \hat{\psi}_{j,k}(2\pi s)$.

由以上性质我们只需考虑 $j\geqslant 0$ 的以下函数系

$$\{\psi_{j,k}^{\mathrm{Per}}(x),\ k\in\{0,1,2,\cdots,2^j-1\}\}.\tag{2.11.38}$$

类似地,可引入周期尺度函数

$$\varphi_{j,k}^{\mathrm{Per}}(x)=\sum_{s\in\mathbf{Z}}\varphi_{j,k}(x+s).\tag{2.11.39}$$

它具有以下性质:

(1) $\varphi_{j,k}^{\mathrm{Per}}(x)=\varphi_{j,k}^{\mathrm{Per}}(x+n),\ \forall n\in\mathbf{Z}$; (2.11.40)

(2) $\varphi_{j,k+2^j}^{\mathrm{Per}}(x)=\varphi_{j,k}^{\mathrm{Per}}(x)$; (2.11.41)

(3) $\varphi_{j,k^j}^{\mathrm{Per}}(x)\equiv\mathrm{const},\ j\leqslant 0,\forall k\in\mathbf{Z}$. (2.11.42)

以上表明 $\varphi_{j,k}^{\mathrm{Per}}$ 和 $\psi_{j,k}^{\mathrm{Per}}$ 皆是周期为 1 的函数系.

令

$$\begin{cases}\widetilde{V}_j=\mathrm{Span}\{\varphi_{j,k}^{\mathrm{Per}},\ k\in I_j\},\\ I_j=\{0,1,2,\cdots,2^j-1\},\end{cases}\quad j\geqslant 0,\tag{2.11.43}$$

则有以下重要定理:

定理 2.11.4 设 $|\psi|^{\mathrm{Per}},|\varphi|^{\mathrm{Per}}$ 皆为有界函数,则

(1) $\widetilde{V}_0\subset\widetilde{V}_1\subset\cdots$;

(2) 对 $j\geqslant 0$,$\{\varphi_{j,k}^{\mathrm{Per}},\ k\in I_j\}$ 组成 $\widetilde{V}_j$ 的标准正交基;

(3) 对 $j\geqslant 0$,$\{1,\psi_{s,k}^{\mathrm{Per}}:s=0,1,\cdots,j-1;k=0,1,\cdots,2^s-1\}$ 也是 $\widetilde{V}_j$ 的标准正交基;

(4) $\bigcup\limits_{j=0}^{\infty}\widetilde{V}_j$ 在 $L^2[0,1]$ 中稠密,从而

$$\{1,\psi_{j,k}^{\mathrm{Per}}:\ j\geqslant 0,k\in I_j\}\tag{2.11.44}$$

在 $L^2[0,1]$ 中组成完备的标准正交系.

可见,对 $\forall f(x)\in L^2[0,1]$,必可展开为

$$f(x)=\sum_{k\in I_l}\alpha_{l,k}\varphi_{l,k}^{\mathrm{Per}}(x)+\sum_{j\geqslant l}\sum_{k\in I_j}\beta_{j,k}\psi_{j,k}^{\mathrm{Per}}(x) \tag{2.11.45}$$

$$=\sum_{j\geqslant 0}\sum_{k\in I_j}\beta_{j,k}\psi_{j,k}^{\mathrm{Per}}(x), \tag{2.11.46}$$

其中级数中的系数由内积(积分)所确定,且可包含常数

$$\begin{cases}\alpha_{l,k}=\langle f,\varphi_{l,k}^{\mathrm{Per}}\rangle,\\ \beta_{l,k}=\langle f,\psi_{l,k}^{\mathrm{Per}}\rangle.\end{cases} \tag{2.11.47}$$

以上介绍的以 1 为周期的小波函数系,它很容易推广到以 2π 为周期的小波函数系,这只需令

$$\begin{cases}\varphi_{j,k}^{\mathrm{Per}}(x)=\dfrac{1}{\sqrt{2\pi}}\sum_n\varphi_{j,k}\left(\dfrac{x+\pi}{2\pi}+n\right),\\ \psi_{j,k}^{\mathrm{Per}}(x)=\dfrac{1}{\sqrt{2\pi}}\sum_n\psi_{j,k}\left(\dfrac{x+\pi}{2\pi}+n\right),\end{cases}\quad j\geqslant 0,k\in I_j. \tag{2.11.48}$$

2.3 小波的应用

本节将介绍对时间序列与随机过程乃至随机场中的问题是如何运用小波分析这一工具加以解决的.

1. 关于跳跃点和尖点在噪声背景下的检测

在第二篇第七课题中介绍了用 Score 检验检出美元汇率的大跳跃点与当时紧张时局的关系,同时指出还有大跳跃点用 Score 检验未能检出,而用 Lemarie-Meyer 小波就比较完整地检出了三个跳跃点. 用 Lemarie-Meyer 小波检测的图形如图 2.11.8 所示. 其理论、方法概述如下:

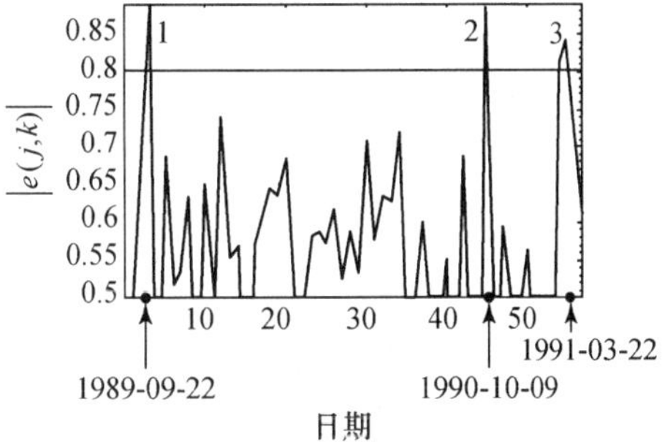

图 2.11.8 对美元兑马克汇率用小波检出的跳跃点(1989-08-01—1991-07-31)

设观测模型为

$$x(t)=s(t)+n(t),\quad t\in\mathbf{R},$$

其中 $s(t)$ 为信号,在 $t_1<t_2<\cdots<t_p$ 有不连续点且导函数有界;噪声 $n(t)$ 是平稳噪声(不要求 i. i. d.),谱密度有二阶矩. 所用的母小波 $\psi(x)$ 满足连续且具有限支集,$\int_{-\infty}^{+\infty}\psi(x)\mathrm{d}x=0$ 等一些不太强的条件,如 B-样条函数母小波即可满足要求. 于是,令

$$\begin{cases} e(j,k) = 2^{\frac{17}{32}j}\int_{-\infty}^{+\infty} x(t)\psi_{j,k}(t)\mathrm{d}t, \\ E(j) = \{k: |k| \leqslant 2^{\frac{4}{3}j},\ |e(j,k)| \geqslant C\}, \end{cases} \quad j,k\in\mathbf{Z}, \tag{2.11.49}$$

其中 C 是任意正的常数;又设 $\zeta=2^{j/2}$,j 充分大,并令

$$\begin{aligned} k_1 &= \arg\left\{\max_{k\in E(j)} |e(j,k)|\right\}, \\ k_2 &= \arg\left\{\max_{k\in E(j)}\{|e(j,k)|: |k-k_1| \geqslant \zeta\}\right\}, \\ k_3 &= \arg\left\{\max_{k\in E(j)}\{|e(j,k)|: |k-k_1| \geqslant \zeta, |k-k_2| \geqslant \zeta\}\right\}, \end{aligned} \tag{2.11.50}$$

等等. 由此可得 $K=\{k_1,k_2,\cdots,k_p\}$,则有以下结果:

(1) $2^{-j}k_l=t_l+O(2^{-5j/8})$, $k_l\in K, 1\leqslant l\leqslant p(j)$; (2.11.51)

(2) $p(j)=p$, a. s. (充分大的 j). (2.11.52)

图 2.11.8 中的三个跳跃点就是用以上方法检出的. 特别是第一个点,它对应于图 2.7.2 中 1989 年 9 月 22 日,汇率由 1.952 下降至 1.8993. 它的背景是一次 G_7 会议,会上认为当时美元太强势,影响了世界经济的健康发展. 然而这样重要的跳跃点用 Score 检验却未能检出. 关于汇率跳跃点检测的若干种先进方法效果的比较可参看 Ip, W-C, et al(2004).

其它有趣的跳跃点检测举例如下:

(1) 正弦函数的间断点: 设观测信号为 $x(t)=s(t)+n(t)$,其中 $n(t)$ 为相关平稳噪声,$s(t)$ 的最小跳跃高度 $h_{\min}$ 与 σ_n 之比 $R=h_{\min}/\sigma_n=0.5$. 图 2.11.9(a) 是具有频率变化的正弦信号 $s(t)$. 显然,从图 2.11.9(b) 已很难直观看出在何处有频率变化,更不用说其精确位置;而用 B-样条函数小波检出的图形如图 2.11.10(a),(b),(c),(d) 所示. 显然对于低阶的 j 值 4,6,看不出有何明显信息;当 $j=8$ 时即开始显现尖的峰值,但只有两个是明显的;当 $j=9$ 时,则完全显示出有三个峰值. 其实新增的峰值在 $j=8$ 也已显露,但不够明显.

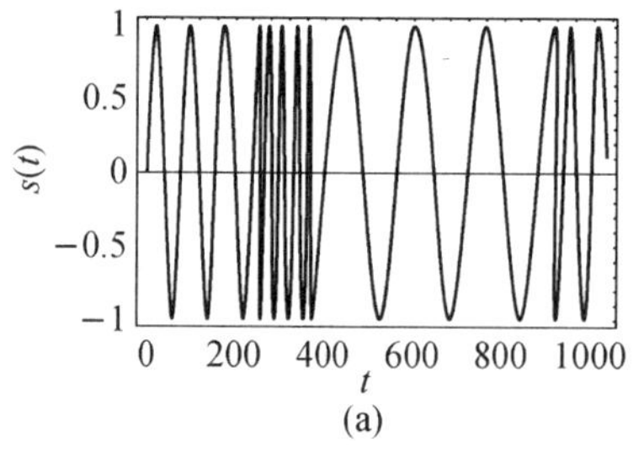

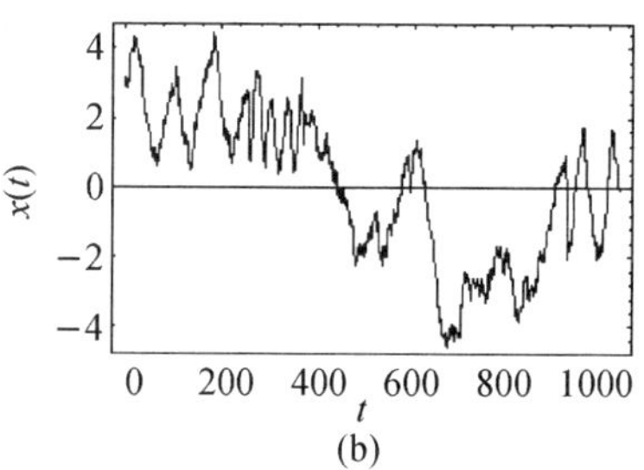

图 2.11.9 具有频率变化的正弦信号 $s(t)$(a) 与 $x(t)=s(t)+n(t)$ 的观测曲线(b)

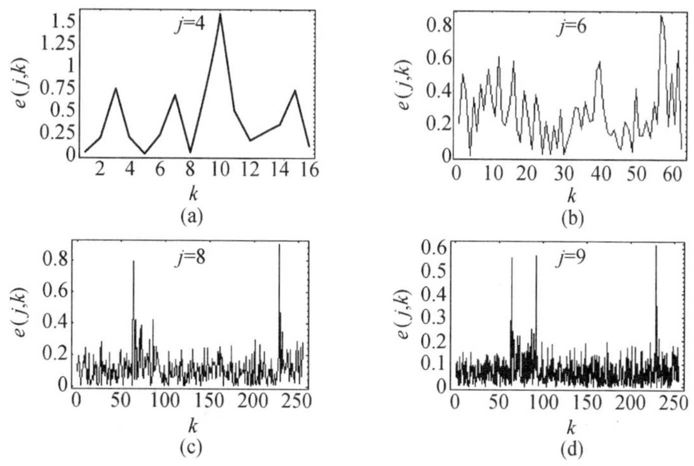

图 2.11.10　不同 j 值对应的检测图形(当 $j=9$ 时可看出三个明显的跳跃点)

可算出三个峰值对应的跳跃点分别为

$$\hat{t}_1=253.9\quad(\text{真值位置为 } t_1=255.0),$$
$$\hat{t}_2=365.2\quad(\text{真值位置为 } t_2=365.0),$$
$$\hat{t}_3=914.1\quad(\text{真值位置为 } t_3=915.0),$$

(2) 不规则跳跃函数的间断点：设观测信号为 $x(t)=s(t)+n(t)$，其中

$$s(t)=\begin{cases}\cos(1.77t), & 0\leqslant t<0.2,\\ \dfrac{1}{2}\cos(1.77t), & 0.2\leqslant t<0.5,\\ \cos(8.1t), & 0.5\leqslant t<0.75,\\ \cos(2.1t), & 0.75\leqslant t<1,\end{cases}\tag{2.11.53}$$

$R=h_{\min}/\sigma_n=0.5$. 图 2.11.11(a)，(b)分别是不规则跳跃函数 $s(t)$ 与观测信号 $x(t)$ 的图形. 检测小波仍用 B-样条函数小波. 检测结果见图 2.11.12(a)，(b)，(c)，(d).

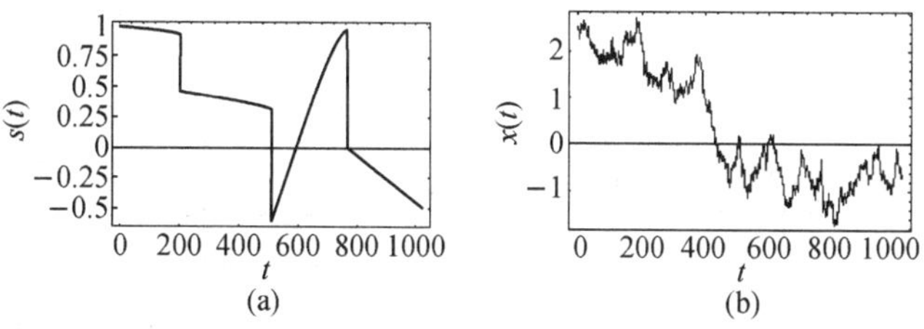

图 2.11.11　不规则跳跃函数 $s(t)$(a)与观测信号 $x(t)=s(t)+n(t)$(b)

有趣的是，如果我们将图 2.11.12(d)和图 2.11.11(a)放在一起比较会发现小波检测到

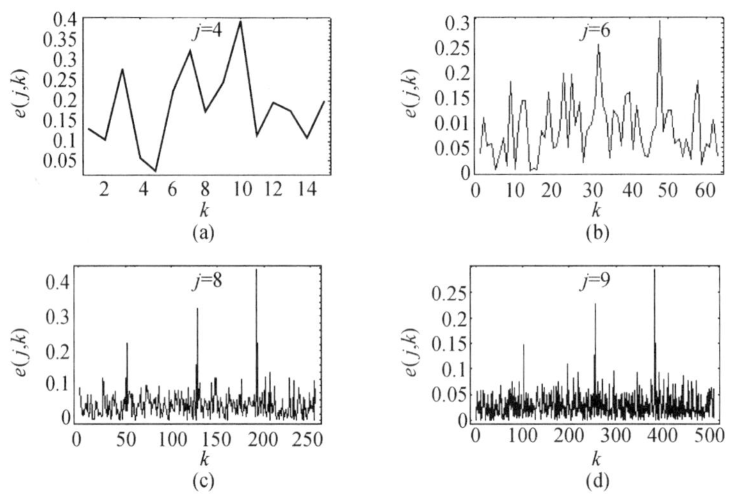

图 2.11.12 用 B-样条函数小波检测跳跃点的结果

的跳跃点的位置竟然和原始函数间断点的位置非常吻合(见图 2.11.13).

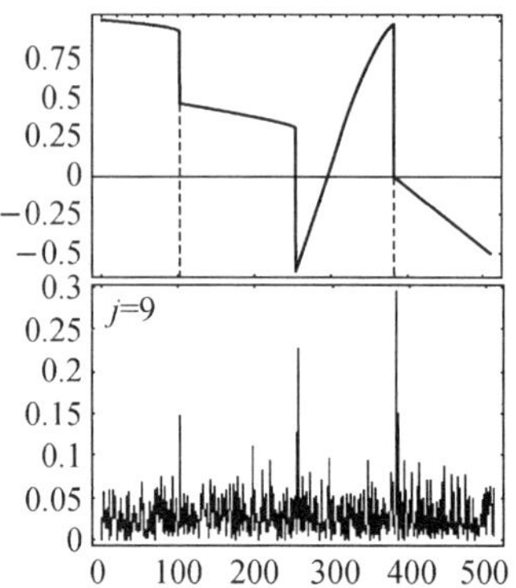

图 2.11.13 检测结果与原始信号的比较

2. 滤波与消噪声

许多问题都涉及噪声背景下如何消除噪声以尽可能地恢复原始信号的问题. 而工程上大多数采用的手段是滤波. 例如,一般噪声都表现出变化频率较快而信号则相对较慢,因而通过低通滤波器就一定程度上可以恢复. 然而,如果信号是带尖脉冲的,则低通滤波器往往会"削平"这些信号. 图 2.11.14(a),(b)分别是具有尖脉冲的信号加噪声和用低通滤波器得到的输出曲线,而若将此滤波结果与原始信号 $s(t)$ 作比较(见图 2.11.15),则可发现滤波效果还是相当好的,

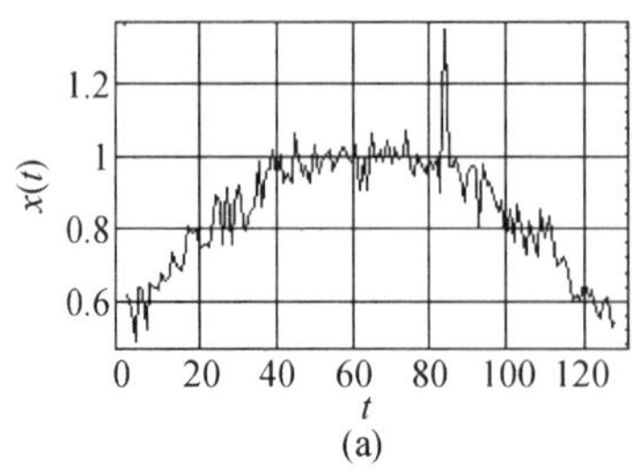

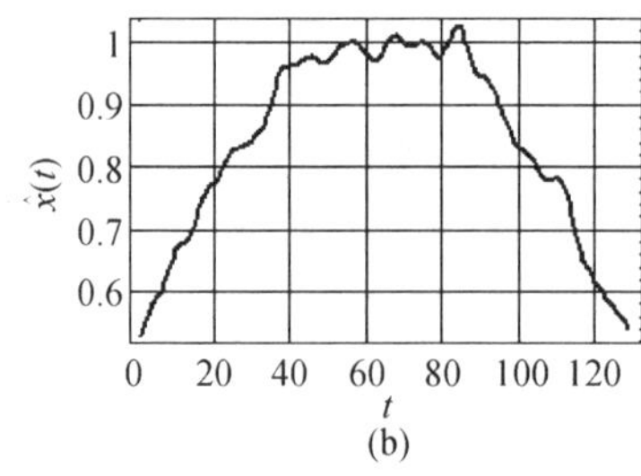

图 2.11.14 具有尖脉冲的信号加噪声(a)与用低通滤波器的输出曲线(b)

有脉冲之处还是有些突出，但尖端被削平了.

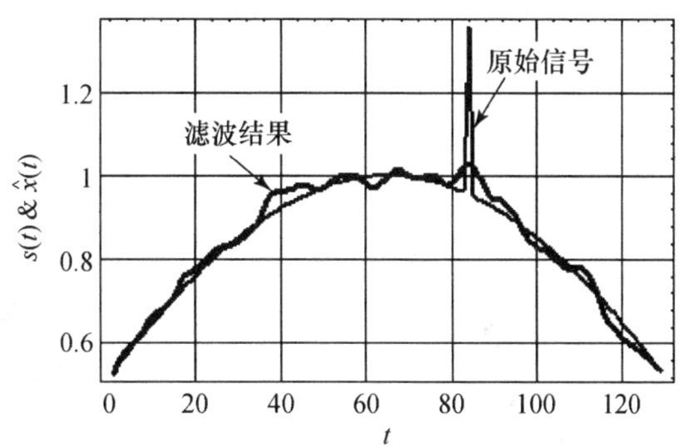

图 2.11.15　原始信号与用低通滤波器滤出曲线的比较

然而，如果我们不是用简单的滤波器而是用小波方法，则结果就完全不同. 图 2.11.16(a)，(b)就是很成功的一个例子，其中尖脉冲仍保留着.

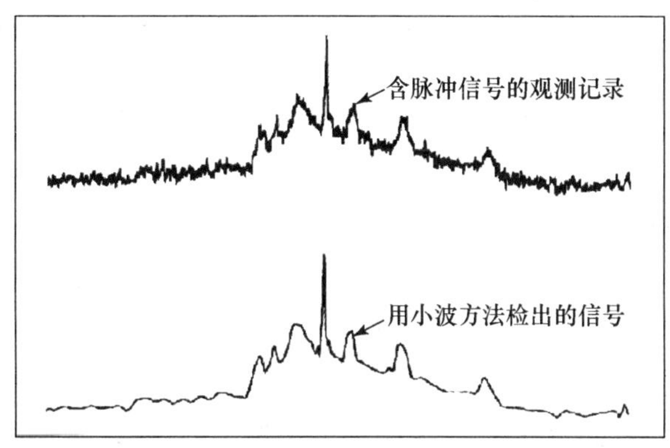

图 2.11.16　含有尖脉冲信号的观测记录与用小波方法检出的信号

3. 图像处理

应该说小波分析一重大应用领域是图像处理，其中包括传输中图像元素的压缩、特征检测等多方面的用途. 以下限于本书篇幅只能作简单的举例，读者可参看 Daubechies(1991).

首先自然关心 2-dim 小波如何构造. Daubechies 认为最简单就是令

$$\Psi_{j_1,k_1;j_2,k_2}(x_1,x_2) = \psi_{j_1,k_1}(x_1)\psi_{j_2,k_2}(x_2), \tag{2.11.54}$$

其中 $\psi_{j,k}(x)$是 $L^2(\mathbf{R})$的标准正交小波基，而 $\Psi_{j_1,k_1;j_2,k_2}(x_1,x_2)$的确构成了 $L^2(\mathbf{R}^2)$的标准正交小波基. 该书中还介绍了图像处理的一些方法(见第十章).

例 2.11.1(指纹图形)　当一幅图像要传输时，为了保持图像的清晰度必然要发送大数量的像素，而用小波方法就可以大大压缩传送的数据率，且在接收端用小波方法恢复仍可保持相当高的图像质量，但压缩率却可达到惊人的程度. 例如，图 2.11.17 是原始的指纹，而用其中 5%的像素发送到另一端，再用小波方法恢复可得图 2.11.18，两者相当一致.

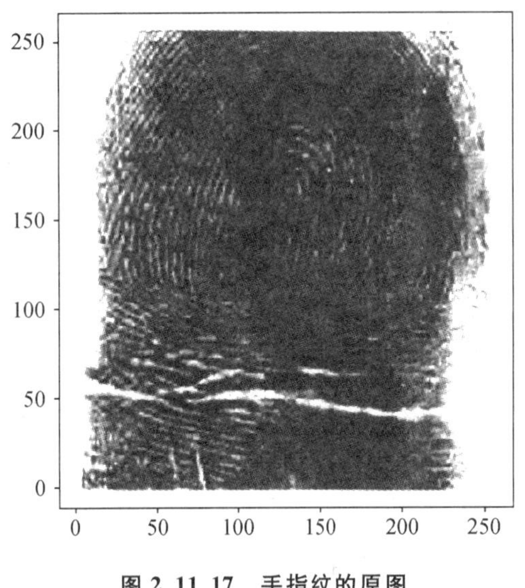

图 2.11.17 手指纹的原图

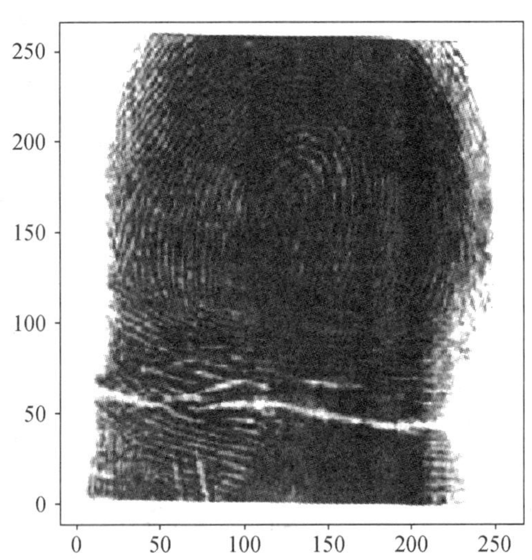

图 2.11.18 用小波方法恢复的指纹图形(5%的数据)

例 2.11.2(低分辨率照片的重构) 一张分辨率为 64×64 的照片当然比较粗糙、模糊，而通常用线性插值或非线性(如双线性)插值，将之细化成 128×128 的分辨率，效果也不会太好，但用小波方法则效果就会好得多. 如图 2.11.19(a)，(b)，(c)就是一个例子①：低分辨率图像经小波处理后与原高分辨率的照片差不多.

(a)

(b)

(c)

图 2.11.19 低分辨率的图像(a)，用小波恢复的图像(b)及原高分辨率的图像(c)

① 选自：Zuowei Shen，Unitary Extention Principle：Ten Years After，Dept. of Math. National Univ. of Singapore.

§3 人工神经网络在时间序列分析中的应用

3.1 人工神经网络的简介

神经网络的产生据称是从生物学上，尤其是人脑的组织、思维方法获取灵感，用模拟生物神经元的某些基本功能的“元件”组织起来的系统，并为实现某些既定目标（如语音、图像识别等）通过“组织与训练学习”等过程而达到最佳效果. 如果从 20 世纪五六十年代 Rosenblatt F, Widrow B 等人开发的单层神经网络算起，神经网络已走过了半个多世纪. 人工神经网络无论是在理论还是应用上都已在科学领域独树一帜，并在多学科中得到了广泛的应用①.

生物学告诉我们，大脑的神经系统是由大约 10^{11} 个神经元与每个神经元经由大约 10^5 个称为连接弧的传递信息路径连接组成的一个复杂网络，神经元由细胞的驱体、树突（即输入端）、轴突（即输出端）等几个主要部分组成. 而人脑活动乃是一种非线性活动：

（1）大脑信息储存；

（2）大脑的大规模并行操作；

（3）大脑的概括、学习特征；

等等. 于是在汲取上述思想的基础上，最基本也是最常用的人工神经网络结构如图 2.11.20 所示. 第一层称为输入层；中间层是信息加工的关键部分，本图中间层只设了一层，实际上有人设了多层并进行了比本图更复杂的连接，并且很关键的一环是其中的 $\{\sigma_j(\cdot), j=1,2,\cdots,m\}$，它是“神经元”对信号 $\{x_l\}$ 的非线性加工（变换）；最后一层是输出层 $\{y_k\}_1^q$，但它是中间层各单元输出的一种加权求和，权数 $\{w_{ji}\}$ 的选择就是一大学问，它往往和“学习”、“训练”有关，详细的内容我们将在下一节中介绍.

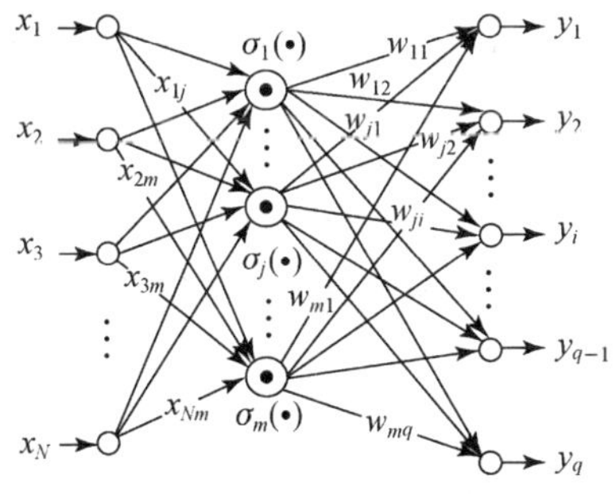

图 2.11.20 一种具三层信息加工的非线性人工神经网络

---

① 作为一本入门书，建议读者参看施鸿宝的《神经网络及其应用》，西安交通大学出版社，1993.

3.2 数学原理简介

1. 关于神经网络的一种结构

前一节中已介绍了一种三层结构的神经网络,它虽然是比较简单的一种,但从数学理论上看它应该是能满足许多实际问题的要求的,原因是我们有以下定理:

定理 2.11.5[①] 设 $f(\boldsymbol{x})\in L^2(\mathbf{R})$,定义为

$$f:[0,1]^m\rightarrow\mathbf{R},\quad \boldsymbol{x}=(x_1,x_2,\cdots,x_m)^{\mathrm{T}},x_i\in[0,1],\ 1\leqslant i\leqslant m,\qquad(2.11.55)$$

则对任给的 $\varepsilon>0$,存在一个函数 $g(\boldsymbol{x})$:

$$g(\boldsymbol{x})=\sum_{k=1}^{N}w_k\sigma(\boldsymbol{a}_k^{\mathrm{T}}\boldsymbol{x}+b_k),\qquad(2.11.56)$$

使得 $\|g-f\|_{L^2}<\varepsilon$,其中 $\boldsymbol{a}_k=(a_{k_1},a_{k_2},\cdots,a_{k_m})^{\mathrm{T}}\in\mathbf{R}^m$,$b_k,w_k\in\mathbf{R}(1\leqslant k\leqslant N)$,而 $\sigma(\cdot)$是满足以下条件的任一函数:对 $\forall\,\boldsymbol{a}\in\mathbf{R}^m$,如果 $\boldsymbol{\mu}$ 是$[0,1]^m$ 的测度,使得

$$\int_{[0,1]^m}\sigma(\boldsymbol{a}^{\mathrm{T}}\boldsymbol{x}+b)\mathrm{d}\boldsymbol{\mu}=0,\qquad(2.11.57)$$

则 $\boldsymbol{\mu}\equiv\mathbf{0}$.

由定理 2.11.5 可得出结论:在一定程度上一个三层的神经网络应能解决许多问题.

2. 三层神经网络运用于预报问题

我们以下介绍的三层神经网络的训练学习是由最后一层开始向前推进的,因而称为 BP 学习算法.这只是众多学习算法中较常用的一种,对于其它的学习算法读者可在施(1993)中找到.

Ⅰ. 最后一层输出

假设前一层第 i 个节点对应于 x_k 的输出为 O_{ik},下一层第 j 个节点对应输出为 net_{jk},而中间层数共 m 个,$\{w_{ji}\}$是权数,则输出 net_{jk}可表示为

$$net_{jk}=\sum_{i=1}^{m}w_{ji}O_{ik}=\boldsymbol{W}_j^{\mathrm{T}}\boldsymbol{O}_k,\quad j=1,2,\cdots,q,\ k=1,2,\cdots,N,\qquad(2.11.58)$$

其中

$$\begin{cases}\boldsymbol{W}_j^{\mathrm{T}}=(w_{j1},w_{j2},\cdots,w_{jm})^{\mathrm{T}},\\ \boldsymbol{O}_k=(O_{1k},O_{2k},\cdots,O_{mk})^{\mathrm{T}}.\end{cases}\qquad(2.11.59)$$

N,q 分别为输入层和输出层的节点数.

Ⅱ. 中间层的输出

设选择满足定理 2.11.5 条件的函数 $\sigma(\cdot)$作为中间层节点的神经元.显然 $\sigma(\cdot)$可以有许

---

① 读者可在以下文献中找到此定理的证明:Zhang Q and Benveniste A,Wavelet Networks,IEEE Trans on Neural Networks,1992,3(6),889—898.

多选择，以下我们所选择的 $\sigma(\cdot)$ 是一种非常普遍使用的函数，称为 **Sigmoid** 函数：

$$\sigma(t)=\frac{1}{1+e^{-t}}, \tag{2.11.60}$$

其函数图形如图 2.11.21 所示. 于是在中间层某个节点的输出可表示为

$$\begin{gathered}Q_{ik}=\sigma\Big(\sum_{s=1}^{p}a_{is}x_{sk}+b_i\Big)=\sigma(\boldsymbol{a}_i\boldsymbol{x}_k^{\mathrm{T}}),\\ k=1,2,\cdots,p,\quad i=1,2,\cdots,m,\end{gathered} \tag{2.11.61}$$

其中

$$\begin{cases}\boldsymbol{x}_k=(x_{1k},x_{2k},\cdots,x_{pk},1),\\ \boldsymbol{a}_i=(a_{i1},a_{i2},\cdots,a_{ip},b_i),\end{cases} \tag{2.11.62}$$

而 p 是该节点输入的个数，从而最后的输出为

$$net_{jk}=\sum_{i=1}^{m}w_{ji}O_{ik}=\sum_{i=1}^{m}w_{ji}\sigma(\boldsymbol{a}_i\boldsymbol{x}_k^{\mathrm{T}}). \tag{2.11.63}$$

令

$$\hat{y}_{jk}=net_{jk},\quad j=1,2,\cdots,q,\ k=1,2,\cdots,N, \tag{2.11.64}$$

则 $\{\hat{y}_{jk}\}$ 就可作为预报值.

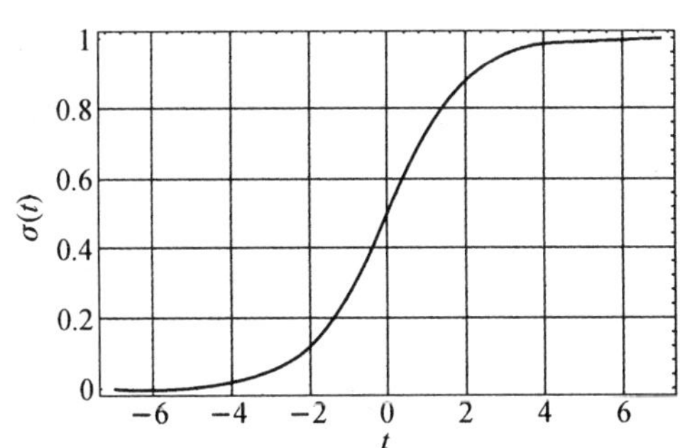

图 2.11.21　一种常用的非线性变换函数

重要的问题是，要合适地选择权数 $\{w_{ji}\}$，$\{a_{ik}\}$，使得预报值 $\hat{y}$ 与真值的误差达到满意的误差范围. 我们可以预留一串序列 $\{y_j\}$ 作为预报效果的比较.

Ⅲ. 训练学习的迭代算法

我们要解决的实际问题是尝试作汇率的预报，因此选 $q=1$.

设 $\boldsymbol{W}_0$ 是预先选定的初值向量(权数)，则第 $n+1$ 步的迭代公式为

$$\begin{gathered}w_{ji}^{(n+1)}=w_{ji}^{(n)}-\eta\sum_{k=1}^{N}\frac{\partial E_k}{\partial w_{ji}}\Big|_{\substack{\boldsymbol{W}=\boldsymbol{W}^{(n)}\\ \boldsymbol{a}=\boldsymbol{a}^{(n)}}}+\alpha(w_{ji}^{(n)}-w_{ji}^{(n-1)}),\\ j=1,\quad i=1,2,\cdots,m.\end{gathered} \tag{2.11.65}$$

$$a_{il}^{(n+1)} = a_{il}^{(n)} - \eta \sum_{k=1}^{N} \frac{\partial E_k}{\partial a_{il}} \Bigg|_{\substack{W=W^{(n)} \\ a=a^{(n)}}} + \alpha(a_{il}^{(n)} - a_{il}^{(n-1)}), \quad (2.11.66)$$
$$i = 1,2,\cdots,m, \quad l = 1,2,\cdots,p+1,$$

其中 $E_k = (y_k - \hat{y}_k)^2$，$\eta$ 和 α 为学习因子，它们可在训练学习中适当选择.

Ⅳ. 中间隐层数的选择

定理 2.11.5 告诉我们选三层的神经网络已可适用于许多问题. 这种神经网络输入层的节点数 N 和输出层的节点数 q 可根据实际问题确定，然而中间层的节点数 m 却没有告诉我们应如何确定. Zhang(1997)中将 Mallows-Akaike 准则运用于广义 Cross-Validation 得到了确定 m 的一种方法，该方法的核心函数是

$$\mathrm{GCV}(s) = \frac{1}{N} \sum_{k=1}^{N} [\hat{y}_s(x_k) - y_k]^2 + 2\frac{s}{N}\sigma_e^2, \quad (2.11.67)$$

其中 $\hat{y}_s(x_k)$ 是假定中间层为 s 个节点的输出，y_k 为对应的真值，σ_e^2 是迭代过程中的方差.

我们先举一个函数估计的例子来说明 GCV 的用法. 设要估计的函数为 $y=(\sin 2\pi x^3)^3$，其图形如图 2.11.22(a)，(b)所示，其中图 2.11.22(a)为原始函数 y 的图形，图 2.11,22(b)为依 GCV 选择中间层数后输出的函数图形. 可见效果非常好.

由表 2.11.1 可看出，虽然 $s=20$ 比 $s=16$ 对应的值略小一点，但都在同一数量级，根据 Parsimony 原则，我们选 $m=s=16$，而效果很好.

表 2.11.1 由 GCV 确定的中间层节点个数

中间层节点数 s	MSE	GCV(s)
16	1.37×10^{-10}	8.68×10^{-10}
17	1.0×10^{-9}	6.8×10^{-9}
18	2.6×10^{-9}	1.827×10^{-8}
20	5.78×10^{-11}	5.43×10^{-10}

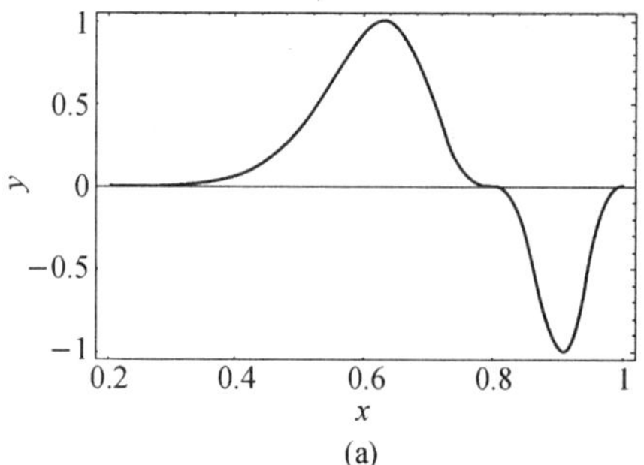

(a)

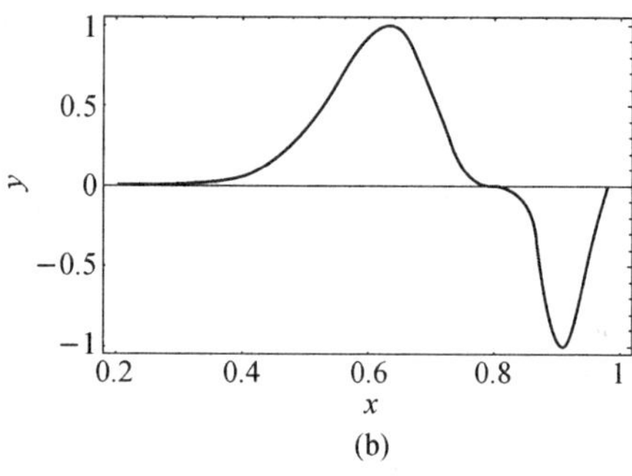

(b)

图 2.11.22 函数 $y=(\sin 2\pi x^3)^3$(a)与 $s=16$ 时的网络输出(b)

3.3 汇率预报问题

汇率能不能预报是经济、金融界中有不同见解的一个问题.我们认为,在经济正常运行条件下(不是突发金融危机、战争等不正常情况),对不长的一段时间内的汇率波动仍是可以做出有参考价值的预报的.以下以德国马克兑港币汇率的历史记录来说明人工神经网络的预报效果.

图 2.11.23 是 1989 年 8 月 1 日—1991 年 7 月 31 日德国马克兑港币的日汇率实际记录,我们按以下步骤来对未来 10 天(相当两周)的汇率作理论预报并和实际汇率的误差作比较,同时也和其它非人工神经网络方法对同样数据的预报效果作比较.当然也不是说这一具研究性质的预报的成功就可以得出"汇率是可准确预报"的结论.

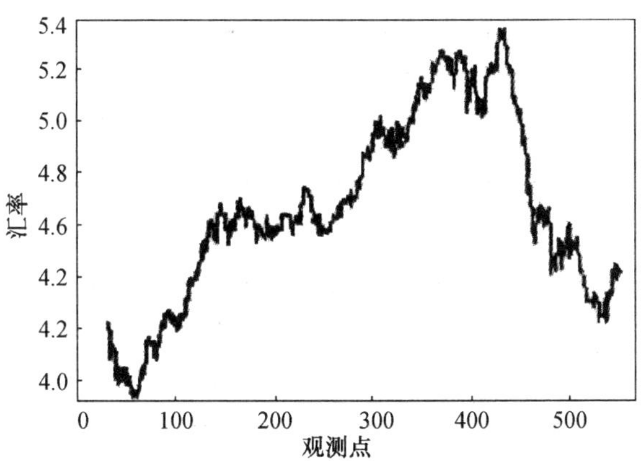

图 2.11.23 1989 年 8 月 1 日—1991 年 7 月 31 日德国马克兑港币的日汇率记录

第一步:对收集到的 495 个数据作以下预处理:令

$$M = \max_{1 \leqslant t \leqslant 495} \{x_t\}, \quad m = \min_{1 \leqslant t \leqslant 495} \{x_t\}, \tag{2.11.68}$$

$$y_t = \frac{x_t - m}{M - m}, \quad 1 \leqslant t \leqslant 495, \tag{2.11.69}$$

从而

$$x_t = y_t(M - m) + m, \quad y_t \in [0,1]. \tag{2.11.70}$$

第二步:人工神经网络(NN)训练.

对汇率的输出,选 $q=1$,中间层节点数 $s=5$,而输入数 $N=9$.令

$$\boldsymbol{x}_t = (y_{t-9}, y_{t-8}, \cdots, y_t), \quad 10 \leqslant t \leqslant 495 \tag{2.11.71}$$

为输入向量数据,对于第 k 次训练样本,网络的输入为$(y_k, y_{k+1}, \cdots, y_{k+8})$而对应输出为 y_{k+9}.

把 $\hat{y}_{k+9}$ 作为 NN 训练的输出，则平方误差为

$$E = \frac{1}{2}\sum_{k=1}^{486}(\hat{y}_{k+9} - y_{k+9})^2. \tag{2.11.72}$$

在训练学习时我们选 $\eta=0.01, \alpha=0.001$，并选适当的 $\{a_{il}\}$ 和 $\{w_{ji}\}$. 经过 3000 次训练后 $\{a_{il}\}$ 和 $\{w_{ji}\}$ 的结果列于表 2.11.2 和表 2.11.3. 利用以上 $\{a_{il}\}$ 和 $\{w_{ji}\}$ 得到的平方和误差是

$$E=0.003605.$$

表 2.11.2 $\{a_{il}\}$ 的最终值

i \ l	1	2	3	4	5	6	7	8	9	10
1	−0.0167	0.0133	0.0578	0.1086	0.1454	0.5859	0.6611	0.7895	0.5907	−1.3998
2	0.2285	0.2251	0.6211	0.6166	0.2128	0.2083	0.2006	0.5889	0.5712	0.4558
3	0.5878	0.5858	0.1889	0.5924	0.1947	0.5976	0.2031	0.6120	0.6261	−0.3308
4	0.6474	0.6467	0.6458	0.6447	0.2435	0.2420	0.6399	0.6370	0.6329	−0.0574
5	0.5512	0.1495	0.1471	0.1444	0.1421	0.5395	0.1348	0.1274	0.5160	0.1997

表 2.11.3 $\{w_{ji}\}$ 的最终值

i \ j	1	2	3	4	5
1	1.5823	−0.3829	0.2488	−0.0406	−0.1836

第三步：预报与方法效果的比较.

基于观测记录 $\{y_1, y_2, \cdots, y_{495}\}$ 的向前一步预报 $\hat{y}_{496}$ 是利用 $\boldsymbol{y}_{495}=(y_{486}, y_{487}, \cdots, y_{495})^{\mathrm{T}}$ 作为网络的输入，而终端输出为

$$\hat{y}_{496} = \sum_{i=1}^{5} w_{ji}\sigma(\boldsymbol{a}^{\mathrm{T}}\boldsymbol{y}_{495}), \quad j = 1. \tag{2.11.73}$$

对于一般的 y_{495+k}，则预报值是

$$\hat{y}_{495+k} = \sum_{i=1}^{5} w_{ji}\sigma(\boldsymbol{a}^{\mathrm{T}}\boldsymbol{y}_{495+k}), \tag{2.11.74}$$

其中 $\boldsymbol{y}_{495+k}=(\tilde{y}_{485+k}, \tilde{y}_{486+k}, \cdots, \tilde{y}_{495+k-1})$ $(2\leqslant k\leqslant 10)$，而

$$\tilde{y}_s = \begin{cases} y_s, & s \leqslant 495, \\ \hat{y}_s, & s > 495. \end{cases} \tag{2.11.75}$$

在表 2.11.4 中给出了 10 天的预报结果和相应的百分比误差(PE)，其中 x_k 为真值，而

$$\hat{x}_t = \hat{y}_t(M-m)+m, \quad t = 496, 497, \cdots, 505. \tag{2.11.76}$$

表 2.11.4　向前 10 天汇率的预报结果

k	496	497	498	499	500	501	502	503	504	505
x_k	4.310	4.330	4.310	4.290	4.250	4.230	4.250	4.250	4.250	4.300
$\hat{x}_k$	4.301	4.301	4.297	4.296	4.289	4.286	4.280	4.278	4.273	4.270
PE	2.088* E-3	6.697* E-3	3.016* E-3	1.398* E-3	9.176* E-3	1.32* E-2	7.058* E-3	6.588* E-3	5.411* E-3	6.976* E-3

为了和其它现有的非人工神经网络方法作比较，我们特选了公认的效果比较好的几种预报方法：X-11 算法，Box-Jenkins 模型和状态空间 Kalman 滤波，其中结果(见表 2.11.5)用误差百分比的平均数 APE 来表示：

$$\mathrm{APE} = \frac{1}{10}\sum_{k=1}^{10}\frac{|x_k - \hat{x}_k|}{x_k}. \tag{2.11.77}$$

表 2.11.5　预报的 APE 比较

预报方法	NN 预报	状态空间 Kalman 滤波	Box-Jenkins 模型	X-11 算法
APE	6.1608×10^{-3}	2.21×10^{-2}	2.20×10^{-2}	1.48×10^{-2}

§4　Monte-Carlo 滤波及其应用

4.1　Kalman 滤波

Kalman 等人于 20 世纪 60 年代提出一系列可针对非平稳时间序列的预测、滤波后引起了时间序列分析的巨大变化，并开拓了广泛的实际应用. 而 Kitagawa 在 80 年代发表的一系列有关 Monte-Carlo 滤波的论述可认为是 Kalman 滤波中提出的状态空间等一系列理论的深化和发展. 因此，考虑到有些读者可能不熟悉这一背景，以下先作一些简介.

Kalman 滤波是从状态空间出发的，认为研究的问题可用以下两个方程描述(以下符号基本上皆指向量和矩阵，当然也可以出现一维的)：

$$\begin{cases} \boldsymbol{X}_k = \boldsymbol{\Phi}\boldsymbol{X}_{k-1} + \boldsymbol{W}_k, \\ \boldsymbol{Y}_t = \boldsymbol{A}\boldsymbol{X}_t + \boldsymbol{V}_t, \end{cases} \tag{2.11.78}$$

其中第一个方程为模型方程，第二个方程为观测方程，而 $\boldsymbol{X}_k$ 是 $p\times1$ 的向量，$\boldsymbol{\Phi}$ 是 $p\times p$ 的系数矩阵，$\boldsymbol{W}_k$ 是 $p\times1$ 的噪声向量，$\boldsymbol{Y}_t$ 是 $m\times1$ 的观测向量，$\boldsymbol{A}$ 为 $m\times p$ 的系数矩阵，$\boldsymbol{V}_t$ 为 $m\times1$的噪声向量，它和 $\boldsymbol{W}_k$ 的性质假定为

$$\begin{cases} E\boldsymbol{W}_k = E\boldsymbol{V}_t \equiv \boldsymbol{0}, \\ E(\boldsymbol{W}_k\boldsymbol{W}_j^*) = \boldsymbol{Q}\cdot\delta_{k,j} \quad (\boldsymbol{Q}\text{ 为 } p\times p \text{ 的方差阵}), \\ E(\boldsymbol{V}_k\boldsymbol{V}_j^*) = \boldsymbol{R}\cdot\delta_{k,j} \quad (\boldsymbol{R}\text{ 为 } m\times m \text{ 的方差阵}), \\ E(\boldsymbol{W}_k\boldsymbol{V}_j^*) = \boldsymbol{0}, \quad \forall\ k,j. \end{cases} \tag{2.11.79}$$

以上系数矩阵 $\boldsymbol{\Phi}$,$\boldsymbol{A}$ 和 $\boldsymbol{Q}$,$\boldsymbol{R}$ 假定是已知的,观测到的只有一系列的$\{\boldsymbol{Y}_t\}$.我们希望从中恢复代表信号$\{\boldsymbol{X}_k\}$的$\{\hat{\boldsymbol{X}}_k\}$,而在某种准则中$\{\hat{\boldsymbol{X}}_k\}$是最好的估计,其手法基本上是递推.

设对 $\boldsymbol{X}_t$ 有初始向量 $\boldsymbol{X}_0$(已知),$E\boldsymbol{X}_0=\boldsymbol{\mu}$,方差为 $\boldsymbol{P}_0$,并假定在 $k-1$ 时刻对 $\boldsymbol{X}_{k-1}$ 已有估计 $\hat{\boldsymbol{X}}_{k-1}$,而且在向前时刻 k,已获观测值 $\boldsymbol{Y}_k$,于是我们要在以上条件下给出 $\boldsymbol{X}_k$ 的估计 $\hat{\boldsymbol{X}}_k$.通常假定

$$\hat{\boldsymbol{X}}_k = \boldsymbol{B}\hat{\boldsymbol{X}}_{k-1} + \boldsymbol{C}\boldsymbol{Y}_k, \tag{2.11.80}$$

我们要选择适当的系数矩阵 $\boldsymbol{B}$,$\boldsymbol{C}$,使得 $\hat{\boldsymbol{X}}_k$ 满足

$$\boldsymbol{\Delta}_k = E(\boldsymbol{X}_k - \hat{\boldsymbol{X}}_k)(\boldsymbol{X}_k - \hat{\boldsymbol{X}}_k)^* = \min, \tag{2.11.81}$$

即:如果有别的组合(2.11.80)使其误差阵为 $\boldsymbol{D}_k$,则 $\boldsymbol{D}_k \geqslant \boldsymbol{\Delta}_k$,即 $\boldsymbol{D}_k - \boldsymbol{\Delta}_k \geqslant 0$(即为非负定阵).

当然,关键问题是(2.11.80)式中的系数矩阵 $\boldsymbol{B}$,$\boldsymbol{C}$ 如何求.为节省篇幅,以下我们只给出结果,有兴趣的读者可参看谢(1998),(1990).

Kalman 滤波的具体算法如下:

$$\begin{cases} \hat{\boldsymbol{X}}_k = \boldsymbol{\Phi}\hat{\boldsymbol{X}}_{k-1} + \boldsymbol{K}_k(\boldsymbol{Y}_k - \boldsymbol{A}\boldsymbol{\Phi}\hat{\boldsymbol{X}}_{k-1}), & ① \\ \boldsymbol{K}_k = \boldsymbol{\Pi}_k\boldsymbol{A}^*(\boldsymbol{A}\boldsymbol{\Pi}_k\boldsymbol{A}^* + \boldsymbol{R})^{-1}, & ② \\ \boldsymbol{P}_k = (\boldsymbol{I} - \boldsymbol{K}_k\boldsymbol{A})\boldsymbol{\Pi}_k, & ③ \\ \boldsymbol{\Pi}_k = \boldsymbol{\Phi}\boldsymbol{P}_{k-1}\boldsymbol{\Phi}^* + \boldsymbol{Q}, & ④ \\ \boldsymbol{P}_0 = \mathrm{Var}(\boldsymbol{X}_0). & ⑤ \end{cases}$$

而其运行流程如图 2.11.24 所示.例如,设 $\boldsymbol{P}_0$ 已知,代入上述④可得 $\boldsymbol{\Pi}_1$,又将 $\boldsymbol{\Pi}_1$ 代入②可得 $\boldsymbol{K}_1$,再将 $\boldsymbol{\Pi}_1$ 和 $\boldsymbol{K}_1$ 代入③可得 $\boldsymbol{P}_1$;在已知 $\boldsymbol{K}_1$ 之下,将 $\hat{\boldsymbol{X}}_0$,$\boldsymbol{Y}_1$ 和各已知系数矩阵代入①即可得 $\hat{\boldsymbol{X}}_1$,而且 $\boldsymbol{P}_1$ 也有了;如果获得新观测 $\boldsymbol{Y}_2$,则重复以上步骤自然可得 $\hat{\boldsymbol{X}}_2$;等等.

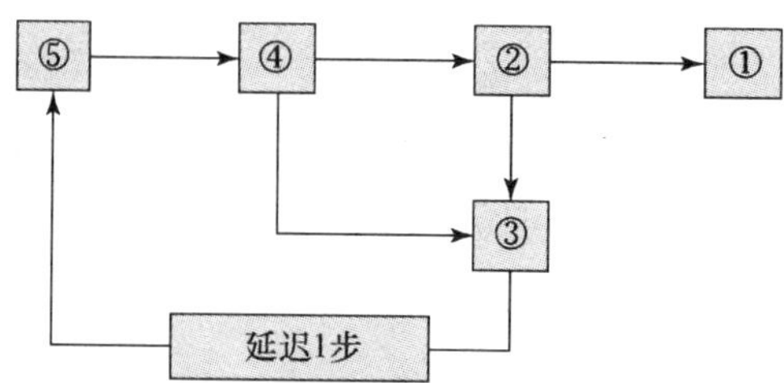

图 2.11.24 Kalman 滤波的运行流程图

以上的状态空间模型(2.11.78)实质上假定了信号模型$\{\boldsymbol{X}_k\}$是平稳向量列.后人将上述算法推广到系数矩阵$\boldsymbol{\Phi}$和$\boldsymbol{A}$是依赖时间的$\boldsymbol{\Phi}_t$和$\boldsymbol{A}_t$,这时 Kalman 滤波同样可发挥作用,然而(2.11.78)在结构上仍是线性的.

4.2　非正态噪声下的非线性状态空间模型

本小节着重要介绍的近代发展起来的非正态噪声下的非线性状态空间模型:

$$\begin{cases}\boldsymbol{X}_t = F(\boldsymbol{X}_{t-1},\boldsymbol{\eta}_t), \\ Y_t = H(\boldsymbol{X}_t,\varepsilon_t),\end{cases} \tag{2.11.82}$$

这里$\boldsymbol{X}_t$是k维信号向量,$\boldsymbol{\eta}_t$是模型噪声,假定它是l维白噪声,具有概率密度$q(\boldsymbol{v})$;Y_t是观测模型,观测噪声ε_t假定是一维的,概率密度为$r(\omega)$;而函数F和H可能是非线性的,但要求是已知的且假定当$\boldsymbol{X}_t$,Y_t已知时,ε_t可唯一由

$$\varepsilon_t = G(\boldsymbol{X}_t,Y_t) \tag{2.11.83}$$

确定,并假定G的偏导数$\dfrac{\partial G}{\partial y}$存在,且初始分布$\boldsymbol{X}_0 \sim p_0(\boldsymbol{x})$为已知.在以上模型条件下,当观测到的一组值$\{y_t\}$时,如何作$\boldsymbol{X}_t$的预报? 下面的讨论在方程(2.11.82)中假定Y_t是一维的,记为y_t,$\boldsymbol{X}_t$用$\boldsymbol{x}_t$表示.

1. 关于 Monte-Carlo 滤波简介

通常 Kalman 滤波的预报相当于在t时刻之前获得$\{\cdots,\hat{\boldsymbol{x}}_{t-1}\}$,并增加$t$时刻的观测$y_t$,给出最优地预报$t$时刻的信号$\hat{\boldsymbol{x}}_t$.但换一种更广泛的观点——Monte-Carlo 滤波的观点,可认为预报是:如何求出t时刻的条件概率$p(\boldsymbol{x}_t|Y_t)$,其中Y_t代表$\{y_t\}$中t时刻前的一段观测.因为有了条件概率,则预报值(或滤波)$\hat{\boldsymbol{x}}_t$可有多种选择,如取分布的期望或最大可能的概率的对应值等等.而要把握条件概率$p(\boldsymbol{x}_t|Y_t)$,当然最好是给出理论表达式,另一种观点则认为如果能得到它的独立样本$\{\boldsymbol{f}_t^{(j)}\}$也就在统计学的意义下把握了该分布.

以下先介绍由$p(\boldsymbol{x}_{n-1}|Y_{n-1})$的一组$m$个独立实现$\{\boldsymbol{f}_{n-1}^{(1)},\boldsymbol{f}_{n-1}^{(2)},\cdots,\boldsymbol{f}_{n-1}^{(m)}\}$如何得到向前一步预报$p(\boldsymbol{x}_n|Y_{n-1})$的$m$个独立实现$\{\boldsymbol{p}_n^{(1)},\boldsymbol{p}_n^{(2)},\cdots,\boldsymbol{p}_n^{(m)}\}$;再由观测$y_n$和$p(\boldsymbol{x}_n|Y_{n-1})$的一组独立实现如何得到$p(\boldsymbol{x}_n|Y_n)$(相当于滤报)的一组$m$个独立实现$\{\boldsymbol{f}_n^{(1)},\boldsymbol{f}_n^{(2)},\cdots,\boldsymbol{f}_n^{(m)}\}$.

给定$p(\boldsymbol{x}_{n-1}|Y_{n-1})$的一组实现$\{\boldsymbol{f}_{n-1}^{(1)},\boldsymbol{f}_{n-1}^{(2)},\cdots,\boldsymbol{f}_{n-1}^{(m)}\}$,又令$\{\boldsymbol{v}_n^{(1)},\cdots,\boldsymbol{v}_n^{(m)}\}$是噪声$\boldsymbol{\eta}_t$的独立实现(因假定其分布为已知),即对$j=1,2,\cdots,m$,有

$$\boldsymbol{f}_{n-1}^{(j)} \sim p(\boldsymbol{x}_{n-1} \mid Y_{n-1}), \quad \boldsymbol{v}_n^{(j)} \sim q(\boldsymbol{v}), \tag{2.11.84}$$

则向前一步预报的概率密度$p(\boldsymbol{x}_n|Y_{n-1})$的一组独立实现$\{\boldsymbol{p}_n^{(1)},\boldsymbol{p}_n^{(2)},\cdots,\boldsymbol{p}_n^{(m)}\}$中的第$j$个样本(称为**粒子**(particle))可由下式定义(据方程(2.11.82)):

$$\boldsymbol{p}_n^{(j)} = F(\boldsymbol{f}_{n-1}^{(j)},\boldsymbol{v}_n^{(j)}), \quad j=1,2,\cdots,m. \tag{2.11.85}$$

由于 $\boldsymbol{f}_{n-1}^{(j)}$ 和 $\boldsymbol{v}_{n-1}^{(j)}$ 是分别由 $p(\boldsymbol{x}_{n-1}|Y_{n-1})$ 和 $q(\boldsymbol{v})$ 产生的，因而 F 是非线性时也可运用.

此外，给定观测 y_n 和由(2.11.85)式定义的 $\boldsymbol{p}_n^{(j)}$ 之后，利用条件概率公式知理论上有

$$p(y_k|\boldsymbol{x}_k) = r[G(y_k,\boldsymbol{x}_k)]\left|\frac{\partial G}{\partial y}\right|, \tag{2.11.86}$$

因而可相应地获得一批数据

$$\alpha_n^{(j)} = p(y_n|\boldsymbol{x}_n = \boldsymbol{p}_n^{(j)}) = r[G(y_n,\boldsymbol{p}_n^{(j)})]\left|\frac{\partial G}{\partial y_n}\right|, \quad j = 1,2,\cdots,m, \tag{2.11.87}$$

其中 r 是观测噪声 ε_n 的概率密度.

又由

$$p(x|y) = \frac{p(x,y)}{p(y)} = p(y|x)\frac{p(x)}{p(y)}, \tag{2.11.88}$$

而 $p(y)$ 在 y 给定之后是确定值，则由(2.11.88)式可认为

$$p(x|y) \propto p(y|x)p(x). \tag{2.11.89}$$

对 n 时刻，可以用其粒子 $\boldsymbol{p}_n^{(j)}(j=1,2,\cdots,m)$ 近似表示 $p(\boldsymbol{x}_n)$ 的分布；而为得到 $p(\boldsymbol{x}_n|y_n)$ 的近似，只要从 $\{\boldsymbol{p}_n^{(j)},j=1,2,\cdots,m\}$ 中以正比于 $p(y_n|\boldsymbol{x}_n=\boldsymbol{p}_n^{(j)})$ 的比例重抽样，得到的新的抽样集合 $\{\boldsymbol{f}_n^{(j)},j=1,2,\cdots,m\}$ 就可以近似表示滤波的概率分布.

2. Monte-Carlo 滤波具体算法

综合以上叙述的理论和方法，Monte-Carlo 滤波的步骤简述如下：

(1) 生成 k 维随机数 $\boldsymbol{f}_0^{(j)} \sim p_0(\boldsymbol{x})$, $j=1,2,\cdots,m$.

(2) 对 $t=1,2,\cdots,n$ 重复以下步骤：

① 生成 l 维随机数 $\boldsymbol{\eta}_t^{(j)} \sim q(\boldsymbol{\eta}), j=1,2,\cdots,m$;

② 计算一步预报概率密度的样本(粒子)：

$$\boldsymbol{p}_t^{(j)} = F(\boldsymbol{f}_{t-1}^{(j)},\boldsymbol{\eta}_t^{(j)}), \quad j = 1,2,\cdots,m;$$

③ 计算重抽样概率：

$$\alpha_t^{(j)} = p(y_t|\boldsymbol{x}_t = \boldsymbol{p}_t^{(j)}) = r[G(y_t,\boldsymbol{p}_t^{(j)})]\left|\frac{\partial G}{\partial y}\right|, \quad j = 1,2,\cdots,m;$$

④ 对 $\boldsymbol{p}_t^{(1)},\boldsymbol{p}_t^{(2)},\cdots,\boldsymbol{p}_t^{(m)}$，以概率 $\dfrac{\alpha_t^{(j)}}{\sum_k \alpha_t^{(k)}}$ 重抽样得到滤波分布 $p(\boldsymbol{x}_t|Y_t)$ 的粒子 $\{\boldsymbol{f}_t^{(j)},j=1,2,\cdots,m\}$.

由上可知，我们在给出 F,G 及噪声分布等条件下，用 Monte-Carlo 滤波方法给出了如何获得 $p(\boldsymbol{x}_t|Y_{t-1})$ 以及 $p(\boldsymbol{x}_t|Y_t)$ 的一组抽样(粒子)，前者相当于向前作一步预报，后者相当于滤波.

我们以上仅对 Monte-Carlo 滤波作了一个简介，近代发现对此方法有许多需改进的问

题,这里不再展开,读者可参看李东风,谢衷洁(2004)及其所附的文献 Liu & Chen(1998),Kitagawa(1996).

4.3　应用举例

例 2.11.3(调相信号的检测)　设信号为

$$s(n) = A\cos(\omega_0 n + \theta + f(t)),$$

其中 ω_0 为载频,θ 为随机相位,$f(t)$为调频(调相)信号(对许多种语音信号,可假定它为 AR 模型).为简化起见,我们假定状态空间模型为

$$\begin{cases} x_n = \varphi_1 x_{n-1} + \varphi_2 x_{n-2} + \cdots + \varphi_p x_{n-p} + \nu_n, \\ y_n = A\cos(\omega_0 n + \theta_0 + x_n) + u_n, \end{cases} \tag{2.11.90}$$

其中 y_n 为观测信号模型,ω_0 为已知常数,$\theta_0 \sim U[0,2\pi)$(每一次观测它是一随机相位的实现,故以下不妨假定 θ_0 为已知常数),ν_n,u_n 为正态白噪声,两者独立,$\varphi_1,\varphi_2,\cdots,\varphi_p$ 为未知参数.问题是:由一组观测 $\boldsymbol{y_N}=\{y_1,y_2,\cdots,y_N\}$如何估计出$\{x_1,x_2,\cdots,x_N\}$.

令

$$\boldsymbol{X}_n = (x_n, x_{n-1}, \cdots, x_{n-p})^{\mathrm{T}}, \quad \boldsymbol{V}_n = (\nu_n, \nu_{n-1}, \cdots, \nu_{n-p})^{\mathrm{T}},$$

$$\boldsymbol{B} = \begin{bmatrix} \varphi_1 & \varphi_2 & \cdots & \varphi_p & 0 \\ 1 & 0 & \cdots & 0 & 0 \\ \vdots & \vdots & & \vdots & \vdots \\ 0 & 0 & \cdots & 1 & 0 \end{bmatrix},$$

则

$$\begin{cases} y_n = A\cos(\omega_0 n + \theta_0 + x_n) + u_n \triangleq H(x_n, u_n), \\ \boldsymbol{X}_n = \boldsymbol{B}\boldsymbol{X}_{n-1} + \boldsymbol{V}_{n-1} \triangleq F(\boldsymbol{X}_n, \boldsymbol{V}_n). \end{cases} \tag{2.11.91}$$

显然

$$u_n = y_n - A\cos(\omega_0 n + \theta_0 + x_n) \triangleq G(y_n, x_n). \tag{2.11.92}$$

因此函数 G 已知,于是可以用 Monte-Carlo 滤波从$\{y_1,y_2,\cdots,y_N\}$检出$\{x_1,x_2,\cdots,x_N\}$.具体算法如下:

为简化计算,假定 x_n 是 AR(1)模型:

$$x_n = 0.6x_{n-1} + \nu_n, \tag{2.11.93}$$

且

$$y_n = 320\cos(1.072 \times 10^7 n + x_n) + u_n, \tag{2.11.94}$$

其中 $u_n \sim N(0,1)$,$\nu_n \sim N(0,1/6)$,则

$$u_n = y_n - 320\cos(1.072 \times 10^7 n + x_n),$$

并且

$$\alpha_n = r[G(y_n, x_n)] = \frac{1}{\sqrt{2\pi}}\exp\left\{-\frac{1}{2}[y_n - 320\cos(1.072\times 10^7 n + x_n)]^2\right\}. \tag{2.11.95}$$

以上假定 AR(1)的系数 $\varphi_1=0.6$ 是已知的，如果是未知的，可先假定一初值 $\varphi_1^{(0)}$（满足 $|\varphi_1^{(0)}|<1$），然后求出样本 $\{x_j\}$，再用 Yule-Walker 方程求 φ_1 的估计. 这样得到的估计值相当稳定，见表2.11.6（参见孔令龙(2002)）. 其中的粒子数取为 $m=2000$（如果可能最好再重复一次 Monte-Carlo 滤波和对 φ_1 的估计，看是否稳定，因此粒子数可取 $m=5000$）.

表 2.11.6 参数估计结果比较

φ_1	0.5	0.6	0.7	0.8
$\hat{\varphi}_1$	0.50015	0.6120	0.7052	0.8014
误差	0.3%	2.00%	0.74%	0.18%

关于信号的检测效果见图 2.11.25.

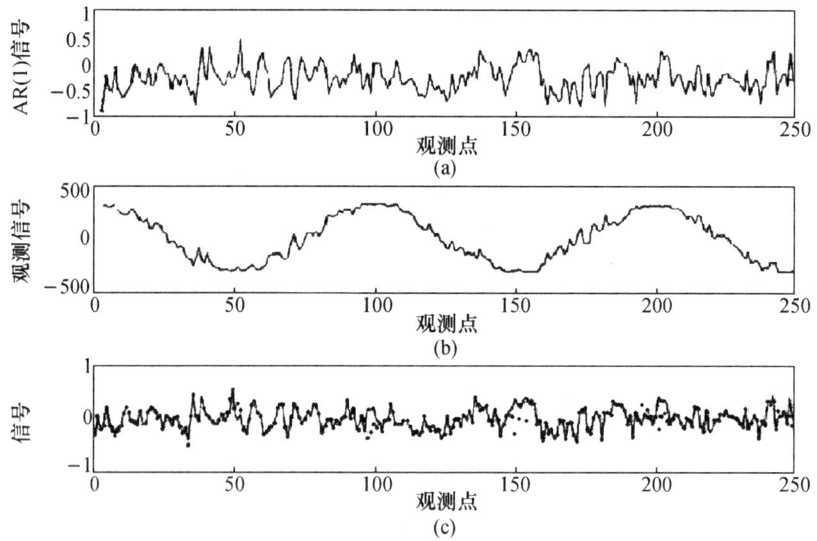

图 2.11.25 调相信号的 Monte-Carlo 滤波检测：AR(1)信号(a)，观测信号(b)，Monte-Carlo 滤波输出与原信号比较，图中黑点为滤波的输出(c)

例 2.11.4(手机定位问题) 利用手机确定手机用户的经纬度坐标称为手机定位. "9·11"发生后手机定位问题更引人关注. 在高楼林立的区域中，由于建筑物的遮蔽和反射使得需救助的人发出的信号，哪怕配合卫星的信息也难以准确定位，此问题在业界未能很好解决（可参看 Roos T, et al (2002)）. 手机统计定位是指基于手机测量到的周围基站的信号数据来推断手机位置.

为了对移动中的手机定位,其状态空间的模型如下：设手机位置坐标为 $\boldsymbol{x}_k$(二维向量),服从随机游动方程

$$\boldsymbol{x}_t = \boldsymbol{x}_{t-1} + \boldsymbol{\eta}_t, \tag{2.11.96}$$

其中 $\boldsymbol{\eta}_t \sim N(\boldsymbol{0}, \sigma_\eta^2 \boldsymbol{I})$,$\sigma_\eta^2$ 为已知参数.实际观测的信号记为 y_{ti} 和 C_{ti} $(i=1,2,\cdots,7)$,后者是接收到的相邻基站的信息,y_{ti} 是 C_{ti} 的中值信号(单位：dBm),且假定这 7 个相邻基站是从所有基站中随机选择的.假定 y_{ti} 的观测模型是非线性的：

$$y_{ti} \sim N(\mu_{C_{ti}}, \boldsymbol{x}_t, \sigma_{C_{ti}}^2), \quad i = 1,2,\cdots,7. \tag{2.11.97}$$

以下介绍估计向量 $\boldsymbol{x}_t$ 的步骤：

(1) 在观测到的各基站中心划定一可能区域,在区域上用均匀分布或正态分布模拟生成 $\boldsymbol{x}_0^{(j)}$ $(j=1,2,\cdots,m$,其中 m 是粒子数,取 $m=4000)$,并令其权重 $w_0^{(j)} \equiv 1$.

(2) 在 t 时刻,由上一步的状态 $\boldsymbol{x}_{t-1}^{(j)}$ 利用系统方程抽样得到

$$\boldsymbol{x}_t^{(j)} \sim N(\boldsymbol{x}_{t-1}^{(j)}, \sigma_\eta^2 \boldsymbol{I}), \quad j = 1,2,\cdots,m.$$

(3) 计算 $\boldsymbol{x}_t^{(j)}$ 的步进权重

$$\begin{aligned} u_t^{(j)} &= p(y_t, C_t \mid \boldsymbol{x}_t^{(j)}) = \prod_{i=1}^{7} p(y_{ti}, C_{ti} \mid \boldsymbol{x}_t^{(j)}) \\ &= \prod_{i=1}^{7} p(y_{ti} \mid C_{ti}, \boldsymbol{x}_t) p(C_{ti} \mid \boldsymbol{x}_t^{(j)}) \propto \prod_{i=1}^{7} p(y_{ti} \mid C_{ti}, \boldsymbol{x}_t^{(j)}), \end{aligned} \tag{2.11.98}$$

其中 $p(C_{ti} \mid \boldsymbol{x}_t)$ 按模型假设是常数,而 $p(y_{ti} \mid C_{ti}, \boldsymbol{x}_t)$ 即为 $N(\mu_{C_{ti}}, \boldsymbol{x}_t, \sigma_{C_{ti}})$.

(4) 得到权重 $w_t^{(j)} = w_{t-1}^{(j)} u_t^{(j)}$.

(5) 用滤波分布的期望值来估计手机的位置

$$\hat{\boldsymbol{x}}_t = \frac{\sum_{j=1}^{m} w_t^{(j)} \boldsymbol{x}_t^{(j)}}{\sum_{j=1}^{m} w_t^{(j)}}. \tag{2.11.99}$$

(6) 如 $w_t^{(j)}$ $(j=1,2,\cdots,m)$ 的分布过于不均匀(可参看其变异系数)可进行重抽样：以正比于 $w_t^{(j)}$ 的概率从 $\boldsymbol{x}_t^{(j)}$ $(j=1,2,\cdots,m)$ 中抽取 $\boldsymbol{x}_t^{(j)}$,共独立抽取 m 次,得到新的 $\tilde{\boldsymbol{x}}_t^{(j)}$ $(j=1,2,\cdots,m)$,对其赋等权重 $w_t^{(j)} \equiv 1$.

通过在上海徐汇区实际的观测、实验,我们从计算结果发现：上述方法在手机固定不动或缓慢移动(如手机持有者在步行)时可以基本达到满意的精度,大部分时间误差都在 100 米以内,计算时我们取 $m=4000$,样本量为 300(见李东风(2003)).

第三篇　数据与研究实习

一、有关本篇的几点说明

● 本篇所附的多种数据是作者多年来带学生进行研究实习时所用的资料，许多数据记录是很宝贵的，它们都是真实的记录. 如何利用这些数据做研究是有多种可能的. 同一组数据，既可作建模比较，也可作统计检测、预测、潜在周期分析等. 由于受篇幅的限制，本书所附的数据不可能太多，但包含了若干领域的记录. 所庆幸的是，当今上网很方便，而且许多数据库是公开的，甚至是免费的，读者可以自行上网寻找补充材料.

● 学生在做实习研究时，往往面对一大堆资料不知如何入手. 应该说，选题和研究切入点是研究工作者面临的永恒课题. 这就需要根据个人的研究兴趣、所选题目可能涉及的知识范围与基础是不是自己力所能及的（当然不是说一切知识都具备，可以一边学习新文献、新知识、新方法，一边考虑研究课题），但如果是自己完全生疏的领域就要慎重.

● 以下是本人感兴趣的一些问题，提出来供读者思考，其中也许有的问题有人做过，那也无妨，我们可以从另外一个角度去做，如太阳黑子和加拿大山猫问题，H. Tong 用 SETAR 模型做，Subba Rao 却用双线性模型做（见 Tong H（1990），Subba Rao（1983））. 有些问题可能提得不确切或不够合乎科学命题，那只好请读者指出以便将来再版时予以修正.

二、若干研究课题

1. 关于地球自转速度的变化问题

Ⅰ. 背景材料

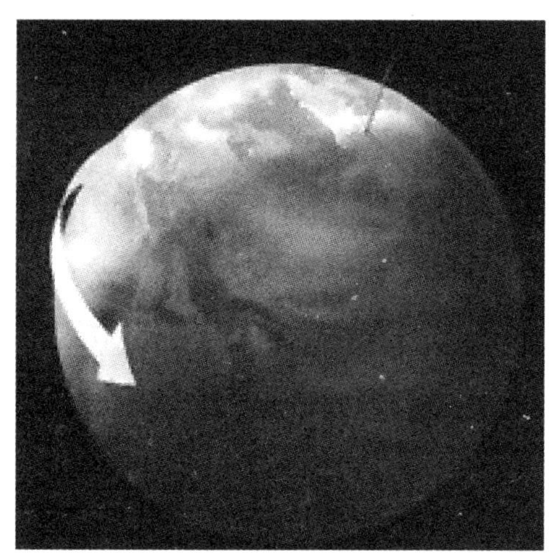

图 3.2.1　地球自转

地球绕自转轴自西向东转动(见图 3.2.1). 地球自转是地球的一种重要运动形式,自转的平均角速度为 7.292×10^{-5} 弧度/秒,在地球赤道上的自转线速度为 465 米/秒.

一般认为,地球的自转是均匀的. 但 20 世纪初精密的天文观测表明,地球自转速度有以下三种变化:

(1) 长期减慢. 这种变化使日的长度在一个世纪内大约增长 1～2 毫秒,使以地球自转周期为基准所计量的时间,2000 年来累计慢了两个多小时. 引起地球自转长期减慢的原因主要是潮汐摩擦. 科学家发现在 37000 年以前的泥盆纪中期地球上一年大约 400 天.

(2) 周期性变化. 20 世纪 50 年代从天文测时的分析发现,地球自转速度有季节性的周期变化,春天变慢,秋天变快,此外还有半年周期的变化. 周年变化的振幅约为 20～25 毫秒,主要是由风的季节性变化引起的.

(3) 不规则变化. 地球自转还存在着时快时慢的不规则变化. 其原因尚待进一步分析研究.

美国国立标准技术研究所(NIST)的观察结果表明,长时期以来呈减慢趋势的地球自转速度自 1999 年开始加快. NIST 的时间测定师们称,为调准以地球自转速度为标准的地球时间和原子时钟的时间,自 1972 年起到 1999 年的 27 年来为地球的标准时钟追加过共 22 闰秒的时间;但 1999 年后却没有追加过闰秒,因为地球的自转速度加快了.

格林威治时间所说的一秒是一天的 8.641 万分之一,而 1972 年制作的地球时钟所定义的一秒是从铯原子中放射出的光振动 91 亿 9 千 2 百 63 万 1 千 7 百 70 次所需要的时间.

与铯原子振动数能维持一定速度相比,以地球的自转为准的格林威治标准时间是发生变化的,闰秒就是为了解决这种问题产生的一种时间概念.

日本东京工业大学的一个研究小组在美国《科学》杂志上发表论文称,地幔最深层处矿物的导电性能远高于下层地幔的其它部分,这可能是使地球自转速度发生周期性变化的重要原因. 地球自转一周耗时 23 小时 56 分,约每隔 10 年自转周期会增加或者减少千分之三至千分之四秒. 但是科学家们尚不清楚自转周期发生这种变化的具体原因.

李四光提出:地球自转速度的变化是导致地壳运动的重要原因. 核心思想是:地质构造可分为走向东西向的纬向构造带和走向南北向的经向构造带. 当地球自转加快时,由于离心力作用,地壳物质向赤道集中,相当于受到南北向的挤压,形成纬向(东西向)构造带;相反,当地球自转减慢时,地壳物质从赤道向两极扩散,形成经向(南北向)构造带.

Ⅱ. 研究问题

(1) 试用区间估计方法估计每隔 10 年和 100 年地球自转速度变化的范围.

(2) 试用潜在周期或谱分析方法检测地球自转速度变化的周期是单周期还是多周期?

(3) 试对地球自转速度变化进行合理的建模,并作预报(最好是预报 1970 年以后的,并自己找数据计算其预报误差).

2. 关于太阳黑子数的问题

Ⅰ. 背景材料

当我们观测日面时,最显著的现象是日晕和太阳黑子(见图 3.2.2). 太阳黑子是由暗黑的本影和在其周围的半影组成的. 最小的黑子直径有几百公里,没有半影,最大的黑子比几个地球直径还大. 太阳黑子是由于周围明亮光球背景的反衬才显得暗黑,实际上它们比溶化的钨还要亮. 日面上的黑子数目不是永远不变的,在太阳活动的极小年,日面上可以看到包含几十个黑子的黑子群. 由于每天的黑子数波动很大,一般用年平均数或月平均数来表示太阳黑子活动周期的大小(以上见《简明不列颠百科全书》和《中国大百科全书》).

有人把太阳黑子的变化和地球上的一些现象联系在一起,如树木年轮的变化,甚至有人认为与股票行情的涨落有关(据英国经济学家杰文斯的意见). 如果果真如此,则对太阳黑子的活动规律研究和预报就非同小可了.

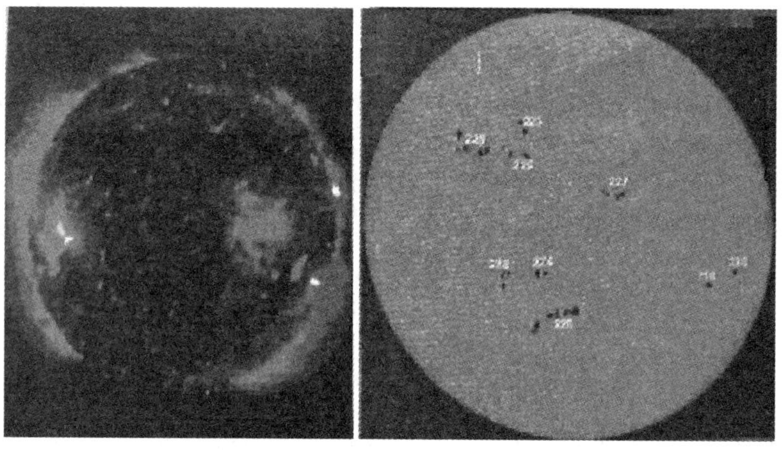

图 3.2.2　日晕与太阳黑子

S. H. 斯瓦贝于 1843 年宣布发现太阳活动周期：太阳黑子数目平均每 11 年有一个极大值(见《简明不列颠百科全书》, Vol. 3, p. 777)

Ⅱ. 研究问题

(1) 用潜在周期方法检测太阳黑子的活动周期，判断是单周期还是多周期？

(2) Tong 用 SETAR 模型对太阳黑子数作预报，Subba Rao 用双线性模型作分析. 从作预报角度看，你有什么新的建模方法能对太阳黑子的活动做出更精确的预报吗？

(3) 太阳黑子的活动与我们的股票行情(长期的，短期的)有关联吗？你能找到它和地球的什么自然现象有关？

3. 关于一段生物 DNA 信息的问题

Ⅰ. 背景材料

DNA 序列是由成千上万个脱氧核苷酸通过磷酸二酯键连接而成的一类核酸(见图 3.2.3)，因含脱氧核糖而得名，简称 DNA. 它是染色体的主要成分，也是遗传信息的载体. DNA 的大小可用所含碱基对数目和分子长度来表示，如猴肾病毒 40 的 DNA 含有 5100 碱基对，即长度为 1 微米的 DNA 相当于 3000 碱基对. DNA 分子大多是线性的，不分支. 绝大多数 DNA 是双链的，只有少数噬菌体和病毒 DNA 是单链的.

碱基由脱氧腺苷酸、脱氧鸟苷酸、脱氧胸苷酸和脱氧胞苷酸等脱氧核苷酸组成. 其中腺、鸟即腺嘌呤(A)和鸟嘌呤(G)；胸、胞即胸腺嘧啶(T)和胞嘧啶(C). 1953 年，J. D. 沃森和 F. H. C. 克里克提出了 DNA 的双螺旋模型. 其特征是：DNA 由两条多核苷酸链构成，这两条链的方向相反，两条链都是以右手螺旋方式盘绕同一中心轴成双螺旋结构. DNA 两条链

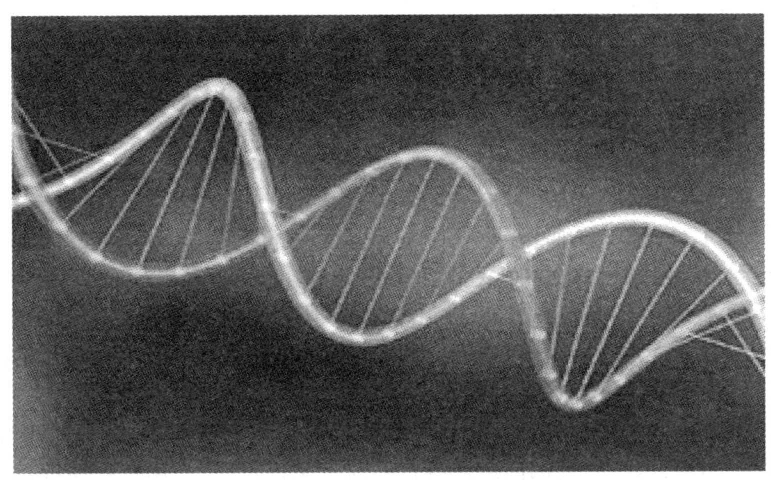

图 3.2.3 人类的 DNA 序列

的碱基具有严格的配对关系：A 对 T，G 对 C，T 对 A，C 对 G. 配对碱基之间以氢键联系. 对核苷酸的顺序分析有助于揭示核苷酸结构与功能的关系（以上见《中国大百科全书》）.

Ⅱ. 研究问题

本书所提供的 DNA 序列是真实的一段 DNA 记录，它是由 C，T，G，A 四个字母组成的共含七千多个字母的序列. 设想，上述四个字母分别对应于$\{1,2,3,4\}$或$\{1,2,-1,-2\}$，则上述 DNA 序列就构成了一个一维的随机序列（关于离散值的时间序列分析，请参看 Kedem (1980)）. 于是问：

(1) 该序列如看成随机序列，它是独立同分布序列吗？试检验之.

(2) 如果不是，它有什么概率结构？

(3) 该序列应该用什么模型来建模？

(4) 所用模型是线性的还是非线性的？

(5) 能不能作预报？误差多大？

提供此序列的公司向作者提出如下一个挑战性的问题：由于技术上的原因，他们在识别序列的过程中，对某个字母，比如 T，往往在同时出现多个时只能识别一个. 因此如检测到以下的序列：

…GAATCGA…

…CCGGTGA…

…ATCAACG…

…CGATGAG…

那么实际上序列中出现的“T”就是“T”，还是“TT”，“TTT”或“TTTT”，甚至更多的“T”？如何判别？如何复原？有误差是难免的，但概率有多大？

4. 关于彩票中奖号码的问题

Ⅰ. 背景材料

新中国成立后第一支彩票由福利彩票在20世纪80年代开奖之后，如今彩票业的经营额每年已近千亿，十分可观. 然而，毕竟我国的彩票业发行的历史比起西方国家要短得多，因而从管理乃至经验都比较欠缺，由此我们可听到种种质疑的声音. 有一些是非科学性问题，我们无能为力，而有一些是涉及科学的问题. 比如，北京大学彩票研究所就经常收到彩民来信，反映某种彩票的中奖号码"远离理论结果"；也有人问：街上的书摊，报上的某些专家，对某类彩票进行中奖号码的分析是否有助于中奖？等等.

作为统计工作者，我们能做的就是用我们的知识去考察、分析一些彩票的出奖号码是否真的偏离理论结果. 如果是，则有关部门应该有责任对出奖机器，乃至出奖程序进行认真检查.

本书收集的是北京的记录，读者从网上应可以查到自己所在省份相关彩票中奖号码的记录并进行统计分析. 我们也仅收集了外国的一部分数据供大家作对比研究.

Ⅱ. 研究问题

(1) 以北京体育彩票的7+1为例，如按某一列观察，可认为是一维的时间序列，如将每一期的7或8个中奖号码看为多维向量，则观测50期中奖号码，就相当于得到了50个多维的向量序列. 请检验：它们是不是理论上的独立同分布序列？

(2) 如果已经按大小号排序，你该怎样分析和检验其随机性？

(3) 用同样的方法将我国的记录和外国的记录作比较你有什么分析结果？

(4) 满街都可看到"如何才能中500百万大奖"的书和软件，你信吗？如果你不信，你是否可以按书中的方法进行选号，然后用已有的记录来检验，看看和用"机选号"的中奖概率是否有明显差异.

5. 关于汇率的研究：人民币应该值多少钱？

Ⅰ. 背景材料

人民币在国际上声望越来越高，虽然它还不是可兑换货币，但已经在不少国家的民间流通. 在东南亚的许多银行都挂有人民币和当地货币的汇率牌价，甚至在美国有的机场也有人民币的兑换业务；在俄罗斯，许多人都要人民币. 显然，许多人都看好人民币，认为人民币具有很大的升值空间. 近些年，人民币兑美元(从而也兑其它西方货币)一直在升值，由原来的1$兑8.27 RMB到现在1$兑6.47 RMB. 然而，国际上一些人还在叫嚷要人民币大幅升值. 于是问：人民币合理的汇率究竟是多少？

答案1：几年前，1$兑8.27 RMB时，国内有专家公开说，人民币最多有6%的升值空间.

答案2：IMF某官员说，有40%的升值空间.

答案 3：美国国会某些人说，至少应升值 45%.

答案 4：伦敦经济学院教授的研究结果是：25%的升值空间.

以上论断，谁对呢？目前(2011 年 7 月)以 1 $ 兑 6.47 RMB 算，已从 1 $ 兑 8.27 RMB 升值了 21.7%，除第一个答案外，其它的都没有达到.

Ⅱ. 研究课题

人民币肯定还要升值. 但请问：人民币升值的底线在哪里？这当然不是简单能给出回答的. 我们能不能用统计方法结合经济学的理论来给人民币合理定价呢？比如，有人用经济学的 PPP 理论结合时间序列的 Cointegration 方法研究汇率问题就是一个很大的启发(见 Fisher, et al(1990)，Gardeazabal J, Regulez M(1992)).

(1) 先对国外的汇率数据和宏观经济指标，如英镑兑美元、日元兑美元、马克对美元的历史记录，用你的理论和方法建立模型，再用你的方程去估计汇率，看看是否能基本吻合，比如是否在 95%的置信区间内.

(2) 你的模型如何运用于确定人民币的汇率？(模型只能利用我国的宏观经济指标，不可利用多年不变的 1 $ 兑 8.27 RMB 的历史记录)

(3) 如何验证你的人民币兑美元的汇率是合理的？

(4) 由你的方法估算出的人民币汇率的升值空间是多少？

6. 关于股市(恒生指数、上证指数)的研究

Ⅰ. 背景材料

对股市中的多种金融数据的统计研究，一直是金融领域的一大热点. 以各种指数为例(如恒生指数、上证指数、纳斯达克指数等等)，它的随机性、如何建模以及是否具可预测性等等都是长期讨论的热门话题，因而相关的文章也是多如牛毛. 我们将侧重在建模与预报上. 图 3.2.4(a)，(b)是两张有关恒生指数的图形：(a)是 2008 年 12 月 8 日—2009 年 10 月 16 日恒指的收盘价(用 P_t 表示)，(b)是对数收益率 $r_t=\log P_t-\log P_{t-1}$. 它们都具备有什么概率、统计性质？如何合理、有效，而且简单地用数学方法来描述上述股市的变化？

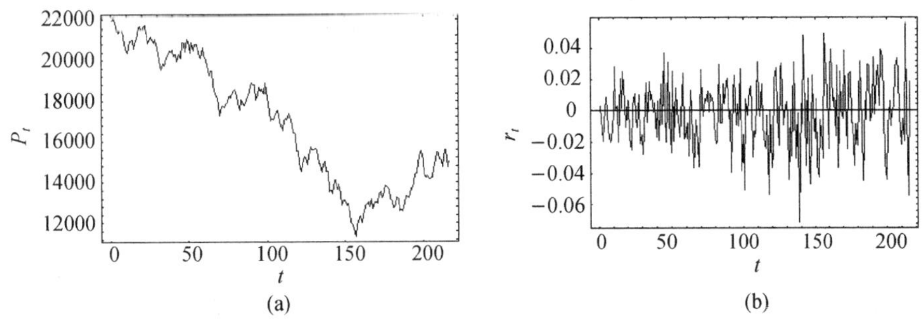

图 3.2.4 恒生指数的收盘价(a)与对数收益率(b)

许多学者都认为金融数据具有异方差性，大幅度的波动紧接着另一大幅度的波动，小幅度的波动紧接着小幅度的波动，这一现象称为**波动率凝聚现象**. Engle(1982)提出了 ARCH 模型：认为条件方差 σ_t^2 是 q 期滞后扰动平方 $\varepsilon_{t-1}^2, \varepsilon_{t-2}^2, \cdots, \varepsilon_{t-q}^2$ 的线性函数：

$$\begin{cases} y_t = u_t + \varepsilon_t, \\ \varepsilon_t = \sigma_t v_t, \quad v_t \sim \text{i. i. d. } N(0,1), \\ \sigma_t^2 = \alpha_0 + \alpha_1 \varepsilon_{t-1}^2 + \alpha_2 \varepsilon_{t-2}^2 + \cdots + \alpha_q \varepsilon_{t-q}^2, \\ \alpha_0 > 0, \ \alpha_i \geqslant 0, \quad i = 1,2,\cdots,q, \\ \sum_{i=1}^{q} \alpha_i < 1, \\ \{\varepsilon_{t-k}, k \geqslant 1\} \xleftrightarrow{\text{相互独立}} v_t, \end{cases}$$

其中 u_t 是均值，σ_t^2 是 ε_t 的条件方差，且 $\varepsilon_t | I_{t-1} \sim \text{i. i. d. } N(0, \sigma_t^2)$，$I_{t-1}$ 表示已知的信息集. Engle 还给出 $\{y_t\}$ 为平稳序列的充分必要条件是：

$$1 - \sum_{i=1}^{q} \alpha_i z^i \neq 0, \quad |z| \leqslant 1.$$

此外，还有人进一步将 ARCH 模型推广到 GARCH 模型(参看 Enders W(1995)，Mills T C(1993)，宋杰(2006))，认为该模型对金融现象能更准确地做出预报. 因此很多问题都是很值得亲手去研究和探讨的. 虽然已经有许多文章发表了，读者还是可以用真实记录去检验和探讨一些结论是否真的正确.

Ⅱ. 研究课题

图 3.2.5(a)是上述恒生指数的日差分序列，图 3.2.5(b)是它的相关系数 $\rho(k)$ 和 $\pm 1.96\sqrt{n}$ 的界. 这两个图对你有什么启发吗?

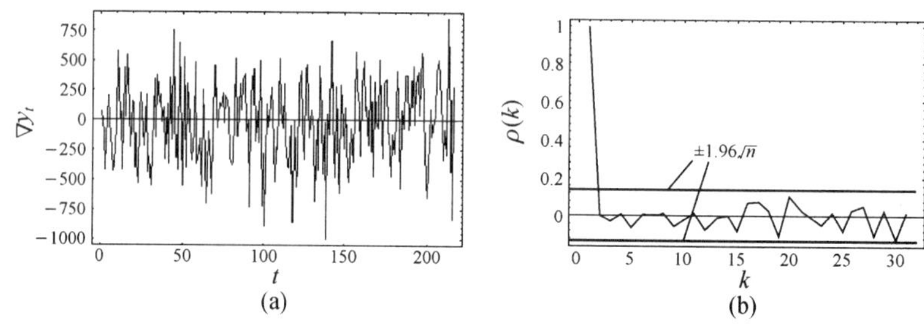

图 3.2.5　恒生指数的日差分序列(a)与相关系数(b)

(1) 从恒生指数日收盘价的记录或收益率看，它们像布朗运动随机过程吗? 试用统计检验来证实你的结论.

(2) 许多经济、金融工作者都嫌上述 ARCH 模型、GARCH 模型太难懂，不好理解，条件数学期望就是一个大难关. 试问：从作预报角度看，有没有其它模型可以描述金融现象，而且预报结果也不比它们差？(可以恒生指数或上证指数为例)

(3) 有人认为金融数据的分布都呈现"厚尾"现象，简单地说，即：对同一分位点，其截尾概率大于正态分布. 你能用统计检验证实这一结论吗？

7. 关于航空旅客的预报问题

对有关国际航线旅客的数据(见图 3.2.6)，研究的人已经很多，本书在第一篇有关章节中也有讨论. 它之所以引起很多人的兴趣，主要是从记录中可明显地看到包含趋势成分、周期成分、不规则成分. 然而，其数据明显呈现开口型的变化，有学者就认为还应该引入 Heteroscedasticity 的描述. 读者可考虑如何建模最合理，而且向外预报也最准. 希望读者也能找到我国改革开放以来航空旅客的记录进行分析，一定有很多新的看法.

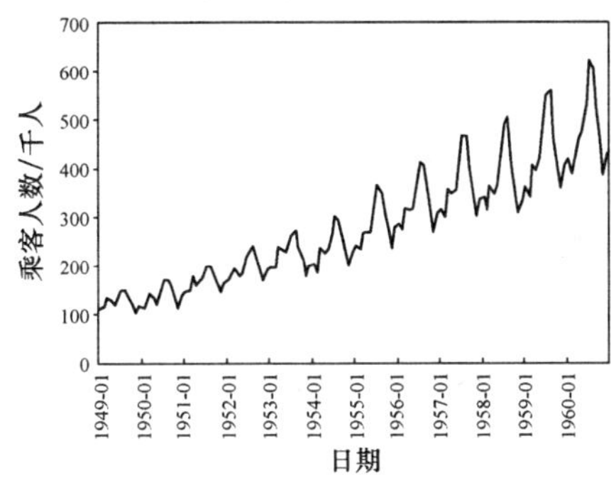

图 3.2.6　1949—1960 年国际航线旅客的数据

三、数 据 集

1. 1821—1934 年加拿大山猫的数量记录

年份	山猫数	年份	山猫数	年份	山猫数
1821	269	1859	684	1897	587
1822	321	1860	299	1898	105
1823	585	1861	236	1900	387
1824	871	1862	245	1901	758
1825	1475	1863	552	1902	1307
1826	2821	1864	1623	1903	3465
1827	3928	1865	3311	1904	6991
1828	5943	1866	6721	1905	6313
1829	4950	1867	4245	1906	3794
1830	2577	1868	687	1907	1836
1831	523	1869	255	1908	345
1832	98	1870	473	1909	382
1833	184	1871	358	1910	808
1834	279	1872	784	1911	1388
1835	409	1873	1594	1912	2713
1836	2285	1874	1676	1913	3800
1837	2685	1875	2251	1914	3091
1838	3409	1876	1426	1915	2985
1839	1824	1877	756	1916	3790
1840	409	1878	299	1917	674
1841	151	1879	201	1918	81
1842	45	1880	229	1919	80
1843	68	1881	469	1920	108
1844	213	1882	736	1921	229
1845	546	1883	2042	1922	399
1846	1033	1884	2811	1923	1132
1847	2129	1885	4431	1924	2432
1848	2536	1886	2511	1925	3574
1849	957	1887	389	1926	2935
1850	361	1888	73	1927	1537
1851	377	1889	39	1928	529
1852	225	1890	49	1929	485
1853	360	1891	59	1930	662
1854	731	1892	188	1931	1000
1855	1638	1893	377	1932	1590
1856	2725	1894	1292	1933	2657
1857	2871	1895	4031	1934	3396
1858	2119	1896	3495		

2. 1749—1975 年苏黎世(Zürich)关于太阳黑子月平均数记录

年份＼月份	1	2	3	4	5	6	7	8	9	10	11	12
1749	58.0	62.6	70.0	55.7	85.0	83.5	94.8	66.3	75.9	75.5	158.6	85.2
1750	73.3	75.9	89.2	88.3	90.0	100.0	85.4	103.0	91.2	65.7	63.3	75.4
1751	70.0	43.5	45.3	56.4	60.7	50.7	66.3	59.8	23.5	23.2	28.5	44.0

(续表)

年份\月份	1	2	3	4	5	6	7	8	9	10	11	12
1752	35.0	50.0	71.0	59.3	59.7	39.6	78.4	29.3	27.1	46.6	37.6	40.0
1753	44.0	32.0	45.7	38.0	36.0	31.7	22.2	39.0	28.0	25.0	20.0	6.7
1754	0.0	3.0	1.7	13.7	20.7	26.7	18.8	12.3	8.2	24.1	13.2	4.2
1755	10.2	11.2	6.8	6.5	0.0	0.0	8.6	3.2	17.8	23.7	6.8	20.0
1756	12.5	7.1	5.4	9.4	12.5	12.9	3.6	6.4	11.8	14.3	17.0	9.4
1757	14.1	21.2	26.2	30.0	38.1	12.8	25.0	51.3	39.7	32.5	64.7	33.5
1758	37.6	52.0	49.0	72.3	46.4	45.0	44.0	38.7	62.5	37.7	43.0	43.0
1759	48.3	44.0	46.8	47.0	49.0	50.0	51.0	71.3	77.2	59.7	46.3	57.0
1760	67.3	59.5	74.7	58.3	72.0	48.3	66.0	75.6	61.3	50.6	59.7	61.0
1761	70.0	91.0	80.7	71.7	107.2	99.3	94.1	91.1	100.7	88.7	89.7	46.0
1762	43.8	72.8	45.7	60.2	39.9	77.1	33.8	67.7	68.5	69.3	77.8	77.2
1763	56.5	31.9	34.2	32.9	32.7	35.8	54.2	26.5	68.1	46.3	60.9	61.4
1764	59.7	59.7	40.2	34.4	44.3	30.0	30.0	30.0	28.2	28.0	26.0	25.7
1765	24.0	26.0	25.0	22.0	20.2	20.0	27.0	29.7	16.0	14.0	14.0	13.0
1766	12.0	11.0	36.6	6.0	26.8	3.0	3.3	4.0	4.3	5.0	5.7	19.2
1767	27.4	30.0	43.0	32.9	29.8	33.3	21.9	40.8	42.7	44.1	54.7	53.3
1768	53.5	66.1	46.3	42.7	77.7	77.4	52.6	66.8	74.8	77.8	90.6	111.8
1769	73.9	64.2	64.3	96.7	73.6	94.4	118.6	120.3	148.8	158.2	148.1	112.0
1770	104.0	142.5	80.1	51.0	70.1	83.3	109.8	126.3	104.4	103.6	132.2	102.3
1771	36.0	46.2	46.7	64.9	152.7	119.5	67.7	58.5	101.4	90.0	99.7	95.7
1772	100.9	90.8	31.1	92.2	38.0	57.0	77.3	56.2	50.5	78.6	61.3	64.0
1773	54.6	29.0	51.2	32.9	41.1	28.4	27.7	12.7	29.3	26.3	40.9	43.2
1774	46.8	65.4	55.7	43.8	51.3	28.5	17.5	6.6	7.9	14.0	17.7	12.2
1775	4.4	0.0	11.6	11.2	3.9	12.3	1.0	7.9	3.2	5.6	15.1	7.9
1776	21.7	11.6	6.3	21.8	11.2	19.0	1.0	24.2	16.0	30.0	35.0	40.0
1777	45.0	36.5	39.0	95.5	80.3	80.7	95.0	112.0	116.2	106.5	146.0	157.3
1778	177.3	109.3	134.0	145.0	238.9	171.6	153.0	140.0	171.7	156.3	150.3	105.0
1779	114.7	165.7	118.0	145.0	140.0	113.7	143.0	112.0	111.0	124.0	114.0	110.0
1780	70.0	98.0	98.0	95.0	107.2	88.0	86.0	86.0	93.7	77.0	60.0	58.7
1781	98.7	74.7	53.0	68.3	104.7	97.7	73.5	66.0	51.0	27.3	67.0	35.2
1782	54.0	37.5	37.0	41.0	54.3	38.0	37.0	44.0	34.0	23.2	31.5	30.0
1783	28.0	38.7	26.7	28.3	23.0	25.2	32.2	20.0	18.0	8.0	15.0	10.5
1784	13.0	8.0	11.0	10.0	6.0	9.0	6.0	10.0	10.0	8.0	17.0	14.0
1785	6.5	8.0	9.0	15.7	20.7	26.3	36.3	20.0	32.0	47.2	40.2	27.3
1786	37.2	47.6	47.7	85.4	92.3	59.0	83.0	89.7	111.5	112.3	116.0	112.7
1787	134.7	106.0	87.4	127.2	134.8	99.2	128.0	137.2	157.3	157.0	141.5	174.0
1788	138.0	129.2	143.3	108.5	113.0	154.2	141.5	136.0	141.0	142.0	94.7	129.5
1789	114.0	125.3	120.0	123.3	123.5	120.0	117.0	103.0	112.0	89.7	134.0	135.5
1790	103.0	127.5	96.3	94.0	93.0	91.0	69.3	87.0	77.3	84.3	82.0	74.0
1791	72.7	62.0	74.0	77.2	73.7	64.2	71.0	43.0	66.5	61.7	67.0	66.0
1792	58.0	64.0	63.0	75.7	62.0	61.0	45.8	60.0	59.0	59.0	57.0	56.0
1793	56.0	55.0	55.5	53.0	52.3	51.0	50.0	29.3	24.0	47.0	44.0	45.7
1794	45.0	44.0	38.0	28.4	55.7	41.5	41.0	40.0	11.1	28.5	67.4	51.4
1795	21.4	39.9	12.6	18.6	31.0	17.1	12.9	25.7	13.5	19.5	25.0	18.0
1796	22.0	23.8	15.7	31.7	21.0	6.7	26.9	1.5	18.4	11.0	8.4	5.1
1797	14.4	4.2	4.0	4.0	7.3	11.1	4.3	6.0	5.7	6.9	5.8	3.0
1798	2.0	4.0	12.4	1.1	0.0	0.0	0.0	3.0	2.4	1.5	12.5	9.9
1799	1.6	12.6	21.7	8.4	8.2	10.6	2.1	0.0	0.0	4.6	2.7	8.6
1800	6.9	9.3	13.9	0.0	5.0	23.7	21.0	19.5	11.5	12.3	10.5	40.1
1801	27.0	29.0	30.0	31.0	32.0	31.2	35.0	38.7	33.5	32.6	39.8	48.2
1802	47.8	47.0	40.8	42.0	44.0	46.0	48.0	50.0	51.8	38.5	34.5	50.0
1803	50.0	50.8	29.5	25.0	44.3	36.0	48.3	34.1	45.3	54.3	51.0	48.0

（续表）

年份＼月份	1	2	3	4	5	6	7	8	9	10	11	12
1804	45.3	48.3	48.0	50.6	33.4	34.8	29.8	43.1	53.0	62.3	61.0	60.0
1805	61.0	44.1	51.4	37.5	39.0	40.5	32.6	42.7	44.4	29.4	41.0	38.3
1806	39.0	29.6	32.7	27.7	26.4	25.6	30.0	26.3	24.0	27.0	25.0	24.0
1807	12.0	12.2	9.6	23.8	10.0	12.0	12.7	12.0	5.7	8.0	2.6	0.0
1808	0.0	4.5	0.0	12.3	13.5	13.5	6.7	8.0	11.7	4.7	10.5	12.3
1809	7.2	9.2	0.9	2.5	2.0	7.7	0.3	0.2	0.4	0.0	0.0	0.0
1810	0.0	0.0	0.0	0.0	0.0	0.0	0.0	0.0	0.0	0.0	0.0	0.0
1811	0.0	0.0	0.0	0.0	0.0	0.0	6.6	0.0	2.4	6.1	0.8	1.1
1812	11.3	1.9	0.7	0.0	1.0	1.3	0.5	15.6	5.2	3.9	7.9	10.1
1813	0.0	10.3	1.9	16.6	5.5	11.2	18.3	8.4	15.3	27.8	16.7	14.3
1814	22.2	12.0	5.7	23.8	5.8	14.9	18.5	2.3	8.1	19.3	14.5	20.1
1815	19.2	32.2	26.2	31.6	9.8	55.9	35.5	47.2	31.5	33.5	37.2	65.0
1816	26.3	68.8	73.7	58.8	44.3	43.6	38.8	23.2	47.8	56.4	38.1	29.9
1817	36.4	57.9	96.2	26.4	21.2	40.0	50.0	45.0	36.7	25.6	28.9	28.4
1818	34.9	22.4	25.4	34.5	53.1	36.4	28.0	31.5	26.1	31.7	10.9	25.8
1819	32.5	20.7	3.7	20.2	19.6	35.0	31.4	26.1	14.9	27.5	25.1	30.6
1820	19.2	26.6	4.5	19.4	29.3	10.8	20.6	25.9	5.2	9.0	7.9	9.7
1821	21.5	4.3	5.7	9.2	1.7	1.8	2.5	4.8	4.4	18.8	4.4	0.0
1822	0.0	0.9	16.1	13.5	1.5	5.6	7.9	2.1	0.0	0.4	0.0	0.0
1823	0.0	0.0	0.6	0.0	0.0	0.0	0.5	0.0	0.0	0.0	0.0	20.4
1824	21.6	10.8	0.0	19.4	2.8	0.0	0.0	1.4	20.5	25.2	0.0	0.8
1825	5.0	15.5	22.4	3.8	15.4	15.4	30.9	25.4	15.7	15.6	11.7	22.0
1826	17.7	18.2	36.7	24.0	32.4	37.1	52.5	39.6	18.9	50.6	39.5	68.1
1827	34.6	47.4	57.8	46.0	56.3	56.7	42.9	53.7	49.6	57.2	48.2	46.1
1828	52.8	64.4	65.0	61.1	89.1	98.0	54.3	76.4	50.4	54.7	57.0	46.6
1829	43.0	49.4	72.3	95.0	67.5	73.9	90.8	78.3	52.8	57.2	67.6	56.5
1830	52.2	72.1	84.6	107.1	66.3	65.1	43.9	50.7	62.1	84.4	81.2	82.1
1831	47.5	50.1	93.4	54.6	38.1	33.4	45.2	54.9	37.9	46.2	43.5	28.9
1832	30.9	55.5	55.1	26.9	41.3	26.7	13.9	8.9	8.2	21.1	14.3	27.5
1833	11.3	14.9	11.8	2.8	12.9	1.0	7.0	5.7	11.6	7.5	5.9	9.9
1834	4.9	18.1	3.9	1.4	8.8	7.8	8.7	4.0	11.5	24.8	30.5	34.5
1835	7.5	24.5	19.7	61.5	43.6	33.2	59.8	59.0	100.8	95.2	100.0	77.5
1836	88.6	107.6	98.1	142.9	111.4	124.7	116.7	107.8	95.1	137.4	120.9	206.2
1837	188.0	175.6	134.6	138.2	111.3	158.0	162.8	134.0	96.3	123.7	107.0	129.8
1838	144.9	84.8	140.8	126.6	137.6	94.5	108.2	78.8	73.6	90.8	77.4	79.8
1839	107.6	102.5	77.7	61.8	53.8	54.6	84.7	131.2	132.7	90.8	68.8	63.6
1840	81.2	87.7	55.5	65.9	69.2	48.5	60.7	57.8	74.0	49.8	54.3	53.7
1841	24.0	29.9	29.7	42.6	67.4	55.7	30.8	39.3	35.1	28.5	19.8	38.8
1842	20.4	22.1	21.7	26.9	24.9	20.5	12.6	26.5	18.5	38.1	40.5	17.6
1843	13.3	3.5	8.3	8.8	21.1	10.5	9.5	11.8	4.2	5.3	19.1	12.7
1844	9.4	14.7	13.6	20.8	12.0	3.7	21.2	23.9	6.9	21.5	10.7	21.6
1845	25.7	43.6	43.3	56.9	47.8	31.1	30.6	32.3	29.6	40.7	39.4	59.7
1846	38.7	51.0	63.9	69.2	59.9	65.1	46.5	54.8	107.1	55.9	60.4	65.5
1847	62.6	44.9	85.7	44.7	75.4	85.3	52.2	140.6	161.2	180.4	138.9	109.6
1848	159.1	111.8	108.9	107.1	102.2	123.8	139.2	132.5	100.3	132.4	114.6	159.9
1849	156.7	131.7	96.5	102.5	80.6	81.2	78.0	61.3	93.7	71.5	99.7	97.0
1850	78.0	89.4	82.6	44.1	61.6	70.0	39.1	61.6	86.2	71.0	54.8	60.0
1851	75.5	105.4	64.6	56.5	62.6	63.2	36.1	57.4	67.9	62.5	50.9	71.4
1852	68.4	67.5	61.2	65.4	54.9	46.9	42.0	39.7	37.5	67.3	54.3	45.4
1853	41.1	42.9	37.7	47.6	34.7	40.0	45.9	50.4	33.5	42.3	28.8	23.4
1854	15.4	20.0	20.7	26.4	24.0	21.1	18.7	15.8	22.4	12.7	28.2	21.4
1855	12.3	11.4	17.4	4.4	9.1	5.3	0.4	3.1	0.0	9.7	4.3	3.1

(续表)

年份\月份	1	2	3	4	5	6	7	8	9	10	11	12
1856	0.5	4.9	0.4	6.5	0.0	5.0	4.6	5.9	4.4	4.5	7.7	7.2
1857	13.7	7.4	5.2	11.1	29.2	16.0	22.2	16.9	42.4	40.6	31.4	37.2
1858	39.0	34.9	57.5	38.3	41.4	44.5	56.7	55.3	80.1	91.2	51.9	66.9
1859	83.7	87.6	90.3	85.7	91.0	87.1	95.2	106.8	105.8	114.6	97.2	81.0
1860	81.5	88.0	98.9	71.4	107.1	108.6	116.7	100.3	92.2	90.1	97.9	95.6
1861	62.3	77.8	101.0	98.5	56.8	87.8	78.0	82.5	79.9	67.2	53.7	80.5
1862	63.1	64.5	43.6	53.7	64.4	84.0	73.4	62.5	66.6	42.0	50.6	40.9
1863	48.3	56.7	66.4	40.6	53.8	40.8	32.7	48.1	22.0	39.9	37.7	41.2
1864	57.7	47.1	66.3	35.8	40.6	57.8	54.7	54.8	28.5	33.9	57.6	28.6
1865	48.7	39.3	39.5	29.4	34.5	33.6	26.8	37.8	21.6	17.1	24.6	12.8
1866	31.6	38.4	24.6	17.6	12.9	16.5	9.3	12.7	7.3	14.1	9.0	1.5
1867	0.0	0.7	9.2	5.1	2.9	1.5	5.0	4.9	9.8	13.5	9.3	25.2
1868	15.6	15.8	26.5	36.6	26.7	31.1	28.6	34.4	43.8	61.7	59.1	67.6
1869	60.9	59.3	52.7	41.0	104.0	108.4	59.2	79.6	80.6	59.4	77.4	104.3
1870	77.3	114.9	159.4	160.0	176.0	135.6	132.4	153.8	136.0	146.4	147.5	130.0
1871	88.3	125.3	143.2	162.4	145.5	91.7	103.0	110.0	80.3	89.0	105.4	90.3
1872	79.5	120.1	88.4	102.1	107.6	109.9	105.5	92.9	114.6	103.5	112.0	83.9
1873	86.7	107.0	98.3	76.2	47.9	44.8	66.9	68.2	47.5	47.4	55.4	49.2
1874	60.8	64.2	46.4	32.0	44.6	38.2	67.8	61.3	28.0	34.3	28.9	29.3
1875	14.6	22.2	33.8	29.1	11.5	23.9	12.5	14.6	2.4	12.7	17.7	9.9
1876	14.3	15.0	31.2	2.3	5.1	1.6	15.2	8.8	9.9	14.3	9.9	8.2
1877	24.4	8.7	11.7	15.8	21.2	13.4	5.9	6.3	16.4	6.7	14.5	2.3
1878	3.3	6.0	7.8	0.1	5.8	6.4	0.1	0.0	5.3	1.1	4.1	0.5
1879	0.8	0.6	0.0	6.2	2.4	4.8	7.5	10.7	6.1	12.3	12.9	7.2
1880	24.0	27.5	19.5	19.3	23.5	34.1	21.9	48.1	66.0	43.0	30.7	29.6
1881	36.4	53.2	51.5	51.7	43.5	60.5	76.9	58.0	53.2	64.0	54.8	47.3
1882	45.0	69.3	67.5	95.8	64.1	45.2	45.4	40.4	57.7	59.2	84.4	41.8
1883	60.6	46.9	42.8	82.1	32.1	76.5	80.6	46.0	52.6	83.8	84.5	75.9
1884	91.5	86.9	86.8	76.1	66.5	51.2	53.1	55.8	61.9	47.8	36.6	47.2
1885	42.8	71.8	49.8	55.0	73.0	83.7	66.5	50.0	39.6	38.7	33.3	21.7
1886	29.9	25.9	57.3	43.7	30.7	27.1	30.3	16.9	21.4	8.6	0.3	12.4
1887	10.3	13.2	4.2	6.9	20.0	15.7	23.3	21.4	7.4	6.6	6.9	20.7
1888	12.7	7.1	7.8	5.1	7.0	7.1	3.1	2.8	8.8	2.1	10.7	6.7
1889	0.8	8.5	7.0	4.3	2.4	6.4	9.7	20.6	6.5	2.1	0.2	6.7
1890	5.3	0.6	5.1	1.6	4.8	1.3	11.6	8.5	17.2	11.2	9.6	7.8
1891	13.5	22.2	10.4	20.5	41.1	48.3	58.8	33.2	53.8	51.5	41.9	32.3
1892	69.1	75.6	49.9	69.6	79.6	76.3	76.8	101.4	62.8	70.5	65.4	78.6
1893	75.0	73.0	65.7	88.1	84.7	88.2	88.8	129.2	77.9	79.7	75.1	93.8
1894	83.2	84.6	52.3	81.6	101.2	98.9	106.0	70.3	65.9	75.5	56.6	60.0
1895	63.3	67.2	61.0	76.9	67.5	71.5	47.8	68.9	57.7	67.9	47.2	70.7
1896	29.0	57.4	52.0	43.8	27.7	49.0	45.0	27.2	61.3	28.4	38.0	42.6
1897	40.6	29.4	29.1	31.0	20.0	11.3	27.6	21.8	48.1	14.3	8.4	33.3
1898	30.2	36.4	38.3	14.5	25.8	22.3	9.0	31.4	34.8	34.4	30.9	12.6
1899	19.5	9.2	18.1	14.2	7.7	20.5	13.5	2.9	8.4	13.0	7.8	10.5
1900	9.4	13.6	8.6	16.0	15.2	12.1	8.3	4.3	8.3	12.9	4.5	0.3
1901	0.2	2.4	4.5	0.0	10.2	5.8	0.7	1.0	0.6	3.7	3.8	0.0
1902	5.2	0.0	12.4	0.0	2.8	1.4	0.9	2.3	7.6	16.3	10.3	1.1
1903	8.3	17.0	13.5	26.1	14.6	16.3	27.9	28.8	11.1	38.9	44.5	45.6
1904	31.6	24.5	37.2	43.0	39.5	41.9	50.6	58.2	30.1	54.2	38.0	54.6
1905	54.8	85.8	56.5	39.3	48.0	49.0	73.0	58.8	55.0	78.7	107.2	55.5
1906	45.5	31.3	64.5	55.3	57.7	63.2	103.6	47.7	56.1	17.8	38.9	64.7

（续表）

年份\月份	1	2	3	4	5	6	7	8	9	10	11	12
1907	76.4	108.2	60.7	52.6	42.9	40.4	49.7	54.3	85.0	65.4	61.5	47.3
1908	39.2	33.9	28.7	57.6	40.8	48.1	39.5	90.5	86.9	32.3	45.5	39.5
1909	56.7	46.6	66.3	32.3	36.0	22.6	35.8	23.1	38.8	58.4	55.8	54.2
1910	26.4	31.5	21.4	8.4	22.2	12.3	14.1	11.5	26.2	38.3	4.9	5.8
1911	3.4	9.0	7.8	16.5	9.0	2.2	3.5	4.0	4.0	2.6	4.2	2.2
1912	0.3	0.0	4.9	4.5	4.4	4.1	3.0	0.3	9.5	4.6	1.1	6.4
1913	2.3	2.9	0.5	0.9	0.0	0.0	1.7	0.2	1.2	3.1	0.7	3.8
1914	2.8	2.6	3.1	17.3	5.2	11.4	5.4	7.7	12.7	8.2	16.4	22.3
1915	23.0	42.3	38.8	41.3	33.0	68.8	71.6	69.6	49.5	53.5	42.5	34.5
1916	45.3	55.4	67.0	71.8	74.5	67.7	53.5	35.2	45.1	50.7	65.6	53.0
1917	74.7	71.9	94.8	74.7	114.1	114.9	119.8	154.5	129.4	72.2	96.4	129.3
1918	96.0	65.3	72.2	80.5	76.7	59.4	107.6	101.7	79.9	85.0	83.4	59.2
1919	48.1	79.5	66.5	51.8	88.1	111.2	64.7	69.0	54.7	52.8	42.0	34.9
1920	51.1	53.9	70.2	14.8	33.3	38.7	27.5	19.2	36.3	49.6	27.2	29.9
1921	31.5	28.3	26.7	32.4	22.2	33.7	41.9	22.8	17.8	18.2	17.8	20.3
1922	11.8	26.4	54.7	11.0	8.0	5.8	10.9	6.5	4.7	6.2	7.4	17.5
1923	4.5	1.5	3.3	6.1	3.2	9.1	3.5	0.5	13.2	11.6	112.0	2.8
1924	0.5	5.1	1.8	11.3	20.8	24.0	28.1	19.3	25.1	25.6	22.5	16.5
1925	5.5	23.2	18.0	31.7	42.8	47.5	38.5	37.9	60.2	69.2	58.6	98.6
1926	71.8	70.0	62.5	38.5	64.3	73.5	52.3	61.6	60.8	71.5	60.5	79.4
1927	81.6	93.0	69.6	93.5	79.1	59.1	54.9	53.8	68.4	63.1	67.2	45.2
1928	83.5	73.5	85.4	80.6	76.9	91.4	98.0	83.8	89.7	61.4	50.3	59.0
1929	68.9	64.1	50.2	52.8	58.2	71.9	70.2	65.8	34.4	54.0	81.1	108.0
1930	65.3	49.2	35.0	38.2	36.8	28.8	21.9	24.9	32.1	34.4	35.6	25.8
1931	14.6	43.1	30.0	31.2	24.6	15.3	17.4	13.0	19.0	10.0	18.7	17.8
1932	12.1	10.6	11.2	11.2	17.9	22.2	9.6	6.8	4.0	8.9	8.2	11.0
1933	12.3	22.2	10.1	2.9	3.2	5.2	2.8	0.2	5.1	3.0	0.6	0.3
1934	3.4	7.8	4.3	11.3	19.7	6.7	9.3	8.3	4.0	5.7	8.7	15.4
1935	18.9	20.5	23.1	12.2	27.3	45.7	33.9	30.1	42.1	53.2	64.2	61.5
1936	62.8	74.3	77.1	74.9	54.6	70.0	52.3	87.0	76.0	89.0	115.4	123.4
1937	132.5	128.5	83.9	109.3	116.7	130.3	145.1	137.7	100.7	124.9	74.4	88.8
1938	98.4	119.2	86.5	101.0	127.4	97.5	165.3	115.7	89.6	99.1	122.2	92.7
1939	80.3	77.4	64.6	109.1	118.3	101.0	97.6	105.8	112.6	88.1	68.1	42.1
1940	50.5	59.4	83.3	60.7	54.4	83.9	67.5	105.5	66.5	55.0	58.4	68.3
1941	45.6	44.5	46.4	32.8	29.5	59.8	66.9	60.0	65.9	46.3	38.3	33.7
1942	35.6	52.8	54.2	60.7	25.0	11.4	17.7	20.2	17.2	19.2	30.7	22.5
1943	12.4	28.9	27.4	26.1	14.1	7.6	13.2	19.4	10.0	7.8	10.2	18.8
1944	3.7	0.5	11.0	0.3	2.5	5.0	5.0	16.7	14.3	16.9	10.8	28.4
1945	18.5	12.7	21.5	32.0	30.6	36.2	42.6	25.9	34.9	68.8	46.0	22.4
1946	47.6	86.2	76.6	75.7	84.9	73.5	116.2	107.2	94.4	102.3	123.8	121.7
1947	115.7	113.4	129.8	149.8	201.3	163.9	157.9	188.8	169.4	163.6	128.0	116.5
1948	108.5	86.1	94.8	189.7	174.0	167.8	142.2	157.9	143.3	136.3	95.8	138.0
1949	119.1	182.3	157.5	147.0	106.2	121.7	125.8	123.8	145.3	131.6	143.5	117.6
1950	101.6	94.8	109.7	113.4	106.2	83.6	91.0	85.2	51.3	61.4	54.8	54.1
1951	59.9	59.9	59.9	92.9	108.5	100.6	61.5	61.0	83.1	51.6	52.4	45.8
1952	40.7	22.7	22.0	29.1	23.4	36.4	39.3	54.9	28.2	23.8	22.1	34.3
1953	26.5	3.9	10.0	27.8	12.5	21.8	8.6	23.5	19.3	8.2	1.6	2.5
1954	0.2	0.5	10.9	1.8	0.8	0.2	4.8	8.4	1.5	7.0	9.2	7.6
1955	23.1	20.8	4.9	11.3	28.9	31.7	26.7	40.7	42.7	58.5	89.2	76.9
1956	73.6	124.0	118.4	110.7	136.6	116.6	129.1	169.6	173.2	155.3	201.3	192.1
1957	165.0	130.2	157.4	175.2	164.6	200.7	187.2	158.0	235.8	253.8	210.9	239.4

（续表）

年份 \ 月份	1	2	3	4	5	6	7	8	9	10	11	12
1958	202.5	164.9	190.7	196.0	175.3	171.5	191.4	200.2	201.2	181.5	152.3	187.6
1959	217.4	143.1	185.7	163.3	172.0	168.7	149.6	199.6	145.2	111.4	124.0	125.0
1960	146.3	106.0	102.2	122.0	119.6	110.2	121.7	134.1	127.2	82.8	89.6	85.6
1961	57.9	46.1	53.0	61.4	51.0	77.4	70.2	55.9	63.6	37.7	32.6	40.0
1962	38.7	50.3	45.6	46.4	43.7	42.0	21.8	21.8	51.3	39.5	26.9	23.2
1963	19.8	24.4	17.1	29.3	43.0	35.9	19.6	33.2	38.8	35.3	23.4	14.9
1964	15.3	17.7	16.5	8.6	9.5	9.1	3.1	9.3	4.7	6.1	7.4	15.1
1965	17.5	14.2	11.7	6.8	24.1	15.9	11.9	8.9	16.8	20.1	15.8	17.0
1966	28.2	24.4	25.3	48.7	45.3	47.7	56.7	51.2	50.2	57.2	57.2	70.4
1967	110.9	93.6	111.8	69.5	86.5	67.3	91.5	107.2	76.8	88.2	94.3	126.4
1968	121.8	111.9	92.2	81.2	127.2	110.3	96.1	109.3	117.2	407.7	86.0	109.8
1969	104.4	120.5	135.8	106.8	120.0	106.0	96.8	98.0	91.3	95.7	93.5	97.9
1970	111.5	127.8	102.9	109.5	127.5	106.8	112.5	93.0	99.5	86.6	95.2	83.5
1971	91.3	79.0	60.7	71.8	57.5	49.8	81.0	61.4	50.2	51.7	63.2	82.2
1972	61.5	88.4	80.1	63.2	80.5	88.0	76.5	76.8	64.0	61.3	41.6	45.3
1973	43.4	42.9	46.0	57.7	42.4	39.5	23.1	25.6	59.3	30.7	23.9	23.3
1974	27.6	26.0	21.3	40.3	39.5	36.0	55.8	33.6	40.2	47.1	25.0	20.5
1975	18.9	11.5	11.5	5.1	9.0	11.4	28.2	39.7	13.9	9.1	19.4	7.8

3. 1920—1958 年澳大利亚阿德雷德(Adelaide)每 6 天总雨量的记录(单位：mm)

年份	总雨量															
1920	0	0	20	0	0	1	2	0	0	3	68	70	6	0	0	6
	1	32	0	1	22	84	143	4	0	357	57	98	101	77	46	93
	78	42	35	12	87	30	55	121	36	67	63	19	1	5	21	117
	0	144	4	22	74	13	0	121	16	0	17	2	176			
1921	159	0	0	0	0	5	0	0	10	168	0	0	0	0	37	1
	7	36	1	0	1	5	0	261	155	38	116	53	5	0	38	0
	46	18	54	195	6	39	10	25	17	51	28	169	21	43	38	93
	44	1	0	108	0	8	87	30	34	2	0	1	0			
1922	135	85	2	0	0	0	0	0	5	0	0	0	0	13	0	87
	2	2	3	57	99	115	15	0	104	109	11	30	9	59	90	219
	63	106	9	30	36	124	57	8	0	1	2	50	97	35	23	28
	0	78	17	8	0	0	0	0	3	102	52	106	34			
1923	34	8	15	1	13	0	0	0	0	6	3	0	0	0	0	3
	0	0	0	0	61	195	13	66	132	77	191	120	85	71	142	67
	104	111	15	179	26	38	0	24	55	3	50	285	202	56	16	93
	34	2	64	2	9	34	0	1	35	94	142	2	0			
1924	11	25	0	20	15	2	5	117	137	3	108	0	0	0	99	0
	74	23	34	13	11	3	12	163	54	67	163	83	23	34	1	1
	12	16	26	23	19	105	3	70	7	43	137	79	55	27	21	7
	114	52	9	94	60	4	27	2	1	0	3	0	27			
1925	0	0	8	32	0	0	566	29	0	14	28	0	0	11	0	86
	10	0	11	1	0	55	76	96	75	105	45	0	1	88	48	16
	44	56	38	37	0	5	78	53	2	20	90	121	14	78	1	38
	52	2	2	0	0	39	0	0	0	5	0	15	0			

（续表）

年份	总雨量															
1926	0	2	0	0	0	0	33	0	1	70	0	0	1	0	0	26
	9	42	42	87	184	25	0	143	74	37	21	3	81	30	0	7
	29	46	89	134	39	49	13	102	119	23	13	55	122	19	160	72
	0	0	0	65	2	12	0	3	43	6	29	58	0			
1927	26	0	1	0	0	63	0	0	0	28	3	2	28	66	0	0
	0	0	2	14	29	3	54	49	84	5	42	11	96	2	24	111
	28	103	0	72	177	23	69	43	14	16	0	3	17	77	0	2
	4	8	109	17	0	0	21	73	72	0	0	0	1			
1928	0	3	0	90	8	146	0	105	0	0	0	4	0	85	16	4
	0	3	0	90	52	23	51	0	58	20	73	117	64	78	0	32
	109	23	108	7	1	3	5	47	30	51	25	0	31	99	119	19
	18	24	29	49	0	0	0	0	12	0	0	9	3			
1929	0	2	2	0	29	12	0	5	0	0	22	3	0	2	3	0
	4	0	20	18	27	60	9	39	5	122	67	0	14	10	91	63
	16	55	9	13	22	74	8	28	53	15	5	42	63	46	68	3
	4	4	19	6	40	32	18	20	9	0	0	1	322			
1930	2	0	0	0	0	0	4	0	39	0	0	3	0	0	2	14
	11	0	55	17	0	92	22	0	0	2	12	10	0	87	175	49
	51	26	91	101	101	108	36	19	51	29	59	77	53	4	69	4
	137	42	28	11	11	65	4	1	35	0	3	53	0			
1931	58	0	9	0	3	3	0	16	7	4	14	88	0	30	0	9
	0	38	1	42	91	21	69	50	51	20	245	87	76	125	57	46
	97	37	132	15	69	31	60	79	127	21	127	5	3	19	2	4
	35	0	0	20	18	49	0	0	0	0	0	22	0			
1932	0	15	0	0	0	78	15	19	28	0	0	51	18	0	71	202
	132	92	4	42	0	17	0	100	0	195	6	235	89	45	55	25
	39	31	70	44	78	129	0	35	53	35	16	56	34	54	28	101
	15	73	25	4	0	0	22	4	6	0	4	14	0			
1933	0	33	11	174	3	4	0	0	1	17	84	0	1	6	42	0
	169	26	0	3	123	17	125	5	244	54	5	13	36	51	11	7
	64	11	53	90	36	33	43	62	146	46	25	162	11	7	29	5
	0	22	1	0	0	9	0	14	0	41	7	4	26			
1934	42	4	0	0	0	0	1	13	0	0	0	0	23	22	21	25
	50	31	45	0	0	1	0	0	8	48	11	23	0	22	24	49
	1	28	2	89	45	180	31	30	40	114	82	109	28	70	33	69
	44	38	0	357	16	1	7	39	2	54	4	0	48			
1935	70	8	0	0	0	0	0	1	1	0	0	0	97	140	9	5
	56	29	32	44	15	103	69	1	53	54	68	47	62	54	59	26
	90	28	37	152	116	24	0	42	53	1	48	181	0	7	11	42
	151	26	29	5	64	5	14	11	5	14	0	49	37			
1936	40	99	0	4	2	0	0	3	77	2	0	5	0	2	0	1
	89	0	31	0	17	50	36	0	0	189	17	28	29	44	45	15
	62	15	82	72	27	69	14	54	8	0	24	22	20	18	25	14
	99	4	84	10	0	41	0	3	51	29	252	10	0			
1937	11	3	0	106	122	0	0	38	41	0	2	0	0	0	103	0
	1	0	0	65	4	47	145	69	63	99	3	125	14	0	30	5
	21	70	67	42	2	132	130	33	74	0	51	141	2	25	14	13
	6	21	0	2	12	3	0	212	5	113	4	10	4			
1938	21	0	22	0	18	61	8	12	96	68	8	3	0	0	2	3
	0	393	10	175	18	7	33	0	32	81	31	59	7	46	38	0
	11	69	63	39	70	25	2	138	23	35	10	18	2	0	10	0
	0	15	45	13	9	0	0	28	0	13	0	6	30			

（续表）

年份	总雨量															
1939	25	0	105	0	0	3	0	63	7	115	0	112	0	1	2	32
	4	32	56	91	0	3	153	35	0	203	10	2	39	151	28	38
	21	62	11	40	69	16	66	89	81	20	52	5	3	1	49	34
	5	0	96	194	0	48	0	29	17	5	0	3	3			
1940	96	0	0	4	20	0	0	7	11	20	0	0	0	32	0	29
	56	60	0	121	98	9	23	9	5	20	22	6	30	3	18	116
	74	24	34	62	34	31	1	45	37	0	56	16	26	32	11	2
	6	30	2	25	95	0	55	0	3	2	83	10	5			
1941	0	0	8	112	211	71	0	0	1	5	125	0	28	15	15	51
	0	26	21	3	0	12	10	54	2	37	64	0	56	2	69	38
	190	75	49	2	28	5	101	9	22	180	90	4	65	118	27	0
	7	61	30	6	4	84	0	6	29	0	27	0	1			
1942	0	0	0	97	64	0	15	0	1	5	2	0	1	0	28	33
	0	0	6	147	230	37	82	14	88	48	68	140	81	135	87	39
	0	88	33	0	68	102	8	33	166	39	150	59	53	2	54	0
	21	0	39	68	0	3	43	15	35	0	4	10	3			
1943	0	33	32	19	0	0	22	233	63	1	5	1	0	0	2	9
	72	53	109	14	24	17	17	0	0	67	23	31	83	43	29	16
	25	23	108	67	53	3	8	49	6	0	17	45	81	42	44	2
	52	11	11	32	0	0	0	8	0	4	65	0	0			
1944	13	5	0	0	0	0	61	8	0	9	8	55	0	0	0	36
	106	12	11	26	204	121	27	37	24	0	18	34	14	0	65	96
	3	38	2	33	4	10	13	1	4	3	26	15	15	77	40	0
	17	40	26	85	32	1	25	0	14	64	23	112	0			
1945	0	53	0	0	0	71	0	16	48	1	0	0	0	6	17	0
	0	0	0	0	19	107	45	7	0	19	0	2	121	29	21	9
	12	18	4	61	37	59	49	104	19	30	0	127	58	9	11	2
	4	135	84	6	22	204	4	6	7	0	102	0	20			
1946	6	0	118	29	4	14	3	8	274	2	7	39	127	0	4	1
	4	8	88	38	5	0	168	0	36	73	106	29	11	2	36	13
	84	79	98	36	0	88	30	32	3	4	66	20	39	4	1	51
	9	47	0	7	40	28	1	49	45	3	5	110	27			
1947	6	6	0	2	7	2	66	6	3	13	2	44	9	0	168	15
	68	0	51	37	0	18	1	20	73	12	57	4	24	93	57	74
	81	27	60	26	8	121	51	96	116	10	34	22	4	110	37	15
	108	26	3	82	6	2	2	35	4	19	31	115	0			
1948	13	1	0	0	0	1	0	0	5	16	26	1	0	0	0	0
	239	129	94	4	125	36	72	1	62	22	83	0	63	26	10	22
	2	33	59	31	0	18	79	113	51	24	0	0	9	11	1	205
	12	0	214	79	34	5	0	0	0	0	62	30	17			
1949	4	0	15	0	0	5	5	4	110	131	0	0	0	0	5	1
	10	0	11	0	79	4	74	45	3	43	11	1	59	8	2	1
	32	95	25	80	41	13	50	37	37	14	11	1	19	3	167	244
	20	15	96	53	30	16	71	2	0	1	5	0	14			
1950	0	4	0	0	0	86	0	0	1	1	1	0	0	0	23	0
	12	0	0	0	1	1	50	0	146	307	16	0	0	95	38	36
	0	18	12	28	70	4	63	1	72	0	4	75	21	22	77	41
	39	83	5	62	2	11	0	22	0	3	4	42	7			
1951	39	42	0	0	0	0	0	0	35	0	13	1	0	0	0	45
	37	72	61	22	3	102	190	37	114	1	95	107	15	61	18	177
	149	112	19	52	109	25	32	75	14	3	0	1	7	16	0	126
	24	201	0	25	20	2	1	6	0	105	51	39	44			

（续表）

年份	总雨量															
1952	12	0	0	32	93	0	17	7	0	0	0	4	3	0	0	0
	14	101	31	117	2	57	98	139	75	127	17	50	34	37	31	8
	65	11	0	14	41	26	16	65	1	6	10	51	8	42	1	22
	59	3	67	18	35	96	21	161	40	10	0	0	5			
1953	38	0	0	0	59	0	29	0	0	0	0	0	3	15	0	49
	0	0	39	37	0	0	18	90	2	3	69	146	101	64	20	146
	102	35	26	4	65	85	60	8	51	69	10	56	1	4	80	0
	40	23	4	93	10	20	6	22	133	36	0	11	19			
1954	0	0	0	0	70	0	0	0	0	0	0	0	13	34	0	0
	33	245	0	174	22	7	3	36	2	78	74	37	8	1	78	56
	31	24	43	6	61	35	2	26	46	15	6	29	1	0	54	0
	23	79	7	18	19	4	24	0	24	126	0	0	0			
1955	3	0	0	0	0	16	176	58	0	0	4	0	0	8	0	5
	0	119	13	18	47	38	118	27	147	177	4	165	133	72	3	18
	89	2	49	31	77	63	34	106	68	11	0	12	55	124	22	16
	12	3	75	35	65	38	28	16	44	1	1	0	12			
1956	22	0	13	115	0	0	19	0	0	0	107	2	0	15	0	19
	118	156	85	81	0	5	149	98	116	76	105	52	71	187	122	93
	42	46	49	36	9	69	30	64	59	48	76	25	56	15	6	22
	76	5	42	20	8	24	9	0	10	19	22	0	13			
1957	0	0	0	0	0	0	2	0	0	0	0	19	57	0	0	1
	37	5	30	10	114	0	13	56	0	1	0	0	237	5	35	118
	37	162	0	86	71	10	25	10	13	65	13	63	6	24	20	19
	3	133	6	43	8	71	6	5	2	1	0	21	12			
1958	0	0	0	2	20	7	0	0	17	0	0	28	0	2	73	0
	3	60	0	0	33	14	133	28	158	0	13	1	2	4	4	26
	120	100	42	31	84	86	29	30	8	62	134	71	21	11	66	87
	52	37	0	9	10	4	3	7	0	14	6	5	0			

4. 1821—1970 年地球自转的变化(单位:0.00001s)

年　份	日长改变量	年　份	日长改变量	年　份	日长改变量	年　份	日长改变量
1821	−217	1840	21	1859	−13	1878	−59
1822	−177	1841	17	1860	−56	1879	−48
1823	−166	1842	44	1861	−83	1880	−35
1824	−136	1843	44	1862	−104	1881	−30
1825	−110	1844	78	1863	−93	1882	−12
1826	−95	1845	88	1864	−88	1883	11
1827	−64	1846	122	1865	−75	1884	57
1828	−37	1847	126	1866	−80	1885	92
1829	−14	1848	114	1867	−101	1886	86
1830	−25	1849	85	1868	−156	1887	53
1831	−51	1850	64	1869	−226	1888	26
1832	−62	1851	55	1870	−293	1889	6
1833	−73	1852	51	1871	−333	1890	−12
1834	−88	1853	40	1872	−347	1891	−35
1835	−113	1854	30	1873	−329	1892	−31
1836	−120	1855	14	1874	−279	1893	0
1837	−83	1856	1	1875	−205	1894	36
1838	−33	1857	1	1876	−131	1895	54
1839	−19	1858	−4	1877	−86	1896	65

（续表）

年 份	日长改变量	年 份	日长改变量	年 份	日长改变量	年 份	日长改变量
1897	104	1916	256	1935	−15	1954	104
1898	166	1917	225	1936	6	1955	92
1899	248	1918	202	1937	22	1956	96
1900	318	1919	193	1938	51	1957	115
1901	384	1920	205	1939	78	1958	144
1902	415	1921	201	1940	111	1959	126
1903	421	1922	178	1941	141	1960	131
1904	402	1923	139	1942	150	1961	112
1905	392	1924	130	1943	157	1962	119
1906	387	1925	101	1944	143	1963	139
1907	391	1926	67	1945	138	1964	183
1908	396	1927	22	1946	137	1965	206
1909	400	1928	2	1947	151	1966	231
1910	391	1929	12	1948	151	1967	244
1911	361	1930	26	1949	136	1968	239
1912	328	1931	21	1950	111	1969	263
1913	296	1932	10	1951	105	1970	273
1914	282	1933	−11	1952	105		
1915	269	1934	−12	1953	110		

5. 一段生物的 DNA 信息

M13mp18 [length=7249] [version=09-MAY-2008] [topology=circular] Cloning vector M13mp18, complete sequence.

AATGCTACTACTATTAGTAGAATTGATGCCACCTTTTCAGCTCGCGCCCCAAATGAAAATATA
GCTAAACAGGTTATTGACCATTTGCGAAATGTATCTAATGGTCAAACTAAATCTACTCGTTCG
CAGAATTGGGAATCAACTGTTATATGGAATGAAACTTCCAGACACCGTACTTTAGTTGCATAT
TTAAAACATGTTGAGCTACAGCATTATATTCAGCAATTAAGCTCTAAGCCATCCGCAAAAATG
ACCTCTTATCAAAAGGAGCAATTAAAGGTACTCTCTAATCCTGACCTGTTGGAGTTTGCTTCC
GGTCTGGTTCGCTTTGAAGCTCGAATTAAAACGCGATATTTGAAGTCTTTCGGGCTTCCTCTTA
ATCTTTTTGATGCAATCCGCTTTGCTTCTGACTATAATAGTCAGGGTAAAGACCTGATTTTTGA
TTTATGGTCATTCTCGTTTTCTGAACTGTTTAAAGCATTTGAGGGGGATTCAATGAATATTTAT
GACGATTCCGCAGTATTGGACGCTATCCAGTCTAAACATTTTACTATTACCCCCTCTGGCAAA
ACTTCTTTTGCAAAAGCCTCTCGCTATTTTGGTTTTTATCGTCGTCTGGTAAACGAGGGTTATG
ATAGTGTTGCTCTTACTATGCCTCGTAATTCCTTTTGGCGTTATGTATCTGCATTAGTTGAATG
TGGTATTCCTAAATCTCAACTGATGAATCTTTCTACCTGTAATAATGTTGTTCCGTTAGTTCGT
TTTATTAACGTAGATTTTTCTTCCCAACGTCCTGACTGGTATAATGAGCCAGTTCTTAAAATCG
CATAAGGTAATTCACAATGATTAAAGTTGAAATTAAACCATCTCAAGCCCAATTTACTACTCG
TTCTGGTGTTTCTCGTCAGGGCAAGCCTTATTCACTGAATGAGCAGCTTTGTTACGTTGATTTG
GGTAATGAATATCCGGTTCTTGTCAAGATTACTCTTGATGAAGGTCAGCCAGCCTATGCGCCT
GGTCTGTACACCGTTCATCTGTCCTCTTTCAAAGTTGGTCAGTTCGGTTCCCTTATGATTGACC
GTCTGCGCCTCGTTCCGGCTAAGTAACATGGAGCAGGTCGCGGATTTCGACACAATTTATCAG
GCGATGATACAAATCTCCGTTGTACTTTGTTTCGCGCTTGGTATAATCGCTGGGGGTCAAAGA
TGAGTGTTTTAGTGTATTCTTTTGCCTCTTTCGTTTTAGGTTGGTGCCTTCGTAGTGGCATTACG
TATTTTACCCGTTTAATGGAAACTTCCTCATGAAAAAGTCTTTAGTCCTCAAAGCCTCTGTAGC
CGTTGCTACCCTCGTTCCGATGCTGTCTTTCGCTGCTGAGGGTGACGATCCCGCAAAAGCGGC

（续表）

CTTTAACTCCCTGCAAGCCTCAGCGACCGAATATATCGGTTATGCGTGGGCGATGGTTGTTGT
CATTGTCGGCGCAACTATCGGTATCAAGCTGTTTAAGAAATTCACCTCGAAAGCAAGCTGATA
AACCGATACAATTAAAGGCTCCTTTTGGAGCCTTTTTTTTGGAGATTTTCAACGTGAAAAAAT
TATTATTCGCAATTCCTTTAGTTGTTCCTTTCTATTCTCACTCCGCTGAAACTGTTGAAAGTTGT
TTAGCAAAATCCCATACAGAAAATTCATTTACTAACGTCTGGAAAGACGACAAAACTTTAGA
TCGTTACGCTAACTATGAGGGCTGTCTGTGGAATGCTACAGGCGTTGTAGTTTGTACTGGTGA
CGAAACTCAGTGTTACGGTACATGGGTTCCTATTGGGCTTGCTATCCCTGAAAATGAGGGTGG
TGGCTCTGAGGGTGGCGGTTCTGAGGGTGGCGGTTCTGAGGGTGGCGGTACTAAACCTCCTG
AGTACGGTGATACACCTATTCCGGGCTATACTTATATCAACCCTCTCGACGGCACTTATCCGC
CTGGTACTGAGCAAAACCCCGCTAATCCTAATCCTTCTCTTGAGGAGTCTCAGCCTCTTAATA
CTTTCATGTTTCAGAATAATAGGTTCCGAAATAGGCAGGGGGCATTAACTGTTTATACGGGC
ACTGTTACTCAAGGCACTGACCCCGTTAAAACTTATTACCAGTACACTCCTGTATCATCAAAA
GCCATGTATGACGCTTACTGGAACGGTAAATTCAGAGACTGCGCTTTCCATTCTGGCTTTAAT
GAGGATTTATTTGTTTGTGAATATCAAGGCCAATCGTCTGACCTGCCTCAACCTCCTGTCAATG
CTGGCGGCGGCTCTGGTGGTGGTTCTGGTGGCGGCTCTGAGGGTGGTGGCTCTGAGGGTGGC
GGTTCTGAGGGTGGCGGCTCTGAGGGAGGCGGTTCCGGTGGTGGCTCTGGTTCCGGTGATTTT
GATTATGAAAAGATGGCAAACGCTAATAAGGGGGCTATGACCGAAAATGCCGATGAAAACG
CGCTACAGTCTGACGCTAAAGGCAAACTTGATTCTGTCGCTACTGATTACGGTGCTGCTATCG
ATGGTTTCATTGGTGACGTTTCCGGCCTTGCTAATGGTAATGGTGCTACTGGTGATTTTGCTGG
CTCTAATTCCCAAATGGCTCAAGTCGGTGACGGTGATAATTCACCTTTAATGAATAATTTCCG
TCAATATTTACCTTCCCTCCCTCAATCGGTTGAATGTCGCCCTTTTGTCTTTGGCGCTGGTAAA
CCATATGAATTTTCTATTGATTGTGACAAAATAAACTTATTCCGTGGTGTCTTTGCGTTTCTTT
TATATGTTGCCACCTTTATGTATGTATTTTCTACGTTTGCTAACATACTGCGTAATAAGGAGTC
TTAATCATGCCAGTTCTTTTGGGTATTCCGTTATTATTGCGTTTCCTCGGTTTCCTTCTGGTAAC
TTTGTTCGGCTATCTGCTTACTTTTCTTAAAAAGGGCTTCGGTAAGATAGCTATTGCTATTTCA
TTGTTTCTTGCTCTTATTATTGGGCTTAACTCAATTCTTGTGGGTTATCTCTCTGATATTAGCGC
TCAATTACCCTCTGACTTTGTTCAGGGTGTTCAGTTAATTCTCCCGTCTAATGCGCTTCCCTGT
TTTTATGTTATTCTCTCTGTAAAGGCTGCTATTTTCATTTTTGACGTTAAACAAAAAATCGTTT
CTTATTTGGATTGGGATAAATAATATGGCTGTTTATTTTGTAACTGGCAAATTAGGCTCTGGA
AAGACGCTCGTTAGCGTTGGTAAGATTCAGGATAAAATTGTAGCTGGGTGCAAAATAGCAAC
TAATCTTGATTTAAGGCTTCAAAACCTCCCGCAAGTCGGGAGGTTCGCTAAAACGCCTCGCGT
TCTTAGAATACCGGATAAGCCTTCTATATCTGATTTGCTTGCTATTGGGCGCGGTAATGATTCC
TACGATGAAAATAAAAACGGCTTGCTTGTTCTCGATGAGTGCGGTACTTGGTTTAATACCCGT
TCTTGGAATGATAAGGAAAGACAGCCGATTATTGATTGGTTTCTACATGCTCGTAAATTAGGA
TGGGATATTATTTTTCTTGTTCAGGACTTATCTATTGTTGATAAACAGGCGCGTTCTGCATTAG
CTGAACATGTTGTTTATTGTCGTCGTCTGGACAGAATTACTTTACCTTTTGTCGGTACTTTATA
TTCTCTTATTACTGGCTCGAAAATGCCTCTGCCTAAATTACATGTTGGCGTTGTTAAATATGGC
GATTCTCAATTAAGCCCTACTGTTGAGCGTTGGCTTTATACTGGTAAGAATTTGTATAACGCAT
ATGATACTAAACAGGCTTTTTCTAGTAATTATGATTCCGGTGTTTATTCTTATTTAACGCCTTAT
TTATCACACGGTCGGTATTTCAAACCATTAAATTTAGGTCAGAAGATGAAATTAACTAAAATA
TATTTGAAAAAGTTTTCTCGCGTTCTTTGTCTTGCGATTGGATTTGCATCAGCATTTACATATA
GTTATATAACCCAACCTAAGCCGGAGGTTAAAAAGGTAGTCTCTCAGACCTATGATTTTGATA
AATTCACTATTGACTCTTCTCAGCGTCTTAATCTAAGCTATCGCTATGTTTTCAAGGATTCTAA
GGGAAAATTAATTAATAGCGACGATTTACAGAAGCAAGGTTATTCACTCACATATATTGATTT
ATGTACTGTTTCCATTAAAAAAGGTAATTCAAATGAAATTGTTAAATGTAATTAATTTTGTTTT
CTTGATGTTTGTTTCATCATCTTCTTTTGCTCAGGTAATTGAAATGAATAATTCGCCTCTGCGC

（续表）

GATTTTGTAACTTGGTATTCAAAGCAATCAGGCGAATCCGTTATTGTTTCTCCCGATGTAAAA
GGTACTGTTACTGTATATTCATCTGACGTTAAACCTGAAAATCTACGCAATTTCTTTATTTCTG
TTTTACGTGCAAATAATTTTGATATGGTAGGTTCTAACCCTTCCATTATTCAGAAGTATAATCC
AAACAATCAGGATTATATTGATGAATTGCCATCATCTGATAATCAGGAATATGATGATAATTC
CGCTCCTTCTGGTGGTTTCTTTGTTCCGCAAAATGATAATGTTACTCAAACTTTTAAAATTAAT
AACGTTCGGGCAAAGGATTTAATACGAGTTGTCGAATTGTTTGTAAAGTCTAATACTTCTAAA
TCCTCAAATGTATTATCTATTGACGGCTCTAATCTATTAGTTGTTAGTGCTCCTAAAGATATTT
TAGATAACCTTCCTCAATTCCTTTCAACTGTTGATTTGCCAACTGACCAGATATTGATTGAGGG
TTTGATATTTGAGGTTCAGCAAGGTGATGCTTTAGATTTTTCATTTGCTGCTGGCTCTCAGCGT
GGCACTGTTGCAGGCGGTGTTAATACTGACCGCCTCACCTCTGTTTTATCTTCTGCTGGTGGTT
CGTTCGGTATTTTTAATGGCGATGTTTTAGGGCTATCAGTTCGCGCATTAAAGACTAATAGCC
ATTCAAAAATATTGTCTGTGCCACGTATTCTTACGCTTTCAGGTCAGAAGGGTTCTATCTCTGT
TGGCCAGAATGTCCCTTTTATTACTGGTCGTGTGACTGGTGAATCTGCCAATGTAAATAATCC
ATTTCAGACGATTGAGCGTCAAAATGTAGGTATTTCCATGAGCGTTTTTCCTGTTGCAATGGCT
GGCGGTAATATTGTTCTGGATATTACCAGCAAGGCCGATAGTTTGAGTTCTTCTACTCAGGCA
AGTGATGTTATTACTAATCAAAGAAGTATTGCTACAACGGTTAATTTGCGTGATGGACAGACT
CTTTTACTCGGTGGCCTCACTGATTATAAAAACACTTCTCAGGATTCTGGCGTACCGTTCCTGT
CTAAAATCCCTTTAATCGGCCTCCTGTTTAGCTCCCGCTCTGATTCTAACGAGGAAAGCACGT
TATACGTGCTCGTCAAAGCAACCATAGTACGCGCCCTGTAGCGGCGCATTAAGCGCGGCGGG
TGTGGTGGTTACGCGCAGCGTGACCGCTACACTTGCCAGCGCCCTAGCGCCCGCTCCTTTCGC
TTTCTTCCCTTCCTTTCTCGCCACGTTCGCCGGCTTTCCCCGTCAAGCTCTAAATCGGGGGCTCC
CTTTAGGGTTCCGATTTAGTGCTTTACGGCACCTCGACCCCAAAAAACTTGATTTGGGTGATG
GTTCACGTAGTGGGCCATCGCCCTGATAGACGGTTTTTCGCCCTTTGACGTTGGAGTCCACGT
TCTTTAATAGTGGACTCTTGTTCCAAACTGGAACAACACTCAACCCTATCTCGGGCTATTCTTT
TGATTTATAAGGGATTTTGCCGATTTCGGAACCACCATCAAACAGGATTTTCGCCTGCTGGGG
CAAACCAGCGTGGACCGCTTGCTGCAACTCTCTCAGGGCCAGGCGGTGAAGGGCAATCAGCT
GTTGCCCGTCTCACTGGTGAAAAGAAAAACCACCCTGGCGCCCAATACGCAAACCGCCTCTCC
CCGCGCGTTGGCCGATTCATTAATGCAGCTGGCACGACAGGTTTCCCGACTGGAAAGCGGGC
AGTGAGCGCAACGCAATTAATGTGAGTTAGCTCACTCATTAGGCACCCCAGGCTTTACACTTT
ATGCTTCCGGCTCGTATGTTGTGTGGAATTGTGAGCGGATAACAATTTCACACAGGAAACAGC
TATGACCATGATTACGAATTCGAGCTCGGTACCCGGGGATCCTCTAGAGTCGACCTGCAGGCA
TGCAAGCTTGGCACTGGCCGTCGTTTTACAACGTCGTCACTGGGAAAACCCTGGCGTTACCCA
ACTTAATCGCCTTGCAGCACATCCCCCTTTCGCCAGCTGGCGTAATAGCGAAGAGGCCCGCAC
CGATCGCCCTTCCCAACAGTTGCGCAGCCTGAATGGCGAATGGCGCTTTGCCTGGTTTCCGGC
ACCAGAAGCGGTGCCGGAAAGCTGGCTGGAGTGCGATCTTCCTGAGGCCGATACTGTCGTCG
TCCCCTCAAACTGGCAGATGCACGGTTACGATGCGCCCATCTACACCAACGTGACCTATCCCA
TTACGGTCAATCCGCCGTTTGTTCCCACGGAGAATCCGACGGGTTGTTACTCGCTCACATTTAA
TGTTGATGAAAGCTGGCTACAGGAAGGCCAGACGCGAATTATTTTTGATGGCGTTCCTATTGG
TTAAAAAATGAGCTGATTTAACAAAAATTTAATGCGAATTTTAACAAAATATTAACGTTTACA
ATTTAAATATTTGCTTATACAATCTTCCTGTTTTTGGGGCTTTTCTGATTATCAACCGGGGTACA
TATGATTGACATGCTAGTTTTACGATTACCGTTCATCGATTCTCTTGTTTGCTCCAGACTCTCAG
GCAATGACCTGATAGCCTTTGTAGATCTCTCAAAAATAGCTACCCTCTCCGGCATTAATTTATC
AGCTAGAACGGTTGAATATCATATTGATGGTGATTTGACTGTCTCCGGCCTTTCTCACCCTTTT
GAATCTTTACCTACACATTACTCAGGCATTGCATTTAAAATATATGAGGGTTCTAAAAATTTT
TATCCTTGCGTTGAAATAAAGGCTTCTCCCGCAAAAGTATTACAGGGTCATAATGTTTTTGGT
ACAACCGATTTAGCTTTATGCTCTGAGGCTTTATTGCTTAATTTTGCTAATTCTTTGCCTTGCCT
GTATGATTTATTGGATGTT

6. 北京 36 选 7 彩票未排序的中奖号码记录(按列 7+1)

BJ1(第一行中奖号码)

17,9,24,30,16,29,2,5,35,15,2,5,3,7,25,19,1,2,35,10,28,36,29,9,4,17,11,16,8,8,34,28,28,22,2,6,17,9,35,1,18,6,21,1,35,30,11,9,12,36,12,34,4,30,36,24,9,23,12,13,26,11,17,20,16,25,8,23,7,10,24,28,35,34,12,1,6,27,32,23,5,10,1,7,3,36,13,1,31,7,21,8,33,15,35,8,32,34,35,36,25,11,10,25,24,35,3,16,31,5,8,34,30,30,18,13,27,33,7,35,11,13,7,11,2,28,18,35,8,27,15,5,34,28,22,23,22

BJ2(第二行中奖号码)

22,14,29,22,8,18,6,22,6,26,24,1,10,15,33,20,15,22,25,34,22,3,1,11,11,2,36,2,14,17,20,3,5,33,28,34,10,2,31,30,24,17,20,26,13,23,22,17,15,4,24,24,31,14,1,30,12,2,5,24,16,9,8,34,32,3,9,20,1,20,2,11,17,27,9,3,31,32,10,5,16,9,10,11,19,19,35,35,20,14,24,1,24,22,11,6,24,22,11,9,18,36,3,2,26,1,5,23,2,31,2,31,26,29,16,16,6,9,27,20,26,17,31,7,31,25,30,18,20,22,9,8,10,9,17,8,1

BJ3(第三行中奖号码)

27,20,30,16,22,16,11,24,5,14,33,20,13,20,4,25,21,27,9,18,18,18,20,21,14,10,14,17,27,35,15,21,10,31,21,31,23,26,12,32,33,12,17,33,20,21,35,34,35,30,20,11,25,32,35,33,24,15,33,4,25,25,11,15,26,30,11,30,20,3,11,35,24,24,23,35,21,26,7,4,1,12,33,29,30,1,16,20,29,27,19,34,35,4,15,16,36,13,1,29,28,9,34,11,17,36,7,20,1,16,18,19,2,2,23,23,31,11,32,3,23,11,4,9,35,7,28,19,12,8,35,25,2,36,11,1,19

BJ4(第四行中奖号码)

28,6,20,21,14,28,12,35,34,20,14,24,24,29,35,36,25,36,22,14,5,12,11,35,18,35,34,11,5,12,17,8,24,2,23,5,2,23,27,22,22,33,8,7,28,20,15,8,22,26,23,27,3,26,15,26,27,12,34,16,13,29,20,7,35,33,14,33,23,22,4,32,1,22,24,29,18,22,26,22,30,14,9,25,34,3,15,14,1,19,2,35,29,13,1,34,5,5,27,16,9,7,28,18,20,34,9,11,4,26,24,7,13,26,22,18,21,1,13,6,21,35,29,23,11,27,11,13,16,20,25,16,9,34,7,28,3

（续表）

BJ5（第五行中奖号码）

35，1,27,36,10,33,16,11,33,3,19,28,25,27,12,35,16,19,17,2,
30，4,9,7,24,6,3,35,23,19,29,22,18,32,34,17,34,25,22,24,
3，14,4,15,3,11,33,3,13,27,19,25,33,3,20,10,36,35,27,23,
3，22,30,7,28,22,8,14,30,9,19,6,13,32,22,11,12,6,20,29,
15，13,24,29,17,12,3,33,31,27,24,18,10,19,7,12,35,14,33,
12，4,15,22,22,15,12,13,20,21,3,5,20,23,14,8,30,27,10,36,
19,7,28,2,29,6,25,24,35,34,14,33,31,6,18,16,16,28

BJ6（第六行中奖号码）

12，36,34,20,7,10,17,27,12,2,7,35,27,33,21,32,11,11,11,23,
11，10,18,14,22,26,24,28,18,14,1,25,16,28,24,7,33,12,18,
12，35,21,11,2,14,2,6,33,8,16,26,33,33,4,10,13,19,14,16,
3，18,23,14,22,22,14,30,16,12,18,5,33,12,18,21,16,22,18,
36，28,24,34,6,19,1,2,27,31,13,20,1,11,16,8,34,35,17,27,
17，22,20,26,32,28,28,24,24,5,14,32,28,20,15,19,32,20,9,
2，14,21,28,18,13,26,12,12,22,20,21,19,32,20,25,19,4,36,21

BJ7（第七行中奖号码）

14，33,31,17,30,31,24,18,16,13,20,10,36,25,18,10,23,30,1,
27，12,6,27,27,20,12,5,6,32,15,14,14,26,1,17,9,32,16,10,
2，21,30,15,24,36,3,27,22,16,8,28,26,16,17,14,10,16,33,
11，30,20,10,26,29,10,32,34,22,29,27,10,15,11,29,8,18,14,
14，29,11,33,23,26,5,21,25,36,23,16,23,8,4,11,9,6,2,3,
32，4,2,14,5,22,31,7,10,32,24,11,6,5,36,9,34,8,7,26,13,
30，12,6,12,8,21,7,5,32,27,17,31,33,10,1,20,3,15,14

BJ0（特别号码）

18，13,22,3,31,30,34,26,21,33,26,34,8,21,24,12,24,26,20,
30，16,19,2,18,6,19,21,22,2,25,21,13,32,29,13,11,5,21,25,
29，27,20,14,27,29,16,29,20,1,25,4,36,24,28,24,12,8,34,
13，36,12,26,23,28,33,20,16,29,16,24,20,22,14,35,28,20,5,
30，31,7,10,17,35,18,12,12,23,13,10,3,23,19,23,26,4,31,
22，12,16,25,17,13,16,10,6,20,29,12,23,35,31,6,8,17,11,6,
1，34,23,4,35,22,30,20,20,4,21,36,4,12,8,9,35,16,15,9,2

7. 2008—2009 年北京体育彩票 36 选 7 的历史记录(已排序)

开奖期号	开奖日期	中奖号码	特等奖		一等奖		二等奖		销售额
			注数	奖金	注数	奖金	注数	奖金	
2009071	2009-09-11	04 10 21 23 30 34 35 (09)	0	0	0	0	1	9925	187006
2009070	2009-09-08	01 02 03 12 13 17 25 (29)	0	0	0	0	2	4679	180226
2009069	2009-09-04	03 04 07 09 13 27 36 (25)	0	0	0	0	6	1380	185292
2009068	2009-09-01	01 07 14 15 17 24 34 (06)	0	0	0	0	2	4992	182666
2009067	2009-08-28	04 11 17 23 24 32 34 (26)	0	0	0	0	3	3279	185172
2009066	2009-08-25	07 11 15 18 22 24 30 (04)	0	0	0	0	0	0	178760
2009065	2009-08-21	02 03 12 13 19 28 35 (33)	0	0	0	0	0	0	186620
2009064	2009-08-18	01 10 14 25 28 32 34 (26)	0	0	0	0	0	0	183018
2009063	2009-08-14	12 13 16 18 22 23 32 (09)	0	0	0	0	0	0	180070
2009062	2009-08-11	03 06 12 15 16 31 32 (30)	0	0	0	0	3	2736	178410
2009061	2009-08-07	01 08 10 16 19 28 33 (02)	0	0	0	0	2	4576	182222
2009060	2009-08-04	04 05 21 25 30 33 35 (15)	0	0	0	0	0	0	181570
2009059	2009-07-31	01 18 19 22 31 34 36 (27)	0	0	0	0	0	0	183840
2009058	2009-07-28	01 03 14 24 27 28 30 (35)	0	0	0	0	3	3184	183336
2009057	2009-07-24	01 09 11 21 22 26 29 (32)	0	0	0	0	12	768	180212
2009056	2009-07-21	04 07 24 28 29 30 31 (02)	0	0	0	0	5	1778	180518
2009055	2009-07-17	10 13 21 25 27 32 34 (22)	0	0	0	0	1	10713	184000
2009054	2009-07-14	03 04 08 11 22 29 30 (25)	0	0	0	0	3	2802	179104
2009053	2009-07-10	08 10 14 17 21 24 30 (15)	0	0	0	0	2	4864	188352
2009052	2009-07-07	13 16 18 22 26 31 36 (08)	0	0	0	0	1	10063	183224
2009051	2009-07-03	05 15 19 20 23 24 30 (21)	0	0	4	2104	4	2104	183458
2009050	2009-06-30	04 07 08 23 28 30 34 (15)	0	0	0	0	5	1967	186364
2009049	2009-06-26	04 07 08 13 14 23 31 (15)	0	0	0	0	0	0	187048
2009048	2009-06-23	04 18 21 25 29 33 36 (08)	0	0	0	0	1	9205	192414
2009047	2009-06-19	05 10 17 21 27 31 36 (34)	0	0	0	0	2	5230	197378
2009046	2009-06-16	01 10 11 12 14 20 22 (27)	0	0	0	0	6	1539	192084
2009045	2009-06-12	03 05 07 15 16 20 23 (01)	0	0	0	0	2	5014	200712
2009044	2009-06-09	01 02 04 12 22 27 29 (08)	0	0	0	0	4	2187	192616
2009043	2009-06-05	01 06 15 20 30 32 36 (27)	0	0	0	0	1	10469	195324
2009042	2009-06-02	02 11 19 28 29 30 33 (24)	0	0	0	0	3	3484	200290

（续表）

开奖期号	开奖日期	中奖号码	特等奖		一等奖		二等奖		销售额
			注数	奖金	注数	奖金	注数	奖金	
2009041	2009-05-29	09 12 15 19 23 27 35 (36)	0	0	0	0	8	1181	180346
2009040	2009-05-26	02 03 05 10 15 34 36 (09)	0	0	0	0	1	10144	195784
2009039	2009-05-22	02 04 07 09 10 24 30 (11)	0	0	0	0	8	964	200522
2009038	2009-05-19	15 17 22 27 32 34 35 (13)	0	0	0	0	1	10903	200760
2009037	2009-05-15	03 04 08 09 26 29 35 (36)	0	0	0	0	2	5729	208516
2009036	2009-05-12	02 03 04 07 08 14 28 (01)	0	0	0	0	4	2486	203820
2009035	2009-05-08	07 17 20 26 30 33 35 (21)	0	0	0	0	1	11465	210030
2009034	2009-05-05	02 03 04 07 09 11 34 (21)	0	0	0	0	4	2377	201610
2009033	2009-05-01	01 14 16 18 22 23 25 (33)	0	0	0	0	2	5519	194756
2009032	2009-04-28	01 05 09 13 19 23 35 (28)	0	0	0	0	1	10936	217696
2009031	2009-04-24	02 16 19 20 25 31 34 (33)	0	0	0	0	2	6238	215060
2009030	2009-04-21	03 04 10 12 14 16 22 (23)	0	0	0	0	7	1479	214564
2009029	2009-04-17	07 08 09 18 19 20 32 (11)	0	0	0	0	6	1761	224488
2009028	2009-04-14	03 05 09 18 25 35 36 (22)	0	0	0	0	0	0	213016
2009027	2009-04-10	02 04 06 11 12 27 29 (25)	0	0	0	0	4	2846	223954
2009026	2009-04-07	05 15 26 28 29 33 36 (19)	0	0	0	0	1	11751	214746
2009025	2009-04-03	02 03 04 11 17 32 33 (12)	0	0	0	0	2	5925	228364
2009024	2009-03-31	09 10 12 21 29 35 36 (18)	0	0	0	0	0	0	220194
2009023	2009-03-27	03 11 17 20 24 32 35 (14)	0	0	0	0	14	695	224552
2009022	2009-03-24	02 04 06 09 30 31 32 (27)	0	0	0	0	2	5699	220240
2009021	2009-03-20	02 09 12 13 14 22 31 (21)	0	0	0	0	0	0	229020
2009020	2009-03-17	05 15 16 19 22 25 34 (29)	0	0	0	0	3	4223	231032
2009019	2009-03-13	07 09 13 22 31 34 36 (35)	0	0	0	0	0	0	223742
2009018	2009-03-10	02 03 08 10 17 21 28 (09)	0	0	1	9953	2	4976	228010
2009017	2009-03-06	13 15 18 21 25 33 36 (11)	0	0	0	0	2	6440	226734
2009016	2009-03-03	01 06 16 21 28 31 35 (07)	0	0	0	0	4	3060	222914
2009015	2009-02-27	04 11 13 21 24 25 35 (09)	0	0	0	0	4	3048	229424
2009014	2009-02-24	07 09 10 19 29 31 34 (23)	0	0	0	0	3	3314	223300
2009013	2009-02-20	04 07 15 17 31 33 34 (12)	0	0	0	0	1	12084	217358
2009012	2009-02-17	10 11 12 17 18 26 28 (08)	0	0	1	9338	2	4669	216692
2009011	2009-02-13	05 11 13 16 19 30 31 (23)	0	0	0	0	3	3692	218140
2009010	2009-02-10	02 03 10 17 30 31 32 (06)	0	0	0	0	3	3639	217484
2009009	2009-02-06	02 07 17 19 21 34 36 (33)	0	0	0	0	1	12792	219204
2009008	2009-02-03	07 17 18 23 31 34 35 (10)	0	0	1	9741	0	0	200454
2009007	2009-01-23	01 07 18 21 22 32 33 (26)	0	0	0	0	1	12692	233124
2009006	2009-01-20	01 07 09 14 15 22 33 (24)	0	0	0	0	2	5536	222692

（续表）

开奖期号	开奖日期	中奖号码	特等奖		一等奖		二等奖		销售额
			注数	奖金	注数	奖金	注数	奖金	
2009005	2009-01-16	13 14 16 19 20 24 32 (31)	0	0	0	0	2	6751	229146
2009004	2009-01-13	06 10 11 13 31 34 35 (25)	0	0	0	0	0	0	229874
2009003	2009-01-09	03 08 21 22 24 25 34 (11)	0	0	0	0	0	0	240536
2009002	2009-01-06	09 11 13 17 27 28 32 (05)	0	0	0	0	0	0	245466
2009001	2009-01-02	03 10 17 18 22 30 34 (05)	1	5000000	0	0	2	5683	240250
2008103	2008-12-30	08 12 16 23 26 32 35 (27)	0	0	0	0	3	4212	250740
2008102	2008-12-26	03 07 09 10 12 21 32 (18)	0	0	0	0	3	3595	260188
2008101	2008-12-23	15 19 23 28 30 32 34 (26)	0	0	0	0	1	13940	242972
2008100	2008-12-19	02 09 15 18 22 24 29 (04)	0	0	0	0	6	2164	258136
2008099	2008-12-16	17 18 22 28 29 34 36 (03)	0	0	0	0	0	0	254254
2008098	2008-12-12	02 06 17 22 30 32 34 (20)	0	0	0	0	2	7457	265038
2008097	2008-12-09	03 10 13 18 26 27 32 (30)	0	0	1	12809	6	2134	244806
2008096	2008-12-05	03 05 07 18 19 27 33 (15)	0	0	0	0	5	2413	243510
2008095	2008-12-02	01 12 19 20 23 30 32 (03)	0	0	0	0	1	9987	252092
2008094	2008-11-28	02 14 19 24 26 27 31 (15)	0	0	0	0	5	2594	255578
2008093	2008-11-25	01 07 16 17 18 30 35 (25)	0	0	0	0	1	13912	252670
2008092	2008-11-21	01 05 06 25 28 31 33 (30)	0	0	0	0	2	7114	259896
2008091	2008-11-18	16 21 23 28 30 31 33 (29)	0	0	0	0	0	0	243378
2008090	2008-11-14	09 16 18 24 26 29 36 (05)	0	0	0	0	2	6924	260892
2008089	2008-11-11	09 18 20 22 27 29 34 (25)	0	0	0	0	6	2340	253678
2008088	2008-11-07	01 04 09 16 20 31 36 (21)	0	0	0	0	1	14506	269712
2008087	2008-11-04	02 08 14 19 20 23 30 (03)	0	0	0	0	2	6006	261118
2008086	2008-10-31	09 12 14 20 22 26 30 (02)	0	0	0	0	3	4393	261034
2008085	2008-10-28	02 04 05 19 25 26 35 (24)	0	0	0	0	1	15700	276580
2008084	2008-10-24	05 07 09 15 22 29 32 (30)	0	0	0	0	6	2046	263102
2008083	2008-10-21	02 04 07 10 11 19 27 (12)	0	0	0	0	4	2501	268650
2008082	2008-10-17	03 05 09 15 18 27 35 (04)	0	0	0	0	4	3022	266904
2008081	2008-10-14	07 11 22 24 26 28 33 (04)	0	0	0	0	5	2564	267060
2008080	2008-10-10	03 08 12 17 26 29 30 (32)	0	0	1	11376	5	2275	266016
2008079	2008-10-07	02 07 08 11 17 31 35 (36)	0	0	0	0	3	4731	262860
2008078	2008-10-03	01 06 11 19 22 29 30 (28)	1	5000000	0	0	0	0	229806
2008077	2008-09-30	02 09 10 13 16 19 35 (28)	0	0	0	0	1	13433	249680
2008076	2008-09-26	04 13 15 21 25 27 35 (10)	0	0	0	0	1	15753	281382
2008075	2008-09-23	03 09 17 23 27 30 33 (36)	0	0	0	0	5	3088	282600
2008074	2008-09-19	02 07 09 20 22 28 33 (13)	0	0	0	0	1	12650	289948
2008073	2008-09-16	11 15 17 23 25 31 36 (04)	0	0	0	0	5	2874	277478

(续表)

开奖期号	开奖日期	中奖号码	特等奖		一等奖		二等奖		销售额
			注数	奖金	注数	奖金	注数	奖金	
2008072	2008-09-12	04 06 09 11 15 27 31 (36)	0	0	0	0	5	2698	283806
2008071	2008-09-09	03 06 10 24 27 31 34 (02)	0	0	0	0	4	3791	281096
2008070	2008-09-05	03 04 17 23 26 34 35 (10)	0	0	1	15841	1	15841	287098
2008069	2008-09-02	02 05 10 12 19 20 30 (06)	0	0	2	5754	4	2877	276484
2008068	2008-08-29	03 10 20 29 30 32 33 (19)	0	0	1	14653	3	4884	278816
2008067	2008-08-26	07 10 16 18 23 29 31 (27)	0	0	0	0	3	4612	274268
2008066	2008-08-22	10 11 15 16 20 26 31 (35)	0	0	0	0	0	0	271290
2008065	2008-08-19	02 05 06 11 21 27 35 (36)	0	0	0	0	5	2955	279446
2008064	2008-08-15	03 07 10 16 18 20 23 (09)	0	0	0	0	1	13634	272608
2008063	2008-08-12	02 09 18 20 21 23 29 (22)	0	0	0	0	8	1710	269242
2008062	2008-08-08	10 16 18 24 26 28 33 (22)	0	0	0	0	1	17051	321594
2008061	2008-08-05	02 06 08 10 15 19 28 (03)	0	0	1	10216	5	2043	271056
2008060	2008-08-01	09 18 24 26 30 32 33 (22)	0	0	0	0	1	15451	280768
2008059	2008-07-29	03 11 13 15 18 33 36 (24)	0	0	1	14117	1	14117	266292
2008058	2008-07-25	03 08 11 24 26 29 30 (04)	0	0	0	0	5	2530	271646
2008057	2008-07-22	16 17 18 19 21 23 30 (05)	0	0	0	0	6	2120	261620
2008056	2008-07-18	01 14 16 27 29 31 32 (05)	0	0	0	0	3	5092	275360
2008055	2008-07-15	02 10 14 24 25 31 35 (06)	0	0	0	0	4	3401	268168
2008054	2008-07-11	05 08 20 26 31 35 36 (23)	0	0	0	0	1	15777	277974
2008053	2008-07-08	01 08 13 16 22 23 30 (24)	0	0	0	0	0	0	283920
2008052	2008-07-04	06 07 09 11 14 15 25 (28)	0	0	0	0	4	2989	271180
2008051	2008-07-01	01 03 05 07 09 34 35 (25)	0	0	0	0	3	7	274458
2008050	2008-06-27	02 07 15 20 21 32 34 (10)	0	0	0	0	1	15641	286764
2008049	2008-06-24	12 20 21 26 30 31 32 (03)	0	0	0	0	1	13539	278052
2008048	2008-06-20	03 14 17 18 24 25 31 (22)	0	0	0	0	9	1498	287642
2008047	2008-06-17	02 05 09 12 20 32 33 (26)	0	0	0	0	0	0	288682
2008046	2008-06-13	07 09 13 23 29 32 36 (22)	0	0	0	0	2	7166	280780
2008045	2008-06-10	04 07 12 15 24 32 36 (31)	0	0	0	0	2	7520	277394
2008044	2008-06-06	07 09 12 14 15 29 33 (31)	0	0	0	0	2	7653	288394
2008043	2008-06-03	01 07 10 14 20 33 36 (16)	0	0	0	0	1	15219	275126
2008042	2008-05-30	11 12 13 14 22 24 33 (28)	0	0	0	0	1	14480	280234
2008041	2008-05-27	01 06 07 11 13 29 32 (33)	0	0	0	0	7	2145	278970
2008040	2008-05-23	06 09 14 15 18 26 29 (22)	0	0	0	0	9	1361	302808
2008039	2008-05-20	02 03 13 20 22 27 36 (17)	0	0	0	0	3	5213	291122
2008038	2008-05-16	01 02 07 12 28 34 35 (06)	0	0	1	16812	0	0	313226
2008037	2008-05-13	01 04 06 25 30 32 36 (31)	0	0	0	0	2	9350	314536

(续表)

开奖期号	开奖日期	中奖号码	特等奖		一等奖		二等奖		销售额
			注数	奖金	注数	奖金	注数	奖金	
2008036	2008-05-09	02 03 04 06 07 14 35 (21)	0	0	0	0	6	2913	325590
2008035	2008-05-06	06 19 20 22 30 31 35 (17)	0	0	0	0	4	4305	309286
2008034	2008-05-02	03 07 14 15 26 33 35 (32)	0	0	0	0	5	2757	262634
2008033	2008-04-29	06 10 14 18 22 29 32 (21)	0	0	0	0	8	2098	315826
2008032	2008-04-25	02 06 10 19 26 33 36 (09)	0	0	0	0	2	6987	307932
2008031	2008-04-22	01 05 08 10 21 23 31 (32)	0	0	0	0	3	5099	293022
2008030	2008-04-18	03 10 14 18 26 29 30 (27)	0	0	0	0	6	2446	308536
2008029	2008-04-15	03 04 15 27 28 30 31 (34)	0	0	0	0	4	4100	308606
2008028	2008-04-11	15 16 18 20 21 31 34 (27)	0	0	0	0	5	3681	322182
2008027	2008-04-08	02 05 11 14 22 30 32 (09)	0	0	0	0	6	2385	313930
2008026	2008-04-04	02 09 15 16 24 26 31 (30)	0	0	1	14952	2	7476	298226
2008025	2008-04-01	05 13 24 26 30 31 32 (08)	0	0	0	0	0	0	319662
2008024	2008-03-28	07 09 12 16 21 25 32 (29)	0	0	1	14668	5	2933	300244
2008023	2008-03-25	05 08 24 27 30 31 32 (02)	0	0	0	0	0	0	317670
2008022	2008-03-21	02 09 12 18 21 24 27 (19)	0	0	0	0	8	1917	319562
2008021	2008-03-18	06 09 15 16 22 33 35 (18)	0	0	0	0	2	8998	325762
2008020	2008-03-14	06 10 18 21 25 29 33 (12)	0	0	1	16240	1	16240	330356
2008019	2008-03-11	04 09 13 17 19 24 36 (16)	0	0	1	16394	10	1639	328196
2008018	2008-03-07	10 14 21 22 26 29 34 (27)	0	0	0	0	2	9374	329104
2008017	2008-03-04	06 07 11 22 30 34 35 (23)	0	0	1	16899	3	5633	332694
2008016	2008-02-29	02 07 13 14 17 31 35 (29)	0	0	0	0	4	4407	326712
2008015	2008-02-26	02 09 17 18 26 31 34 (12)	0	0	0	0	2	8290	316528
2008014	2008-02-22	06 09 13 14 27 31 32 (07)	0	0	1	16170	1	16170	319756
2008013	2008-02-19	02 10 20 24 27 28 35 (30)	0	0	0	0	1	16494	311472
2008012	2008-02-15	02 06 07 15 17 35 36 (25)	0	0	0	0	1	15919	312902
2008011	2008-02-05	07 10 18 29 31 32 33 (26)	0	0	1	17561	4	4390	351660
2008010	2008-02-01	08 12 16 18 25 30 36 (02)	0	0	0	0	1	16686	322388
2008009	2008-01-29	02 04 13 16 34 35 36 (03)	0	0	1	16892	4	4223	314262
2008008	2008-01-25	11 14 21 24 25 30 31 (06)	0	0	0	0	3	5666	317610
2008007	2008-01-22	10 14 20 24 27 29 35 (21)	0	0	0	0	3	6157	323142
2008006	2008-01-18	10 26 28 30 31 32 35 (02)	0	0	2	9534	2	9534	328736
2008005	2008-01-15	03 06 08 15 28 29 30 (01)	0	0	0	0	12	1034	329172
2008004	2008-01-11	02 07 18 19 23 27 31 (01)	0	0	0	0	3	5775	334618
2008003	2008-01-08	04 09 10 24 25 32 36 (20)	0	0	0	0	2	8555	330270
2008002	2008-01-04	01 12 15 24 25 28 31 (11)	1	4242724	0	0	5	3773	355538
2008001	2008-01-01	01 03 16 18 21 33 36 (12)	0	0	0	0	4	4363	316926

8. 2008—2009 年中国香港六合彩中奖号码记录(未排序)

年份	期号	中奖号码						
		N1	N2	N3	N4	N5	N6	S1
2009	1	16	30	21	02	10	22	26
2009	2	23	42	45	30	09	14	19
2009	3	22	46	19	33	18	42	07
2009	4	07	16	03	47	19	44	31
2009	5	36	41	15	12	49	40	42
2009	6	06	09	32	24	10	12	30
2009	7	01	47	28	29	16	15	37
2009	8	34	42	22	13	05	29	37
2009	9	37	44	47	05	17	38	12
2009	10	44	40	47	04	12	19	49
2009	11	42	13	07	21	17	45	36
2009	12	36	09	25	08	17	06	04
2009	13	09	14	24	10	04	29	38
2009	14	26	12	46	08	44	31	42
2009	15	03	47	36	46	25	23	20
2009	16	42	44	09	48	12	45	35
2009	17	04	14	24	21	48	06	08
2009	18	32	42	10	22	14	28	36
2009	19	12	37	39	31	17	46	08
2009	20	39	12	26	08	15	44	06
2009	21	36	26	09	16	06	29	08
2009	22	15	21	14	08	20	07	44
2009	23	47	38	32	09	37	01	25
2009	24	15	24	14	23	19	25	02
2009	25	24	22	34	15	05	46	26
2009	26	22	37	25	49	30	38	15
2009	27	07	33	17	02	47	20	45
2009	28	11	40	04	03	28	37	36
2009	29	48	21	39	27	33	32	09
2009	30	32	16	30	15	02	12	05
2009	31	43	10	16	19	42	33	12
2009	32	37	14	11	21	17	12	10
2009	33	32	14	21	18	06	46	43
2009	34	27	32	23	13	43	34	22
2009	35	12	16	04	38	46	15	21
2009	36	42	36	05	38	14	34	19
2009	37	42	24	40	32	43	36	47

（续表）

年份	期号	中奖号码						
		N1	N2	N3	N4	N5	N6	S1
2009	38	29	01	07	15	23	35	14
2009	39	33	39	07	13	20	45	30
2009	40	02	18	46	17	10	06	34
2009	41	45	04	21	29	41	22	14
2009	42	44	07	29	09	49	22	01
2009	43	38	47	16	45	03	25	35
2009	44	27	02	42	22	41	07	05
2009	45	19	12	11	01	30	28	49
2009	46	33	14	29	10	48	22	05
2009	47	31	04	43	41	18	42	24
2009	48	45	34	46	20	42	15	23
2009	49	34	17	46	38	04	49	07
2009	50	41	07	20	36	03	34	39
2009	51	08	21	30	49	38	11	35
2009	52	06	29	18	01	39	48	10
2009	53	31	30	45	41	05	29	47
2009	54	07	03	09	16	34	02	14
2009	55	48	11	21	41	28	14	32
2009	56	29	09	38	25	36	41	23
2009	57	49	43	46	23	06	31	40
2009	58	03	07	20	18	27	11	02
2009	59	45	36	28	38	40	33	04
2009	60	21	32	46	08	01	37	22
2009	61	25	11	14	27	47	19	20
2009	62	49	02	28	46	12	20	31
2009	63	14	27	09	12	36	20	11
2009	64	47	29	26	05	07	18	02
2009	65	04	43	09	24	22	19	01
2009	66	01	23	05	08	48	32	03
2009	67	46	13	16	07	35	42	25
2009	68	08	11	33	43	20	15	34
2009	69	42	39	12	43	13	25	38
2009	70	37	41	16	30	27	25	36
2009	71	26	02	19	17	22	11	13
2009	72	07	11	24	32	49	35	46
2009	73	34	01	19	39	48	43	45

（续表）

年份	期号	中奖号码						
		N1	N2	N3	N4	N5	N6	S1
2009	74	36	45	30	26	19	12	20
2009	75	16	26	18	21	48	30	45
2009	76	17	05	11	15	46	25	24
2009	77	22	24	40	19	06	29	04
2009	78	20	02	19	49	14	17	26
2009	79	47	38	41	06	30	27	20
2009	80	24	30	46	31	26	04	02
2009	81	02	09	21	47	18	32	26
2009	82	02	39	10	46	47	19	41
2009	83	14	45	03	17	29	05	31
2009	84	39	38	29	24	41	28	19
2009	85	13	15	04	06	01	48	39
2009	86	11	03	01	47	15	39	44
2009	87	23	22	04	31	47	36	20
2009	88	49	04	28	46	11	20	31
2009	89	18	12	04	40	11	21	44
2009	90	08	45	48	47	01	20	11
2009	91	32	09	36	34	37	27	20
2009	92	48	39	38	18	47	28	24
2009	93	08	05	30	10	11	23	42
2009	94	24	15	31	39	23	01	33
2009	95	27	18	29	37	03	06	04
2009	96	24	34	06	23	16	20	42
2009	97	33	03	20	18	15	01	48
2009	98	26	12	22	27	29	15	37
2009	99	48	04	12	29	03	32	16
2009	100	15	11	32	12	24	05	39
2009	101	24	05	42	08	17	30	34
2009	102	35	33	04	18	26	17	40
2009	103	22	17	19	40	27	46	04
2009	104	14	09	49	06	47	17	38
2009	105	09	24	41	48	35	40	31
2009	106	21	13	11	20	28	16	15
2009	107	29	31	35	33	07	32	48
2009	108	35	03	43	01	14	17	47
2009	109	35	11	49	14	17	16	34

（续表）

年份	期号	中奖号码						
		N1	N2	N3	N4	N5	N6	S1
2008	1	36	05	08	42	46	39	14
2008	2	03	33	42	14	32	11	15
2008	3	02	14	40	09	45	24	03
2008	4	20	36	46	04	42	47	22
2008	5	08	13	18	22	26	42	43
2008	6	15	37	45	10	18	11	26
2008	7	36	35	24	40	08	19	23
2008	8	32	04	07	20	34	08	24
2008	9	09	30	16	49	33	17	41
2008	10	38	23	26	46	10	42	29
2008	11	19	22	33	13	15	38	39
2008	12	43	33	16	24	22	44	29
2008	13	49	24	41	42	32	48	10
2008	14	46	36	34	01	42	37	39
2008	15	06	43	36	48	40	03	08
2008	16	38	30	02	16	31	48	36
2008	17	26	32	39	07	30	24	47
2008	18	31	23	40	45	12	37	35
2008	19	04	15	39	06	29	33	18
2008	20	22	05	08	29	02	41	28
2008	21	15	38	29	05	32	39	31
2008	22	48	27	24	22	18	30	03
2008	23	14	47	09	33	24	02	48
2008	24	39	34	09	23	30	20	13
2008	25	06	17	13	35	49	08	45
2008	26	07	22	05	35	32	30	13
2008	27	49	05	02	13	21	20	36
2008	28	25	07	12	24	39	44	27
2008	29	31	16	38	25	49	36	29
2008	30	23	13	05	28	40	15	17
2008	31	36	31	44	33	28	12	07
2008	32	10	21	47	22	08	30	28
2008	33	37	44	13	23	28	30	49
2008	34	12	26	04	33	45	22	08
2008	35	49	48	18	38	13	32	40
2008	36	15	35	07	25	22	14	32

（续表）

年份	期号	中奖号码						
		N1	N2	N3	N4	N5	N6	S1
2008	37	16	32	03	45	04	48	23
2008	38	09	39	30	06	32	48	04
2008	39	49	16	44	27	15	40	31
2008	40	17	28	41	36	06	01	31
2008	41	21	13	11	36	39	40	43
2008	42	38	34	23	09	22	01	24
2008	43	25	38	48	31	08	43	23
2008	44	10	31	07	48	11	27	05
2008	45	16	10	42	19	46	07	20
2008	46	14	08	36	40	46	31	09
2008	47	35	12	31	25	08	13	21
2008	48	19	17	13	32	15	24	09
2008	49	25	41	22	24	40	20	35
2008	50	39	37	03	05	01	04	08
2008	51	26	28	13	08	49	07	17
2008	52	16	49	35	31	37	24	39
2008	53	49	06	05	41	27	47	40
2008	54	08	34	40	37	19	26	29
2008	55	47	45	38	22	07	21	40
2008	56	18	24	45	46	48	03	31
2008	57	06	25	01	04	47	23	49
2008	58	29	23	34	19	41	01	15
2008	59	12	05	31	01	19	14	45
2008	60	29	24	28	22	23	43	06
2008	61	39	01	44	49	27	06	36
2008	62	42	36	26	11	31	34	13
2008	63	41	40	33	05	32	49	30
2008	64	14	06	39	45	11	23	10
2008	65	11	07	02	20	29	45	48
2008	66	37	06	22	09	04	15	03
2008	67	03	44	41	19	15	40	13
2008	68	13	32	03	05	06	31	15
2008	69	02	18	11	45	39	26	24
2008	70	34	29	13	05	44	01	25
2008	71	09	29	22	27	42	08	38
2008	72	48	40	33	46	39	08	24

（续表）

年份	期号	中奖号码						
		N1	N2	N3	N4	N5	N6	S1
2008	73	28	07	01	19	34	02	05
2008	74	48	31	21	03	26	29	01
2008	75	15	07	38	20	02	06	14
2008	76	21	19	15	24	18	26	36
2008	77	17	41	44	18	05	12	32
2008	78	38	27	21	05	25	40	11
2008	79	17	47	24	38	09	19	03
2008	80	18	38	25	47	27	15	02
2008	81	46	18	35	01	24	29	02
2008	82	45	40	29	33	43	10	08
2008	83	38	29	45	31	15	05	48
2008	84	09	41	48	13	10	12	06
2008	85	07	34	35	15	25	38	06
2008	86	25	33	01	34	41	08	28
2008	87	08	33	11	06	35	04	25
2008	88	11	49	16	06	38	42	40
2008	89	30	47	23	03	24	17	26
2008	90	21	19	15	08	42	32	10
2008	91	28	26	11	31	10	15	43
2008	92	46	27	23	41	16	20	06
2008	93	38	25	14	43	46	32	35
2008	94	32	07	19	39	24	26	20
2008	95	01	20	21	03	37	35	46
2008	96	20	09	10	03	34	25	41
2008	97	25	02	43	13	19	30	44
2008	98	38	21	34	01	27	31	10
2008	99	02	49	37	10	08	44	22
2008	100	13	09	22	16	31	24	18
2008	101	22	07	17	42	26	31	12
2008	102	38	23	18	22	10	04	35
2008	103	07	48	15	23	29	03	05
2008	104	12	08	25	20	49	02	34
2008	105	46	34	16	08	09	03	42
2008	106	40	04	14	09	36	25	45
2008	107	02	34	17	46	49	38	33
2008	108	05	49	28	04	27	10	46

（续表）

年份	期号	中奖号码						
		N1	N2	N3	N4	N5	N6	S1
2008	109	01	29	16	46	04	15	30
2008	110	39	33	36	17	07	44	31
2008	111	26	11	47	27	40	39	34
2008	112	42	32	17	29	20	13	15
2008	113	14	22	19	04	16	35	09
2008	114	34	46	04	49	26	10	05
2008	115	01	27	38	19	02	12	41
2008	116	46	37	35	11	38	08	27
2008	117	11	19	14	44	21	41	31
2008	118	31	44	21	06	40	42	07
2008	119	07	09	03	06	32	35	24
2008	120	37	08	01	09	35	32	14
2008	121	46	05	21	19	27	09	37
2008	122	22	13	18	30	03	20	39
2008	123	13	03	26	10	11	48	09
2008	124	13	33	40	05	23	37	39
2008	125	32	19	23	44	17	11	25
2008	126	25	08	01	38	20	43	39
2008	127	43	35	05	42	06	28	04
2008	128	24	01	15	48	04	06	43
2008	129	19	32	27	17	20	35	11
2008	130	33	09	34	10	43	20	42
2008	131	32	02	08	05	24	37	35
2008	132	28	18	32	29	05	11	10
2008	133	41	13	40	31	04	36	49
2008	134	28	01	04	24	17	03	07
2008	135	38	03	48	46	18	09	13
2008	136	06	36	46	14	21	04	41
2008	137	06	27	37	33	36	05	48
2008	138	43	30	31	29	03	13	08
2008	139	35	47	10	08	37	28	12
2008	140	26	28	17	09	30	04	01
2008	141	21	44	14	47	07	43	35
2008	142	47	01	48	11	41	10	20
2008	143	40	01	27	07	36	48	13
2008	144	32	44	36	38	29	21	43

（续表）

年份	期号	中奖号码						
		N1	N2	N3	N4	N5	N6	S1
2008	145	40	22	31	27	46	02	13
2008	146	06	20	34	26	40	13	10
2008	147	29	33	48	24	26	22	46
2008	148	02	21	24	34	17	19	18
2008	149	04	29	40	18	47	08	09

9. 2008—2009 年英国国家彩票中奖号码记录(未排序)

期号	星期	日	月	年	中奖号码						
					N1	N2	N3	N4	N5	N6	BN
1433	Wed	16	Sep	2009	34	44	23	48	46	18	06
1432	Sat	12	Sep	2009	18	24	20	43	30	44	47
1431	Wed	9	Sep	2009	23	35	11	28	39	02	15
1430	Sat	5	Sep	2009	36	41	22	12	19	26	39
1429	Wed	2	Sep	2009	28	07	04	02	27	35	21
1428	Sat	29	Aug	2009	09	18	39	34	47	37	05
1427	Wed	26	Aug	2009	17	48	27	03	11	09	06
1426	Sat	22	Aug	2009	36	18	44	43	24	23	21
1425	Wed	19	Aug	2009	23	41	45	26	10	30	49
1424	Sat	15	Aug	2009	47	46	16	32	48	31	34
1423	Wed	12	Aug	2009	27	09	21	39	20	40	14
1422	Sat	8	Aug	2009	32	09	26	33	17	36	06
1421	Wed	5	Aug	2009	16	32	18	44	39	01	33
1420	Sat	1	Aug	2009	49	28	06	27	02	40	14
1419	Wed	29	Jul	2009	19	20	23	26	13	03	01
1418	Sat	25	Jul	2009	38	17	30	32	08	40	04
1417	Wed	22	Jul	2009	22	23	31	35	40	02	20
1416	Sat	18	Jul	2009	28	09	41	27	39	33	12
1415	Wed	15	Jul	2009	10	08	41	05	29	39	15
1414	Sat	11	Jul	2009	10	35	04	28	06	39	08
1413	Wed	8	Jul	2009	21	35	10	22	49	16	31
1412	Sat	4	Jul	2009	26	48	16	14	44	39	23
1411	Wed	1	Jul	2009	38	11	01	02	31	43	46
1410	Sat	27	Jun	2009	25	09	42	31	17	26	07
1409	Wed	24	Jun	2009	21	31	17	23	10	20	32
1408	Sat	20	Jun	2009	03	40	29	04	24	17	46

（续表）

期号	星期	日	月	年	中奖号码						
					N1	N2	N3	N4	N5	N6	BN
1407	Wed	17	Jun	2009	10	36	14	08	28	11	18
1406	Sat	13	Jun	2009	01	36	48	13	43	18	02
1405	Wed	10	Jun	2009	30	08	23	21	46	03	26
1404	Sat	6	Jun	2009	14	06	32	42	35	41	43
1403	Wed	3	Jun	2009	31	06	33	22	04	35	03
1402	Sat	30	May	2009	43	20	19	02	33	05	32
1401	Wed	27	May	2009	48	31	41	12	24	02	40
1400	Sat	23	May	2009	48	41	32	17	44	12	15
1399	Wed	20	May	2009	45	37	09	10	30	46	29
1398	Sat	16	May	2009	42	01	27	09	05	45	21
1397	Wed	13	May	2009	37	31	19	47	16	13	05
1396	Sat	9	May	2009	37	28	09	06	42	31	12
1395	Wed	6	May	2009	10	08	01	34	20	13	28
1394	Sat	2	May	2009	32	10	25	17	40	34	20
1393	Wed	29	Apr	2009	42	15	45	35	01	48	38
1392	Sat	25	Apr	2009	39	41	07	17	14	49	29
1391	Wed	22	Apr	2009	21	43	42	11	34	45	20
1390	Sat	18	Apr	2009	33	24	35	49	13	42	37
1389	Wed	15	Apr	2009	31	23	05	09	39	18	37
1388	Sat	11	Apr	2009	30	32	24	06	11	45	03
1387	Wed	8	Apr	2009	25	21	23	48	10	08	03
1386	Sat	4	Apr	2009	18	39	11	36	32	28	21
1385	Wed	1	Apr	2009	03	19	14	24	40	05	38
1384	Sat	28	Mar	2009	31	02	28	47	17	19	14
1383	Wed	25	Mar	2009	13	37	23	49	26	27	47
1382	Sat	21	Mar	2009	31	36	32	33	38	01	08
1381	Wed	18	Mar	2009	39	02	41	05	22	25	27
1380	Sat	14	Mar	2009	31	16	37	29	09	25	24
1379	Wed	11	Mar	2009	21	31	06	20	09	34	48
1378	Sat	7	Mar	2009	30	33	32	44	21	06	35
1377	Wed	4	Mar	2009	46	03	32	37	25	21	15
1376	Sat	28	Feb	2009	43	06	33	37	25	42	23
1375	Wed	25	Feb	2009	19	06	39	32	25	37	21
1374	Sat	21	Feb	2009	18	42	45	46	26	22	44
1373	Wed	18	Feb	2009	24	44	29	05	23	39	26
1372	Sat	14	Feb	2009	17	45	04	02	19	38	15

（续表）

期号	星期	日	月	年	中奖号码						
					N1	N2	N3	N4	N5	N6	BN
1371	Wed	11	Feb	2009	46	38	14	09	47	16	11
1370	Sat	7	Feb	2009	41	26	07	03	24	25	28
1369	Wed	4	Feb	2009	24	31	40	33	36	04	25
1368	Sat	31	Jan	2009	04	38	35	13	15	01	39
1367	Wed	28	Jan	2009	40	43	39	29	04	37	09
1366	Sat	24	Jan	2009	26	25	40	39	38	24	03
1365	Wed	21	Jan	2009	03	32	25	45	28	29	48
1364	Sat	17	Jan	2009	33	01	07	38	36	09	39
1363	Wed	14	Jan	2009	18	42	37	28	39	03	40
1362	Sat	10	Jan	2009	11	05	08	45	38	15	21
1361	Wed	7	Jan	2009	27	32	08	45	39	01	07
1360	Sat	3	Jan	2009	39	37	19	49	09	36	10
1359	Wed	31	Dec	2008	36	03	45	11	15	33	38
1358	Sat	27	Dec	2008	10	39	42	40	24	07	05
1357	Wed	24	Dec	2008	37	47	10	24	31	02	38
1356	Sat	20	Dec	2008	44	11	09	23	03	36	25
1355	Wed	17	Dec	2008	26	17	15	10	49	46	47
1354	Sat	13	Dec	2008	04	16	28	37	47	02	05
1353	Wed	10	Dec	2008	27	29	23	09	11	33	36
1352	Sat	6	Dec	2008	48	37	39	10	12	20	31
1351	Wed	3	Dec	2008	34	21	04	44	19	12	38
1350	Sat	29	Nov	2008	47	39	34	35	43	10	33
1349	Wed	26	Nov	2008	49	23	06	13	03	27	16
1348	Sat	22	Nov	2008	34	04	12	35	48	38	27
1347	Wed	19	Nov	2008	33	05	31	18	27	07	29
1346	Sat	15	Nov	2008	41	14	38	30	17	37	49
1345	Wed	12	Nov	2008	01	05	20	27	13	45	14
1344	Sat	8	Nov	2008	24	27	15	26	34	33	23
1343	Wed	5	Nov	2008	02	43	34	27	13	11	25
1342	Sat	1	Nov	2008	33	43	18	25	30	19	04
1341	Wed	29	Oct	2008	12	27	15	20	10	06	26
1340	Sat	25	Oct	2008	38	31	01	43	20	46	36
1339	Wed	22	Oct	2008	01	29	40	12	37	35	25
1338	Sat	18	Oct	2008	03	12	30	40	39	10	23
1337	Wed	15	Oct	2008	34	38	08	15	18	01	19
1336	Sat	11	Oct	2008	23	21	27	28	20	24	33

（续表）

期号	星期	日	月	年	中奖号码						
					N1	N2	N3	N4	N5	N6	BN
1335	Wed	8	Oct	2008	42	48	24	25	09	13	05
1334	Sat	4	Oct	2008	28	18	17	29	32	40	39
1333	Wed	1	Oct	2008	06	27	42	29	49	38	30
1332	Sat	27	Sep	2008	44	21	27	11	38	40	02
1331	Wed	24	Sep	2008	21	24	35	14	46	01	38
1330	Sat	20	Sep	2008	20	15	05	24	47	22	45
1329	Wed	17	Sep	2008	09	29	03	24	11	43	25
1328	Sat	13	Sep	2008	28	44	21	40	05	29	35
1327	Wed	10	Sep	2008	19	22	07	48	16	15	38
1326	Sat	6	Sep	2008	09	04	13	36	06	35	46
1325	Wed	3	Sep	2008	03	24	05	07	35	09	11
1324	Sat	30	Aug	2008	44	14	27	36	02	31	48
1323	Wed	27	Aug	2008	14	43	08	35	34	33	12
1322	Sat	23	Aug	2008	27	09	42	23	16	26	44
1321	Wed	20	Aug	2008	33	29	34	32	01	38	06
1320	Sat	16	Aug	2008	09	34	41	35	02	03	46
1319	Wed	13	Aug	2008	23	11	09	26	05	10	12
1318	Sat	9	Aug	2008	09	29	33	40	17	10	15
1317	Wed	6	Aug	2008	30	49	47	23	07	09	18
1316	Sat	2	Aug	2008	08	15	35	49	23	32	09
1315	Wed	30	Jul	2008	28	04	26	32	46	44	07
1314	Sat	26	Jul	2008	03	35	19	11	24	33	09
1313	Wed	23	Jul	2008	39	35	40	33	15	17	49
1312	Sat	19	Jul	2008	13	29	09	18	30	06	37
1311	Wed	16	Jul	2008	17	18	03	42	22	12	19
1310	Sat	12	Jul	2008	27	29	16	42	30	28	43
1309	Wed	9	Jul	2008	02	26	29	15	03	09	19
1308	Sat	5	Jul	2008	30	26	02	22	28	39	12
1307	Wed	2	Jul	2008	03	30	04	12	31	23	33
1306	Sat	28	Jun	2008	46	23	48	12	19	07	28
1305	Wed	25	Jun	2008	36	23	24	22	11	12	26
1304	Sat	21	Jun	2008	11	08	09	22	18	16	36
1303	Wed	18	Jun	2008	39	12	40	45	34	26	19
1302	Sat	14	Jun	2008	29	16	07	34	23	17	04
1301	Wed	11	Jun	2008	28	22	35	01	08	44	19
1300	Sat	7	Jun	2008	14	44	37	05	09	38	42

（续表）

期号	星期	日	月	年	中奖号码						
					N1	N2	N3	N4	N5	N6	BN
1299	Wed	4	Jun	2008	27	35	39	42	37	19	23
1298	Sat	31	May	2008	39	22	15	37	34	20	17
1297	Wed	28	May	2008	10	28	48	45	36	25	40
1296	Sat	24	May	2008	26	06	30	10	38	03	15
1295	Wed	21	May	2008	02	23	38	41	49	47	01
1294	Sat	17	May	2008	41	03	46	11	12	47	20
1293	Wed	14	May	2008	41	03	29	34	42	04	25
1292	Sat	10	May	2008	40	14	32	04	18	24	37
1291	Wed	7	May	2008	09	12	10	31	16	30	03
1290	Sat	3	May	2008	17	02	42	36	32	15	04
1289	Wed	30	Apr	2008	15	41	35	33	44	31	09
1288	Sat	26	Apr	2008	40	39	16	37	04	01	35
1287	Wed	23	Apr	2008	10	39	23	41	15	34	33
1286	Sat	19	Apr	2008	24	38	19	42	46	05	27
1285	Wed	16	Apr	2008	10	14	38	29	04	31	43
1284	Sat	12	Apr	2008	44	46	49	04	22	17	26
1283	Wed	9	Apr	2008	08	01	06	32	14	17	12
1282	Sat	5	Apr	2008	45	30	07	49	23	41	02
1281	Wed	2	Apr	2008	47	06	43	21	02	23	29
1280	Sat	29	Mar	2008	43	11	28	40	31	17	39
1279	Wed	26	Mar	2008	33	45	22	48	27	03	17
1278	Sat	22	Mar	2008	14	45	48	27	07	11	37
1277	Wed	19	Mar	2008	27	22	35	25	05	21	14
1276	Sat	15	Mar	2008	48	02	40	49	23	37	29
1275	Wed	12	Mar	2008	47	26	01	38	13	41	07
1274	Sat	8	Mar	2008	31	04	47	30	18	15	09
1273	Wed	5	Mar	2008	16	08	43	14	39	47	38
1272	Sat	1	Mar	2008	12	08	20	29	01	49	04
1271	Wed	27	Feb	2008	30	32	38	45	16	29	40
1270	Sat	23	Feb	2008	08	25	11	39	46	16	37
1269	Wed	20	Feb	2008	17	39	31	29	44	07	04
1268	Sat	16	Feb	2008	48	09	37	21	24	18	22
1267	Wed	13	Feb	2008	32	14	24	28	41	09	13
1266	Sat	9	Feb	2008	14	40	31	02	26	29	07
1265	Wed	6	Feb	2008	48	02	05	12	15	30	38
1264	Sat	2	Feb	2008	05	25	34	07	18	22	12
1263	Wed	30	Jan	2008	40	07	46	37	27	08	01
1262	Sat	26	Jan	2008	13	43	02	06	38	01	24

（续表）

期号	星期	日	月	年	中奖号码						
					N1	N2	N3	N4	N5	N6	BN
1261	Wed	23	Jan	2008	30	12	13	36	15	04	42
1260	Sat	19	Jan	2008	32	30	43	45	06	10	23
1259	Wed	16	Jan	2008	29	17	22	42	08	13	43
1258	Sat	12	Jan	2008	15	18	45	11	34	06	43
1257	Wed	9	Jan	2008	28	44	49	26	24	14	45
1256	Sat	5	Jan	2008	33	49	02	20	03	12	11
1255	Wed	2	Jan	2008	25	13	37	15	39	31	41

10. 1960—2007 年我国国内生产总值(GDP)统计数据①

年份	GDP(亿元)	第一产业(亿元)	第二产业(亿元)	第三产业(亿元)
2007	249530	28095	121381	100054
2006	211923	24040	103162	84721
2005	183867.9	23070.4	87364.6	73432.87
2004	159878.3	21412.7	73904.3	64561.29
2003	135823	17381.72	62436	56004.73
2002	120333	16537.02	53897	49898.9
2001	109655	15781.27	49512	44361.61
2000	99215	14944.72	45556	38713.95
1999	89677	14770.03	41034	33873.44
1998	84402	14817.63	39004	30580.47
1997	78973	14441.89	37543	26988.15
1996	71177	14015.39	33835	23326.24
1995	60794	12135.81	28679	19978.46
1994	48198	9572.69	22445	16179.76
1993	35334	6963.76	16454	11915.73
1992	26923.48	5866.6	11699.5	9357.38
1991	21781.5	5342.2	9102.2	7337.1
1990	18667.82	5062	7717.4	5888.42
1989	16992.32	4265.92	7278	5448.4
1988	15042.82	3865.36	6587.2	4590.26
1987	12058.62	3233.04	5251.6	3573.97
1986	10275.18	2788.69	4492.7	2993.79

① 数据来源：Wind 资讯.

(续表)

年份	GDP(亿元)	第一产业(亿元)	第二产业(亿元)	第三产业(亿元)
1985	9016.04	2564.4	3866.6	2585.04
1984	7208.05	2316.09	3105.7	1786.26
1983	5962.65	1978.39	2646.2	1338.06
1982	5323.35	1777.4	2383	1162.95
1981	4891.56	1559.46	2255.5	1076.6
1980	4545.62	1371.59	2192	982.03
1979	4062.58	1270.19	1913.5	878.89
1978	3645.22	1027.53	1745.2	872.48
1977	3201.9	942.1	1509.1	750.7
1976	2943.7	967	1337.2	639.5
1975	2997.3	971.1	1370.5	655.7
1974	2789.9	945.2	1192	652.7
1973	2720.9	907.5	1173	640.4
1972	2518.1	827.4	1084.2	606.5
1971	2426.4	826.3	1022.8	577.3
1970	2252.7	793.3	912.2	547.2
1969	1937.9	736.2	689.1	512.6
1968	1723.1	726.3	537.3	459.5
1967	1773.9	714.2	602.8	456.9
1966	1868	702.2	709.5	456.3
1965	1716.1	651.1	602.2	462.8
1964	1454	559	513.5	381.5
1963	1233.3	497.5	407.6	328.2
1962	1149.3	453.1	359.3	336.9
1961	1220	441.1	388.9	390
1960	1457	340.7	648.2	468.1

11. 1972—1986 年株洲铁路月货运量的记录(单位：吨)

12306	10941	12296	9843	11297	11432	8822	10222	11109	11966
8597	10945	12340	13899	12505	10697	12701	12276	9775	10900
10921	13209	10904	12462	15066	14883	13557	11193	12592	12833
10840	12144	12526	12758	12210	12667	16090	12302	12021	11409
13345	12577	10389	11735	11638	12450	12086	12346	13246	15458

（续表）

13522	12422	13645	13311	11622	11244	11026	11837	10684	10880
13831	14017	11622	11609	13127	13097	11398	11375	11020	13732
11843	12538	16878	12109	15262	12389	14552	13874	11978	12594
12720	13099	11877	12394	14561	17759	13256	12796	13460	12733
10848	12161	12067	12958	12307	12799	15844	14259	12914	12021
12607	11399	11157	11604	12308	13166	12007	13112	13051	17667
13587	12343	13126	13370	12855	15017	15234	15625	14438	16229
18528	17570	14145	13323	14235	14322	13260	14835	15129	15400
14509	16013	20295	16870	15482	15072	15533	14237	13380	14189
14739	15463	14663	18517	16984	21089	17917	16029	16317	15711
14528	17701	16075	15537	15992	16945	19391	20182	16861	15894
16874	16103	16227	19736	18773	18759	18634	19339	(n=168)	

12. 1949—1960 年国际航线旅客数据

日　期	旅客人数(千人)	日　期	旅客人数(千人)	日　期	旅客人数(千人)
Jan-49	112	Nov-50	114	Sep-52	209
Feb-49	118	Dec-50	140	Oct-52	191
Mar-49	132	Jan-51	145	Nov-52	172
Apr-49	129	Feb-51	150	Dec-52	194
May-49	121	Mar-51	178	Jan-53	196
Jun-49	135	Apr-51	163	Feb-53	196
Jul-49	148	May-51	172	Mar-53	236
Aug-49	148	Jun-51	178	Apr-53	235
Sep-49	136	Jul-51	199	May-53	229
Oct-49	119	Aug-51	199	Jun-53	243
Nov-49	104	Sep-51	184	Jul-53	264
Dec-49	118	Oct-51	162	Aug-53	272
Jan-50	115	Nov-51	146	Sep-53	237
Feb-50	126	Dec-51	166	Oct-53	211
Mar-50	141	Jan-52	171	Nov-53	180
Apr-50	135	Feb-52	180	Dec-53	201
May-50	125	Mar-52	193	Jan-54	204
Jun-50	149	Apr-52	181	Feb-54	188
Jul-50	170	May-52	183	Mar-54	235
Aug-50	170	Jun-52	218	Apr-54	227
Sep-50	158	Jul-52	230	May-54	234
Oct-50	133	Aug-52	242	Jun-54	264

（续表）

日 期	旅客人数（千人）	日 期	旅客人数（千人）	日 期	旅客人数（千人）
Jul-54	302	Sep-56	355	Nov-58	310
Aug-54	293	Oct-56	306	Dec-58	337
Sep-54	259	Nov-56	271	Jan-59	360
Oct-54	229	Dec-56	306	Feb-59	342
Nov-54	203	Jan-57	315	Mar-59	406
Dec-54	229	Feb-57	301	Apr-59	396
Jan-55	242	Mar-57	356	May-59	420
Feb-55	233	Apr-57	348	Jun-59	472
Mar-55	267	May-57	355	Jul-59	548
Apr-55	269	Jun-57	422	Aug-59	559
May-55	270	Jul-57	465	Sep-59	463
Jun-55	315	Aug-57	467	Oct-59	407
Jul-55	364	Sep-57	404	Nov-59	362
Aug-55	347	Oct-57	347	Dec-59	405
Sep-55	312	Nov-57	305	Jan-60	417
Oct-55	274	Dec-57	336	Feb-60	391
Nov-55	237	Jan-58	340	Mar-60	419
Dec-55	278	Feb-58	318	Apr-60	461
Jan-56	284	Mar-58	362	May-60	472
Feb-56	277	Apr-58	348	Jun-60	535
Mar-56	317	May-58	363	Jul-60	622
Apr-56	313	Jun-58	435	Aug-60	606
May-56	318	Jul-58	491	Sep-60	508
Jun-56	374	Aug-58	505	Oct-60	461
Jul-56	413	Sep-58	404	Nov-60	390
Aug-56	405	Oct-58	359	Dec-60	432

13. 日元兑美元的历史(月)汇率记录(单位：1美元兑日元)

日 期	汇 率	日 期	汇 率
1971-01-01	358.0200	1971-07-01	357.4043
1971-02-01	357.5450	1971-08-01	355.7800
1971-03-01	357.5187	1971-09-01	338.0210
1971-04-01	357.5032	1971-10-01	331.1105
1971-05-01	357.4130	1971-11-01	328.7520
1971-06-01	357.4118	1971-12-01	320.0727

（续表）

日 期	汇 率	日 期	汇 率
1972-01-01	312.7200	1975-04-01	292.1968
1972-02-01	305.1870	1975-05-01	291.4305
1972-03-01	302.5365	1975-06-01	293.4662
1972-04-01	303.5605	1975-07-01	296.3741
1972-05-01	304.3795	1975-08-01	297.9762
1972-06-01	302.4145	1975-09-01	299.9090
1972-07-01	301.0305	1975-10-01	302.3364
1972-08-01	301.1609	1975-11-01	302.5453
1972-09-01	301.1190	1975-12-01	305.6700
1972-10-01	301.0110	1976-01-01	304.6357
1972-11-01	300.9885	1976-02-01	301.5944
1972-12-01	301.2405	1976-03-01	300.5183
1973-01-01	301.7882	1976-04-01	299.1086
1973-02-01	278.4206	1976-05-01	299.0040
1973-03-01	261.9014	1976-06-01	299.1909
1973-04-01	265.4914	1976-07-01	294.6410
1973-05-01	264.6505	1976-08-01	290.6259
1973-06-01	264.4981	1976-09-01	287.3610
1973-07-01	264.5538	1976-10-01	291.1890
1973-08-01	265.2200	1976-11-01	295.1653
1973-09-01	265.4747	1976-12-01	294.7017
1973-10-01	266.3348	1977-01-01	291.0524
1973-11-01	278.2625	1977-02-01	285.0221
1973-12-01	280.1775	1977-03-01	280.2265
1974-01-01	298.1336	1977-04-01	275.2071
1974-02-01	291.0872	1977-05-01	277.4262
1974-03-01	282.1648	1977-06-01	272.8609
1974-04-01	277.7741	1977-07-01	264.8632
1974-05-01	278.9664	1977-08-01	266.6774
1974-06-01	282.9700	1977-09-01	266.7700
1974-07-01	290.9800	1977-10-01	254.7445
1974-08-01	302.2836	1977-11-01	244.7026
1974-09-01	299.0840	1977-12-01	241.0229
1974-10-01	299.3645	1978-01-01	241.0810
1974-11-01	300.0750	1978-02-01	240.3722
1974-12-01	300.4114	1978-03-01	231.8574
1975-01-01	299.6845	1978-04-01	221.8570
1975-02-01	291.6583	1978-05-01	226.1786
1975-03-01	287.9486	1978-06-01	214.1064

（续表）

日 期	汇 率	日 期	汇 率
1978-07-01	199.6955	1981-10-01	231.5190
1978-08-01	188.7096	1981-11-01	223.1267
1978-09-01	189.9195	1981-12-01	218.9545
1978-10-01	183.6310	1982-01-01	224.8050
1978-11-01	192.1425	1982-02-01	235.3056
1978-12-01	195.9550	1982-03-01	241.2283
1979-01-01	197.7550	1982-04-01	244.1068
1979-02-01	200.5072	1982-05-01	236.9635
1979-03-01	206.3236	1982-06-01	251.1977
1979-04-01	216.2852	1982-07-01	255.0310
1979-5-01	218.4141	1982-08-01	259.0455
1979-06-01	218.5967	1982-09-01	263.2857
1979-07-01	216.5100	1982-10-01	271.6150
1979-08-01	217.9257	1982-11-01	264.0879
1979-09-01	222.4137	1982-12-01	241.9413
1979-10-01	230.4845	1983-01-01	232.7310
1979-11-01	244.9842	1983-02-01	236.1211
1979-12-01	240.3745	1983-03-01	238.2543
1980-01-01	237.8886	1983-04-01	237.7467
1980-02-01	244.3500	1983-05-01	234.7557
1980-03-01	248.4786	1983-06-01	240.0314
1980-04-01	250.2750	1983-07-01	240.5160
1980-05-01	228.6286	1983-08-01	244.4613
1980-06-01	217.9176	1983-09-01	242.3462
1980-07-01	221.1364	1983-10-01	232.8855
1980-08-01	223.9138	1983-11-01	235.0300
1980-09-01	214.4167	1983-12-01	234.4624
1980-10-01	209.3227	1984-01-01	233.8000
1980-11-01	213.1059	1984-02-01	233.5963
1980-12-01	209.4886	1984-03-01	225.2664
1981-01-01	202.3667	1984-04-01	225.2000
1981-02-01	205.7167	1984-05-01	230.4777
1981-03-01	208.7918	1984-06-01	233.5657
1981-04-01	214.9759	1984-07-01	243.0676
1981-05-01	220.6285	1984-08-01	242.2609
1981-06-01	224.1805	1984-09-01	245.4568
1981-07-01	232.3261	1984-10-01	246.7545
1981-08-01	233.3262	1984-11-01	243.6305
1981-09-01	229.4810	1984-12-01	247.9640

（续表）

日期	汇率	日期	汇率
1985-01-01	254.1829	1988-04-01	124.8976
1985-02-01	260.4778	1988-05-01	124.7871
1985-03-01	257.9205	1988-06-01	127.4655
1985-04-01	251.8455	1988-07-01	133.0215
1985-05-01	251.7295	1988-08-01	133.7661
1985-06-01	248.8400	1988-09-01	134.3176
1985-07-01	241.1364	1988-10-01	128.6805
1985-08-01	237.4609	1988-11-01	123.2020
1985-09-01	236.5275	1988-12-01	123.6076
1985-10-01	214.6805	1989-01-01	127.3625
1985-11-01	204.0737	1989-02-01	127.7374
1985-12-01	202.7881	1989-03-01	130.5504
1986-01-01	199.8905	1989-04-01	132.0365
1986-02-01	184.8516	1989-05-01	137.8636
1986-03-01	178.6938	1989-06-01	143.9809
1986-04-01	175.0918	1989-07-01	140.4240
1986-05-01	167.0314	1989-08-01	141.4852
1986-06-01	167.5419	1989-09-01	145.0700
1986-07-01	158.6059	1989-10-01	142.2067
1986-08-01	154.1771	1989-11-01	143.5343
1986-09-01	154.7314	1989-12-01	143.6850
1986-10-01	156.4723	1990-01-01	144.9819
1986-11-01	162.8494	1990-02-01	145.6932
1986-12-01	162.0523	1990-03-01	153.3082
1987-01-01	154.8295	1990-04-01	158.4586
1987-02-01	153.4068	1990-05-01	154.0441
1987-03-01	151.4332	1990-06-01	153.6957
1987-04-01	142.8986	1990-07-01	149.0395
1987-05-01	140.4790	1990-08-01	147.4609
1987-06-01	144.5495	1990-09-01	138.4405
1987-07-01	150.2939	1990-10-01	129.5909
1987-08-01	147.3343	1990-11-01	129.2155
1987-09-01	143.2910	1990-12-01	133.8890
1987-10-01	143.3200	1991-01-01	133.6986
1987-11-01	135.3974	1991-02-01	130.5358
1987-12-01	128.2418	1991-03-01	137.3867
1988-01-01	127.6853	1991-04-01	137.1127
1988-02-01	129.1665	1991-05-01	138.2218
1988-03-01	127.1139	1991-06-01	139.7475

（续表）

日期	汇率	日期	汇率
1991-07-01	137.8300	1994-10-01	98.3530
1991-08-01	136.8164	1994-11-01	98.0440
1991-09-01	134.2995	1994-12-01	100.1824
1991-10-01	130.7723	1995-01-01	99.7660
1991-11-01	129.6321	1995-02-01	98.2368
1991-12-01	128.0395	1995-03-01	90.5196
1992-01-01	125.4614	1995-04-01	83.6895
1992-02-01	127.6989	1995-05-01	85.1127
1992-03-01	132.8627	1995-06-01	84.6355
1992-04-01	133.5395	1995-07-01	87.3970
1992-05-01	130.7710	1995-08-01	94.7383
1992-06-01	126.8355	1995-09-01	100.5455
1992-07-01	125.8817	1995-10-01	100.8390
1992-08-01	126.2310	1995-11-01	101.9400
1992-09-01	122.5967	1995-12-01	101.8495
1992-10-01	121.1652	1996-01-01	105.7514
1992-11-01	123.8800	1996-02-01	105.7880
1992-12-01	124.0409	1996-03-01	105.9400
1993-01-01	124.9932	1996-04-01	107.1995
1993-02-01	120.7595	1996-05-01	106.3423
1993-03-01	117.0174	1996-06-01	108.9600
1993-04-01	112.4114	1996-07-01	109.1909
1993-05-01	110.3430	1996-08-01	107.8659
1993-06-01	107.4118	1996-09-01	109.9310
1993-07-01	107.6914	1996-10-01	112.4123
1993-08-01	103.7650	1996-11-01	112.2958
1993-09-01	105.5748	1996-12-01	113.9810
1993-10-01	107.0200	1997-01-01	117.9124
1993-11-01	107.8765	1997-02-01	122.9621
1993-12-01	109.9130	1997-03-01	122.7738
1994-01-01	111.4415	1997-04-01	125.6377
1994-02-01	106.3011	1997-05-01	119.1924
1994-03-01	105.0974	1997-06-01	114.2857
1994-04-01	103.4843	1997-07-01	115.3759
1994-05-01	103.7533	1997-08-01	117.9295
1994-06-01	102.5264	1997-09-01	120.8900
1994-07-01	98.4450	1997-10-01	121.0605
1994-08-01	99.9404	1997-11-01	125.3817
1994-09-01	98.7743	1997-12-01	129.7341

（续表）

日　期	汇　率	日　期	汇　率
1998-01-01	129.5475	2001-04-01	123.7710
1998-02-01	125.8516	2001-05-01	121.7682
1998-03-01	129.0823	2001-06-01	122.3510
1998-04-01	131.7536	2001-07-01	124.4981
1998-05-01	134.8960	2001-08-01	121.3670
1998-06-01	140.3305	2001-09-01	118.6117
1998-07-01	140.7874	2001-10-01	121.4536
1998-08-01	144.6800	2001-11-01	122.4055
1998-09-01	134.4805	2001-12-01	127.5945
1998-10-01	121.0486	2002-01-01	132.6833
1998-11-01	120.2895	2002-02-01	133.6426
1998-12-01	117.0709	2002-03-01	131.0610
1999-01-01	113.2900	2002-04-01	130.7718
1999-02-01	116.6684	2002-05-01	126.3750
1999-03-01	119.4730	2002-06-01	123.2905
1999-04-01	119.7723	2002-07-01	117.8991
1999-05-01	121.9995	2002-08-01	118.9927
1999-06-01	120.7245	2002-09-01	121.0780
1999-07-01	119.3305	2002-10-01	123.9077
1999-08-01	113.2268	2002-11-01	121.6079
1999-09-01	106.8752	2002-12-01	121.8929
1999-10-01	105.9650	2003-01-01	118.8133
1999-11-01	104.6485	2003-02-01	119.3379
1999-12-01	102.5843	2003-03-01	118.6871
2000-01-01	105.2960	2003-04-01	119.8950
2000-02-01	109.3885	2003-05-01	117.3681
2000-03-01	106.3074	2003-06-01	118.3290
2000-04-01	105.6270	2003-07-01	118.6959
2000-05-01	108.3205	2003-08-01	118.6624
2000-06-01	106.1255	2003-09-01	114.8000
2000-07-01	108.2115	2003-10-01	109.4955
2000-08-01	108.0804	2003-11-01	109.1778
2000-09-01	106.8375	2003-12-01	107.7377
2000-10-01	108.4429	2004-01-01	106.2685
2000-11-01	109.0095	2004-02-01	106.7079
2000-12-01	112.2090	2004-03-01	108.5157
2001-01-01	116.6719	2004-04-01	107.6564
2001-02-01	116.2337	2004-05-01	112.1960
2001-03-01	121.5050	2004-06-01	109.4336

（续表）

日 期	汇 率	日 期	汇 率
2004-07-01	109.4871	2007-03-01	117.2600
2004-08-01	110.2336	2007-04-01	118.9324
2004-09-01	110.0914	2007-05-01	120.7732
2004-10-01	108.7835	2007-06-01	122.6886
2004-11-01	104.6990	2007-07-01	121.4148
2004-12-01	103.8104	2007-08-01	116.7335
2005-01-01	103.3410	2007-09-01	115.0435
2005-02-01	104.9442	2007—10-01	115.8661
2005-03-01	105.2543	2007-11-01	111.0729
2005-04-01	107.1938	2007-12-01	112.4490
2005-05-01	106.5952	2008-01-01	107.8181
2005-06-01	108.7473	2008-02-01	107.0300
2005-07-01	111.9535	2008-03-01	100.7562
2005-08-01	110.6065	2008-04-01	102.6777
2005-09-01	111.2390	2008-05-01	104.3595
2005-10-01	114.8695	2008-06-01	106.9152
2005-11-01	118.4540	2008-07-01	106.8518
2005-12-01	118.4624	2008-08-01	109.3624
2006-01-01	115.4765	2008-09-01	106.5748
2006-02-01	117.8605	2008-10-01	99.9659
2006-03-01	117.2778	2008-11-01	96.9656
2006-04-01	117.0695	2008-12-01	91.2750
2006-05-01	111.7305	2009-01-01	90.1205
2006-06-01	114.6250	2009-02-01	92.9158
2006-07-01	115.7670	2009-03-01	97.8550
2006-08-01	115.9243	2009-04-01	98.9200
2006-09-01	117.2145	2009-05-01	96.6445
2006-10-01	118.6090	2009-06-01	96.6145
2006-11-01	117.3205	2009-07-01	94.3670
2006-12-01	117.3220	2009-08-01	94.8971
2007-01-01	120.4471	2009-09-01	91.2748
2007-02-01	120.5047		

14. 1995—2008 年英镑兑美元月平均汇率记录(单位: 1 英镑兑美元)

年份	月份	汇率	
2008	1	1.97010	(23 天平均)
	2	1.96444	(21 天平均)
	3	2.00147	(21 天平均)
	4	1.98157	(22 天平均)
	5	1.96574	(22 天平均)
	6	1.96645	(21 天平均)
	7	1.98855	(23 天平均)
	8	1.88687	(21 天平均)
	9	1.79829	(22 天平均)
	10	1.68833	(23 天平均)
	11	1.53369	(20 天平均)
	12	1.48462	(23 天平均)
2007	1	1.95867	(23 天平均)
	2	1.95850	(20 天平均)
	3	1.94743	(22 天平均)
	4	1.98789	(21 天平均)
	5	1.98418	(23 天平均)
	6	1.98673	(21 天平均)
	7	2.03462	(22 天平均)
	8	2.01103	(23 天平均)
	9	2.01838	(20 天平均)
	10	2.04490	(23 天平均)
	11	2.07109	(22 天平均)
	12	2.01421	(21 天平均)
2006	1	1.76541	(21 天平均)
	2	1.74786	(19 天平均)
	3	1.74419	(23 天平均)
	4	1.76804	(20 天平均)
	5	1.86819	(23 天平均)
	6	1.84354	(22 天平均)
	7	1.84435	(20 天平均)
	8	1.89407	(23 天平均)
	9	1.88489	(21 天平均)
	10	1.87626	(22 天平均)
	11	1.91261	(22 天平均)
	12	1.96258	(21 天平均)

（续表）

年 份	月 份	汇 率
2005	1	1.87973 (20 天平均)
	2	1.88711 (19 天平均)
	3	1.90430 (23 天平均)
	4	1.89637 (20 天平均)
	5	1.85435 (22 天平均)
	6	1.81774 (22 天平均)
	7	1.75170 (21 天平均)
	8	1.79443 (23 天平均)
	9	1.80815 (22 天平均)
	10	1.76484 (21 天平均)
	11	1.73481 (22 天平均)
	12	1.74520 (22 天平均)
2004	1	1.82546 (20 天平均)
	2	1.86729 (19 天平均)
	3	1.82610 (23 天平均)
	4	1.80310 (22 天平均)
	5	1.78751 (19 天平均)
	6	1.82791 (22 天平均)
	7	1.84380 (21 天平均)
	8	1.82025 (22 天平均)
	9	1.79367 (21 天平均)
	10	1.80818 (20 天平均)
	11	1.86077 (19 天平均)
	12	1.92864 (23 天平均)
2003	1	1.61754 (21 天平均)
	2	1.60795 (19 天平均)
	3	1.58247 (21 天平均)
	4	1.57387 (22 天平均)
	5	1.62235 (21 天平均)
	6	1.66088 (21 天平均)
	7	1.62210 (22 天平均)
	8	1.59386 (21 天平均)
	9	1.61548 (21 天平均)
	10	1.67916 (22 天平均)
	11	1.68974 (18 天平均)
	12	1.75032 (21 天平均)

（续表）

年份	月份	汇率
2002	1	1.43229　(21天平均)
	2	1.42257　(19天平均)
	3	1.42302　(21天平均)
	4	1.44294　(20天平均)
	5	1.45981　(22天平均)
	6	1.48369　(20天平均)
	7	1.55652　(22天平均)
	8	1.53709　(21天平均)
	9	1.55633　(20天平均)
	10	1.55746　(22天平均)
	11	1.57235　(20天平均)
	12	1.58630　(21天平均)
2001	1	1.47750　(21天平均)
	2	1.45251　(19天平均)
	3	1.44446　(22天平均)
	4	1.43477　(21天平均)
	5	1.42650　(22天平均)
	6	1.40201　(21天平均)
	7	1.41476　(21天平均)
	8	1.43718　(23天平均)
	9	1.46319　(19天平均)
	10	1.45008　(22天平均)
	11	1.43650　(21天平均)
	12	1.44127　(20天平均)
2000	1	1.64040　(20天平均)
	2	1.59999　(20天平均)
	3	1.57990　(23天平均)
	4	1.58235　(20天平均)
	5	1.50896　(22天平均)
	6	1.50925　(22天平均)
	7	1.50760　(20天平均)
	8	1.48891　(23天平均)
	9	1.43355　(20天平均)
	10	1.45065　(21天平均)
	11	1.42576　(21天平均)
	12	1.46292　(20天平均)

（续表）

年份	月份	汇率
1999	1	1.64975 （19天平均）
	2	1.62764 （19天平均）
	3	1.62132 （23天平均）
	4	1.60885 （22天平均）
	5	1.61541 （20天平均）
	6	1.59502 （22天平均）
	7	1.57509 （21天平均）
	8	1.60583 （22天平均）
	9	1.62469 （21天平均）
	10	1.65717 （20天平均）
	11	1.62049 （20天平均）
	12	1.61321 （23天平均）
1998	1	1.63496 （20天平均）
	2	1.64081 （19天平均）
	3	1.66193 （22天平均）
	4	1.67228 （22天平均）
	5	1.63824 （20天平均）
	6	1.65036 （22天平均）
	7	1.64369 （23天平均）
	8	1.63421 （21天平均）
	9	1.68225 （21天平均）
	10	1.69442 （21天平均）
	11	1.66109 （19天平均）
	12	1.67080 （22天平均）
1997	1	1.65852 （21天平均）
	2	1.62563 （19天平均）
	3	1.60956 （21天平均）
	4	1.62932 （22天平均）
	5	1.63217 （21天平均）
	6	1.64487 （21天平均）
	7	1.66938 （22天平均）
	8	1.60353 （21天平均）
	9	1.60128 （21天平均）
	10	1.63301 （22天平均）
	11	1.68891 （18天平均）
	12	1.65970 （22天平均）

(续表)

年 份	月 份	汇 率
1996	1	1.52877 (21 天平均)
	2	1.53596 (20 天平均)
	3	1.52706 (21 天平均)
	4	1.51604 (22 天平均)
	5	1.51524 (22 天平均)
	6	1.54159 (20 天平均)
	7	1.55301 (22 天平均)
	8	1.54988 (22 天平均)
	9	1.55929 (20 天平均)
	10	1.58631 (22 天平均)
	11	1.66231 (19 天平均)
	12	1.66393 (21 天平均)
1995	1	1.57461 (20 天平均)
	2	1.57202 (19 天平均)
	3	1.60019 (23 天平均)
	4	1.60728 (20 天平均)
	5	1.58737 (22 天平均)
	6	1.59481 (22 天平均)
	7	1.59516 (20 天平均)
	8	1.56680 (23 天平均)
	9	1.55897 (20 天平均)
	10	1.57793 (21 天平均)
	11	1.56248 (21 天平均)
	12	1.54051 (20 天平均)

15. 1986—1998 年荷兰盾兑美元月汇率记录(单位：1 美元兑荷兰盾)

日期	汇率	日期	汇率	日期	汇率
1986-01	2.7549	1986-10	2.2642	1987-07	2.0801
1986-02	2.6364	1986-11	2.2892	1987-08	2.0936
1986-03	2.5561	1986-12	2.2502	1987-09	2.0402
1986-04	2.5646	1987-01	2.096	1987-10	2.0272
1986-05	2.5109	1987-02	2.0618	1987-11	1.8923
1986-06	2.5183	1987-03	2.0716	1987-12	1.8381
1986-07	2.426	1987-04	2.045	1988-01	1.8559
1986-08	2.3263	1987-05	2.0135	1988-02	1.9063
1986-09	2.3032	1987-06	2.0491	1988-03	1.8849

（续表）

日期	汇率	日期	汇率	日期	汇率
1988-04	1.8773	1991-11	1.8295	1995-06	1.5674
1988-05	1.8976	1991-12	1.7659	1995-07	1.556
1988-06	1.9734	1992-01	1.7753	1995-08	1.6184
1988-07	2.0804	1992-02	1.8224	1995-09	1.6381
1988-08	2.1315	1992-03	1.8697	1995-10	1.5845
1988-09	2.1062	1992-04	1.8549	1995-11	1.5869
1988-10	2.0519	1992-05	1.826	1995-12	1.6137
1988-11	1.9728	1992-06	1.7734	1996-01	1.6365
1988-12	1.9808	1992-07	1.6805	1996-02	1.6413
1989-01	2.0666	1992-08	1.6365	1996-03	1.654
1989-02	2.091	1992-09	1.6299	1996-04	1.6828
1989-03	2.105	1992-10	1.6692	1996-05	1.7147
1989-04	2.1104	1992-11	1.7856	1996-06	1.7109
1989-05	2.1977	1992-12	1.7779	1996-07	1.688
1989-06	2.2313	1993-01	1.8167	1996-08	1.6632
1989-07	2.1357	1993-02	1.8491	1996-09	1.6883
1989-08	2.1716	1993-03	1.851	1996-10	1.7142
1989-09	2.2017	1993-04	1.7942	1996-11	1.6957
1989-10	2.1071	1993-05	1.8019	1996-12	1.7412
1989-11	2.0644	1993-06	1.8527	1997-01	1.8009
1989-12	1.9666	1993-07	1.9273	1997-02	1.8814
1990-01	1.9085	1993-08	1.9075	1997-03	1.9093
1990-02	1.8895	1993-09	1.8213	1997-04	1.9232
1990-03	1.9196	1993-10	1.8415	1997-05	1.9166
1990-04	1.901	1993-11	1.9084	1997-06	1.9433
1990-05	1.8707	1993-12	1.9161	1997-07	2.0172
1990-06	1.8954	1994-01	1.9513	1997-08	2.0734
1990-07	1.8474	1994-02	1.9475	1997-09	2.0153
1990-08	1.7696	1994-03	1.9006	1997-10	1.979
1990-09	1.7691	1994-04	1.9072	1997-11	1.9526
1990-10	1.7182	1994-05	1.8608	1997-12	2.0031
1990-11	1.6767	1994-06	1.8267	1998-01	2.0472
1990-12	1.6855	1994-07	1.7611	1998-02	2.0454
1991-01	1.7018	1994-08	1.7569	1998-03	2.0584
1991-02	1.6683	1994-09	1.7391	1998-04	2.0443
1991-03	1.8089	1994-10	1.7034	1998-05	2.0008
1991-04	1.9187	1994-11	1.7255	1998-06	2.0197
1991-05	1.932	1994-12	1.7602	1998-07	2.027
1991-06	2.0108	1995-01	1.7178	1998-08	2.0168
1991-07	2.0152	1995-02	1.6837	1998-09	1.9199
1991-08	1.9666	1995-03	1.5777	1998-10	1.8482
1991-09	1.9133	1995-04	1.5463	1998-11	1.896
1991-10	1.9049	1995-05	1.5776		

16. 1960—1997 年各季度美元兑德国马克汇率记录(单位: 1 马克兑美元)

年份	季度	汇率	年份	季度	汇率	年份	季度	汇率
1960	I	0.2398	1969	I	0.2485	1978	I	0.4943
	II	0.2398		II	0.2498		II	0.4819
	III	0.2398		III	0.2604		III	0.5158
	IV	0.2398		IV	0.271		IV	0.547
1961	I	0.2519	1970	I	0.273	1979	I	0.5354
	II	0.2514		II	0.2754		II	0.5411
	III	0.2502		III	0.2753		III	0.5739
	IV	0.2502		IV	0.2741		IV	0.5775
1962	I	0.2503	1971	I	0.2755	1980	I	0.515
	II	0.2506		II	0.286		II	0.5688
	III	0.2499		III	0.3014		III	0.5521
	IV	0.2501		IV	0.306		IV	0.5105
1963	I	0.2504	1972	I	0.3156	1981	I	0.4758
	II	0.2512		II	0.3169		II	0.4183
	III	0.2512		III	0.3123		III	0.4306
	IV	0.2516		IV	0.3124		IV	0.4435
1964	I	0.2516	1973	I	0.3523	1982	I	0.4142
	II	0.2516		II	0.4124		II	0.4065
	III	0.2516		III	0.414		III	0.3956
	IV	0.2514		IV	0.37		IV	0.4208
1965	I	0.2514	1974	I	0.3964	1983	I	0.4121
	II	0.2498		II	0.3914		II	0.3934
	III	0.2493		III	0.377		III	0.3789
	IV	0.2497		IV	0.415		IV	0.3671
1966	I	0.249	1975	I	0.4264	1984	I	0.3861
	II	0.25		II	0.4247		II	0.3592
	III	0.2507		III	0.3757		III	0.3305
	IV	0.2514		IV	0.3813		IV	0.3177
1967	I	0.2516	1976	I	0.394	1985	I	0.3233
	II	0.2509		II	0.3885		II	0.3267
	III	0.2498		III	0.4104		III	0.3745
	IV	0.2501		IV	0.4233		IV	0.4063
1968	I	0.2512	1977	I	0.4186	1986	I	0.4315
	II	0.2503		II	0.4277		II	0.4548
	III	0.2515		III	0.4334		III	0.4949
	IV	0.25		IV	0.4751		IV	0.5153

（续表）

年份	季度	汇率	年份	季度	汇率	年份	季度	汇率
1987	I	0.554	1991	I	0.5824	1995	I	0.7227
	II	0.5465		II	0.5519		II	0.7227
	III	0.544		III	0.6013		III	0.7048
	IV	0.6323		IV	0.6596		IV	0.6976
1988	I	0.6027	1992	I	0.6088	1996	I	0.6776
	II	0.5491		II	0.6549		II	0.6571
	III	0.532		III	0.7096		III	0.655
	IV	0.5617		IV	0.6196		IV	0.6432
1989	I	0.5283	1993	I	0.6195	1997	I	0.596
	II	0.5122		II	0.5923		II	0.5734
	III	0.5352		III	0.6173		III	0.5664
	IV	0.589		IV	0.5793		IV	0.558
1990	I	0.5902	1994	I	0.5981			
	II	0.5983		II	0.6268			
	III	0.6393		III	0.6459			
	IV	0.6693		IV	0.6457			

17. 恒生指数（2008-01-16—2009-10-16）

日期	开盘价	最高价	最低价	收盘价	成交量
2009-10-16	22,138.06	22,143.01	21,899.17	21,929.90	2,142,512,400
2009-10-15	22,209.19	22,250.35	21,971.48	21,999.08	2,154,508,000
2009-10-14	21,564.33	21,893.42	21,562.66	21,886.48	2,012,520,000
2009-10-13	21,371.82	21,679.15	21,371.82	21,467.36	1,821,994,400
2009-10-12	21,623.33	21,623.33	21,262.71	21,299.35	1,010,812,100
2009-10-09	21,572.70	21,572.70	21,421.77	21,499.44	1,390,745,100
2009-10-08	21,418.27	21,524.05	21,284.42	21,492.90	1,407,628,200
2009-10-07	21,074.98	21,343.75	21,072.59	21,241.59	2,029,142,400
2009-10-06	20,509.64	20,824.13	20,509.64	20,811.53	1,441,085,000
2009-10-05	20,342.58	20,489.95	20,305.06	20,429.07	1,232,002,900
2009-10-02	20,380.23	20,470.92	20,323.59	20,375.49	1,855,212,800
2009-10-01	20,955.25	20,955.25	20,955.25	20,955.25	0
2009-09-30	21,036.18	21,090.49	20,792.98	20,955.25	1,120,802,500
2009-09-29	20,889.81	21,087.25	20,889.81	21,013.17	1,303,147,900
2009-09-28	20,798.52	20,829.51	20,534.82	20,588.41	1,258,607,200
2009-09-25	20,810.81	21,065.73	20,766.46	21,024.40	1,265,650,900
2009-09-24	21,386.47	21,399.23	20,963.37	21,050.73	2,069,933,800
2009-09-23	21,655.62	21,742.39	21,524.33	21,595.52	1,171,918,400
2009-09-22	21,594.34	21,704.14	21,491.69	21,701.14	1,130,706,000
2009-09-21	21,574.94	21,730.71	21,457.35	21,472.85	1,525,122,600
2009-09-18	21,640.97	21,765.98	21,515.93	21,623.45	2,002,593,600
2009-09-17	21,674.71	21,929.79	21,636.52	21,768.51	2,512,407,600
2009-09-16	21,086.75	21,403.13	20,950.38	21,402.92	2,263,703,400
2009-09-15	21,049.22	21,049.22	20,819.93	20,866.37	713,488,400
2009-09-14	20,841.51	21,045.00	20,821.59	20,932.20	1,253,310,900
2009-09-11	21,122.31	21,306.11	20,980.15	21,161.42	1,773,975,800
2009-09-10	21,131.08	21,322.55	21,020.92	21,069.56	2,224,480,600

（续表）

日期	开盘价	最高价	最低价	收盘价	成交量
2009-09-09	21,085.09	21,085.09	20,825.16	20,851.04	1,540,920,900
2009-09-08	20,617.40	21,133.71	20,617.40	21,069.81	2,797,284,000
2009-09-07	20,502.85	20,667.58	20,446.16	20,629.31	2,267,315,200
2009-09-04	19,830.02	20,413.61	19,744.45	20,318.62	3,108,457,200
2009-09-03	19,526.89	19,823.03	19,526.89	19,761.68	1,580,087,900
2009-09-02	19,560.27	19,611.07	19,425.86	19,522.00	1,666,625,900
2009-09-01	19,961.74	19,961.74	19,734.27	19,872.30	1,403,811,300
2009-08-31	19,827.13	19,827.13	19,592.07	19,724.19	2,268,140,000
2009-08-28	20,409.13	20,409.13	20,004.70	20,098.62	1,764,731,200
2009-08-27	20,289.34	20,364.40	20,147.34	20,242.75	1,672,622,900
2009-08-26	20,542.76	20,576.60	20,401.74	20,456.32	1,435,011,600
2009-08-25	20,246.79	20,476.25	20,143.51	20,435.24	1,531,430,000
2009-08-24	20,649.96	20,649.96	20,433.61	20,535.94	1,935,030,400
2009-08-21	20,288.56	20,439.42	20,002.78	20,199.02	1,665,136,400
2009-08-20	20,282.72	20,465.22	20,196.33	20,328.86	1,799,799,600
2009-08-19	20,195.09	20,352.94	19,824.86	19,954.23	2,101,216,000
2009-08-18	20,125.55	20,409.19	19,916.28	20,306.27	2,038,144,000
2009-08-17	20,467.30	20,471.77	20,058.10	20,137.65	2,556,880,000
2009-08-14	21,023.96	21,037.17	20,639.56	20,893.33	1,744,617,400
2009-08-13	20,767.86	20,943.86	20,746.92	20,861.30	1,934,519,800
2009-08-12	20,725.90	20,725.90	20,417.76	20,435.24	2,251,775,000
2009-08-11	20,774.97	21,088.07	20,733.34	21,074.21	1,627,757,800
2009-08-10	20,758.52	21,010.47	20,730.41	20,929.52	2,169,074,800
2009-08-07	20,708.12	20,759.56	20,316.78	20,375.37	2,809,797,600
2009-08-06	20,484.34	20,904.93	20,339.87	20,899.24	2,427,897,600
2009-08-05	20,779.77	20,995.81	20,436.65	20,494.77	2,263,931,600
2009-08-04	21,196.75	21,196.75	20,748.61	20,796.43	2,573,901,400
2009-08-03	20,582.68	20,816.61	20,449.19	20,807.26	1,928,430,400
2009-07-31	20,546.07	20,712.66	20,474.05	20,573.33	1,930,548,400
2009-07-30	20,150.26	20,359.79	19,955.32	20,234.08	1,990,153,200
2009-07-29	20,404.51	20,542.61	19,787.48	20,135.50	2,523,090,400
2009-07-28	20,261.94	20,664.48	20,109.55	20,624.54	2,356,170,000
2009-07-27	20,170.73	20,385.69	20,096.17	20,251.62	2,201,469,600
2009-07-24	20,063.93	20,063.93	19,715.15	19,982.79	2,234,934,800
2009-07-23	19,431.92	19,824.18	19,415.37	19,817.70	2,305,716,400
2009-07-22	19,560.42	19,641.75	19,224.05	19,248.17	2,064,230,000
2009-07-21	19,601.86	19,601.86	19,295.23	19,501.73	1,844,253,400
2009-07-20	19,005.19	19,506.42	18,960.54	19,502.37	2,442,707,800
2009-07-17	18,551.91	18,855.86	18,457.42	18,805.66	2,505,065,200
2009-07-16	18,688.87	18,700.60	18,303.58	18,361.87	1,949,802,000
2009-07-15	18,042.59	18,289.00	18,030.10	18,258.66	1,762,560,000
2009-07-14	17,631.67	17,896.36	17,581.43	17,885.73	1,845,729,200
2009-07-13	17,612.45	17,612.45	17,185.96	17,254.63	2,006,182,600
2009-07-10	17,800.05	17,851.22	17,645.55	17,708.42	1,605,581,500
2009-07-09	17,793.61	17,836.95	17,509.28	17,790.59	2,156,977,800
2009-07-08	17,652.98	17,819.31	17,493.62	17,721.07	2,001,905,000
2009-07-07	17,943.49	18,159.99	17,821.71	17,862.27	1,497,758,200
2009-07-06	18,020.10	18,258.26	17,897.68	17,979.41	1,780,127,000
2009-07-03	17,961.18	18,234.24	17,894.81	18,203.40	1,540,802,600
2009-07-02	18,780.96	18,780.96	18,053.10	18,178.05	2,287,380,600
2009-06-30	18,883.24	18,883.24	18,364.81	18,378.73	2,417,089,600
2009-06-29	18,561.11	18,687.36	18,451.76	18,528.51	1,634,698,900
2009-06-26	18,408.37	18,688.11	18,360.71	18,600.26	2,258,491,200
2009-06-25	18,140.16	18,340.91	18,069.37	18,275.03	2,319,823,200
2009-06-24	17,583.35	17,912.07	17,484.06	17,892.15	2,222,042,000
2009-06-23	17,577.73	17,682.87	17,375.96	17,538.37	2,865,900,800
2009-06-22	17,906.39	18,398.92	17,906.39	18,059.55	2,592,021,600
2009-06-19	17,936.33	18,015.11	17,759.86	17,920.93	3,085,692,800
2009-06-18	17,955.68	18,069.76	17,655.82	17,776.66	2,355,698,800

（续表）

日期	开盘价	最高价	最低价	收盘价	成交量
2009-06-17	17,984.83	18,255.13	17,833.77	18,084.60	2,914,147,800
2009-06-16	18,235.97	18,314.96	17,859.74	18,165.50	2,924,104,400
2009-06-15	18,712.06	18,872.74	18,433.30	18,498.96	2,357,620,400
2009-06-12	19,034.79	19,161.97	18,707.19	18,889.68	3,599,443,600
2009-06-11	18,578.89	18,883.24	18,564.87	18,791.03	3,641,989,200
2009-06-10	18,339.91	18,789.85	18,258.16	18,785.66	4,432,226,400
2009-06-09	18,450.64	18,475.51	17,710.45	18,058.49	2,174,882,800
2009-06-08	18,521.79	18,636.15	18,236.05	18,253.39	1,987,375,000
2009-06-05	18,674.48	18,722.49	18,406.86	18,679.53	2,501,280,000
2009-06-04	18,417.90	18,522.39	18,108.80	18,502.77	2,683,257,600
2009-06-03	18,616.94	18,967.39	18,508.30	18,576.47	3,094,560,800
2009-06-02	18,916.61	18,916.61	18,300.62	18,389.08	3,931,136,400
2009-06-01	18,499.92	18,895.80	18,415.41	18,888.59	4,124,671,200
2009-05-29	18,027.93	18,227.79	17,833.74	18,171.00	4,358,553,200
2009-05-27	17,395.61	17,984.02	17,347.89	17,885.27	4,564,272,000
2009-05-26	17,050.34	17,283.89	16,977.71	16,991.56	2,052,219,200
2009-05-25	16,999.05	17,264.42	16,789.00	17,121.82	1,950,193,600
2009-05-22	17,169.57	17,299.26	16,740.27	17,062.52	1,938,446,600
2009-05-21	17,291.44	17,415.26	17,172.64	17,199.49	1,538,977,200
2009-05-20	17,486.39	17,611.00	17,362.37	17,475.84	2,308,513,000
2009-05-19	17,454.23	17,588.93	17,376.43	17,544.03	2,813,044,200
2009-05-18	16,468.71	17,062.49	16,334.36	17,022.91	2,397,278,400
2009-05-15	16,818.81	16,953.41	16,736.18	16,790.70	1,984,982,000
2009-05-14	16,630.33	16,630.33	16,422.28	16,541.69	2,962,198,600
2009-05-13	17,097.82	17,372.15	17,014.86	17,059.62	2,043,328,400
2009-05-12	16,996.21	17,239.65	16,908.06	17,153.64	4,029,461,600
2009-05-11	17,381.00	17,685.64	17,032.44	17,087.95	3,722,382,800
2009-05-08	17,149.31	17,442.96	16,970.20	17,389.87	3,886,270,400
2009-05-07	17,278.31	17,327.52	16,880.60	17,217.89	4,411,458,000
2009-05-06	16,348.76	16,885.92	16,268.03	16,834.57	3,042,115,200
2009-05-05	16,572.00	16,580.54	16,295.86	16,430.08	2,520,504,000
2009-05-04	15,869.28	16,387.12	15,855.24	16,381.05	3,324,975,600
2009-05-01	15,520.99	15,520.99	15,520.99	15,520.99	0
2009-04-30	15,369.11	15,587.29	15,204.10	15,520.99	2,932,896,600
2009-04-29	14,767.92	14,983.66	14,714.51	14,956.95	2,413,729,600
2009-04-28	15,057.25	15,078.63	14,457.99	14,555.11	2,818,524,800
2009-04-27	15,160.69	15,160.69	14,798.90	14,840.42	2,331,661,200
2009-04-24	15,217.37	15,367.48	15,062.29	15,258.85	1,792,018,400
2009-04-23	14,958.24	15,222.20	14,867.59	15,214.46	2,008,293,600
2009-04-22	15,328.83	15,396.28	14,830.59	14,878.45	3,069,840,800
2009-04-21	15,065.59	15,332.27	15,065.59	15,285.89	2,426,811,200
2009-04-20	15,574.32	15,878.40	15,382.96	15,750.91	2,565,994,000
2009-04-17	15,956.46	15,956.46	15,541.31	15,601.27	3,095,786,800
2009-04-16	15,928.82	15,977.13	15,517.39	15,582.99	2,684,956,000
2009-04-15	15,344.59	15,669.85	15,213.39	15,669.62	2,529,450,200
2009-04-14	15,302.14	15,596.34	15,140.39	15,580.16	3,643,046,400
2009-04-13	14,901.41	14,901.41	14,901.41	14,901.41	0
2009-04-09	14,686.48	14,987.41	14,656.16	14,901.41	2,609,340,200
2009-04-08	14,715.70	14,715.70	14,276.35	14,474.86	2,944,789,200
2009-04-07	14,922.09	14,994.76	14,743.71	14,928.97	2,558,886,200
2009-04-06	14,920.84	15,147.06	14,778.51	14,998.04	2,555,280,400
2009-04-03	14,547.52	14,644.82	14,392.19	14,545.69	3,078,651,200
2009-04-02	13,963.34	14,533.34	13,953.56	14,521.97	3,402,815,600
2009-04-01	13,746.18	13,788.41	13,411.79	13,519.54	2,753,372,400
2009-03-31	13,545.36	13,696.69	13,428.31	13,576.02	2,854,888,800
2009-03-30	13,893.15	13,893.15	13,413.48	13,456.33	2,885,519,600
2009-03-27	14,257.56	14,257.56	13,955.66	14,119.50	3,396,915,200
2009-03-26	13,821.28	14,132.09	13,819.10	14,108.98	4,821,728,000
2009-03-25	13,754.77	13,892.88	13,567.45	13,622.11	3,186,137,600

（续表）

已调整收盘价	开盘价	最高价	最低价	收盘价	成交量
2009-03-24	13,773.17	13,952.98	13,538.16	13,910.34	2,913,007,000
2009-03-23	13,001.55	13,451.02	13,001.55	13,447.42	2,679,863,800
2009-03-20	13,157.90	13,157.90	12,797.10	12,833.51	2,073,348,000
2009-03-19	13,205.17	13,205.17	12,947.90	13,130.92	2,040,964,400
2009-03-18	13,052.95	13,167.20	13,020.80	13,117.17	1,768,493,600
2009-03-17	12,948.85	13,226.31	12,854.05	12,878.09	2,896,963,600
2009-03-16	12,657.87	12,976.71	12,615.45	12,976.71	2,779,295,000
2009-03-13	12,395.18	12,525.80	12,303.70	12,525.80	2,857,842,800
2009-03-12	11,905.47	12,040.84	11,848.50	12,001.53	1,457,479,700
2009-03-11	12,228.22	12,228.22	11,904.61	11,930.66	2,685,849,600
2009-03-10	11,542.88	11,747.11	11,542.88	11,694.05	1,845,681,200
2009-03-09	11,872.46	11,927.89	11,344.58	11,344.58	2,071,525,200
2009-03-06	12,041.82	12,146.16	11,921.52	11,921.52	4,178,094,400
2009-03-05	12,488.33	12,488.33	12,163.55	12,211.24	2,667,966,000
2009-03-04	11,880.17	12,423.69	11,880.17	12,331.15	2,882,809,600
2009-03-03	11,967.07	12,192.35	11,849.17	12,033.88	2,342,796,800
2009-03-02	12,522.61	12,576.45	12,296.86	12,317.46	2,194,792,800
2009-02-27	12,929.99	13,032.30	12,799.81	12,811.57	2,698,380,800
2009-02-26	13,070.41	13,071.58	12,691.96	12,894.94	1,974,608,400
2009-02-25	12,979.86	13,148.31	12,858.28	13,005.08	1,779,065,400
2009-02-24	12,789.29	12,814.37	12,634.84	12,798.52	2,134,846,600
2009-02-23	12,777.96	13,207.98	12,777.96	13,175.10	1,931,112,200
2009-02-20	12,719.14	12,816.79	12,669.57	12,699.17	2,053,331,600
2009-02-19	12,873.10	13,055.72	12,788.08	13,023.36	1,587,147,000
2009-02-18	12,783.79	13,031.28	12,712.33	13,016.00	2,274,484,400
2009-02-17	13,195.51	13,195.51	12,933.91	12,945.40	2,353,246,400
2009-02-16	13,559.82	13,559.82	13,257.35	13,455.88	1,357,585,700
2009-02-13	13,314.81	13,576.32	13,314.02	13,554.67	1,546,686,800
2009-02-12	13,439.58	13,478.66	13,174.01	13,228.30	1,755,975,400
2009-02-11	13,546.14	13,600.02	13,363.06	13,539.21	1,808,347,200
2009-02-10	13,787.12	13,976.31	13,663.41	13,880.64	1,957,900,400
2009-02-09	13,865.59	13,865.59	13,561.54	13,769.06	2,692,955,600
2009-02-06	13,535.76	13,660.24	13,322.62	13,655.04	2,428,156,800
2009-02-05	13,084.79	13,492.53	13,018.64	13,178.90	3,384,982,400
2009-02-04	13,029.42	13,108.74	12,975.30	13,063.89	2,070,871,000
2009-02-03	12,991.49	13,065.97	12,729.04	12,776.89	1,562,248,800
2009-02-02	13,194.00	13,239.50	12,733.35	12,861.49	2,005,490,000
2009-01-30	12,958.08	13,390.12	12,899.57	13,278.21	3,689,336,800
2009-01-29	13,560.07	13,560.07	13,109.27	13,154.43	2,662,270,000
2009-01-23	12,542.01	12,734.80	12,469.84	12,578.60	2,198,158,200
2009-01-22	12,844.37	12,895.25	12,657.10	12,657.99	1,878,278,600
2009-01-21	12,534.60	12,762.54	12,439.13	12,583.63	3,303,948,000
2009-01-20	12,854.40	13,160.87	12,816.25	12,959.77	2,521,573,600
2009-01-19	13,414.09	13,519.18	13,097.50	13,339.99	2,194,428,800
2009-01-16	13,278.97	13,423.24	13,113.45	13,255.51	3,467,109,600
2009-01-15	13,136.23	13,300.75	12,904.05	13,242.96	4,146,204,000
2009-01-14	13,807.03	14,019.03	13,674.96	13,704.61	1,537,668,800
2009-01-13	13,930.27	14,118.93	13,644.54	13,668.05	3,480,885,600
2009-01-12	14,312.26	14,312.26	13,895.04	13,971.00	4,111,599,600
2009-01-09	14,530.83	14,673.60	14,297.41	14,377.44	3,332,496,400
2009-01-08	14,755.81	14,755.81	14,334.15	14,415.91	4,374,435,600
2009-01-07	15,759.53	15,763.55	14,976.74	14,987.46	9,799,120,000
2009-01-06	15,612.47	15,651.61	15,367.93	15,509.51	2,484,472,200
2009-01-05	15,349.33	15,563.31	15,128.32	15,563.31	2,172,620,600
2009-01-02	14,448.22	15,042.81	14,412.12	15,042.81	1,752,401,800
2008-12-31	14,377.51	14,527.10	14,302.15	14,387.48	1,612,195,500
2008-12-30	14,476.74	14,513.48	14,189.08	14,235.50	1,441,715,600
2008-12-29	14,080.86	14,332.02	13,924.32	14,328.48	1,046,621,500
2008-12-26	14,184.14	14,184.14	14,184.14	14,184.14	0

(续表)

日期	开盘价	最高价	最低价	收盘价	成交量
2008-12-24	13,855.89	14,300.70	13,855.89	14,184.14	865,498,700
2008-12-23	14,472.03	14,491.75	14,084.86	14,220.79	1,494,154,600
2008-12-22	15,177.12	15,227.43	14,622.39	14,622.39	1,413,014,300
2008-12-19	15,235.22	15,444.28	15,014.98	15,127.51	2,420,226,800
2008-12-18	15,335.30	15,548.26	15,301.16	15,497.81	1,883,006,200
2008-12-17	15,544.97	15,557.45	15,179.38	15,460.52	2,180,481,600
2008-12-16	15,018.46	15,217.25	14,819.73	15,130.21	1,661,605,200
2008-12-15	15,363.49	15,386.90	15,007.42	15,046.95	2,021,422,000
2008-12-12	15,287.70	15,393.09	14,479.23	14,758.39	2,916,320,800
2008-12-11	15,533.62	15,781.05	15,337.73	15,613.90	2,477,378,600
2008-12-10	14,946.00	15,578.96	14,946.00	15,577.74	2,684,204,000
2008-12-09	15,032.33	15,205.32	14,717.47	14,753.22	2,440,344,400
2008-12-08	14,303.25	15,044.87	14,303.25	15,044.87	3,219,421,000
2008-12-05	13,718.92	13,875.14	13,656.92	13,846.09	1,750,566,000
2008-12-04	13,857.29	13,883.87	13,459.61	13,509.78	1,862,633,600
2008-12-03	13,598.60	13,778.05	13,573.43	13,588.66	1,811,385,200
2008-12-02	13,373.02	13,513.50	13,344.60	13,405.85	1,961,207,600
2008-12-01	13,775.28	14,253.66	13,659.44	14,108.84	2,041,643,600
2008-11-28	13,550.29	13,896.49	13,550.29	13,888.24	2,150,281,200
2008-11-27	13,901.45	13,930.91	13,332.93	13,552.06	2,776,072,000
2008-11-26	12,990.35	13,369.45	12,990.35	13,369.45	2,394,587,200
2008-11-25	13,012.00	13,090.88	12,767.44	12,878.60	2,466,291,800
2008-11-24	12,239.49	12,707.23	12,239.49	12,457.94	1,769,147,200
2008-11-21	11,814.81	13,048.50	11,814.81	12,659.20	3,106,043,200
2008-11-20	12,170.98	12,298.56	11,976.88	12,298.56	3,096,103,200
2008-11-19	12,827.37	13,179.33	12,738.53	12,815.80	2,060,798,200
2008-11-18	13,298.88	13,363.57	12,676.28	12,915.89	2,489,004,400
2008-11-17	13,584.35	13,738.12	13,277.64	13,529.53	1,604,626,600
2008-11-14	13,749.53	13,749.53	13,493.86	13,542.66	2,182,739,200
2008-11-13	13,068.93	13,373.11	12,943.11	13,221.35	2,813,729,600
2008-11-12	14,155.26	14,256.06	13,626.31	13,939.09	2,071,500,000
2008-11-11	14,322.95	14,853.83	13,926.71	14,040.90	2,453,779,200
2008-11-10	15,033.18	15,147.96	14,453.62	14,744.63	2,801,049,800
2008-11-07	13,273.09	14,254.22	13,273.09	14,243.43	2,750,325,200
2008-11-06	14,081.76	14,081.76	13,674.07	13,790.04	2,739,083,600
2008-11-05	15,045.53	15,317.83	14,750.04	14,840.16	3,458,872,800
2008-11-04	14,337.62	14,539.59	13,853.16	14,384.34	2,387,901,800
2008-11-03	14,436.03	14,889.13	14,272.17	14,344.37	2,971,271,000
2008-10-31	14,037.37	14,122.78	13,517.42	13,968.67	3,531,208,800
2008-10-30	13,280.44	14,329.85	13,280.44	14,329.85	5,338,289,600
2008-10-29	12,807.35	13,307.42	12,333.94	12,702.07	4,183,641,600
2008-10-28	11,154.57	12,596.29	11,133.94	12,596.29	5,810,940,400
2008-10-27	12,372.75	12,736.85	10,676.29	11,015.84	4,834,423,200
2008-10-24	13,478.63	13,478.63	12,618.38	12,618.38	3,538,915,600
2008-10-23	13,596.31	14,032.25	13,403.35	13,760.49	3,545,922,800
2008-10-22	14,878.21	15,161.69	14,038.41	14,266.60	3,102,115,800
2008-10-21	15,616.96	15,616.96	14,884.07	15,041.17	2,354,328,800
2008-10-20	14,691.90	15,472.68	14,691.79	15,323.01	3,013,349,000
2008-10-17	15,081.46	15,300.07	14,554.21	14,554.21	3,950,754,400
2008-10-16	14,902.34	15,230.52	14,578.54	15,230.52	4,412,590,400
2008-10-15	16,609.09	16,609.09	15,961.92	15,998.30	2,561,710,400
2008-10-14	17,141.05	17,141.05	16,615.01	16,832.88	4,018,110,400
2008-10-13	15,156.16	16,376.42	14,754.64	16,312.16	4,305,063,600
2008-10-10	14,717.52	14,910.55	14,398.54	14,796.87	4,705,158,000
2008-10-09	15,550.86	15,990.20	15,550.86	15,943.24	3,388,923,200
2008-10-08	16,107.98	16,422.52	15,431.73	15,431.73	4,925,746,400
2008-10-07	16,803.76	16,803.76	16,803.76	16,803.76	0
2008-10-06	17,156.21	17,241.78	16,790.86	16,803.76	2,234,392,200
2008-10-03	17,788.99	17,926.14	17,682.40	17,682.40	2,074,882,800

（续表）

已调整收盘价	开盘价	最高价	最低价	收盘价	成交量
2008-10-02	17,870.43	18,285.68	17,631.70	18,211.11	2,476,190,400
2008-09-30	16,898.33	18,029.77	16,799.29	18,016.21	3,226,857,200
2008-09-29	18,742.25	18,742.25	17,796.34	17,880.68	2,578,483,600
2008-09-26	18,909.59	18,936.94	18,500.11	18,682.09	1,895,439,600
2008-09-25	19,003.22	19,248.72	18,870.11	18,934.43	1,682,466,400
2008-09-24	18,954.32	19,291.02	18,862.90	18,961.99	2,084,468,000
2008-09-23	19,178.49	19,302.76	18,872.85	18,872.85	2,546,635,600
2008-09-22	19,869.02	19,869.02	19,137.67	19,632.20	3,731,644,400
2008-09-19	18,878.26	19,327.73	18,588.11	19,327.73	6,690,248,800
2008-09-18	17,120.23	17,849.97	16,283.72	17,632.46	6,237,659,200
2008-09-17	18,691.30	18,699.18	17,637.19	17,637.19	4,390,107,200
2008-09-16	18,325.65	18,538.51	18,019.20	18,300.61	5,213,601,200
2008-09-12	19,432.72	19,525.55	19,157.73	19,352.90	2,445,765,000
2008-09-11	19,854.82	19,854.82	19,220.28	19,388.72	2,913,054,800
2008-09-10	20,114.86	20,283.99	19,951.36	19,999.78	2,697,584,000
2008-09-09	20,439.47	20,543.15	20,299.97	20,491.11	1,942,634,000
2008-09-08	20,840.69	20,840.69	20,637.99	20,794.27	3,035,311,000
2008-09-05	19,833.87	19,987.15	19,708.39	19,933.28	2,582,614,600
2008-09-04	20,545.38	20,621.48	20,356.51	20,389.48	1,561,120,600
2008-09-03	20,964.75	20,964.75	20,526.73	20,585.06	1,666,102,200
2008-09-02	20,956.94	21,066.58	20,595.59	21,042.46	1,618,410,500
2008-09-01	20,999.32	21,031.08	20,844.15	20,906.31	1,213,874,700
2008-08-29	21,289.70	21,474.31	21,223.99	21,261.89	2,047,897,200
2008-08-28	21,546.94	21,546.94	20,857.03	20,972.29	2,187,599,200
2008-08-27	21,104.56	21,464.72	21,104.56	21,464.72	1,945,726,000
2008-08-26	20,849.08	21,173.56	20,785.80	21,056.66	1,382,900,700
2008-08-25	20,739.48	21,108.25	20,739.48	21,104.79	1,915,426,400
2008-08-22	20,392.06	20,392.06	20,392.06	20,392.06	0
2008-08-21	20,762.65	20,762.65	20,350.48	20,392.06	1,711,519,200
2008-08-20	20,388.79	20,971.19	20,388.79	20,931.26	1,838,994,400
2008-08-19	20,675.75	20,902.51	20,484.37	20,484.37	1,387,873,500
2008-08-18	21,163.01	21,206.60	20,751.14	20,930.67	1,318,434,000
2008-08-15	21,383.71	21,383.71	20,994.54	21,160.58	1,450,461,200
2008-08-14	21,302.70	21,453.48	21,109.01	21,392.71	2,250,392,800
2008-08-13	21,270.86	21,665.75	21,223.38	21,293.32	3,083,083,600
2008-08-12	21,992.18	22,309.33	21,640.89	21,640.89	1,868,403,600
2008-08-11	22,020.54	22,235.51	21,859.34	21,859.34	1,549,134,100
2008-08-08	21,997.64	22,230.55	21,690.60	21,885.21	1,737,934,600
2008-08-07	22,403.26	22,424.54	21,915.28	22,104.20	2,172,200,800
2008-08-05	22,225.06	22,225.06	21,739.22	21,949.75	1,946,666,000
2008-08-04	22,630.59	22,713.58	22,425.13	22,514.92	1,293,079,100
2008-08-01	22,497.90	22,881.27	22,207.31	22,862.60	1,800,206,000
2008-07-31	22,878.76	22,878.76	22,695.73	22,731.10	1,572,662,100
2008-07-30	22,637.33	22,751.04	22,573.18	22,690.60	1,968,748,000
2008-07-29	22,265.93	22,265.93	22,089.09	22,258.00	1,403,232,700
2008-07-28	22,801.85	22,862.03	22,619.23	22,687.21	1,081,764,400
2008-07-25	22,751.51	22,843.20	22,542.08	22,740.71	1,917,652,600
2008-07-24	23,330.89	23,369.05	23,062.62	23,087.72	2,589,708,600
2008-07-23	22,900.77	23,134.55	22,871.04	23,134.55	2,586,745,600
2008-07-22	22,430.59	22,690.74	22,393.14	22,527.48	1,505,886,500
2008-07-21	22,523.28	22,645.52	22,455.01	22,532.90	2,571,576,800
2008-07-18	22,010.94	22,010.94	21,677.15	21,874.19	1,842,076,400
2008-07-17	21,825.24	21,892.53	21,672.27	21,734.72	2,289,947,600
2008-07-16	20,988.74	21,334.38	20,988.74	21,223.50	1,784,065,200
2008-07-15	21,644.04	21,644.04	21,077.24	21,174.77	2,140,148,000
2008-07-14	22,205.00	22,360.29	21,871.60	22,014.46	1,494,919,500
2008-07-11	21,834.64	22,225.38	21,761.04	22,184.55	2,163,732,400
2008-07-10	21,562.07	22,020.66	21,498.87	21,821.78	2,512,108,400
2008-07-09	21,740.86	21,954.17	21,531.97	21,805.81	2,691,241,400

(续表)

已调整收盘价	开盘价	最高价	最低价	收盘价	成交量
2008-07-08	21,632.70	21,684.21	21,098.84	21,220.81	2,015,196,800
2008-07-07	21,402.70	21,916.21	21,402.70	21,913.06	1,964,579,200
2008-07-04	21,402.17	21,534.05	21,344.85	21,423.82	1,796,344,200
2008-07-03	21,389.49	21,742.07	21,163.57	21,242.78	2,725,284,800
2008-07-02	21,785.39	21,938.20	21,555.53	21,704.45	2,548,582,600
2008-06-30	22,237.92	22,237.92	21,997.69	22,102.01	1,489,375,800
2008-06-27	21,901.27	22,201.47	21,773.67	22,042.35	2,215,868,800
2008-06-26	22,742.54	22,885.35	22,441.47	22,455.67	1,858,470,400
2008-06-25	22,745.17	22,827.56	22,567.93	22,635.16	1,404,586,900
2008-06-24	22,697.26	22,731.49	22,456.02	22,456.02	1,738,774,600
2008-06-23	22,407.09	22,830.43	22,384.58	22,714.96	1,772,604,200
2008-06-20	22,817.99	23,411.63	22,745.60	22,745.60	2,389,576,800
2008-06-19	22,849.36	22,999.67	22,733.78	22,797.61	1,847,304,800
2008-06-18	23,114.45	23,492.21	22,946.96	23,325.80	2,194,547,400
2008-06-17	23,008.08	23,128.58	22,872.33	23,057.99	1,172,435,700
2008-06-16	22,814.17	23,232.99	22,814.17	23,029.69	1,493,182,900
2008-06-13	22,920.77	22,984.09	22,592.30	22,592.30	1,499,591,300
2008-06-12	22,820.89	23,023.86	22,695.10	23,023.86	2,122,609,200
2008-06-11	23,288.96	23,486.17	23,178.02	23,327.60	1,655,617,100
2008-06-10	23,689.16	23,741.09	23,343.19	23,375.52	2,721,477,200
2008-06-06	24,505.60	24,524.59	24,392.82	24,402.18	1,723,142,800
2008-06-05	24,150.53	24,321.66	24,003.98	24,255.29	1,718,558,000
2008-06-04	24,327.72	24,462.58	24,123.25	24,123.25	1,965,733,200
2008-06-03	24,556.18	24,590.60	24,254.93	24,375.76	2,556,822,800
2008-06-02	24,542.29	24,923.28	24,453.79	24,831.36	1,826,960,800
2008-05-30	24,448.37	24,585.78	24,289.85	24,533.12	2,117,152,800
2008-05-29	24,542.10	24,542.10	24,222.05	24,383.99	1,779,312,400
2008-05-28	24,209.03	24,338.68	24,178.71	24,249.51	1,445,198,700
2008-05-27	24,239.05	24,441.07	24,221.28	24,282.04	1,144,928,200
2008-05-26	24,234.35	24,331.69	24,100.31	24,127.31	1,780,722,000
2008-05-23	25,085.35	25,128.44	24,693.55	24,714.07	1,574,829,500
2008-05-22	24,984.28	25,057.54	24,700.49	25,043.12	2,061,192,800
2008-05-21	24,828.04	25,498.09	24,820.17	25,460.29	2,106,344,800
2008-05-20	25,692.27	25,702.87	25,042.09	25,169.46	2,068,788,800
2008-05-19	25,592.21	25,822.00	25,592.21	25,742.23	1,587,602,500
2008-05-16	25,665.64	25,748.33	25,533.60	25,618.86	2,457,737,200
2008-05-15	25,719.02	25,736.56	25,208.22	25,513.71	2,136,959,800
2008-05-14	25,461.37	25,546.78	25,108.06	25,533.48	1,855,836,800
2008-05-13	25,190.18	25,601.55	25,032.17	25,552.77	2,460,693,200
2008-05-12	25,063.17	25,063.17	25,063.17	25,063.17	0
2008-05-09	25,401.91	25,483.76	24,911.33	25,063.17	2,068,025,400
2008-05-08	25,442.52	25,616.95	25,353.51	25,449.79	1,846,277,600
2008-05-07	26,377.99	26,377.99	25,471.19	25,610.21	2,539,309,200
2008-05-06	26,084.61	26,314.99	26,072.62	26,262.13	1,696,804,000
2008-05-05	26,321.61	26,387.37	26,118.61	26,183.95	1,900,574,400
2008-05-02	26,324.97	26,374.09	26,173.82	26,241.02	2,749,028,000
2008-05-01	25,755.35	25,755.35	25,755.35	25,755.35	0
2008-04-30	25,998.27	26,066.50	25,731.64	25,755.35	2,282,480,400
2008-04-29	25,661.96	26,038.58	25,633.47	25,914.15	2,901,800,600
2008-04-28	25,613.17	25,717.43	25,567.59	25,666.29	2,082,946,200
2008-04-25	25,852.97	25,852.97	25,437.82	25,516.78	2,047,835,200
2008-04-24	25,776.29	25,861.68	25,603.57	25,680.78	3,261,434,800
2008-04-23	25,000.49	25,361.29	24,919.73	25,289.24	2,661,193,600
2008-04-22	24,460.64	24,965.74	24,413.25	24,939.15	2,474,617,000
2008-04-21	24,821.00	24,887.11	24,668.28	24,721.67	2,069,827,200
2008-04-18	24,234.53	24,400.87	24,107.24	24,197.78	2,314,052,400
2008-04-17	24,369.86	24,442.07	24,150.51	24,258.96	1,972,002,200
2008-04-16	24,075.68	24,194.18	23,749.68	23,878.35	1,510,818,300
2008-04-15	23,950.40	24,043.89	23,613.49	23,901.33	1,951,864,800

（续表）

已调整收盘价	开盘价	最高价	最低价	收盘价	成交量
2008-04-14	23,968.04	24,070.26	23,753.04	23,811.20	2,289,906,000
2008-04-11	24,442.27	24,681.46	24,322.11	24,667.79	2,777,530,400
2008-04-10	24,101.41	24,214.57	23,905.58	24,187.10	2,034,503,000
2008-04-09	24,293.42	24,492.03	23,921.15	23,984.57	2,280,681,000
2008-04-08	24,507.07	24,557.43	24,212.60	24,311.69	1,980,417,200
2008-04-07	24,484.83	24,642.02	24,269.55	24,578.76	2,084,002,000
2008-04-04	24,264.63	24,264.63	24,264.63	24,264.63	0
2008-04-03	23,947.55	24,334.19	23,937.31	24,264.63	2,489,106,000
2008-04-02	24,133.77	24,195.32	23,858.89	23,872.43	3,980,921,600
2008-04-01	23,084.93	23,305.71	22,700.50	23,137.46	2,122,779,600
2008-03-31	22,997.04	23,077.84	22,700.84	22,849.20	1,816,950,800
2008-03-28	22,750.31	23,313.88	22,721.22	23,285.95	3,177,623,000
2008-03-27	22,312.57	22,758.94	22,205.20	22,664.22	2,271,872,000
2008-03-26	22,581.75	22,811.35	22,428.43	22,617.01	2,754,525,400
2008-03-25	21,841.78	22,529.80	21,691.55	22,464.52	3,281,174,000
2008-03-24	21,108.22	21,108.22	21,108.22	21,108.22	0
2008-03-20	21,173.30	21,471.67	20,896.14	21,108.22	2,784,758,800
2008-03-19	22,191.88	22,191.88	21,779.84	21,866.94	2,951,784,000
2008-03-18	21,444.61	21,467.18	20,572.92	21,384.61	3,676,795,200
2008-03-17	21,318.03	21,473.40	21,041.26	21,084.61	3,369,502,000
2008-03-14	22,536.12	22,747.14	22,151.51	22,237.11	2,340,163,800
2008-03-13	22,925.42	23,007.61	22,251.24	22,301.64	2,546,540,800
2008-03-12	23,737.65	23,737.65	23,139.40	23,422.76	2,637,049,600
2008-03-11	22,634.71	22,995.35	22,263.36	22,995.35	2,261,189,000
2008-03-10	22,387.25	22,725.21	22,034.76	22,705.05	2,510,419,600
2008-03-07	22,694.23	22,836.76	22,447.84	22,501.33	2,764,171,600
2008-03-06	23,360.68	23,615.18	23,254.31	23,342.73	1,691,913,400
2008-03-05	23,066.64	23,268.45	22,873.31	23,114.34	1,977,023,400
2008-03-04	23,858.04	23,923.20	23,060.90	23,119.87	2,208,747,800
2008-03-03	23,491.57	23,738.67	23,458.95	23,584.97	2,409,038,800
2008-02-29	24,226.83	24,370.69	24,010.48	24,331.67	1,997,874,800
2008-02-28	24,373.90	24,841.23	24,205.01	24,591.69	2,194,424,400
2008-02-27	24,161.19	24,610.41	24,111.60	24,483.84	3,009,478,800
2008-02-26	23,564.77	23,762.40	23,395.26	23,714.75	1,621,023,300
2008-02-25	23,546.10	23,552.99	23,164.97	23,269.14	1,323,817,100
2008-02-22	23,233.90	23,420.35	23,077.51	23,305.04	1,760,169,200
2008-02-21	23,957.64	24,003.60	23,500.95	23,623.00	1,680,737,200
2008-02-20	24,265.32	24,265.32	23,481.06	23,590.58	2,652,384,600
2008-02-19	24,040.66	24,402.64	24,025.05	24,123.17	2,524,465,200
2008-02-15	23,511.47	24,208.51	23,446.37	24,148.43	1,920,019,600
2008-02-14	23,893.51	24,140.29	23,756.45	24,021.68	2,799,158,800
2008-02-13	23,330.09	23,534.49	22,938.05	23,169.55	2,066,015,600
2008-02-12	22,953.78	23,146.44	22,891.22	22,921.67	1,584,831,400
2008-02-11	23,404.74	23,404.74	22,569.53	22,616.11	2,369,935,800
2008-02-06	23,458.15	23,592.31	23,283.97	23,469.46	2,714,642,800
2008-02-05	24,710.10	24,961.98	24,504.53	24,808.70	1,704,108,800
2008-02-04	24,885.07	25,101.41	24,728.50	25,032.08	3,259,179,200
2008-02-01	23,791.92	24,238.30	23,322.05	24,123.58	3,429,329,600
2008-01-31	23,789.72	23,887.17	23,052.95	23,455.74	2,460,015,000
2008-01-30	24,605.15	24,631.59	23,586.37	23,653.69	2,550,839,400
2008-01-29	24,640.10	24,736.80	24,229.14	24,291.80	1,953,154,800
2008-01-28	24,342.39	24,384.27	23,586.52	24,053.61	3,088,035,600
2008-01-25	24,801.46	25,243.58	24,483.93	25,122.37	3,929,030,800
2008-01-24	24,396.85	24,966.17	23,478.87	23,539.27	4,254,018,800
2008-01-23	23,359.20	24,239.98	22,647.28	24,090.17	5,350,497,200
2008-01-22	22,624.29	22,713.69	21,709.63	21,757.63	5,979,656,000
2008-01-21	24,459.02	24,650.28	23,770.13	23,818.86	3,252,136,000
2008-01-18	24,247.17	25,378.24	24,134.25	25,201.87	3,155,112,600
2008-01-17	24,705.08	25,381.91	23,957.61	25,114.98	3,535,112,800

（续表）

已调整收盘价	开盘价	最高价	最低价	收盘价	成交量
2008-01-16	25,131.11	25,131.11	24,320.03	24,450.85	4,294,639,600
2008-01-15	26,728.93	26,800.52	25,823.50	25,837.78	2,333,391,400
2008-01-14	27,019.13	27,142.88	26,464.64	26,468.13	2,050,190,000
2008-01-11	27,435.51	27,593.70	26,725.95	26,867.01	2,950,312,400
2008-01-10	27,426.42	27,596.50	27,115.82	27,230.86	2,704,613,800
2008-01-09	26,847.49	27,625.83	26,757.03	27,615.85	2,714,685,000
2008-01-08	27,466.96	27,637.60	27,088.70	27,112.90	2,492,360,800
2008-01-07	26,962.54	27,186.07	26,698.54	27,179.49	2,452,932,000
2008-01-04	27,004.34	27,596.86	26,994.85	27,519.69	2,375,522,200
2008-01-03	27,050.03	27,223.71	26,864.13	26,887.28	2,442,743,800
2008-01-02	27,632.20	27,853.60	27,299.45	27,560.52	1,232,142,900

18. 2007—2008 年上证指数历史记录

日期	开盘价	最高价	最低价	收盘价
2007-01-04	2728.188	2847.615	2684.818	2715.719
2007-01-05	2668.577	2685.804	2617.019	2641.334
2007-01-08	2621.068	2708.444	2620.625	2707.199
2007-01-09	2711.049	2809.394	2691.36	2807.804
2007-01-10	2838.113	2841.741	2770.988	2825.576
2007-01-11	2819.367	2841.18	2763.886	2770.11
2007-01-12	2745.321	2782.025	2652.578	2668.11
2007-01-15	2660.07	2795.331	2658.879	2794.701
2007-01-16	2818.663	2830.803	2757.205	2821.017
2007-01-17	2828.401	2870.422	2742.588	2778.9
2007-01-18	2760.944	2784.043	2679.705	2756.983
2007-01-19	2761.886	2833.454	2761.886	2832.207
2007-01-22	2857.896	2934.647	2857.896	2933.19
2007-01-23	2964.687	2970.685	2851.919	2949.144
2007-01-24	2955.424	2994.282	2927.721	2975.129
2007-01-25	2946.504	2947.149	2853.822	2857.365
2007-01-26	2805.956	2905.984	2720.827	2882.558
2007-01-29	2897.254	2954.336	2885.861	2945.263
2007-01-30	2959.398	2980.51	2901.762	2930.562
2007-01-31	2926.075	2929.646	2766.747	2786.335
2007-02-01	2744.814	2801.689	2706.291	2785.432
2007-02-02	2791.49	2796.436	2666.862	2673.212
2007-02-05	2658.074	2672.352	2610.331	2612.537
2007-02-06	2612.839	2677.042	2541.525	2675.697
2007-02-07	2688.96	2745.387	2681.329	2716.175
2007-02-08	2725.14	2751.162	2691.268	2737.732
2007-02-09	2741.48	2747.944	2704.365	2730.386
2007-02-12	2729.836	2807.51	2728.783	2807.174
2007-02-13	2819.138	2835.089	2801.313	2831.872
2007-02-14	2836.819	2915.063	2823.382	2905.093
2007-02-15	2923.666	2994.622	2923.666	2993.008
2007-02-16	3018.18	3036.346	2975.827	2998.474
2007-02-26	2999.086	3041.336	2960.745	3040.599
2007-02-27	3048.829	3049.771	2763.395	2771.791
2007-02-28	2734.595	2888.899	2732.884	2881.073
2007-03-01	2877.203	2878.355	2760.912	2797.19
2007-03-02	2792.941	2846.158	2777.796	2831.526
2007-03-05	2827.675	2858.441	2723.065	2785.306

（续表）

日期	开盘价	最高价	最低价	收盘价
2007-03-06	2776.167	2866.332	2756.961	2840.175
2007-03-07	2851.747	2911.416	2849.648	2896.594
2007-03-08	2904.185	2928.803	2871.464	2928.015
2007-03-09	2934.493	2962.421	2891.814	2937.91
2007-03-12	2945.923	2958.632	2904.744	2954.914
2007-03-13	2958.096	2966.194	2932.234	2964.794
2007-03-14	2933.679	2934.454	2868.807	2906.334
2007-03-15	2905.976	2955.462	2905.976	2951.698
2007-03-16	2964.094	2979.708	2899.032	2930.481
2007-03-19	2864.256	3037.999	2852.858	3014.442
2007-03-20	3024.781	3033.02	2998.804	3032.195
2007-03-21	3042.098	3057.71	3020.949	3057.38
2007-03-22	3080.602	3099.819	3059.381	3071.225
2007-03-23	3071.808	3085.324	3008.154	3074.286
2007-03-26	3083.938	3123.179	3069.473	3122.811
2007-03-27	3126.025	3145.044	3103.779	3138.826
2007-03-28	3140.68	3180.332	3052.078	3173.018
2007-03-29	3179.803	3273.727	3176.526	3197.537
2007-03-30	3178.496	3212.389	3157.03	3183.983
2007-04-02	3196.587	3253.435	3196.587	3252.595
2007-04-03	3265.676	3292.578	3251.523	3291.299
2007-04-04	3295.976	3308.148	3266.559	3291.542
2007-04-05	3286.163	3326.916	3259.626	3319.14
2007-04-06	3287.684	3334.224	3273.855	3323.585
2007-04-09	3333.422	3399.515	3333.262	3398.95
2007-04-10	3405.233	3444.374	3351.105	3444.291
2007-04-11	3454.417	3497.52	3428.782	3495.224
2007-04-12	3503.227	3532.862	3488.077	3531.029
2007-04-13	3537.22	3563.856	3504.161	3518.267
2007-04-16	3523.217	3597.215	3523.217	3596.441
2007-04-17	3611.63	3622.888	3510.498	3611.87
2007-04-18	3614.678	3623.867	3564.23	3612.396
2007-04-19	3610.024	3617.438	3358.93	3449.016
2007-04-20	3460.904	3591.461	3460.904	3584.204
2007-04-23	3615.789	3710.886	3615.789	3710.886
2007-04-24	3736.154	3762.388	3689.134	3720.532
2007-04-25	3708.571	3769.247	3653.989	3743.959
2007-04-26	3766.476	3784.68	3732.601	3783.063
2007-04-27	3788.748	3802.923	3720.596	3759.867
2007-04-30	3784.272	3851.35	3759.48	3841.272
2007-05-08	3937.938	3964.714	3901.326	3950.011
2007-05-09	3961.103	4015.219	3875.384	4013.085
2007-05-10	4021.422	4072.138	3991.477	4049.701
2007-05-11	4024.422	4039.668	3949.368	4021.678
2007-05-14	3970.661	4081.426	3940.358	4046.392
2007-05-15	4055.834	4069.846	3891.363	3899.178
2007-05-16	3890.809	3987.405	3845.227	3986.043
2007-05-17	4002.485	4064.283	3982.995	4048.293
2007-05-18	4041.39	4052.097	3999.165	4030.258
2007-05-21	3902.347	4083.416	3892.975	4072.225
2007-05-22	4091.143	4136.63	4086.825	4110.379
2007-05-23	4125.426	4175.444	4093.915	4173.709
2007-05-24	4188.677	4208.388	4089.385	4151.133

（续表）

日期	开盘价	最高价	最低价	收盘价
2007-05-25	4133.192	4190.469	4111.262	4179.776
2007-05-28	4221.578	4283.93	4215.243	4272.111
2007-05-29	4288.98	4335.963	4262.024	4334.924
2007-05-30	4087.405	4275.237	4015.512	4053.088
2007-05-31	4006.28	4178.107	3858.04	4109.654
2007-06-01	4120.628	4181.28	3966.977	4000.742
2007-06-04	3981.817	3987.269	3659.089	3670.401
2007-06-05	3564.433	3768.563	3404.146	3767.101
2007-06-06	3781.375	3821.697	3682.794	3776.317
2007-06-07	3787.702	3891.403	3779.5	3890.803
2007-06-08	3900.027	3935.786	3852.045	3913.135
2007-06-11	3942.005	4000.416	3930.74	3995.68
2007-06-12	4011.679	4073.181	3910.001	4072.138
2007-06-13	4110.742	4193.446	4102.041	4176.48
2007-06-14	4162.207	4179.725	4085.785	4115.209
2007-06-15	4085.656	4152.543	4067.357	4132.869
2007-06-18	4195.391	4267.74	4193.314	4253.348
2007-06-19	4247.745	4280.85	4209.575	4269.524
2007-06-20	4269.455	4311.997	4164.275	4181.323
2007-06-21	4170.894	4256.542	4147.054	4230.823
2007-06-22	4230.967	4249.431	4024.489	4091.445
2007-06-25	4102.787	4131.13	3912.422	3941.081
2007-06-26	3863.248	3976.191	3818.853	3973.371
2007-06-27	3985.716	4090.715	3948.287	4078.599
2007-06-28	4080.194	4113.283	3912.814	3914.204
2007-06-29	3824.29	3919.345	3779.813	3820.703
2007-07-02	3800.233	3859.861	3724.187	3836.294
2007-07-03	3854.716	3906.761	3821.463	3899.724
2007-07-04	3906.012	3916.475	3800.275	3816.165
2007-07-05	3769.639	3778.399	3614.531	3615.872
2007-07-06	3599.818	3785.346	3563.544	3781.348
2007-07-09	3809.67	3900.904	3782.733	3883.216
2007-07-10	3895.909	3929.416	3841.801	3853.021
2007-07-11	3837.796	3879.292	3812.138	3865.723
2007-07-12	3874.039	3925.604	3861.037	3915.991
2007-07-13	3920.827	3935.506	3878.184	3914.395
2007-07-16	3920.653	3931.868	3820.574	3821.916
2007-07-17	3809.558	3919.777	3767.222	3896.191
2007-07-18	3880.852	3971.61	3861.907	3930.06
2007-07-19	3918.539	3947.33	3887.589	3912.941
2007-07-20	3918.409	4062.116	3918.409	4058.853
2007-07-23	4091.242	4220.322	4091.242	4213.361
2007-07-24	4238.32	4284.829	4192.72	4210.329
2007-07-25	4212.95	4325.378	4212.23	4323.966
2007-07-26	4347.778	4371.512	4304.193	4346.458
2007-07-27	4315.373	4357.343	4268.788	4345.357
2007-07-30	4348.607	4450.188	4345.793	4440.769
2007-07-31	4432.265	4476.626	4379.199	4471.032
2007-08-01	4488.774	4502.296	4284.871	4300.563
2007-08-02	4316.567	4431.85	4290.809	4407.73
2007-08-03	4440.976	4562.688	4438.963	4560.774
2007-08-06	4600.118	4629.968	4564.313	4628.108
2007-08-07	4642.01	4687.435	4581.294	4651.225

（续表）

日期	开盘价	最高价	最低价	收盘价
2007-08-08	4614.586	4711.316	4568.695	4663.162
2007-08-09	4658.592	4768.886	4658.592	4754.095
2007-08-10	4745.181	4769.619	4640.766	4749.369
2007-08-13	4768.619	4872.548	4728.892	4820.064
2007-08-14	4820.15	4876.851	4789.895	4872.785
2007-08-15	4875.511	4916.31	4762.718	4869.883
2007-08-16	4845.016	4845.016	4710.31	4765.448
2007-08-17	4733.137	4814.369	4646.433	4656.574
2007-08-20	4773.832	4906.003	4758.397	4904.855
2007-08-21	4944.214	4982.981	4917.821	4955.207
2007-08-22	4876.345	4999.195	4861.271	4980.075
2007-08-23	5002.841	5050.383	4968.327	5032.494
2007-08-24	5070.651	5125.359	5052.241	5107.668
2007-08-27	5144.824	5192.061	5092.076	5150.118
2007-08-28	5134.141	5209.507	5058.446	5194.689
2007-08-29	5147.713	5204.526	5063.412	5109.427
2007-08-30	5144.111	5186.526	5109.662	5167.884
2007-08-31	5184.091	5235.157	5158.368	5218.825
2007-09-03	5257.777	5327.538	5257.777	5321.055
2007-09-04	5333.4	5357.926	5264.996	5294.045
2007-09-05	5296.07	5337.929	5223.67	5310.716
2007-09-06	5336.669	5412.319	5314.337	5393.66
2007-09-07	5381.186	5405.358	5269.25	5277.176
2007-09-10	5208.318	5356.856	5169.905	5355.287
2007-09-11	5362.941	5395.038	5093.923	5113.968
2007-09-12	5092.576	5192.302	5025.336	5172.627
2007-09-13	5193.409	5276.771	5178.871	5273.592
2007-09-14	5290.256	5324.439	5201.854	5312.182
2007-09-17	5309.057	5427.171	5307.774	5421.392
2007-09-18	5446.732	5458.578	5339.917	5425.208
2007-09-19	5439.018	5447.36	5336.07	5395.265
2007-09-20	5408.484	5482.425	5396.109	5470.065
2007-09-21	5482.507	5489.074	5363.347	5454.674
2007-09-24	5469.837	5506.064	5404.419	5485.013
2007-09-25	5500.269	5509.234	5396.482	5425.88
2007-09-26	5407.829	5463.899	5320.02	5338.52
2007-09-27	5338.108	5411.189	5306.823	5409.403
2007-09-28	5461.58	5560.417	5461.58	5552.301
2007-10-08	5683.31	5729.963	5620	5692.755
2007-10-09	5678.913	5725.407	5628.35	5715.892
2007-10-10	5742.648	5860.859	5727.238	5771.464
2007-10-11	5798.386	5914.772	5755.99	5913.23
2007-10-12	5950.902	5959.364	5658.812	5903.264
2007-10-15	5934.775	6039.042	5866.131	6030.086
2007-10-16	6056.946	6124.044	6040.713	6092.057
2007-10-17	6057.428	6088.892	5982.203	6036.281
2007-10-18	6031.916	6055.473	5804.973	5825.282
2007-10-19	5869.124	5932.11	5766.861	5818.047
2007-10-22	5742.791	5804.836	5654.907	5667.332
2007-10-23	5660.066	5776.016	5574.84	5773.387
2007-10-24	5804.015	5906.695	5793.557	5843.109
2007-10-25	5794.223	5819.884	5546.041	5562.394
2007-10-26	5498.858	5628.834	5462.013	5589.631

(续表)

日期	开盘价	最高价	最低价	收盘价
2007-10-29	5641.983	5750.254	5617.976	5747.997
2007-10-30	5769.203	5899.65	5701.337	5897.193
2007-10-31	5984.713	6002.118	5871.48	5954.765
2007-11-01	5978.939	6005.131	5912.502	5914.285
2007-11-02	5812.465	5860.594	5740.403	5777.809
2007-11-05	5748.176	5787.228	5603.47	5634.452
2007-11-06	5593.347	5649.752	5510.161	5536.569
2007-11-07	5565.648	5610.953	5469.761	5601.783
2007-11-08	5559.151	5559.151	5328.201	5330.023
2007-11-09	5276.008	5382.697	5217.629	5315.54
2007-11-12	5181.175	5250.085	5032.578	5187.735
2007-11-13	5239.343	5311.698	5085.444	5158.118
2007-11-14	5246.574	5414.609	5165.063	5412.694
2007-11-15	5391.017	5453.74	5338.905	5365.267
2007-11-16	5273.082	5335.513	5224.313	5316.274
2007-11-19	5325.302	5333.088	5240.424	5269.817
2007-11-20	5230.742	5338.173	5158.542	5293.703
2007-11-21	5307.793	5344.93	5206.574	5214.225
2007-11-22	5113.882	5154.858	4969.894	4984.161
2007-11-23	4946.258	5034.225	4896.988	5032.13
2007-11-26	5102.526	5124.888	4952.429	4958.849
2007-11-27	4919.913	4947.076	4857.038	4861.111
2007-11-28	4870.842	4907.756	4778.727	4803.394
2007-11-29	4870.861	5011.194	4814.783	5003.333
2007-11-30	4993.74	4993.74	4861.864	4871.778
2007-1203	4838.564	4899.667	4798.014	4868.611
2007-12-04	4882.149	4971.404	4882.149	4915.889
2007-12-05	4917.365	5052.748	4893.323	5042.654
2007-12-06	5055.835	5065.51	4995.472	5035.073
2007-12-07	5038.478	5096.799	5021.366	5091.756
2007-12-10	5010.826	5168.764	4990.718	5161.919
2007-12-11	5180.541	5209.705	5103.747	5175.076
2007-12-12	5148.254	5149.931	5054.565	5095.543
2007-12-13	5078.182	5095.152	4954.357	4958.043
2007-12-14	4899.75	5011.201	4860.156	5007.911
2007-12-17	5007.285	5007.346	4874.624	4876.761
2007-12-18	4856.471	4905.492	4812.156	4836.174
2007-12-19	4878.066	4960.417	4868.354	4941.784
2007-12-20	4965.29	5050.785	4923.295	5043.535
2007-12-21	5017.195	5112.388	5013.759	5101.779
2007-12-24	5132.913	5284.34	5104.645	5234.262
2007-12-25	5233.175	5254.405	5178.801	5201.181
2007-12-26	5209.035	5262.592	5158.756	5233.351
2007-12-27	5248.222	5316.523	5203.502	5308.889
2007-12-28	5320.007	5336.499	5248.692	5261.563
2008-01-02	5265	5295.016	5201.892	5272.814
2008-01-03	5269.801	5321.457	5211.046	5319.861
2008-01-04	5328.411	5372.461	5318.461	5361.574
2008-01-07	5357.45	5403.349	5332.597	5393.343
2008-01-08	5414.558	5480.07	5344.648	5386.531
2008-01-09	5365.222	5437.764	5346.846	5435.807
2008-01-10	5449.16	5483.827	5407.307	5456.541
2008-01-11	5471.387	5500.061	5423.807	5484.677

（续表）

日期	开盘价	最高价	最低价	收盘价
2008-01-14	5507.578	5522.778	5456.929	5497.901
2008-01-15	5503.931	5505.035	5405.595	5443.791
2008-01-16	5395.277	5396.044	5288.765	5290.606
2008-01-17	5235.908	5312.287	5039.786	5151.626
2008-01-18	5141.371	5187.605	5093.134	5180.514
2008-01-21	5188.795	5200.926	4891.285	4914.435
2008-01-22	4817.997	4817.997	4511.953	4559.751
2008-01-23	4572.902	4705.073	4510.504	4703.047
2008-01-24	4753.445	4767.799	4625.46	4717.734
2008-01-25	4716.977	4806.889	4657.709	4761.688
2008-01-28	4720.564	4720.564	4409.079	4419.294
2008-01-29	4426.267	4517.601	4389.517	4457.944
2008-01-30	4505.635	4554.343	4330.697	4417.849
2008-01-31	4408.024	4487.318	4368.296	4383.393
2008-02-01	4388.254	4411.704	4195.753	4320.767
2008-02-04	4415.023	4672.214	4415.023	4672.17
2008-02-05	4622.539	4662.971	4550.429	4599.696
2008-02-13	4525.026	4547.539	4454.642	4490.721
2008-02-14	4527.054	4576.983	4507.943	4552.316
2008-02-15	4523.792	4523.792	4431.463	4497.127
2008-02-18	4546.752	4601.224	4517.596	4568.151
2008-02-19	4582.284	4665.554	4544.944	4664.295
2008-02-20	4682.588	4695.802	4556.814	4567.026
2008-02-21	4534.169	4568.208	4452.675	4527.177
2008-02-22	4500.385	4500.385	4333.033	4370.285
2008-02-25	4370.188	4391.333	4182.774	4192.533
2008-02-26	4302.735	4331.64	4123.305	4238.179
2008-02-27	4256.532	4360.7	4222.459	4334.047
2008-02-28	4343.277	4344.926	4265.498	4299.513
2008-02-29	4293.533	4364.814	4275.899	4348.543
2008-03-03	4323.698	4456.963	4279.345	4438.265
2008-03-04	4454.18	4472.151	4321.266	4335.446
2008-03-05	4316.25	4352.822	4210.963	4292.654
2008-03-06	4310.354	4427.498	4260.787	4360.986
2008-03-07	4315.808	4341.295	4265.829	4300.515
2008-03-10	4265.611	4265.611	4120.53	4146.299
2008-03-11	4121.653	4165.915	4063.47	4165.878
2008-03-12	4254.673	4272.979	4068.781	4070.116
2008-03-13	4033.319	4055.446	3902.248	3971.257
2008-03-14	3956.746	4000.78	3891.7	3962.673
2008-03-17	3941.258	3941.258	3812.999	3820.048
2008-03-18	3789.565	3862.772	3607.25	3668.897
2008-03-19	3746.047	3813.885	3677.817	3761.605
2008-03-20	3721.504	3857.62	3516.33	3804.054
2008-03-21	3790.111	3838.058	3746.395	3796.576
2008-03-24	3830.346	3840.479	3624.936	3626.188
2008-03-25	3559.942	3659.21	3521.528	3629.619
2008-03-26	3644.13	3698.325	3591.108	3606.857
2008-03-27	3541.276	3541.276	3407.896	3411.493
2008-03-28	3378.628	3590.753	3357.229	3580.146
2008-03-31	3465.908	3555.824	3445.556	3472.713
2008-04-01	3461.085	3493.133	3308.902	3329.162
2008-04-02	3370.604	3464.531	3283.64	3347.882

（续表）

日期	开盘价	最高价	最低价	收盘价
2008-04-03	3323.426	3456.948	3271.29	3446.244
2008-04-07	3418.516	3613.48	3386.512	3599.618
2008-04-08	3604.263	3656.961	3563.85	3612.539
2008-04-09	3585.847	3606.887	3413.072	3413.907
2008-04-10	3378.139	3474.312	3344.87	3471.743
2008-04-11	3498.555	3517.818	3462.136	3492.893
2008-04-14	3419.047	3427.884	3285.298	3296.672
2008-04-15	3282.572	3349.76	3212.15	3348.353
2008-04-16	3349.931	3363.216	3283.078	3291.599
2008-04-17	3286.414	3352.951	3180.199	3222.741
2008-04-18	3200.57	3203.71	3078.174	3094.668
2008-04-21	3305.152	3305.168	3073.563	3116.977
2008-04-22	3076.715	3148.731	2990.788	3147.793
2008-04-23	3116.412	3296.717	3089.893	3278.33
2008-04-24	3539.868	3593.197	3461.643	3583.028
2008-04-25	3572.547	3658.551	3527.838	3557.749
2008-04-28	3497.383	3530.905	3460.255	3474.722
2008-04-29	3457.351	3544.229	3453.279	3523.405
2008-04-30	3545.573	3705.093	3543.019	3693.106
2008-05-05	3739.797	3768.216	3696.697	3761.009
2008-05-06	3735.849	3786.024	3680.99	3733.503
2008-05-07	3716.446	3774.066	3577.991	3579.147
2008-05-08	3538.916	3658.047	3523.025	3656.839
2008-05-09	3682.955	3693.16	3552.473	3613.494
2008-05-12	3548.614	3668.857	3521.878	3626.982
2008-05-13	3515.711	3615.06	3508.32	3560.243
2008-05-14	3549.668	3661.971	3549.668	3657.432
2008-05-15	3676.839	3706.722	3636.224	3637.324
2008-05-16	3637.636	3661.071	3582.5	3624.233
2008-05-19	3615.594	3624.844	3563.609	3604.761
2008-05-20	3601.549	3632.006	3432.382	3443.162
2008-05-21	3414.344	3560.528	3355.084	3544.186
2008-05-22	3493.067	3558.019	3469.792	3485.63
2008-05-23	3473.801	3521.393	3435.841	3473.091
2008-05-26	3442.291	3443.988	3361.985	3364.544
2008-05-27	3355.114	3383.679	3333.951	3375.407
2008-05-28	3382.774	3486.332	3354.254	3459.026
2008-05-29	3447.768	3481.734	3400.773	3401.437
2008-05-30	3414.254	3450.493	3390.883	3433.354
2008-06-02	3426.202	3483.612	3400.722	3459.042
2008-06-03	3456.582	3469.062	3409.232	3436.402
2008-06-04	3424.042	3428.472	3341.742	3369.912
2008-06-05	3355.932	3376.342	3326.542	3351.652
2008-06-06	3362.002	3371.282	3312.722	3329.672
2008-06-10	3202.112	3215.502	3045.062	3072.332
2008-06-11	3042.162	3064.202	2992.352	3024.242
2008-06-12	3011.562	3031.062	2900.122	2957.532
2008-06-13	2960.912	2976.452	2865.502	2868.802
2008-06-16	2876.292	2917.812	2811.722	2874.102
2008-06-17	2873.132	2893.472	2769.122	2794.752
2008-06-18	2772.372	2945.422	2729.712	2941.112
2008-06-19	2921.722	2921.722	2742.152	2748.872
2008-06-20	2811.08	2917.32	2695.63	2831.74

19. 1958—1997年德国出口价格指数记录(1991=100)

年份	季度	出口价格指数	年份	季度	出口价格指数	年份	季度	出口价格指数
1958	I	44.4	1967	I	47	1976	I	69.8
	II	43.9		II	47		II	70.6
	III	43.4		III	46.9		III	71.2
	IV	43.3		IV	46.9		IV	71
1959	I	43.1	1968	I	46.6	1977	I	71.7
	II	43.3		II	46.4		II	72.1
	III	43.5		III	46.4		III	71.9
	IV	43.8		IV	46.6		IV	71.8
1960	I	43.8	1969	I	47.7	1978	I	72.4
	II	43.8		II	48.1		II	73
	III	44.2		III	48.6		III	73.2
	IV	44.2		IV	48.9		IV	73.3
1961	I	44.2	1970	I	49.5	1979	I	74.6
	II	43.8		II	49.6		II	76.1
	III	43.7		III	49.9		III	77.1
	IV	43.8		IV	50.3		IV	77.9
1962	I	43.9	1971	I	51.3	1980	I	80.3
	II	44		II	51.5		II	81
	III	44		III	51.6		III	81.3
	IV	44		IV	51.4		IV	82.2
1963	I	43.9	1972	I	52	1981	I	83.8
	II	44		II	52.4		II	85.5
	III	44		III	52.7		III	87
	IV	44.2		IV	53.2		IV	87.2
1964	I	44.6	1973	I	54.6	1982	I	89
	II	44.9		II	55.6		II	89.6
	III	45.2		III	56.1		III	90
	IV	45.6		IV	57.5		IV	89.9
1965	I	45.9	1974	I	62.6	1983	I	90.3
	II	46		II	65.1		II	90.8
	III	46		III	66.8		III	91.7
	IV	46.1		IV	67.3		IV	92.1
1966	I	46.5	1975	I	67.7	1984	I	93.2
	II	47.1		II	67.8		II	94.1
	III	47.2		III	68		III	94.7
	IV	47.2		IV	68.4		IV	95.4

(续表)

年份	季度	出口价格指数	年份	季度	出口价格指数	年份	季度	出口价格指数
1985	I	96.8	1990	I	98.6	1995	I	103
	II	97.4		II	98.9		II	103.3
	III	97.1		III	99.2		III	103.7
	IV	96.3		IV	99.2		IV	103.3
1986	I	96.1	1991	I	99.5	1996	I	103.5
	II	95.5		II	100.2		II	103.7
	III	94.8		III	100.3		III	103.3
	IV	94.2		IV	100		IV	103.5
1987	I	93.9	1992	I	100.4	1997	I	104.2
	II	94.1		II	101.1		II	104.9
	III	94.5		III	100.8		III	105.6
	IV	94.6		IV	100.3		IV	105.6
1988	I	94.9	1993	I	100.5			
	II	95.9		II	100.8			
	III	96.9		III	100.8			
	IV	97.4		IV	100.7			
1989	I	98.5	1994	I	101.2			
	II	99.3		II	101.5			
	III	99.2		III	101.6			
	IV	98.8		IV	102.3			

20. 1958—1997 年德国进口价格指数记录(1991=100)

年份	季度	进口价格指数	年份	季度	进口价格指数	年份	季度	进口价格指数
1958	I	53.1	1961	I	49.5	1964	I	50.3
	II	53.1		II	48.7		II	49.8
	III	52.6		III	48.1		III	49.5
	IV	52.3		IV	48		IV	50.3
1959	I	50.3	1962	I	48.4	1965	I	51
	II	50.9		II	48.6		II	51.4
	III	50.8		III	47.7		III	51.1
	IV	51.4		IV	48.2		IV	51.7
1960	I	51	1963	I	49.5	1966	I	52.8
	II	51.2		II	49.1		II	52.8
	III	50.3		III	48.5		III	51.7
	IV	50.1		IV	49.5		IV	51.4

(续表)

年份	季度	进口价格指数	年份	季度	进口价格指数	年份	季度	进口价格指数
1967	I	51.3	1976	I	76.1	1985	I	124.4
	II	50.8		II	76.9		II	122.9
	III	50.9		III	77.9		III	118.8
	IV	51.3		IV	77.1		IV	115.2
1968	I	51.5	1977	I	79.3	1986	I	109.1
	II	50.5		II	79.6		II	102.4
	III	49.8		III	77.3		III	98
	IV	50.7		IV	76.5		IV	96.4
1969	I	51.5	1978	I	75.4	1987	I	95.5
	II	52		II	75.5		II	95.9
	III	52.1		III	75.1		III	96.6
	IV	50.5		IV	75		IV	95.9
1970	I	51.3	1979	I	78.5	1988	I	95.5
	II	51.2		II	83.1		II	96.5
	III	50.6		III	86.2		III	98.2
	IV	50.9		IV	88.2		IV	98.3
1971	I	51.9	1980	I	94.7	1989	I	101.3
	II	52.1		II	96.4		II	102.8
	III	50.8		III	95.9		III	101.3
	IV	49.9		IV	99.5		IV	100.5
1972	I	50.3	1981	I	105.6	1990	I	99.1
	II	50.4		II	109.4		II	97.7
	III	50.6		III	113.2		III	98.8
	IV	52.3		IV	110.9		IV	101.3
1973	I	55.1	1982	I	112.3	1991	I	99.6
	II	56.7		II	111.5		II	100.7
	III	56.3		III	112.5		III	100.4
	IV	61.5		IV	113		IV	99.3
1974	I	73.5	1983	I	110.2	1992	I	98.5
	II	73.4		II	109.8		II	98.7
	III	74		III	113.2		III	96.7
	IV	74.2		IV	114.5		IV	96.4
1975	I	71.9	1984	I	116.6	1993	I	96.6
	II	71		II	117.6		II	96
	III	72.7		III	119.3		III	96.1
	IV	74.7		IV	121.1		IV	95.7

（续表）

年份	季度	出口价格指数	年份	季度	出口价格指数	年份	季度	出口价格指数
1994	I	96.5	1996	I	97.7	1997	I	100.3
	II	96.9		II	97.9		II	100.6
	III	96.8		III	97.2		III	101.6
	IV	97.4		IV	98.5		IV	101.2
1995	I	98.1						
	II	97.3						
	III	97.0						
	IV	96.9						

21. 加拿大 1973—1983 年出生人口记录($n=132$)

月份＼年份	1973	1974	1975	1976	1977	1978	1979	1980	1981	1982	1983
1	28154	28031	28632	29542	29560	28648	29199	29436	29431	29793	29278
2	26317	26070	27001	28531	27658	27209	27437	28806	27892	28560	28101
3	30358	29336	30711	31459	31879	31546	32001	31700	32537	32514	32893
4	29327	29383	30379	30532	30814	30229	31226	31187	31797	31998	31989
5	30654	29677	31014	31677	31692	31841	32579	32077	32104	32583	33286
6	29344	28172	30245	30975	30163	30039	30312	30838	31516	31555	32071
7	30078	30256	31897	31073	31055	30316	31750	32169	32713	32319	32063
8	29111	29821	30453	30302	30696	30718	31139	31143	31532	31496	31822
9	28585	30155	31126	28121	30743	30173	30995	32485	31500	32197	31591
10	28094	30014	29870	29983	30754	29629	30163	31312	30336	30589	30662
11	26599	27514	28021	27322	28672	28776	28857	28774	28933	29542	29666
12	26752	27189	28936	29002	28525	29286	29017	29782	29863	29726	30267
总和	343373	345645	358285	359300	362208	358410	365475	369709	370336	373082	373689

22. 美国若干宏观经济数据

	1.00E−09	1.00E+00	1.00E−09	1.00E+00	1.00E−09	1.00E−09	1.00E−06
	U.S. dollars	Index number	U.S. dollars	Percent per annum interest rate	U.S. dollars	U.S. dollars	U.S. dollars
	money	CPI	GNI	rate	exports	imports	reserve
1997Q1	3854.900	92.664	8113.800	5.277	162.768	205.091	56171.60
1997Q2	3901.900	93.031	8250.400	5.523	172.617	217.039	56763.40
1997Q3	3971.000	93.399	8381.900	5.533	166.713	225.303	56097.70
1997Q4	4031.700	93.767	8471.200	5.507	178.228	229.057	58906.90
1998Q1	4115.200	94.019	8586.700	5.520	170.579	218.010	58303.80
1998Q2	4185.300	94.522	8657.900	5.500	168.201	227.628	60114.60
1998Q3	4271.000	94.890	8789.500	5.533	158.339	232.387	64631.50
1998Q4	4383.700	95.219	8953.800	4.860	175.258	239.088	70714.90
1999Q1	4442.000	95.587	9066.600	4.733	163.882	230.321	63310.30
1999Q2	4513.700	96.516	9174.100	4.747	168.822	249.610	60642.90
1999Q3	4574.300	97.116	9313.500	5.093	167.409	268.525	62366.30
1999Q4	4648.700	97.716	9519.500	5.307	186.157	281.530	60499.60
2000Q1	4720.600	98.684	9629.400	5.677	185.483	284.501	59741.00
2000Q2	4780.600	99.729	9822.800	6.273	194.334	301.727	56909.10
2000Q3	4861.100	100.523	9862.100	6.520	194.156	317.721	55210.20
2000Q4	4931.300	101.065	9953.600	6.473	200.659	320.467	56600.40
2001Q1	5087.900	102.033	10021.500	5.593	193.631	298.773	53175.30

(续表)

	1.00E−09 U.S. dollars money	1.00E+00 Index number CPI	1.00E−09 U.S. dollars GNI	1.00E+00 Percent per annum interest rate	1.00E−09 U.S. dollars exports	1.00E−09 U.S. dollars imports	1.00E−06 U.S. dollars reserve
2001Q2	5188.400	103.097	10128.900	4.327	188.368	290.464	53803.30
2001Q3	5369.100	103.233	10135.100	3.497	168.093	281.517	59902.20
2001Q4	5451.400	102.942	10226.300	2.133	171.750	275.173	57633.70
2002Q1	5513.200	103.310	10333.300	1.733	164.885	260.732	56529.30
2002Q2	5566.400	104.433	10426.600	1.750	176.104	291.867	63652.10
2002Q3	5678.000	104.878	10527.400	1.740	169.953	303.070	64818.00
2002Q4	5800.600	105.207	10591.100	1.443	174.990	309.070	67962.30
2003Q1	5887.200	106.272	10717.000	1.250	172.525	297.193	69006.30
2003Q2	6023.800	106.659	10844.600	1.247	178.563	310.998	70616.60
2003Q3	6100.000	107.182	11087.400	1.017	173.608	319.266	73389.00
2003Q4	6079.600	107.201	11236.000	0.997	192.014	333.297	74894.10
2004Q1	6173.100	108.169	11457.100	1.003	194.607	333.058	74146.60
2004Q2	6288.600	109.717	11666.100	1.010	204.087	365.611	71608.00
2004Q3	6346.700	110.105	11818.800	1.433	199.582	377.297	71534.70
2004Q4	6421.900	110.763	11995.200	1.950	212.754	396.994	75890.00
2005Q1	6474.900	111.460	12198.800	2.470	212.611	381.514	67901.20
2005Q2	6516.000	112.950	12378.000	2.943	228.360	413.459	65552.40
2005Q3	6596.5	114.324	12605.700	3.460	219.747	429.304	60232.20

23. 日本汇率与多项宏观经济数据

	1.00E+00 National Currency per U.S exchange rate	1.00E−09 National Currency money	1.00E+00 Index number CPI	1.00E−09 National Currency GNI	1.00E+00 Percent per annum interest rate	1.00E−09 U.S. dollars exports	1.00E−09 U.S. dollars imports	1.00E−06 U.S. dollars reserve
1997Q1	124.05	567239.000	98.708	519221.000	0.496	97.236	79.630	218181.000
1997Q2	114.40	573364.000	100.842	520868.000	0.493	102.815	77.493	221128.000
1997Q3	121.00	576246.000	100.808	515906.000	0.492	104.059	76.723	224412.000
1997Q4	129.95	586186.000	101.075	521472.000	0.455	105.131	73.794	219648.000
1998Q1	132.05	588203.000	100.675	511045.000	0.433	94.939	67.934	222460.000
1998Q2	140.85	596254.000	101.175	508238.000	0.436	90.492	60.117	204745.000
1998Q3	135.25	599738.000	100.608	509023.000	0.387	90.454	60.053	211163.000
1998Q4	115.60	610265.000	101.608	510462.000	0.229	98.159	63.552	215471.000
1999Q1	120.40	612150.000	100.575	503507.000	0.148	93.826	64.175	221371.000
1999Q2	121.10	618614.000	100.908	503655.000	0.030	92.952	64.337	245245.000
1999Q3	106.85	621541.000	100.608	500202.000	0.031	103.929	71.064	271194.000
1999Q4	102.20	627087.000	100.608	500628.000	0.025	112.987	80.792	286916.000
2000Q1	105.85	630927.000	99.975	507215.000	0.025	110.741	80.771	304370.000
2000Q2	105.40	631640.000	100.208	507443.000	0.021	114.650	83.198	337866.000
2000Q3	107.85	639900.000	99.975	506649.000	0.142	117.605	86.174	342230.000
2000Q4	114.90	635112.000	99.842	509920.000	0.246	116.517	92.653	354902.000
2001Q1	124.60	647994.000	99.542	515027.000	0.201	102.764	84.194	355146.000
2001Q2	124.05	652327.000	99.475	507021.000	0.019	95.168	78.749	356009.000

(续表)

	1.00E+00 National Currency per U.S exchange rate	1.00E−09 National Currency money	1.00E+00 Index number CPI	1.00E−09 National Currency GNI	1.00E+00 Percent per annum interest rate	1.00E−09 U.S. dollars exports	1.00E−09 U.S. dollars imports	1.00E−06 U.S. dollars reserve
2001Q3	119.30	653929.000	99.208	500878.000	0.009	94.113	75.762	389805.000
2001Q4	131.80	662938.000	98.842	497996.000	0.002	91.547	74.673	395155.000
2002Q1	133.20	665754.000	98.142	498880.000	0.014	88.611	68.550	394102.000
2002Q2	119.45	669077.000	98.575	497337.000	0.014	96.909	72.562	438362.000
2002Q3	121.55	673402.000	98.408	498091.000	0.014	102.828	78.574	452760.000
2002Q4	119.90	677243.000	98.308	497253.000	0.002	107.232	82.066	461186.000
2003Q1	120.15	679721	97.908	494825.000	0.002	104.115	82.949	487943.000
2003Q2	119.85	684645	98.342	498973.000	0.001	107.192	83.437	537104.000
2003Q3	111.20	687777	98.175	500505.000	0.002	111.796	84.523	595326.000
2003Q4	107.10	688654.000	98.008	502715.000	0.001	126.016	91.816	663289.000
2004Q1	104.30	692858.000	97.775	507275.000	0.001	128.727	95.577	816151.000
2004Q2	108.38	696790.000	98.042	504993.000	0.001	131.397	97.287	808214.000
2004Q3	111.00	698889.000	98.075	505192.000	0.001	134.837	102.427	820765.000
2004Q4	104.12	701706.000	98.508	505536.000	0.001	144.039	111.575	833891.000
2005Q1	107.35	705549.000	97.575	508873.000	0.001	136.927	110.797	827200.000
2005Q2	110.40	707969	97.942	514367.000	0.001	139.808	116.232	832783.000
2005Q3	113.15	712397	97.775	514626.000	0.001	143.117	121.777	831921.000

24. 英国汇率与宏观经济数据

	1.00E+00 National Currency per U.S exchange rate	1.00E−09 National Currency money	1.00E+00 Index number CPI	1.00E−09 National Currency GNI	1.00E+00 Percent per annum interest rate	1.00E−09 U.S. dollars exports	1.00E−09 U.S. dollars imports	1.00E−06 U.S. dollars reserve
1997Q1	0.6137605	24.182	91.003	197.100	6.003	68.631	71.874	35220.90
1997Q2	0.6012145	19.88	92.159	202.169	6.233	70.619	77.482	35184.80
1997Q3	0.6198859	18.799	93.059	205.383	6.980	67.920	73.360	35261.30
1997Q4	0.604668	17.418	93.803	206.514	7.230	74.368	79.023	32316.80
1998Q1	0.5952027	13.003	94.097	210.962	7.417	68.099	75.488	30140.90
1998Q2	0.6014314	17.705	95.840	214.473	7.357	68.263	78.078	30927.60
1998Q3	0.5897965	18.164	96.153	221.405	7.313	65.460	75.661	32676.60
1998Q4	0.6011422	10.648	96.584	222.574	6.753	69.902	78.624	32211.60
1999Q1	0.6205399	6.277	96.172	219.707	5.920	63.548	76.444	29301.60
1999Q2	0.6349609	7.607	97.190	223.173	5.167	64.172	75.232	28912.70
1999Q3	0.6073489	2.171	97.269	227.005	5.083	67.777	79.706	28941.7
1999Q4	0.6186587	20.19	97.993	231.143	4.647	73.388	84.515	35870.00
2000Q1	0.6269199	15.819	98.385	235.562	6.000	72.047	84.033	29933.30
2000Q2	0.6612882	18.565	100.225	236.132	5.770	71.003	83.019	35518.20

（续表）

	1.00E+00 National Currency per U.S exchange rate	1.00E−09 National Currency money	1.00E+00 Index number CPI	1.00E−09 National Currency GNI	1.00E+00 Percent per annum interest rate	1.00E−09 U.S. dollars exports	1.00E−09 U.S. dollars imports	1.00E−06 U.S. dollars reserve
2000Q3	0.6802258	15.708	100.382	240.869	5.773	68.023	82.015	38084.30
2000Q4	0.6701515	17.247	101.008	242.093	5.523	73.306	85.162	43890.70
2001Q1	0.7015082	18.198	100.891	247.163	5.983	72.709	86.057	39636.10
2001Q2	0.7122	13.638	102.144	250.287	5.317	68.131	84.125	39452.50
2001Q3	0.6801796	23.358	102.183	251.970	4.957	64.904	80.296	40077.40
2001Q4	0.689465	4.93	102.066	255.519	4.043	67.918	81.660	37284.30
2002Q1	0.7026419	10.639	102.124	261.189	3.563	64.943	80.701	36916.20
2002Q2	0.6506181	16.892	103.397	264.878	4.000	72.141	88.425	40517.00
2002Q3	0.6395089	23.711	103.749	270.875	3.960	71.228	90.056	40705.60
2002Q4	0.6204244	17.113	104.670	273.288	4.023	71.535	91.508	39360.00
2003Q1	0.6330316	12.436	105.257	278.499	3.880	76.488	94.553	38327.90
2003Q2	0.6060239	24.219	106.510	278.501	3.667	75.439	94.183	38082.20
2003Q3	0.5975143	11.446	106.784	283.715	3.460	73.590	93.849	40898.20
2003Q4	0.5603183	24.836	107.450	288.360	3.357	82.755	103.929	41850.10
2004Q1	0.5451374	19.868	107.978	291.061	3.607	83.1304	109.638	42161.10
2004Q2	0.5519678	27.511	109.447	296.328	4.230	84.411	112.243	41686.30
2004Q3	0.5559262	23.077	110.093	297.063	4.543	86.3063	114.839	41727.50
2004Q4	0.5177591	26.234	111.111	305.459	4.770	95.809	123.641	45342.50
2005Q1	0.5311803	39.225	111.405	304.804	4.817	89.6373	120.099	44492.40
2005Q2	0.557569	29.676	112.736	310.299	4.783	97.2286	126.387	43656.40
2005Q3	0.5661552	35.621	113.147	309.123	4.583	94.8966	126.368	42541.60

参 考 文 献

An H Z, Chen Z G, Hannen E J(1982). Autocorrelation and Autoregressive Approximation. The Ann of Statist, 10: 926-936.

An H, Xie Z (1992). Time Series Analysis in China // Chen X R, et al. The Development of Statistics; Recent contributions from China. New York: Longman Scientific & Technical: 7-40.

Bassevile M, Nikiforov IV(1993) Detection of Abrupt Changes-Theory and Application. Englewood Cliff, New Jersey: Prentice Hall.

Brinllinger D R(1981). Time Series: Data Analysis and Theory. San Francisco: Holden-Day Inc.

Brockwell P J, David, R A (1987). Time Series Analysis: Theory and Methods. New York: Springer-Verlag.

Burg J P(1967). Maximum Entropy Spectral Analysis. Oklahoma City: 37th Ann Inter Meeting, Exploration Geophysics.

Burg J P(1975). Maximum Entropy Spectral Analysis. Stanford, Caifornia: Dept of Geophysics, Stanford University.

Chalke F C R, et al (1965). Evoked Potential and Intelligence. Life Science, 4: 1319.

Charpentier L (1920). Sur La Lotrie Hua-Hoey: Jeu Des Trente-six Betes. Paris: Société Anonyme d'Édition et de Libriarie.

Chen D, et al (1978). Photoelectric Observation of the Occultation of SAO 158687 by Uranus Ring and the Detection of Uranian Ring Signal from the Light Curve. Scientia Sinica, 3: 325-335.

Chen Q, Xie Z(1982). Optimum High Resolution Window Function for Spectral Estimates // Trapl R. Progress in Cybernetics and System's Research, Washington: Heimisphere, Pub: 351-355.

Chen Z, Xie Z (1989). Some Recent Advances in Spectral Analysis in China. International Statistical Review, 57: 67-82.

Chiang, Tse-Pei(1990). Statistical Time Series and Spatial Series Modeling. Chinese J of App Prob & Statist, 6(4): 395-410.

Chiang, Tse-Pei (1991a). Stationary Random Field: Prediction Theory, Markov Models, Limit Theorems. Contemporary Mathematics, 118: 79-101.

Chiang, Tse-Pei (1991b). The Prediction Theory of Stationary Random Fields, III, Fourfold Wold Decompositions. Multivariate Analysis, 37(1): 46-65.

Cleveland W P, Tiao G(1976). Decomposition of Seasonal Time Series: A model for the Census X-11 Programe. JASA, 71: 581-587.

Clevelend W S (1972). The Inverse Autocorrelations of A Time Series and Their Applications.

Technometrics,14: 277-293.

Connor J T (1996). Robust Neural Network Filter for Electricity Demand Prediction. J of Forec, 15(6): 437-458.

Cox D R,Hinkley D V(1974). Theoretical Statistics. London: Chapman and Hall.

Daubeches I (1992). Ten Lectures on Wavelets. Philadelphia: SIAM.

Dwork B M (1950). Detection of a Pulse Superimposed on Fluctuation Noise. PIRE, 38(7).

Dzhaparidze K O, Yaglom A M (1983). Spectrum Parameter Estimation in Time Series Analysis. Developments in Statistics, 4.

Elliot J L, et al (1977). The Rings of Uranus, Nature, 267: 26.

Enders W(1995). Applied Econometric Time Series. New York: John Wiley & Sons.

Fisher P G, et al(1990). Econometric Evaluation of the Exchange Rate in Models of the UK Economy. The Economic Journal, 100: 1300-1944.

Fisher R A(1929). Tests of Significance in Harmonic Analysis. Proc Roy Soc: Ser A,125: 54-59.

Forecast Master(1986). Multivariate Time Series Forecasting. Scientific System. Electric Power Research Institute.

Gardeazabal J, Regulez M(1992). The Monetary Model of Exchange Rates and Co-integration. Berlin: Springer-Verlag.

Goldman S (1953). Information Theory. New York: Wiley.

Grenander U, Rosenblatt M(1957). 平稳时间序列的统计分析. 郑绍濂,等,译. 上海: 上海科技出版社.

Haigh J(1997). The Statistics of the National Lottery. JRSS: Ser A, 160(2): 187-206.

Hannan E J, Rissanen J (1982). The Recursive Estimation of Mixed Autoregressive-moving Average. Biometrika,69: 81-94.

Harbaugh J W, Carter G B(1980). Computer Simulation in Geology. New York: Wiley-Interscience.

He S(1993). Parameters Estimation for the Spatial Hidden Periodicities Model. Beijing: Dept of Prob & Statist, PKU.

He S(1995). The Uniform Convergence for Weighted Periodogram of Stationary Linear Random Field. Chin Ann of Math, 16(B): 331-340.

Hsieh C M, Xu M, Mao Q, Xie Z, Zheng J, Li X(1998). Statistical Parameter Modeling for the Luteinizing Hormone Curve Based on Few Observed Value of Estradiol and Progesterone // Trappl R. Cybernetics & Systems'98. Vienna: ASCS.

Ibragimov I A,Rozanov Y A(1978). Gaussian Random Processes. New York: Springer-Verlag.

Ip WC, Wong H, Xie Z, Luan Y(2004). On comparison of Jump Point Detection for An Exchange Rate Series. Science in China: Ser A, Mathematics,47(1): 52-64.

Joe H(1992). Tests of Uniformity for Sets of Lotto Numbers. Statist & Prob Lett, 16: 181-188.

Jury E J(1964). Theory and Application of the Z-transform Method. New York: Wiley.

Karson M J(1982). Multivariate Statistical Methods. Iowa: The Iowa State University Press.

Kastra M (1996). Forecasting Combining with Neural Networks. J of Forec, 15 (1): 49-61.

Kedem B(1980). Binary Time Series. New York: M Dekker.

Kedem B(1994). Time Series Analysis by Higher Order Crossing. New York: IEEE Press.

Kedem B, Reed G(1986). On the Asymptotic Variance of High Order Crossings with Special Reference to A Fast White Noise Test. Biometricka, 73: 143-149.

Kolmogorov A H(1941). 希氏空间中的平稳序列. 郑绍濂, 等, 译. 上海: 上海科学出版社.

Lee Y W, Cheatham T P, Wiesner J B(1950). Application of Correlation Analysis to the Detection of Periodic Signals in Noise. P I R E, 38: 1165.

Li Y, Xie Z(1999). Detection of Jumps by Wavelets in A Nonlinear Autoregressive Model. Acta Math Scientia, 19(3): 261-271.

Liu J S, Chen R, Wing Hung Wong (1998). Sequential Monte Carlo Methods for Dynamic Systems. J of the Amer Statist Association, 93: 1026-1031.

Liu S, Wang N(1963). Acta Psych Sinica, 6: 194-202.

Lu L, Lu H(1984). The Variation and Classification of ABR and Steady-dynamic State of Qigong. Chinese Nature, 10(6): 443-472.

Luan Y, Xie Z(2001). The Wavelet Identification for Jump Points of Derivative in Regression Model. Statist & Prob Lett, 53: 167-180.

Luo S, et al (1977). Analysis of Periodicity in the Irregular Rotation of the Earth. Acta Astron Sinica, 15: 79-85.

Makridakis S, et al(1982). The Accuracy of Extrapolation (Time Series) Methods: Results of A Forecasting Comparison. J Forec, 1: 111-153.

Makridakis S, Wheelwright S C(1983). Forecasting Methods and Applications. 2nd. Canada: John Wiley & Sons, Inc.

Middleton D(1960). Introduction to Statistical Communication Theory. New York: McGraw-Hill.

Mills T C(1993). The Econometric Modelling of Financial Time Series. Gambridge: Cambridge Univ Press.

Murray, Carl D, Robert P Thomson(1990). Orbits of Shephered Satellites Deduced from the Structure of the Rings of Uranus. Nature, 348: 6.

Pemberton J, Tong H(1983). Threshold autoregression and some frequency domain characteristics // Brillinger D R and Krishnaia. Handbook of Statistis. Elsevier Science Publishers, 3: 249-273.

Percival D, Walden A T(2000). Wavelet in Time Series Analysis. Cambridge: Cambridge Univ Press.

Pinsker M S(1964). Information and Information Stability of Random Variables and Processes. San Francisco: Jon-Wiley.

Priestly M B(1981). Spectral Analysis and Time Series. London: Academic Press.

Rhodes L E, et al(1967). The Visual Evoked Response: A Comparison of Bright and Dull Children. Electroenceph Clin Neurophs, 27: 364.

Rivlin J(1990). Chebysev Polynomials. New York: John Wiley & Sons.

Roos T, Myllymarki P, Tirri H(2002). A Statistical Modeling Approach to Location Estimation. IEEE Trans. On Mobile Computing, 1(1): 59-60.

Rosenblatt M(1985). Stationary Sequences and Random Fields. Boston: Birkhauser,.

Rozanov Y A(1967). Stationary Random Processes. San Francisco: Holden-Day.

Shannon C E(1948). A Mathematical Theory of Communication. B S T J, July & Oct.

Shen Zuowei. Unitary Extension Principle: Ten years after. Dept of Math, National University of Singapore.

Shibata R(1976). Selection of the Order of An Autoregressive Model by Akaike's Information Criterion. Biometricka, 63: 117-126.

Simshomni M(1971). On Fisher's Test of Significance in Harmonic Analysis // Roy J. Geophysics Astron. Soc,23: 373-377.

Straumanis J J, et al(1973). Somatosensory Evoked Reponse in Down's Syndrome. Arch Gen Psych, 29: 544.

Subba Rao T (1983). The Bispectral Analysis of Nonlinear Stationary Time Series with Reference to Bilinear Time-series Model // Brillinger D R and Krishnaia, Handbook of Statistis. Elsevier Science Publishers, 3: 293-319.

Tong H(1990). Non-Linear Time Series. Oxford: Oxford Univ Press.

Wang Y(1995). Jump and Sharp cusp Detection by Wavelets. Biometrika, 82(2): 385-397.

Wei B, et al(1991). Introduction to the Statistical Diagnoses. Nanjing: South East Univ Press.

Wei William W S(1990). Time Series Analysis: Univariate and Multivariate Methods. Addison: Wesley.

Wiener R(1949). Extrapolation, Interpolation and Smoothing of Stationary Time Series. M I T Press.

Wu J S, Chu C K(1993). Kernel-type Estimaters of Jump Points and Values of A Regression Function. Ann of Statist, 21(3): 1545-1566.

Xie Z(1993). Case Studies in Time Series Analysis. Singapore: World Scientific.

Xie Z(2004a). Statistical Testing of Chinese Lotteries by Time Series Analysis // 2004 Hawaii International Conference on Statistics, Mathematics and Related Fields. 2004, June: 15.

Xie Z(2004b). Hidden Periodicities Analysis and Its Application in Geophysics // David R, Brillinger, et al. Time Series Analysis and Applications to Geophysical Systems. The IMA Series. New York: Springer-Verlag, 139: 187-194.

Xie Z, et al (1997). On the Comparison of Several Statistical Detections of Jump Points for the Exchange Rate Data // Kariya T. The 4th JAFEE International Conference on Investments and Derivatives. Aoyama Gakuin Univ: 574-587.

Xie Z, Wong H, Ip W-C(2002). Wavelets in Probability and Statistics: A Review in Recent Advances. Chinese Science Bullettin, 47(9): 705-716.

Xu B, Wang N(1963). Acta Psych Sinica, 6: 194-202.

Yaglom A M(1962). An Introduction to the Theory of Stationary Random Functions. Englewoode-Cliffs: Prentice-Hall.

Yaglom A M(1987). Correlation Theory of Stationary and Related Random Functions (I, II). New York: Springer-Verlag.

Ye K(1985). The Application of Time Series Modeling for the VEP Analysis of Down's Disease Children. Statist and Management, 4.

Yin Y Q(1988). Detection of the Number, Locations and Magnitudes of Jumps. Comm. Statist. Stochastic Models, 4: 445-455.

Zhang Q(1997). Using Wavelet Network in Nonparametric Estimation. IEEE Trans on Neural Networks, 8(2): 228-236.

Zhang Q, Benveniste A (1992). Wavelet Networks. IEEE Trans on Neural Networks, 3(6): 889-898.

ЦЗЯН ЦЗЭ ПЕЙ (1957a). О Линейном Экстраполировании Дискретново Однородново Случайново Поля. Д А Н СССР 112(2): 207-210.

ЦЗЯН ЦЗЭ ПЕЙ (1957b). О Линейном Экстраполировании Непрерывново Однородново Случайново Поля. ТЕОРИЯ ВЕРОЯТНОСТЕИ И ЕЁ ПРИМЕНЕНИЯ, 11: 60-91.

ЦЗЯН ЦЗЭ ПЕЙ (1958). Замечание об определении количества информции. ТЕОРИЯ ВЕРОЯТНОСТЕИ И ЕЁ ПРИМЕНЕНИЯ, III(1): 99-103.

安鸿志,陈兆国,杜金观,等(1983).时间序列的分析和应用.北京:科学出版社.

安鸿志,陈敏(1998).非线性时间序列分析.上海:上海科技出版社.

何书元(1999).随机场的潜在周期模型及其参数估计.中国科学:A辑,29(2):121-128.

黄文杰,曹鸿兴,顾岚,项静恬(1980).时间序列的ARIMA季节模型在长期预报中的应用.科学通报,26(22):1030-1032.

江泽培(1963).多维平稳过程的预测理论(I).数学学报,13(2):269-298.

江泽培(1964).多维平稳过程的预测理论(II).数学学报,14(3):438-450.

柯尔莫格洛夫 A H,基赫曼 N N,哥涅坚科 G B(1965).四十年(1917—1957)来的苏联数学:概率论、数理统计.陈翰馥,译.北京:科学出版社.

孔令龙(2002).蒙特卡罗滤波及其在潜周期估计中的应用.北京:北京大学数学科学学院硕士论文.

李东风(2003).Monte Carlo滤波及其在收集定位中的应用.北京:北京大学数学科学学院博士论文.

李东风,谢衷洁(2004).Monte-Carlo滤波新进展及其应用.数学进展,33(4):415-424.

刘宇(2006).非高斯序列高阶交叉的性质及其应用.北京:北京大学数学科学学院.

马晓娟(2003).关于彩票均匀性的统计分析.北京:北京大学数学科学学院.

施鸿宝(1993).神经网络及其应用.西安:西安交通大学出版社.

宋杰(2006).基于 t 分布的GARCH模型族预测.北京:北京大学数学科学学院.

王吉利,何书元,王喜之(2004).统计学教学案例.北京:中国统计出版社.

王梓坤(1965).随机过程论.北京:科学出版社.

项静恬,杜金观,史久恩(1986).动态数据处理-时间序列分析.北京:气象出版社.

谢衷洁(1984).一个Bessl函数积的渐近公式.通信学报,5(1):79-81.

谢衷洁(1985).概率论.北京:人民邮电出版社.

谢衷洁(1990).时间序列分析.北京:北京大学出版社.

谢衷洁(1998).滤波及其应用.长沙:湖南教育出版社.

谢衷洁,程乾生(1979).在一类非平稳干扰下的极大信噪比线性滤波.数学学报,22(6):693-711.

谢衷洁，铃木武(2002).ウエ-ブレットと確率過程入門.东京：内田老鶴圃出版社.

谢衷洁，刘亚利(1990).关于J-效应的时间序列分析及其政策性试验.北京大学学报：自然科学版,36(1)：142-148.

严士健,王隽骧,刘秀芳(1982).概率论基础.北京：科学出版社.

中山大学数学力学系(1981).概率论与数理统计.北京：人民教育出版社.

内容索引

以下按汉语拼音就本书主要内容给出索引.